"生物育种"教材体系　"陆地生态系统修复

孙其信　总主编

FOREST GENETICS AND TREE BREEDING

林木遗传育种学

康向阳 ◎ 主编

中国林业出版社
China Forestry Publishing House

内 容 简 介

林木遗传育种学是研究林木个体乃至森林群体遗传变异规律、林木良种选育和繁殖理论及其应用技术的科学。本教材围绕国家林木育种和种业发展存在的问题和重大需求，重点阐述了现代遗传学与森林遗传学、森林遗传与育种、育种各技术环节，以及良种选育和良种繁育技术的内涵和科学关系，同时，注重引入现代遗传基础理论、生物技术最新成果，以及对相关成果的利用，从不同技术环节高效推动育种群体的构建及其交配、遗传测定和选择等林木育种中心和重点工作。本教材融科学性和实用性于一体，每章均列出一些思考题，利于学习时掌握重点；一些重要概念、定义标注了英文，列出了重要文献，以便读者进一步延伸阅读等。

本教材主要用于高等院校林学及相关专业的本科教学，也可作为从事林木遗传育种科研和良种管理等专业人员的参考用书。

图书在版编目（CIP）数据

林木遗传育种学 / 康向阳主编. -- 北京 ：中国林业出版社，2024.9. --（"生物育种"教材体系）（"陆地生态系统修复与固碳技术"教材体系）. -- ISBN 978-7-5219-2913-3

Ⅰ．S722.3

中国国家版本馆CIP数据核字第2024LW6024号

策划编辑：高红岩
责任编辑：肖基浒
责任校对：苏　梅
封面设计：北京反卷艺术设计有限公司

出版发行　中国林业出版社（100009，北京市西城区刘海胡同 7 号，电话 010-83143551）
电子邮箱　jiaocaipublic@163.com
网　　址　https://www.cfph.net
印　　刷　北京中科印刷有限公司
版　　次　2024 年 9 月第 1 版
印　　次　2024 年 9 月第 1 次印刷
开　　本　787mm×1092mm　1/16
印　　张　20.25
字　　数　505 千字
定　　价　62.00 元

数字资源

《林木遗传育种学》编写人员

主　　编　康向阳（北京林业大学）

编写人员　（以姓氏拼音排序）

陈金焕（北京林业大学）

韩志强（中南林业科技大学）

康向阳（北京林业大学）

李春明（东北林业大学）

李颖岳（北京林业大学）

钮世辉（北京林业大学）

宋跃朋（北京林业大学）

王　君（北京林业大学）

许玉兰（西南林业大学）

杨　珺（北京林业大学）

张平冬（北京林业大学）

赵　健（北京林业大学）

主　　审　施季森（南京林业大学）

续九如（北京林业大学）

前 言

众所周知，人工林自诞生之日起，其目的就是为了生产更多优质木材等林产品，具有明确的经营目标和经济属性，因此，尤其重视林木良种选育及其在森林培育和经营中的应用。从对森林遗传变异的好奇心到实现育种应用，欧美等林业发达国家的林木遗传改良已有200年的研究历史，一些重要用材树种良种选育经历了近百年的发展，已完成3~4个育种世代，良种使用率在90%以上，显著促进了人工林生产力大幅度提高。迄今我国系统开展林木育种研究仅40余年，除了杉木、马尾松等少数起步较早的树种外，大多数树种遗传改良尚处于第一育种世代，林木良种在森林经营中可挖掘的潜力巨大。

作物、家畜以及国内外林木育种的成功经验告诉我们，只有立足种质资源基础，围绕选择、相互交配、遗传测定为核心的育种循环，持续推进高世代育种群体建设，不断提高育种群体决定目标性状基因的正向等位变异频率及其遗传进展，才是推动林木遗传改良最为现实、经济而有效的途径。本教材在厘清常规育种的作用及其与非常规育种关系的同时，给出了理想品种、理想森林等概念，明确了林木育种的目标、技术路线以及不同良种的利用方向和路径。只有在不断推动常规育种向高世代发展的基础上，才有可能选育出更多更好的林木良种服务于国家林业生产，并为实现常规育种与非常规育种，以及现代基因组和生物信息学、大数据和人工智能技术的有机结合奠定基础，从而真正做到等位变异有迹可循、基因调控有据可查、智能育种有"法"可依，保证更加精准地实现基因加性效应和非加性效应的高效利用，服务于国家集约化商品林培育以及理想森林经营的"国之大者"。

本教材正是基于以上思考并努力围绕林木育种核心和基础工作编写而成。其中尤其重视对200年来林木遗传育种代表性研究成果的总结，并希望通过遗传与育种、育种各技术环节之间关系的梳理，给读者一个更为清晰的林木遗传育种理论和技术脉络。全书共分为14章，具体编写分工如下：北京林业大学康向阳教授负责第1章和第7章编写，钮世辉教授负责第2章和第11章编写，宋跃朋教授负责第3章编写，陈金焕教授负责第4章编写，杨珺副教授负责第5章编写，赵健副教授负责第9章编写，王君教授负责

第10章编写，李颖岳教授负责第12章编写，张平冬教授负责第14章编写；中南林业科技大学韩志强副教授负责第6章编写；西南林业大学许玉兰教授负责第8章编写；东北林业大学李春明教授负责第13章编写。全书由康向阳教授统稿，南京林业大学施季森教授主审第1、2、3、7、11、13、14章，北京林业大学续九如教授主审第4、5、6、8、9、10、12章。

感谢陆地生态系统修复与固碳技术教材体系项目的出版资助！感谢施季森教授、续九如教授两位主审提出的宝贵意见，以及卓有见地的修改！感谢杨敏生教授审阅并提出宝贵意见和建议！感谢出版社编辑们的细心校勘订正！感谢北京林业大学杜康讲师在教材及虚拟教室资料录入、夏宇飞博士在插图绘制等方面给予的支持和帮助！尤其要感谢参与编写的北京林业大学、东北林业大学、西南林业大学、中南林业科技大学林木遗传育种学科的各位青年教师，他们扎实的专业功底和独到的学术见解是本教材得以顺利付梓的保证。同时需要说明的是，尽管在编写过程中我们非常注意全面而客观地反映林木遗传育种研究成果，并尽可能保证教材的先进性、科学性和适用性等，但限于学术水平和主观认识等原因，难免挂一漏万，不妥之处，敬请读者批评指正，以便今后进一步修正。

康向阳

2024年8月10日

目 录

第3章　基因转录后调控　/　34

第4章 遗传信息传递及规律 / 52

第5章 遗传变异及遗传多样性 / 83

第6章 林木群体遗传与地理变异 / 112

第7章 林木育种程序、方法与策略 / 133

第8章　林木选择育种与种质资源　/　156

第11章　林木分子设计育种　/　220

第12章　林木遗传测定　/　233

第13章 林木种子园和母树林制种 / 261

第14章 林木无性系制种 / 278

第1章

绪　论

林木遗传育种学是研究森林遗传和林木良种选育理论与技术的科学。经过近两个世纪的创新发展，形成了一个适合树木生物学特点、遗传基础研究与育种创新应用紧密结合并协同发展的学科体系。本章作为开篇，总结了林木遗传育种学的内容与特点，以及林木良种在林业生产中的作用；回顾了遗传学和林木遗传育种研究进展，提出了我国林木遗传改良存在的问题，并就林木遗传育种发展趋势和今后重点工作进行了展望。

1.1　林木遗传育种学及其特点

1.1.1　林木遗传育种学的概念

生物体个体发育所表现出的形态结构、生理、生化特性的统称为性状，如树高、花色、果实油脂含量、木材纤维长短等。而物种子代与亲代间性状相似的现象称为遗传（heredity）。生物通过自我繁殖，不仅繁衍了后代，同时也把它的特征、特性传递下去，产生与自己相似的后代。这种生物自我繁殖过程中遗传的稳定性，是物种赖以延续的基础。但遗传稳定性又是相对的，亲子代之间，子代各个个体之间，总存在这样或那样的差异。这种生物物种子代与亲代之间、子代个体性状之间存在的差异就是变异（variation）。变异是生物性状丰富性和多样性的基础。遗传与变异是生物界物种表现出的两个最普遍、最基本的特征。研究生物遗传与变异及其规律的科学称为遗传学（genetics）。

林木遗传育种学（forest genetics and tree breeding）是研究林木个体乃至森林群体遗传变异规律，以及良种选育与繁殖理论和技术的科学。包含森林遗传学和林木育种学两部分。其中，森林遗传学（forest genetics）是研究林木乃至森林遗传和变异规律的科学；而林木育种学（forest tree breeding）是以遗传进化规律为指导，研究林木良种选育和繁育原理和技术的科学。由于林木育种学是一门应用科学，其实质就是创造变异、选择变异与利用变异，因此，也可以理解为以遗传进化理论为基础，以林木遗传变异为对象，以提高经济性状为目标，定向选育和繁殖林木良种的实践活动。

林木遗传改良（forest tree genetic improvement）常被视为林木育种学的同义词，实际上这两个术语的涵义并不完全相同。林木遗传改良是指采取一定的控制树木遗传特性的育种技术方法，以及施肥、整枝等营林技术措施，从而实现林木木材等经济产品产量提高和品质改善的林业实践活动。由于林木生长周期长，大多栽培立地为荒山荒地，仅依靠外部栽培条件的改善是有限度的，特别是对于大面积种植的树种而言，采用人为措施改善林木的栽培条件，投资大、成本高、难以实施。在有限的土地上，甚至是生产力较低的土地上，依赖品种突出的丰产性及抗逆性，可以用较低的投入生产出更多、更好的木材等林产品，因此，涉及遗传特性改变的林木育种在林业生产中的作用更为突出。

1.1.2　林木遗传育种学的研究内容

林木遗传育种学的对象包括林木个体和群体。因树木目标性状、生物学特性、生存环境、栽培和利用特点等特殊性，森林遗传研究重点不同于普通遗传学，更关注树木特有性状，尤其是特有经济性状的群体和个体的遗传变异，以服务于林木育种需要。而林木育种则更重视良种选育和推广应用，即需要密切结合林业生产实践和市场需求，在发展林木良种选育与繁殖理论的同时，不断推动林木育种技术进步，选育目标性状表现更为突出的优良品种应用于林业生产。主要研究内容包括以下方面：

（1）育种资源与育种策略

林木育种首先应制定育种策略，包括育种对象的选择，育种目标的制定，种质资源的收集、保存、评价与利用，实现育种目标的相应技术与条件保障等。其中，种质资源尤其是初代选择群体建设是育种成功的物质基础。一般而言，树种基因资源丰富、遗传多样性水平高，且遗传品质高，育种效果好；反之，育种的潜力也就相对较低。此外，育种中还可以通过引种利用当地不具备的树种资源。

（2）林木育种的遗传基础理论

涉及分子遗传学、细胞遗传学、数量遗传学、群体遗传学等内容，主要包括遗传物质的本质、遗传信息的实现、遗传物质的传递、遗传多样性成因和地理变异等。其中，遗传物质的本质包括其化学本质、存在部位、基本特性、基本单位等。遗传信息的实现包括基因组转录和翻译的多层次调控系统，涉及转录水平的染色质活化和基因活化；转录后的转录产物的加工和转运调节；翻译水平的控制mRNA的稳定性和选择性翻译；翻译后的控制多肽链的加工和折叠等。遗传物质的传递包括遗传物质的复制、染色体的行为、遗传规律和基因在群体中的数量变迁等。遗传多样性及地理变异则包括遗传变异及群体遗传多样性和遗传结构等。在掌握树木目标性状遗传变异规律及其调控机制的基础上开展育种工作，可以避免盲目性，提高育种效率和效果。

（3）林木育种的原理和技术方法

林木育种可分为常规育种和非常规育种，其中，常规育种包括选择育种和种内杂交育种。对于进入多世代遗传改良的树种，主要涉及以提高目标性状正向等位变异基因频率为目标的轮回选择（recurrent selection）理论与技术。非常规育种包括以利用杂种优势和倍性优势为目标的远缘杂交和多倍体育种技术，以利用基因突变和染色体变异为目标的诱变育种技术，以改良已经推广应用的良种或新品种"短板性状"为目标的转基因、基因编辑等分子设计育种技术等。这些技术方法应根据树种特性和育种工作的具体条件灵活运用，其中基于轮回选择的常规育种是林木育种的核心工作和基本方法。

（4）林木良种繁育技术

良种需要科学的繁育技术和制度保障才能充分发挥其遗传潜力。良种繁育是实现林木良种在生产上推广应用的重要环节，包括种子园制种（含母树林）和无性系制种，以及品种遗传品质保持与良种复壮方法的研究与应用等。

（5）林木改良相关试验技术与方法

包括遗传设计、环境设计等遗传测定及其统计分析方法，主要通过试验测定性状受遗传控制的程度，评价测定对象性状表现的优异程度，以及性状与环境因素的相互关系等，为品种选育和良种推广利用提供参考。遗传测定是林木育种的核心环节。

1.1.3　林木遗传育种研究特点和优势

树木的生物学特性决定了林木遗传育种的研究特点：林木多为异花授粉植物，亲本自身的杂合性且难以纯化，导致杂交后代群体为遗传基础有差异的个体组成，杂合型甚至遗传复合型是林木品种的特点；亲子代的杂合性影响目标性状评价，加之繁殖方式、有性世代的持续时间差异以及树体高大导致取样困难等，导致遗传学基础研究进展相对缓慢；林木生长周期长，性成熟较晚，完成一代改良的育种世代周期长；树木高大，且大多数经济性状遵循数量性状遗传规律，在个体发育中需要较长的时间才能表现出来，林木育种测试时间长，占地面积大；大多数树种分布范围广、栽培立地条件复杂，存在丰富的地理变异，需要按育种区育种以及按种子区制种、用种；林木个体表现型是基因型与环境共同作用的结果，即存在基因型与环境互作（genotype-environment interaction，GEI）效应，无性系等单系品种需要通过区域试验为不同栽培区域和立地类型选配品种等。这些问题给林木遗传基础研究、遗传测定（包括子代测定和无性系测定等试验）以及多世代育种等造成一定困难，也决定了林木育种工作的复杂性、长期性、地域性、继承性等特点。

林木遗传育种研究也具有农作物等植物所不具备的优势：①大多数造林树种选育历史都比较短，多处于野生或简单利用状态，种内自然变异十分丰富，仅仅通过选种和引种就可收到显著效果。尤其对于乡土树种而言，只要控制选择出的优树在其地理种群分布区内应用，则可采取边测试、边繁殖推广的策略，从而加快相关树种的良种化进程。②林木寿命长，能够连续多年持续开花结实且能繁殖大量后代，选育材料可供繁殖利用的时间也长，因此可根据子代性状的表现进行优良亲本再选择，提高选择效果。③许多树种能无性繁殖，可以通过无性繁殖固定、利用变异，不必像作物那样需要经过长期回交（backcross）转育及亲本纯化的过程，可有效简化育种程序等。

1.2 林木良种及其在林业生产中的作用

1.2.1 林木品种和良种

品种（variety）或称为优良品种，是经人工选育，经济性状与生物学特性符合人类需要，且性状遗传稳定、能适应一定的自然和栽培条件的特异性林木群体。品种应具备特异性（distinctness）、一致性（uniformity）和稳定性（stability）。其中，特异性是指一个品种有一个以上性状明显区别于已知品种；一致性是指一个品种的特性除可预期的自然变异外，群体内个体间相关的特征或者特性表现一致；稳定性是指一个品种经过反复繁殖后或者在特定繁殖周期结束时，其主要性状保持不变。尽管具备"三性"是品种的基本要求，但由于林木生殖周期长、高度杂合且种子繁殖等限制，在实际林木育种工作中，首先考虑的还是目标性状的改良和遗传品质的提高，并通过选择尽可能保证品种的相对一致性，通过按种子区制种以维持品种的遗传结构及其稳定性等。

林木品种及其特点与其繁殖方法密切相关。一些树种只能通过采集种子育苗的有性繁殖途径繁殖，因此，将单株树木亲本及其通过种子有性繁殖产生的所有子代统称为家系（family），包括具有共同双亲的所有植株组成的全同胞家系（full-sib family，FS），以及单株树木经自由授粉（open pollination，OP）或混合花粉授粉获得的后代，即仅具有一个共同亲本的所有植株组成的半同胞家系（half-sib family，HS）。而将由单株树木经无性繁殖方式产生的所有植株统称为无性系（clone）。其中繁殖成无性系的原始植株称为无性系原株（ortet），而由无性繁殖获得的其他植株称为无性系分株（ramet）。因此，根据繁殖方法可以将林木品种简单地分为家系品种（family variety）和无性系品种（clonal variety）。其中，家系品种包括遗传基础窄化的全同胞家系品种以及遗传基础宽泛的混系品种，如种子园、母树林和优良种源种子；而无性系品种主要为遗传基础窄化的单系品种。

按林木品种选育的时间区分，包括新品种（new variety）、已经不具备新颖性的品种。林木新品种是指经过人工培育的或者对发现的野生植物加以开发的，具备新颖性、特异性、一致性和稳定性，并有适当命名的林木品种。植物品种选育人自行或者同意他人销售、推广，在中国境内超过一年，或在境外木本或者藤本植物超过六年，其他植物超过四年的，则属于已经不具备新颖性的品种。除了具备新颖性之外，申请植物新品种保护权证书还必须通过特异性、一致性、稳定性的植物新品种测试，简称DUS测试。由于林木异花授粉、种子繁殖所决定，优良种源种子、母树林种子和不同改良世代种子园种子甚至全同胞家系种子虽然遗传品质都有所提高，但不能辨别其特异性，也难以保证一致性，故不适合申请植物新品种保护权。

根据品种是否通过良种审定，林木品种包括开始或已经在生产中发挥作用的良种

（improved variety）或已经退出生产的良种。所谓林木良种是指通过国家或省级审定（或认定）的主要林木品种，是经区域试验证明在适生区内栽培，其产量、质量、适应性、抗性等目标性状明显优于当前主栽材料，包括经审（认）定的优良无性系和家系，以及种子园、母树林和优良种源种子。《中华人民共和国种子法》规定，国家对主要林木实行品种审定制度。一个品种通过审定并应用于林业生产后，随着社会经济、自然栽培条件、社会需求变化以及新审定良种的推出，会因其应用价值相对降低而被新的良种所取代，变成退出生产的良种。由于这种良种在某些性状方面具有较为优良的遗传品质或育种价值，常被用作育种资源。

此外，认识品种还需要注意如下问题：①品种是经济上的概念，是重要的生产资料，而不是分类单位。②评价品种优劣的唯一标准是其现实的应用价值，而不是取决于选育技术。即品种能否得到市场认可和推广应用，取决于与当前主栽品种或已推广品种对比的优异程度。③品种具有地域性，没有一个品种能适应任何立地类型和一切栽培方法。林木品种有自己适生的种子区或栽培区域，无性系品种甚至在完成区域试验后，还需要进行栽培试验，保证适地适无性系栽培。④要最大限度地发挥优良品种的遗传潜力，需要给予一定的栽培条件，即良种与良法配套。⑤品种是一个育种世代选育的相对优良的繁殖和栽培材料，具有时效性。因为林木育种的始终追求是理想品种（ideal variety），而每一个树种的每一个育种世代都有其相对的理想品种。所谓理想品种就是基于轮回选择清除树种全部目标性状全部基因的负向等位变异，并保证决定多目标性状的正向等位变异完全聚合且均处于杂合状态的无性系品种或全同胞家系品种（康向阳，2024a）。要实现这一目标，需要一代又一代育种人传承有序地持续努力。其中最基本的技术策略是坚持基于育种群体的轮回选择。而在每一育种世代，推动当代"理想品种"选育，满足国家集约商品林生产的现实需要。有必要指出的是，更多的树种形成的森林难以集约化经营，需要采用遗传基础更为宽泛的良种造林或辅助自然更新，因此这些树种选育并应用遗传基础窄化的所谓理想品种也是没有必要的。

1.2.2　林木良种应用途径及其作用

我国通过持续国土绿化，已成为全球森林资源增长最多的国家。但若对比欧美等林业发达国家的森林，处于相同气候带的我国森林乔木林平均蓄积量和年均蓄积生长量均相对较低，且稳定性差。原因是多方面的，其中与我国森林的整体遗传品质比较差最为相关。我国现有天然林 $13\,867.77 \times 10^4 hm^2$，其中约有94%为次生林和过伐林等低质低效林，森林遗传品质劣化严重。现有人工林 $7954.28 \times 10^4 hm^2$，但大多数树种造林的良种化水平较低。原因在于国家开展系统林木育种始于20世纪80年代，当时大量的天然林已经被采伐，一些树种的选优只能是"矬子里面拔将军"，收集的育种资源遗传品质较差；育种时间短、投入严重不足且时断时续，至今我国主要造林树种的良种使用率才达到65%，且多数树种尚处于第一育种世代，遗传品质不高，甚至仍然由母树林供种等。如何推动国家森林质量提升，从良种抓起，铸牢森林遗传基础，推动森林遗传进展，重塑森林遗传品质，是提升国家森林质量的基本途径。

从遗传基础看，森林有两种，即遗传基础窄化的森林和遗传基础宽泛的森林。而从森林经营看，可以划分为三类，即执行严格生态保育的公益林、按理想森林（ideal forest）经营的商品林以及集约经营的商品林。由于大多数森林的立地环境以及现实人工成本决定不可能采取如作物般的集约化经营管理措施，可以采用理想森林经营。所谓理想森林是指拥有与分布区自然地理相适应的树种组成及群体遗传结构，优势树种持续保持丰富的群体遗传多样性，以及自然稀疏和自然更新能力，且生长等人类需要的目标性状相关基因正向等位变异高度聚合，可在更短时间内形成与立地环境相匹配的生态适应性和最高生产力的森林（康向阳，2024b）。从遗传学角度看，理想森林经营的技术关键包括选用当地适宜树种，采用当地种子区种子园良种辅助更新，保证森林宽泛的遗传基础，适时地去劣疏伐，促进自然稀疏和自然更新能力形成等。

遗传基础窄化的林木良种主要用于集约经营的商品林。就集约经营的商品林而言，要增加单位面积产量，达到速生、丰产、高效，可采取的技术措施无外乎两种：一是选择水分、养分等条件较为优越的栽培区域和立地，增加造林抚育管理投入，优化经营模式，通过加强栽培技术、密度管理、水肥控制等提高单位面积的产量；二是采用林木良种甚至当代理想品种，使林地在相同的管理水平下获得更高的收益。此类商品林缺乏向理想森林转变的遗传基础，无自然稀疏能力且经营周期较短，难以借助自然力均摊造林和抚育管理成本，只适合采取法正林（normal forest）类的模式集约经营。经营过程中应注意利用品种与环境互作效应，实行高度集约化栽培和皆伐收获，高效、快速生产大量木材。甚至可以将这类商品林树种视为木本作物经营，在满足社会现实需求的同时减少天然林采伐，为理想森林经营的时空腾挪提供支撑。

林以种为本，种以质为先。林木良种是森林经营的核心，在林业生产中起着十分重要的作用。采用优良品种造林，可以减少林业生产投入，增加木材产量，改善木材品质，降低采伐年龄，满足社会和市场需求；还可以使林产品规格一致，林产品特性相对稳定，更利于人工林栽培管理以及加工工艺调配；可利用更少的林地生产更多木材，或者使原本不能种植的立地生产林产品。国内外的林业生产实践证明，良种可以使人工林轮伐期缩短1/3～1/2，单位面积林地林木材积生长提高20%～50%；而优质木材产量的增加还有助于国家或地区实现碳平衡经济，并为休闲和自然保护保留规模更大且易管理的天然林等。

1.3　遗传学发展阶段及主要事件

1.3.1　经典遗传学发展阶段

为什么生物可以代代相传、保持不变，而同种生物个体间又并不完全相同？古代前贤们从没有中断过对生命本质的探究，并提出了诸多遗传假说，如泛生论（hypothesis of pangenesis）、预成论（preformation）、种质论（germplasm）等，但均未揭示生物性状遗传的本质。1856—1863年，奥地利神父Mendel在自己任职的修道院开展了豌豆（*Pisum sativum*）杂交试验。与他人不同的是，Mendel进行了细致的后代记载和统计分析，从而第一次把遗传学从基于思辨推理的假设性理论，提升到通过科学实验和统计分析而获得规律性认识，于1866年发表《植物杂交试验》论文，首次提出了遗传因子（factor）的分离和自由组合定律，认为性状遗传受遗传因子控制，从而奠定了遗传学基础。然而，因当时科学认识水平的限制，这一超越时代的学术成就在当时并未引起重视。直到1900年，荷兰的de Vries、德国的Correns、奥地利的Tschermak分别经过大量的植物杂交实验同时得出与Mendel相同的遗传规律。因此，1900年，Mendel遗传规律的重新发现，被公认为遗传学的诞生元年。

Mendel遗传规律的重新发现让研究人员找到了遗传学研究的路径，加之显微镜技术进步以及数学和统计方法的应用，遗传学发展开始进入新的历史时期。de Vries（1901）发表了"突变学说"，以解释月见草（*Oenothera lamarckiana*）的自发变异。Haberlandt（1902）提出植物细胞全能性（cell totipotency）概念。Sutton等（1903）发现了减数分裂染色体与遗传因子的行为相似性，提出染色体是遗传物质载体的假设。Johannsen（1903）发表了"纯系学说"，认为自花授粉植物在纯系内选择是无效的，并于1909年提出基因（gene）、基因型（genotype）和表现型（phenotype）等概念。Bateson（1906）在香豌豆（*Lathyrus odoratus*）杂交试验中发现了性状连锁现象，首先提出遗传学的学科名称。Hardy and Weinberg（1908）提出遗传平衡定律，奠定了群体遗传学基础。Nilsson-Ehle（1909）提出多基因学说（polygene hypothesis），用微效基因的Mendel式分离来解释数量性状遗传，标志数量遗传学的诞生。Morgan等（1910）采用果蝇（*Drosophila melanogaster*）白眼性状突变体为材料验证了Mendel规律并发现了性状连锁现象，提出了连锁交换规律，从而创立了以染色体遗传为核心的细胞遗传学。其后，Creighton和McClintock（1931）、Stern等（1931）分别采用染色体带有标记的玉米（*Zea mays*）和果蝇（*Drosophila melanogaster*）为材料，通过显微观察证实了连锁交换学说的基因重组是染色体交换的结果等。

1.3.2　现代遗传学发展阶段

1927年，Muller和Stadler采用X射线分别成功地诱导了果蝇和玉米基因突变，证实人工诱变可提高突变率。Blakeslee等（1937）利用秋水仙碱（colchicine）成功地诱导出曼陀罗（*Datura stramonium*）等植物多倍体，获得了显著性状变异。Beadle和Tatum（1941）以红色面包霉（*Neurospora crassa*）为材料，系统地研究了生化合成与基因的关系，提出了一个基因一个酶的假说。Avery等（1944）报告了肺炎双球菌（*Diplococcus pneumonia*）转化实验，证明DNA是遗传物质。Hotchkiss（1948）首次发现DNA上胞嘧啶的5′端可以被甲基化现象。Chargaff（1950）测定了DNA中4种碱基的含量，发现其中腺嘌呤与胸腺嘧啶的数量相等，鸟嘌呤与胞嘧啶的数量相等。McClintock等（1951）根据玉米粒色遗传不稳定性甚至出现花斑现象，发现了转座子（transposable elements，TEs）等。

1953年，Watson和Crick提出DNA双螺旋结构模型，分子遗传学诞生。随后Gamov

（1956）提出由3个核苷酸组成三联体密码设想。Crick（1956）提出DNA指导蛋白质合成的"中心法则"。Jacob和Monod（1961）提出了乳糖代谢操纵子学说。Holliday（1964）提出异源双链DNA（heteroduplex DNA，hDNA）分子同源重组Holliday模型。Nirenberg和Khorana（1967）完成了全部64个遗传密码的破译。Temin和Baltimore（1970）在RNA肿瘤病毒中发现逆转录酶。Smith提取出可特定点切割DNA的限制性内切酶（restriction endonuclease）。Jachaen和Berg（1972）利用限制性内切酶和DNA连接酶（ligase）建立了重组DNA技术。1973年，Cohen实现种不同质粒重组并引入到大肠杆菌（*Escherichia coli*）表达，标志着基因工程（genetic engineering）的诞生。此后，Sanger（1977）和Gilbert（1977）分别发明了DNA测序方法。Klug等（1980）建立了染色质的核小体（nucleosome）结构模型。Barton等（1983）首次利用农杆菌转化获得了抗病转基因烟草（*Nicotiana tabacum*）。Mullis等（1985）建立了PCR体外扩增技术，为基因克隆、核酸序列分析以及分子标记等研究奠定了基础。1986年，McKusick提出从整个基因组的层次开展遗传变异研究的基因组学（genomics）。此后，Holliday（1987）提出表观遗传学（epigenetics）概念。Lee（1993）在秀丽隐杆线虫（*Caenorhabditis elegans*）早期发育遗传调控中发现micRNA等。DNA序列之中和之外的表观遗传日渐得到重视。

2000年，人类基因组草图发表。此后，水稻（*Oryza sativa*）等动植物基因组测序结果相继发表。在此基础上结合转录组学（transcriptomics）、代谢组学（metabolomics/metabonomics）、蛋白质组学（proteomics）等成果深入研究，定位、克隆了大量调控重要性状的功能基因，并从转录调控和转录后调控等个不同层面解析了一些生长、发育、抗逆等重要性状遗传调控机制等，遗传学开始进入后基因组时代。

1.4 林木遗传育种研究进展概述

1.4.1 国外林木遗传育种研究进展

1821年，de Vilmorin在巴黎附近开始进行欧洲赤松（*Pinus sylvestris*）种源试验（provenance trial），成为现代林木遗传育种学的开端。1892年，国际林业研究组织联盟（International Union of Forest Research Organizations，IUFRO）在德国成立，简称国际林联。1907年，国际林联组织成员国开展了第一次欧洲赤松国际种源试验，研究证明林木生长、形态及适应等性状存在地理种源变异，且性状变异是渐变且可遗传的。1912年，Henry在英国进行了杨树（*Populus* spp.）等树种的种间杂交，并选育出速生、适应性强的格氏杨（*P. generosa*）。1934年，Larson提出在适宜种源区选择优良单株营建种子园是最佳方案，推动了欧洲赤松、欧洲云杉（*Picea abies*）、欧洲落叶松（*Larix decidua*）等树种种子园种子造林。1935年，Nilsson-Ehle在瑞典发现巨型三倍体欧洲山杨（*Populus tremula*），标志着林木多倍体育种的诞生。

20世纪50年代之后的半个世纪内，桉树（*Eucalyptus* spp.）、欧洲黑杨（*Populus*

nigra）、美洲黑杨（*Populus deltoides*）、辐射松（*Pinus radiata*）、湿地松（*P. elliottii*）等树种大规模引种并在自然分布区之外得到了发展。辐射松、欧洲云杉、火炬松（*P. taeda*）等70余个树种在50多个国家逐渐通过种子园供种，并在育种策略、无性系配置、花粉传播规律、嫁接（grafting）技术、树体管理、促进开花结实、间接选择等方面进行了大量研究。在推进林木育种循环过程中，通过设置主群体、核心群体等加强育种群体建设和管理，基于配合力多世代轮回选择促进目标性状基因聚集，取得了显著的遗传进展。例如，美国南部火炬松人工林全部采用种子园供种，其第1代种子园遗传增益7%~12%，第2代遗传增益13%~21%，第3代遗传增益达35%；约0.4%采用优良全同胞家系种子育苗，遗传增益可达40%。目前，火炬松良种人工林年均生长量增加一倍，轮伐期缩短50%以上。

同时，植物生长调节剂和全光喷雾育苗技术的使用，使扦插（cutting）育苗生根率显著提高。组织培养（tissue culture）开始大规模应用于林木无性繁殖，辐射松、欧洲云杉、火炬松等针叶树体胚诱导技术也取得突破。杨树、桉树等阔叶树精选无性系造林遗传增益可达到25%~50%。辐射松、湿地松等针叶树种多世代轮回选择的基础上，采用控制授粉优良家系建立采穗圃（nursery of scion），通过嫩枝扦插规模化繁殖，可以在家系造林的基础上平均再提高10%~25%。英国每年扦插繁殖约600万株西加云杉（*Picea sitchenrsis*），其遗传增益比种子园种子高出50%。芬兰选育出的欧洲云杉优良无性系V49、V382等37年生林分的木材产量达到600m³·hm⁻²。巴西大规模采用尾巨桉（*Eucalyptus urophylla* × *E. grandis*）等优良杂种无性系造林，7年生年均生长量甚至达到40~50m³·hm⁻²。持续改良并将良种应用于造林，使欧美以及澳大利亚、新西兰、巴西等林业发达国家的森林资源得到快速发展，实现采育平衡甚至大量对外出口，而林木良种选育也开始由国家投入为主的公益性研究向以企业为主导的商业化育种转变。

1986年，Neale等发现针叶树叶绿体DNA父系遗传。1987年，抗除草剂转基因杨树培育成功，林木基因工程研究开始成为热点。此后，通过转化如*Bar*耐除草剂基因、*Bt*抗虫基因等使树木品种表达新的性状等，获得了一批抗除草剂、抗病虫、木质素含量降低、耐干旱盐碱等转基因植株。2006年，毛果杨（*Populus trichocarpa*）基因组测序完成，标志着林木后基因组时代的开始，森林遗传学研究集中于基因组测序、功能基因挖掘、重要性状遗传调控、数量性状基因座（quantitative trait locus，QTL）定位、全基因组关联分析（genome-wide association study，GWAS）以及全球气候变化下的树木遗传变异等方面。2015年，EL-Kassaby等提出了一种BWB（breeding without breeding）育种策略，利用分子标记鉴定已知来源的半同胞父本实现谱系重建，可快速选出高配合力亲本用于种子园营建等。而一些重要造林树种开始出现由以往独立世代的育种计划转向执行重叠世代的滚动式育种策略（rolling-front strategy for breeding trees）的倾向（Borralho and Dutkowski，1998），更加重视育种效率和现实遗传增益。

1.4.2　我国林木遗传育种研究进展

我国早在春秋时代计然所著的《内经》中就有"桐实生桐，桂实生桂"的遗传之说。古代先民们在长期生产实践中逐渐对生物遗传变异有了一定规律性认识，并开始有意识地人工选择利用。周朝的《尔雅·释木》就记录了'壶枣''白枣''无实枣'等11个枣品种。北魏贾思勰所著《齐民要术》说明枣的品种来源于"常选好味者，留栽之"。而我国现代林木遗传育种研究始于1945年——叶培忠在甘肃天水开展的河北杨（*Populus hopeiensis*）×毛白杨（*P. tomentosa*）等杂交试验。面对山河凋敝的旧中国，以梁希、叶培忠为代表的时代林学精英们开始奋力敲打林钟，立志"让黄河流碧水，赤地变青山"。新中国成立后，为改变山河面貌，一批有志青年积极投身国家林业建设，朱之悌院士甚至在1950年考入武汉大学园艺系后，选择转入更符合志向的北京农业大学森林系就读，最终书写了毛白杨良种选育三获国奖、"黄河纸业"成就理想的佳话。

1953年，林业部发布《关于东北国有林内划定母树及母树林有关问题的决定》，这是我国第一份关于林木良种化的文件。此后，受欧美种源试验、种子园建设和杂交育种等工作成效的影响，我国也开始了积极地探索。1955年，徐纬英等启动杨树杂交育种试验。1956年，林业部召开了第一次全国林木种子工作会议，提出重点开展基于国营苗圃的林木种子生产基地建设。1957年，林业部颁发了《采种技术规程》，指导科学采种。当年俞新妥等在福建开始杉木（*Cunninghamia lanceolata*）种源试验，朱之悌、王明庥等受国家选派赴苏联学习林木遗传育种。1959年，林业部将良种壮苗作为科学造林的6项基本措施之一。1963年，周恩来总理出访阿尔巴尼亚，为改善我国食用油匮乏的局面，引进了1万株包括5个品种的油橄榄（*Olea europaea*）苗木，分发到8省（自治区）12个引种点进行试种，总理的嘱托也成为项目负责人徐纬英的终生事业。1964年，中国林学会组织召开林木良种选育学术会议，报告了包括杨树、柳树（*Salix* spp.）、桉树、油松（*Pinus tabuliformis*）、杉木、马尾松（*P. massoniana*）、湿地松、油茶（*Camellia oleifera*）、油桐（*Vernicia fordii*）、乌桕（*Triadica sebifera*）、板栗（*Castanea mollissima*）、核桃（*Juglans regia*）、榛子（*Corylus heterophylla*）等近20个树种的选种、引种效果以及种子园营建准备工作等，并讨论了如何进一步提高我国林木种子生产水平、加强母树林经营、种子园营建以及主要造林树种种源区划等林木良种化的关键问题，对我国林木育种工作产生了积极的推动作用。1966年，陈岳武等以闽北两年选择的杉木优树为材料，在洋口林场建设了我国第一个杉木初级无性系种子园。同时，广东台山市红岭林场建设了湿地松种子园，黑龙江青山林场建立了日本落叶松（*Larix kaempferi*）、兴安落叶松（*L. gmelinii*）、樟子松（*P. sylvestris* var. *mongolica*）种子园。此后，相继在福建、吉林、贵州、辽宁、山西等地建设了马尾松、红松（*P. koraiensis*）、华北落叶松（*L. principis-rupprechtii*）、油松、乌桕等树种种子园。至1972年，全国11个省份共收集杉木、马尾松、落叶松（*Larix* spp.）、油松等树种优树1500多株，建设初级种子园240hm^2，建立母树林2000hm^{2}等（左叶，1975）。

1972年，国家启动了"选育和培育速生用材树种的优良品种科研协作计划"，林木良种基地建设纳入国家财政预算。1978年，林业部制定了《全国林木种子发展规划》，提出"实现林木种子生产专业化、质量标准化、造林良种化"的目标，强调建设国家种子生产基地和良种繁育体系。1979年，部省联营林木良种基地建设纳入国家基本建设投资计划。同年9月7~14日，中国林学会在青岛市召开全国林木遗传育种学术讨论会，按种源、杂交育种、种子园和组织培养等四个专题组进行了学术交流，正式成立了中国林学会林木遗传育种专业委员会。此时期内，油松、马尾松、杉木、杨树、泡桐（*Paulownia* spp.）、油桐、油茶、油橄榄、核桃等近20个主要造林树种开展了种源试验、杂交育种技术及其遗传基础研究，尤以杨树引种和杂交育种成绩最为突出，选育出'群众杨'（*Populus* 'Popularis35-44'）、'北京杨'（*P.* 'Beijing'）、'小黑杨'（*P.* 'Xiaohei'）、'白城杨'（*P.* 'Baicheng'）等一系列新品种。杨树、刺槐（*Robinia pseudoacacia*）等一些树种组织培养研究获得突破，于国内首次获得杨树花粉培养再生植株，开始有同工酶和染色体核型分析、原生质体分离研究报道等。至1979年，全国已选出优树19 300株，建立种子园6130hm²，较早开展选优建园的一些树种如杉木、湿地松、乌桕、油茶、核桃等开始提供一定数量种子及子代测定结果（梁彦，1980）。但大多数树种缺乏长期育种计划和育种策略，研究工作较为零散而缺乏系统性，尤其是良种基地建设科技人员参与度较低。

1983年3月22~30日，林业部在长沙组织召开全国林业科技计划会议，启动"六五"至"七五"国家科技攻关项目计划（1983—1990），其中林木良种选育项目包括：涉及杉木、马尾松等15个树种的"重要造林树种的种源选择"；涉及红松、樟子松等7个针叶树种的"天然优良林分的选择改良和促进结实技术"；杨、柳、榆（*Ulmus* spp.）、泡桐等9个树种的"平原区速生阔叶树种良种选育及品种区域化"；落叶松等14个树种的"主要针叶造林树种种子园建立和经营管理技术研究"；以及"主要经济林树种油茶、油桐良种选育"等。这是我国首次系统开展主要造林树种遗传改良科技攻关，研究取得了丰硕的成果，有效支撑了良种基地建设，也为以后其他树种良种选育提供了范例。具体成果包括建成40多个主要造林树种的良种基地468处，主要造林树种平均良种使用率达20%。其中，34种（属）的重要造林树种进行了全域性种源试验，杉木、马尾松、落叶松、白榆（*U. pumila*）等13个树种制定出"林木种子区的区划"，优良种源种子造林材积增益达10%~50%；14个树种选优3万余株，建立种子园9940hm²；7个树种（属）营建母树林22 800hm²，其中69%开始结实，增益达5%左右；柚木（*Tectona grandis*）、马占相思（*Acacia mangium*）、木麻黄（*Casuarina equisetifolia*）、墨西哥柏（*Hesperocyparis lusitanica*）等一批树种引种成功；美洲黑杨、泡桐、柳树、刺槐、毛白杨、白榆等阔叶树通过选优、无性系测定及区域试验，选育出优良无性系品种70余个，建良种采穗圃518hm²，平均增益20%~50%等（顾万春，1989；游应添，1989）。

1989年1月20日，国务院颁布《中华人民共和国种子管理条例》。1994年10月30日，林业部第一届林木品种审定委员会成立。1999年4月23日，我国加入国际植物新品保护联盟（International Union for the Protection of New Varieties of Plants，UPOV）。2000年7月8日，《中华人民共和国种子法》施行。2003年6月24日，国家林业局审议通过《主要林木品种审定办法》。尤其是2011年，国务院发布了《关于加快推进现代农作物种业发展的意见》，2012年国务院办公厅印发了《关于加强林木种苗工作的意见》，2013年国务院办公厅印发《深化种业体制改革提高创新能力的意见》等。这些国家林木良种政策法规的颁布以及系列科研计划的持续实施，极大地促进了我国林木遗传育种研究进展及良种化进程。包括完成毛竹（*Phyllostachys heterocycla*）、杜仲（*Eucommia ulmoides*）、油松等树种全基因组测序，定位、克隆了大量调控林木重要性状的功能基因，解析了一些生长、发育、抗逆等重要性状遗传调控机制；在前期种源试验的基础上，完成20余个树种的种子区划，以及枫杨（*Pterocarya stenoptera*）、鹅掌楸（*Liriodendron chinense*）、四川桤木（*Alnus cremastogyne*）、福建柏（*Fokienia hodginsii*）等近30个树种的种源试验，揭示了相关树种的生长、适应性等性状地理变异规律；于国内首次获得了对叶部虫害有较强抗性的转*Bt*基因欧洲黑杨，建立了高效遗传转化技术；突破了配子、合子及体细胞染色体加倍技术，选育出一批表现优良的三倍体毛白杨、杜仲、桉树等林木新品种；建立了显著缩短育种周期的白桦（*Betula platyphylla*）强化育种技术，以及杉木、马尾松、火炬松、红松、油松等树种种子园矮化技术；突破杂交鹅掌楸体胚规模化高效快繁技术、桉树等树种良种组培快繁技术，以及杉木、马尾松、落叶松、思茅松（*Pinus kesiya*）等树种良种采穗圃营建和嫩枝扦插技术等，并在生产中规模化应用等。至2022年年末，我国已通过国家审（认）定林木良种558个，授权林木植物新品种3414个；共建成各类良种生产单位1500多处，其中国家重点林木良种基地294处，省级重点林木良种基地355处等，主要造林树种平均良种使用率提至65%，林木良种数量和质量及生产能力显著提高。

习近平总书记在不同场合多次强调"把民族种业搞上去，集中力量破难题、补短板、强优势、控风险，实现种业科技自立自强、种源自主可控"，并将实施种业振兴行动写入党的二十大报告。2021年，"十四五"国家重点研发计划"林业种质资源培育与质量提升"重点专项启动，专项突出需求导向、问题导向和目标导向，从遗传基础、育种技术以及良种选育等方面设置一系列林木良种选育配套项目，尤其是抓住我国林木育种的关键问题，突出不同树种的育种群体建设和可持续育种等，国家力量的加强必将对我国林木良种化事业产生更为深远的影响。

1.4.3 我国林木育种存在的主要问题

经过四十多年的持续研究，我国在林木育种基础理论和技术创新、品种选育、推广应用等领域取得了长足进步，选育出的一大批林木良种已经在林业生产中广泛应用。但与已有百年育种历史的林业发达国家相比，我国的林木遗传改良仍然存在较大差距，大多数树种尚停留于第一世代遗传改良水平。除了因育种研究起步晚且投入少的影响外，还与缺乏可持续支持、对育种策略的重视和执行力不够等原因有关，主要问题包括以下几个方面。

（1）缺乏可持续林木育种研究机制

林木良种选育是一项长期投资，且存在着许多生物和经济风险，其建设和管理多由国家资助（Ruotsalainen，2014）。在推动育种研究计划过程中，因科研经费不能持续保障，或研究梯队以及试验基地不稳定等因素的影响，常常会导致长期育种计划被迫中断，影响林木育种的效率和效果，需要从建立林木育种可持续研究机制等方面加以保障。

（2）高世代育种群体构建执行不力

大多数树种遗传改良尚处于第一育种世代甚至母树林采种，缺少谱系清楚的多世代育种群体和测试群体，目标基因聚合不足；随机选亲问题较为突出，遗传改良多停滞在初级育种世代内的简单重复之中，育种效率低且效果差；种子园兼作基于自由授粉交配设计的高世代育种群体应用的现象较为普遍，导致高世代育种群体同祖率高，可持续遗传改良后续乏力等。

（3）育种资源遗传品质和多样性偏低

构建遗传品质不断提高且遗传基础不断拓展的选择群体和育种群体，是可持续育种的根本。我国大多数造林树种的种质资源收集于20世纪八九十年代，一些树种种质资源收集数量偏少，或因地理距离偏近而导致高世代育种群体同祖率偏高；或制定的选优标准偏低，或标准执行不严格甚至从择优采伐后形成的低质林中选优等，导致初代选择群体存在遗传多样性偏低、遗传品质较差等问题，缺乏推动可持续遗传改良的基础条件等。

（4）无性系品种多未实现适地适基因型栽培

林木基因型与环境互作效应普遍存在，因此无性系良种应该通过栽培试验为适宜的立地选配主栽品种，实现适地适基因型栽培。目前，因突破性品种较少，推广前缺乏多点大田造林试验指导，难以充分利用基因型与环境互作效应。

（5）遗传基础研究对育种计划支撑不够

相对独立的遗传基础研究和育种应用研究团队缺乏联系，基础研究团队的兴趣点与育种亟须解决的关键科学问题不能形成有效对接，加之森林遗传学基础研究薄弱等限制，大多数树种缺少精细基因组序列，重要性状遗传调控网络及其调控机理多未系统揭示，多组学数据以及基因调控研究零散且关联度低等，不能借助基础理论突破及时有效解决育种问题，也是我国林木遗传育种研究需要重视的问题之一。

1.5 林木遗传育种的发展趋势

近百年来，以良种为核心的商品林栽培在向森林工业提供了大量的可持续供给原料的同时，也保护了以天然林为主体的生态环境。选育产量更高、品质更优、抗逆性更强、适应性更广的林木当代理想品种并应用于集约化商品林生产，用更少的林地生产更多的木材等林产品；或者采用当地种子区种子园良种辅助自然更新以推动理想森林经营等，林木育种将在其中担负更大的责任，也决定了今后林木遗传育种发展趋势和重点工作，概括如下。

（1）育种目标紧密结合生产、市场发展需要

在世界日益增长的纸张、家具等市场的巨大需求下，速生优质的纸浆材、板材等工业原料林树种的品种选育仍然是林木育种的重点。遗传改良水平较高的树种，开始关注高光合、水分和氮素利用效率品种选育，尤其是株型育种，以提高土地利用率、降低生产消耗。抗逆性、适应性强的品种选育同样受到重视，目的是降低栽培管理成本，拓展栽培适生立地，增加人工林栽培效益。随着科技的快速发展以及对树木多样化利用价值认识的深入，一些以往不被关注的所谓非重要树种可能会因其某种目标性

状利用价值的新发现而成为育种的重要对象。在社会经济发展以及人力资源成本提高等影响下，理想森林将会成为未来国家森林经营的主体，按育种区构建育种群体，不断推动基于轮回选择的重要造林树种遗传改良进程，并采用各种子区内营建的种子园良种人工促进森林天然更新，在促进森林遗传进展，重塑森林遗传品质和生态价值的同时，实现森林越采越多、越采越好。

（2）重视基因资源收集、保护、评价及利用研究

重视基因资源收集、保护、评价及利用是林木育种的永久主题。缺乏基因资源丰富的初代选择群体，不仅会限制世代育种的可持续开展，也不能及时适应社会和市场需求变化的需要。其中，对于新开展遗传改良的树种，应在合理种源试验的基础上，围绕主要育种目标科学而广泛地收集基因资源，推进育种区的初代选择群体建设，为进入高世代育种打下坚实的基础；而对于研究比较深入的主要造林树种，仍需要根据育种目标变化不断补充新的基因资源。同时，加强所收集、保存的基因资源评价和管理工作，深化主要林木种质资源遗传信息分析，构建主要林木种质重要性状数据库等。

（3）常规育种仍将占据良种选育主导地位

林木主要目标性状多属于数量性状遗传，要想提高决定这些性状的基因频率，实现加性基因聚合，当前阶段没有任何捷径，只有持续推动育种群体建设，并以此为基础的交配、测定、选择的育种循环工作才是最为有效的途径，即林木数量性状遗传改良的基本策略是轮回选择育种。此后，服务于理想森林经营的树种，或只能种子繁殖的树种，通过建立种子园制种实现良种利用；而服务于集约化经营且可以无性繁殖的树种，可通过无性系制种实现良种利用。需要指出的是，在通过交配设计和人工控制授粉不断累积加性基因的基础上，进一步开展远缘杂交和多倍体育种有可能收到更好的效果；以良种为对象实施转基因和基因编辑等分子育种才有可能获得更有竞争力的品种。因此，基于轮回选择的常规育种仍将占据良种选育的主导地位。

（4）更加重视林木良种选育及其应用的遗传基础研究

林木遗传基础研究的目的在于为育种提供指导或探寻技术创新或突破的途径。长期的林木育种实践表明，突破遗传基础理论并用于指导育种，往往具有事半功倍的效果。其中，掌握重要性状遗传信息实现的遗传机制，实现基因调控有据可查，是保证林木优异种质精准设计及其育种利用的基础；掌握遗传物质的传递规律，实现等位变异有迹可循，是保证林木优异基因高效聚合及选择、利用的基础；掌握群体遗传多样性及其形成机制，是保证林木常规育种和非常规育种有机融合与创新利用的基础；掌握树种群体遗传和地理变异规律，是保证林木良种适地选育及其安全、高效利用的基础。显然，目标性状明确、材料谱系清晰、工作系统可靠的基础研究，对于高水平林木育种群体构建和生产群体建设，以及有效缩短育种周期、提高遗传增益等具有重要的作用。

（5）育种技术方法创新助力林木良种选育跨越式发展

从林木乃至动植物育种的发展历史看，每一次技术创新或突破都会带来育种的快速发展。未来林木育种技术创新重点仍集中于选择、交配和遗传测定等育种关键环节，包括研究如何通过一定的交配设计、环境设计、数据处理分析以及现代选择技术方法，

基于智能设计育种实现有利基因更多、更高效、更快地聚合；或者如何实现入选植株尽早开花结实、交配和新一轮基本群体构建等。此外，开发适合树木特点的基因编辑技术，安全、高效、多价基因共转化技术，有性多倍化和体细胞染色体加倍共性技术，高世代种子园无性系配置与开花调控技术，无性繁殖材料的幼化与复壮技术、体细胞胚胎发生诱导和规模繁殖技术等，仍将是研究的重点。在林木常规育种发展到一定阶段，伴随着基因组与生物信息学、大数据与人工智能、基因编辑与合成生物学等多学科、多技术的发展及整合应用，必将推动林木育种进入智能、高效、精准亲本选配和智能设计育种时代。

（6）新品种知识产权保护成为国际共识

林木新品种是个人或集体智慧的劳动成果，保护通过申请授权的林木新品种，已经成为包括我国在内的加入国际植物新品种保护联盟成员的权利和义务。对于已经授权的林木新品种，任何单位或者个人未经品种权所有人许可，不得为商业目的生产或者销售该授权品种的繁殖材料，不得为商业目的将该授权品种的繁殖材料重复使用于生产另一品种的繁殖材料等。通过保护品种权人的利益，激励科研人员积极投身于艰苦的育种工作，通过种植优良品种为社会贡献更多的木材和林产品，并通过相应减少天然林采伐而达到保护环境的目的，实际上也是保证了全世界的共同利益，这已经成为国际共识和应用新品种的行为准则。

思考题

1. 什么是林木遗传育种学？其研究的主要内容和任务是什么？

2. 为什么说林木育种更加重要？造林不使用良种对国家林业发展和社会经济会有何影响？

3. 认识品种需要注意什么问题？为什么说"林以种为本，种以质为先"？

4. 什么是理想品种？如何才能获得理想品种？

5. 为什么遗传基础窄化的品种只能应用于集约化经营的商品林？

6. 与作物育种相比，林木育种工作有什么特点？如何在林木育种中扬长避短、提高育种效率和效果？

7. 什么是理想森林？理想森林经营与林木遗传育种有何关系？

8. 为什么要开展森林遗传学等基础理论研究？研究重点是什么？应如何开展基础研究？

9. 试述林木遗传育种的发展简史和发展趋势。

10. 我国林木育种存在哪些主要问题？有何解决对策？

第2章
基因及其表达调控

  我们知道，深入解析关键基因及其表达调控在林木优良性状形成中的作用机制，是林木遗传育种的研究重点之一，也是开展基于轮回选择的基因聚合育种或基于转基因和基因编辑的分子设计育种的前提。本章主要介绍了基因与基因组概念的演变，还探讨了中心法则与基因功能，包括遗传信息传递的中心法则、DNA指导的RNA合成、基因的功能及其类别等，并详细介绍了基因结构与表达调控，包括真核生物基因结构、基因状态与时空表达特征、转录调控元件与转录调控因子等。并以林木气孔发生、杨树木质部发育、林木季节性生长发育、林木年龄记忆等转录调控机制为例，讨论了林木重要性状的基因表达调控机制等。

2.1 基因与基因组

2.1.1 遗传物质和基因概念的演变

  自古以来人类便意识到生物体各种性状（特征）在亲子代之间是相对稳定的，即遗传现象，但并不清楚这些性状是如何从亲代传递给子代的。直至19世纪，许多科学家开始研究遗传现象，但当时对遗传机制的了解仍非常有限。Mendel（1866）通过豌豆杂交实验发现了遗传规律，他认识到生物的性状是由某种遗传物质控制的，尽管他并未明确这种物质是什么，但他将其中决定性状的遗传因素称为"遗传因子"，这可以被视为基因概念的雏形。

  1879年，德国生物学家Flemming发现真核生物细胞核中存在着一些易被碱性染料强染色的丝状和柱状体物质，并命名为染色质。1888年，德国解剖学家Waldeyer将染色质称为染色体。科学家发现染色体在减数分裂中的细胞学行为遵循Mendel遗传定律，1910年，美国科学家Morgan等通过果蝇杂交实验发现，基因是存在于染色体上的实体，并呈直线排列，证实染色体是遗传信息的载体。这一时期，丹麦遗传学家Johannsen正式提出了"基因"这一术语，用以替代Mcndcl的"遗传因子"。

自染色体发现与基因被命名后，关于遗传物质的争议仍持续了半个多世纪，因为染色体在化学本质上由多种物质组成，大约包含66%的蛋白质、27%的DNA、6%的RNA以及1%的其他分子。经过漫长的反复验证，包括Griffith的肺炎双球菌转化实验（1928）、Avery等（1944）的肺炎链球菌转化实验、Hershey与Chase的噬菌体侵染细菌实验（1952）等，最终科学界才普遍接受DNA是遗传物质这一观点。1953年，Watson和Crick发现了DNA的双螺旋结构，揭示了遗传物质的物理和化学本质，从而开启了分子遗传学时代，使得人们对基因的认识深入到了分子水平。

总的来说，对遗传物质和基因的认识经历了从模糊的"因子"概念到明确的DNA序列和功能元件的转变。最初，基因被看作染色体上的一些未知的粒子单位，能够进行自我复制，并在细胞分裂时按照一定规律分配，负责遗传特征的传递。因此，经典遗传学将基因定义为染色体上的固定位点，是遗传、交换（crossover，CO）、突变的最小单位。基因不仅具有结构上的稳定性，还是控制生物体性状的功能单位。

随着DNA的发现和分子生物学的发展，基因的概念从抽象的遗传单位落实到了具体的生物分子上。现代遗传学认为，基因是一段能够编码特定蛋白质或RNA分子的DNA序列，是遗传信息的基本单位，它们通过编码蛋白质或mRNA（messenger RNA）分子来影响生物体的结构和功能。此外，随着表观遗传学的发展，人们认识到基因的表达还受到非编码RNA（non coding RNA，ncRNA）、DNA甲基化（DNA methylation）、组蛋白修饰（histone modification）等多种因素的调控。现代基因概念保留了功能单位的解释，而抛弃了最小结构单位的说法，基因不仅包括编码蛋白质的DNA序列，还包括调控这些序列表达的元件。

在二倍体生物细胞中，两套染色体分别来自父本和母本，因此每个基因通常至少有两个拷贝。一对同源染色体的相同位置上，控制着相对性状的两个基因拷贝，称为等位基因（allele）。因为等位基因分别继承自父母本，因此等位基因的DNA序列可能并不完全相同，这种差异称为等位变异。这些差异可能很小，如单个核苷酸的差异，即单核苷酸多态性（single nucleotide polymorphism，SNPs）、插入/缺失（InDel）等；也可能很大，如涉及基因的较大片段结构变异。等位变异是造成个体间遗传差异的主要原因，也是生物进化和物种分化的基础。如毛白杨群体中*PtoWRKY68*基因的等位变异与植物激素脱落酸（ABA）的转运和信号转导途径有关，这影响了植株在干旱胁迫下的气孔开度，从而对抗旱性产生重要影响。该基因的不同单倍型等位基因在不同气候区域中的分布有所不同，其中*PtoWRKY68*hap1等位基因主要存在于西北部和东北部干旱气候区，而携带*PtoWRKY68*hap2等位基因的个体则源于湿润的南部气候区。联合群体表型分析表明，携带*PtoWRKY68*hap1等位基因的个体在旱胁迫后ABA含量增幅更明显，气孔导度下降更多，水分蒸腾散失更少，具有更强的耐旱性。这表明在长期进化过程中，毛白杨可能通过基因突变来适应不同的气候区域（Fang et al.，2023）。

2.1.2　基因组及其结构

基因组（genome）一词最早由德国植物学家Hans Winkler于1920年创造，由基因与染色体两个单词拼合而成，原意是指染色体上所有基因的集合。后来证实，染色体是真核细胞在有丝分裂或减数分裂时染色质丝螺旋缠绕、逐渐压缩形成的特定形式。染色体在细胞间期以松散的染色质纤丝状态存在，仅在细胞分裂期时，高度浓缩的染色体才在光学显微镜下可见。真核生物基因组通常由多条染色体组成，如松科（Pinaceae）树种体细胞一般具有24条染色体（$2n=2X=24$）（图2-1）。

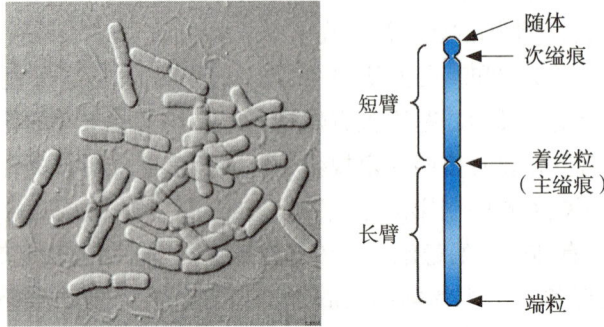

图 2-1　油松染色体组形态（Niu et al.，2022）**和真核生物染色体的不同结构**

细胞分裂中期染色体上存在一个细胞分裂时姊妹染色单体粘连在一起并附着纺锤丝的缢痕，被称为着丝粒（centromere）。着丝粒结构的一个显著特点是，该区域核小体含有着丝粒特异组蛋白CenH3，虽然其与H3组蛋白高度相似，但N端存在较大变异。着丝粒由高度重复的异染色质组成，通常包含150~180bp的DNA片段多次串联重复，如巨杉（*Sequoiadendron giganteum*）着丝粒重复序列单元为181bp（Scott et al.，2020），着丝粒区重复序列与重复次数在不同物种间并不保守，存在显著的种间多样性。着丝粒区主缢痕可以将染色体分为两个臂，根据臂比（长臂与短臂的比例）不同，可以将染色体分为四种类型：中着丝粒染色体、亚中着丝粒染色体、近端着丝粒染色体、端着丝粒染色体。除了着丝粒外，有的染色体末端还存在一个次缢痕，形成一个与染色体主体相连的球形或椭圆形的染色体片段，称为随体（satellite），与核仁的组织有关。

一个物种体细胞染色体组在有丝分裂中期的形态特征，包括染色体数目、长度、着丝粒位置、臂比、随体是否存在等，被称为核型（karyotype）。同一物种的核型具有很高的稳定性，因此染色体核型分析可以作为鉴别物种或亚种的重要依据之一，有助于更准确地进行植物分类和系统发育研究。对于育种学家来说，了解林木和野生近缘种的染色体组型信息有助于筛选优良基因资源，为杂交育种提供理论指导。如发现易位系、异源多倍体等有利变异类型，可用于改良品种。

在染色体末端通常由高度保守的7bp的DNA片段（多为TTTAGGG）高度串联重复序列组成，被称为端粒（telomere）。对于线性染色体而言，端粒的存在至关重要，一方面它的特殊结构可以保护染色体不发生融合、断裂，以及阻止核酸酶的降解。尤其在DNA复制（DNA replication）中，由于染色体末端RNA引物结合部分无法进行复制，如果没有端粒的存在，染色体末端会逐渐缩短，导致遗传信息丢失和染色体的不稳定。通过合成生物学，科学家成功将酵母32个端粒中30个进行切除，并将所有染色体首尾连接成一条大染色体，发现单染色体人工酵母与野生型酵母并没有产生明显的生长表型差异（Shao et al.，2018）。表明除了保护染色体线性末端的功能，端粒结构可能并不是生长发育必需的。

自然条件下，DNA由两条反向平行的链组成，两条链围绕一个共同的轴以右手螺旋的形式互相缠绕形成双螺旋结构，双螺旋链直径为2nm，每圈完整螺旋中每条链包含10个核苷酸单元，跨度为3.4nm。每个核苷酸包括一个磷酸基团、一个脱氧核糖和一个含氮碱基。四种不同的含氮碱基分别是腺嘌呤（A）、胸腺嘧啶（T）、鸟嘌呤（G）和胞嘧啶（C）。双螺旋链中脱氧核糖和磷酸基团在外侧交替排列形成链状骨架，脱氧核糖上的碳原子与磷酸基团连接，形成DNA链的主干。在双螺旋的内部，两条链间的含氮碱基通过氢键相互配对：A与T之间形成两个氢键，而G与C之间形成三个氢键。双螺旋结构中，两条链间会形成宽窄相间的沟槽，被称为大沟与小沟，宽度分别为2.2nm与1.2nm。现代遗传学证实，DNA链进一步缠绕在由四种组蛋白（H3、H4、H2A、H2B）组成的八聚体上组装成核小体核心颗粒；核心颗粒再由60bp左右的连接DNA（linker DNA）和H1组蛋白连接，形成完整的核小体；6个相邻的核小体可以进一步盘绕压缩成直径为30nm的染色丝（chromonema）。

在细胞分裂间期，染色质总体以一种松散、展开的状态存在，方便DNA复制、转录等生物学过程。间期染色质可以通过染色程度进一步细分为常染色质（euchromatin）和异染色质（heterochromatin），前者更松散，因此染色较浅，通常与基因表达活跃区域相关，而后者则相反。随着空间三维基因组技术的发展，现在我们知道，属于不同染色体的染色质细丝在细胞核中虽然松散，但并非随机扩散交织的，而是处于相对独立的空间，称为染色体疆域（chromosome territories）。二维线性DNA链上两个距离较远的位点在空间上可以通过折叠发生直接相互作用，如远端增强子（enhancer）对基因转录的调控，这种折叠会形成一个环状突起，称为染色质环（chromatin loops）。多个相邻的染色质环会交织在一起，形成一个内部相互作用频繁的染色质团，被称为拓扑相关结构域（topologically associating domains，TAD），不同TAD间互作显著少于TAD内部，TAD具有较明显的边界，表观遗传修饰可以作为TAD边界的标志，如在边界附近DNA甲基化程度会明显下降。研究发现，杨树基因组一共存在3000~5000个TAD。在更大尺度上，属于同一条染色体的染色质的空间分布可以被分成两类空间区室（compartment），区室A位于细胞核内部，染色质更加松散开放，基因丰富且表达活跃；而区室B位于细胞核外围，染色质折叠更加紧密，转录不活跃，通常为异染色质。在细胞分裂间期，松散展开的染色质在染色质环、TAD、区室、染色体疆域等不同层次上被有序组织，保障了生物学过程的稳定高效进行。

在细胞分裂期，染色质会进一步螺旋压缩，缩短变粗成为柱状或杆状的染色体。在核小体中，四种组蛋白的N端会游离在核小体外部，可以被多种表观遗传标记修饰，如甲基化、乙酰化（acetylation）、磷酸化（phosphorylation）等。组蛋白修饰是表观遗传调控的重要机制之一，对于染色质结构与动态变化，基因表达调控等生物学过程调控具有重要意义。位于不同染色质区域的组蛋白修饰存在特异性，如乙酰化修饰可以使局部染色质结构松弛，从而利于转录因子和其他调控蛋白接近DNA并结合其上的调控元件（regulatory element）；特定的组蛋白甲基化修饰与基因活性状态相关联，例如，

H3K4me3（组蛋白H3第4位赖氨酸三甲基化）通常在活跃转录的启动子（promoters）区域富集，而H3K27me3（组蛋白H3第27位赖氨酸三甲基化）常与转录抑制相关。

以上所述均为核基因（nuclear gene）或核基因组（nuclear genome）。所谓核基因组是指真核生物细胞核内染色体所携带的全部遗传信息，有别于叶绿体和线粒体等的细胞质基因（plasmagene）或细胞质基因组（plasmon）。核基因和细胞质基因存在互作关系，共同决定植物细胞质基因组复制以及部分叶绿素合成和降解、光合和呼吸作用、可育性等性状表达。

2.1.3　林木基因组特点

高质量参考基因组是深入开展分子生物学研究的重要基础。林木基因组研究起步较早，毛果杨是继拟南芥（*Arabidopsis thaliana*）、水稻后第三种被全基因组测序的植物，如今，全球几乎所有重要的林木树种都公布了参考基因组序列，这直接推动了树木重要性状形成与演化研究、比较基因组学、群体遗传学、基因组辅助育种等领域进入了后基因组学时代。

林木基因组大小存在巨大差异，裸子植物的基因组比大多数被子植物的要大得多。如毛果杨基因组大小为0.39Gb，巨桉（*Eucalyptus grandis*）为0.64Gb，而杉木为11Gb，油松更是高达25Gb。这种差异主要是由基因组中重复序列的比例不同所致。较大的基因组含有更多的重复序列，如檀香（*Santalum album*）基因组大小仅为0.26Gb，其中重复序列的比例为28.9%，而油松中则高达69.4%。重复序列的存在增加了基因组的复杂性，并在基因表达调控、基因组表观修饰以及基因组演化等方面发挥关键作用。如油松染色体的不同区域甲基化水平与重复序列含量密切相关。此外，由于大多数树木是高度异交的，因此同源染色体间的杂合率通常较高，如杜仲基因组杂合率约为1%，油松的杂合率为1.2%。

林木基因组中编码基因的数量也存在很大差异，这主要是由于基因家族的扩张和收缩所致。通常，较大的基因组含有更多的基因，但这两者之间并非成正比关系。如檀香中注释到的基因数量为2.2万个，毛果杨中为4.6万个，而油松中则超过8万个。近缘物种的基因中外显子（exon）的数量和位置通常相对保守，但内含子（intron）的长度变异很大。内含子与外显子的比值与基因组大小成正比，裸子植物中通常具有特征性的超长内含子，如被子植物的平均内含子长度约为0.5kb，而油松为10kb。这些超长内含子的增长主要来源于转座子的扩张。但这些超长内含子并未阻碍基因的正常转录，相反，超长基因通常倾向具有更高的表达丰度（Niu et al.，2022）。内含子长度的高度变异性表明，植物对内含子边界的识别和准确剪切具有极高的鲁棒性。这种鲁棒性主要得益于剪切位点的保守性和剪切过程的复杂性，使得植物能够适应各种环境变化和生理需求，维持其正常的生长和发育。在树木基因组中，假基因非常普遍，如毛果杨基因组中鉴定到的假基因数量为2.4万个，超过真基因的一半。尽管大多数假基因无法编码蛋白质，但仍有6%的假基因显示出表达活性，并且表现出非常高的组织特异性。表明假基因虽然失去了原有的功能，但它们在演化过程中的生物学意义不容忽视。

几乎所有的现存树种形成历史中，均经历过至少两次全基因组复制（whole genome duplication，WGD）或者多倍化（polyploidy）事件，相对于阔叶树，裸子植物中发生的全基因组复制事件较少，除了在种子植物共同祖先在分化前经历过一次古老的全基因组复制事件外，松科与柏科（Cupressaceae）在分化后，仅各自经历过一次全基因组复制事件。而杨柳科树种至少经历了三次全基因组复制事件和一次全基因组三倍化事件。全基因组复制是物种演化的重要驱动力，使得许多功能片段存在多个拷贝，为物种适应恶劣的自然环境提供了基因数量上的保障与进一步演化出新功能元件的条件，为自然选择提供了丰富的遗传材料，有助于提升物种多样性与环境适应能力。在物种演化过程中，伴随着全套染色体的加倍，还存在大量的染色体的重组与融合事件，造成不同物种染色体间同线性关系的改变与染色体数目的差异。尽管目前没有裸子植物和阔叶树之间的同线性程度比较，但从裸子植物基因组较强的稳定性、较少的全基因组复制现象等推断，裸子植物的基因组同线性总体上可能高于阔叶树。

2.2　中心法则与基因功能

2.2.1　遗传信息传递的中心法则

遗传信息在生物体内的传递方式和过程遵循着一套精确而复杂的规则，这套规则被Crick称为中心法则（genetic central dogma），其核心内容可以概括为（图2-2）：①DNA复制。遗传信息可以从DNA传递到DNA，即DNA聚合酶以每一条DNA单链作为模板，以半保留复制的形式，合成新的互补链，形成两个新的DNA分子的过程。②转录（transcription）。遗传信息从DNA传递到RNA，即RNA聚合酶读取DNA单链上的基因信息，并合成相应的RNA分子的过程。③翻译（translation）。遗传信息从RNA传递到蛋白质，即核糖体读取RNA上的密码子信息，并按照密码子所编码的氨基酸序列合成蛋白质的过程。蛋白质是生物体内执行各种功能的主要分子，它们可以作为酶催化生化反应，或者作为结构蛋白维持细胞形态，或者参与信号传递等多种生物学过程。蛋白质的合成和功能实现是遗传信息表达的最终目的。中心法则强调了遗传信息在传递过程中的单向性，即遗传信息不能由蛋白质转移到蛋白质或核酸之中。这是中心法则的一个重要特征，也是生物学中的一个基本规律。

随着科学研究的深入，中心法则也得到了进一步的补充，在某些病毒中，遗传信息的传递存在一些特殊机制，有些病毒可以利用逆转录酶将RNA逆转录（reverse transcription）为DNA，然后再整合到宿主细胞的基因组中。如在烟草花叶病毒（tobacco

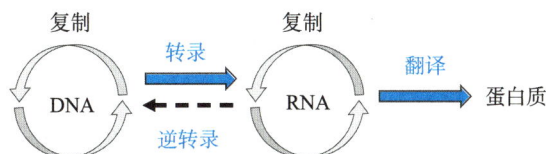

图 2-2　遗传信息传递的中心法则

mosaic virus，TMV）等部分病毒中，RNA可以直接进行自我复制，而不需要依赖DNA作为模板。朊病毒（prion）能够将蛋白质信息传递给蛋白质，而不需要经过RNA的中间步骤。此外，某些情况下，蛋白质修饰可以直接逆向调控蛋白自身编码RNA（coding RNA）的编辑，还有一些非编码RNA不编码功能性蛋白质或多肽，而直接作为功能分子，可以直接调控遗传信息向蛋白质的传递或改变细胞表观遗传修饰状态。

2.2.2　DNA 指导的 RNA 合成

遗传信息通过转录过程由DNA传递给RNA，在基因转录过程中，其中一条DNA链被用作模板来合成RNA分子，这条链被称为模板链或反义链，RNA聚合酶沿着这条链从5′到3′进行滑动，并使用碱基互补配对规则（A–U，T–A，C–G，G–C）来合成RNA。另一条DNA链的序列与RNA分子的序列相对应（U对应T），这条链被称为编码链或有义链。需要注意的是，模板链与编码链是相对的，同一DNA区段，两条链均有可能进行转录，并存在相互调控。

在真核生物中，存在多种RNA聚合酶，其中RNA聚合酶Ⅱ（RNAP Ⅱ）负责mRNA的合成。植物RNA聚合酶Ⅱ是一个大型的多亚基酶复合体，由12个不同的蛋白质亚基组成，这些亚基协同工作，确保转录过程的准确性和效率。RNA聚合酶Ⅱ最大亚基的羧基端区域（C–terminal domain，CTD），具有重复多次的七肽重复序列（Tyr–Ser–Pro–Thr–Ser–Pro–Ser），其中有Ser 2与Ser 5位点的磷酸化对调控基因转录有重要作用。CTD结构域是转录各个步骤中调节信号的重要接受者。未磷酸化的RNAP Ⅱ被招募到启动子上，并在转录前起始复合物中进行组装。启动后，CTD在Ser 2和Ser 5处被磷酸化，并从近端启动子区域释放以进行生产性延伸。随着延伸的进行，CTD在Ser 2P和/或Ser 5P处完全磷酸化。

在转录起始阶段，RNA聚合酶Ⅱ需要与其他蛋白质因子（如转录因子）一起发挥作用，以识别和结合到基因的启动子区域。首先需要转录激活因子清除启动子区的核小体，这些核小体阻碍了对RNA聚合酶Ⅱ和一般转录因子（GTF）的结合。而后转录起始前复合物（PIC）在核心启动子上组装。然后DNA解旋，RNA聚合酶Ⅱ开始合成RNA。RNA聚合酶Ⅱ稳定地控制DNA和新生的RNA链，离开核心启动子并进入启动子近端暂停区域。暂停的RNA聚合酶Ⅱ复合物被过度磷酸化并从暂停区域进入生产性延伸阶段。

转录是一个RNA聚合酶Ⅱ快速启动并连续完成足够数量的mRNA合成的过程。当DNA双链被解开后，RNA聚合酶Ⅱ以类似由聚合酶组成的车队（polymerase convoys）的形式一个接一个结合到模板链，连续启动新RNA链的合成。在活跃转录的植物基因中，每2~3秒就会有一个新的RNA聚合酶Ⅱ结合到模板链。pre-mRNA是边合成边加工的，包括5′端修饰、内含子剪接、3′端修饰都是与RNA合成同步进行的，因此，多内含子基因的内含子通常是依次剪切，而不是等pre-mRNA完全合成后再同时剪接。pre-mRNA新链合成后，5′端会被及时添加7-甲基鸟苷（m7GTP）帽子结构，这一结构可增加mRNA的稳定性，同时也是mRNA翻译起始的必要结构，协助核糖体与mRNA结合。

内含子序列转录后会被立即剪切，该过程由一个巨大的核糖核蛋白复合体（剪接体，spliceosome）催化。剪接体由五个小核RNA（small nuclear RNA，snRNA）U1、U2、U4、U5、U6和多种蛋白质组成。snRNA通过与内含子的互补序列结合，帮助定位剪接位点并组装剪接体。pre-mRNA中的内含子两端都有特定的序列信号，即5′剪接位点（供体位点，donor site）和3′剪接位点（受体位点，acceptor site）。5′剪接位点通常以GU开始，3′剪接位点以AG结束。3′剪接位点上游附近有一个位于内含子内部的非保守性序列，被称为A分支点（通常包含AU-rich序列）。剪接体通过两步转酯反应催化剪接。首先，A分支点腺苷残基以3′-OH端攻击内含子5′剪接位点相邻的磷酸酯键，并通过转酯反应形成一个2′-5′磷酸二酯桥连接到内含子的第一个核苷酸上，导致内含子5′端与外显子分离，发生第一次剪接反应（5′剪接），内含子的5′端与3′端通过形成套索结构（lariat structure）相连。随后，在剪接体的催化下，内含子3′端的磷酸酯键被剪切（3′剪接），将内含子从pre-mRNA中移除，之后第二个外显子的3′-OH端就可以通过第二次转酯反应与第一个外显子的5′-磷酸形成磷酸二酯键连接起来，从而将两个外显子直接相连。剪接完成后，剪接体解聚，重复以上过程对下一个内含子进行剪接。

在植物中，pre-mRNA剪接和3′聚腺苷酸化加尾过程通常是协调进行的。这意味着在3′端加尾之前，内含子必须被正确剪切掉。当pre-mRNA的3′端加尾信号（AAUAAA）被转录后，细胞内的一组蛋白因子（包括CPSF，CstF等）与这个信号序列相互作用，并引导RNA酶Ⅲ内切核酸酶在加尾信号下游11~30nt的特定位点进行切割，切除3′端的部分核苷酸。而后多聚腺苷酸聚合酶（PAP）结合到暴露的3′-OH末端，并利用ATP作为底物，在剪切位点下游连续添加腺苷酸（A）残基，形成一串腺苷酸链，即poly（A）尾。poly（A）尾的长度是动态调控的，它可以影响mRNA的稳定性、核质转运和翻译效率，植物细胞中的poly（A）一般比动物短。完成聚腺苷酸化后，成熟的mRNA分子会被转运出细胞核，进入细胞质进行翻译。

2.2.3 基因的功能及其类别

基因是基因组中的一个功能单位，即具有遗传效应的DNA片段，是产生一条多肽链或功能RNA所需的全部核苷酸序列，在染色体上呈线性排列。

（1）基因的功能

基因是控制生物性状的基本遗传单位，也是突变单位、重组单位和功能单位。每个基因在基因组中都有特定的位置，称为基因座（locus）。一个基因组中包含成千上万个基因，它们共同决定了生物体的遗传特征。每个基因还可以分为不同的区段，包括编码区和非编码区。编码区能够指导蛋白质的合成，而非编码区则对基因的表达起到调控作用。因此，基因不仅包含制造蛋白质所需的编码信息，而且还包含控制这些蛋白质何时以及如何合成的调节信息。基因的表达受到多种调控机制的影响。包括启动子、增强子、沉默子（silencer）等调控元件，以及转录因子、RNA编辑等调控因子，共同决定了一个基因在何时、何地、以何种程度表达。其功能主要包括：

①遗传信息的储存　基因通过特定的核苷酸序列来储存遗传信息，这些信息在生

物体的繁殖过程中被精确地复制和传递。

②编码蛋白质　大多数基因的主要功能是编码蛋白质。基因通过转录和翻译的过程，将DNA上的遗传信息转化为蛋白质的氨基酸序列。蛋白质是生物体结构和功能的基础，参与各种生命活动。

③产生非编码RNA　除了编码蛋白质的基因外，还有一些基因仅转录产生非编码RNA，如转运RNA（transfer RNA，tRNA）、核糖体RNA（ribosome RNA，rRNA）和小分子RNA（microRNA，miRNA）等。这些ncRNA不直接编码蛋白质，但参与调控基因的表达、RNA剪接、RNA稳定性、表观遗传修饰等多种过程。

④影响染色体结构与功能　一些非严格意义上的基因，如转座子以及增强子与沉默子。转座子可以在基因组中跳跃，有时会导致染色体结构的改变，影响附近基因的表达。增强子与沉默子是非编码DNA区域，它们并不直接编码蛋白质与RNA，但是可以通过染色质空间上的折叠对远端基因的表达发挥调控作用。增强子可以提高基因转录效率，而沉默子则可以阻止基因转录。

（2）基因的类别

根据基因的功能和性质，可以将基因分为以下几类（图2-3）：

①结构基因（structural genes）　是编码蛋白质或RNA的基因，直接参与细胞的结构和生理代谢功能。如肌动蛋白是细胞骨架的组成部分，蛋白激酶可以将磷酸基团转移到特定的蛋白质底物上，肉桂酸脱氢酶（C4H）是木质素合成途径中的关键酶。

②调控基因　这类基因不直接编码结构蛋白，而是编码能够调节其他基因表达（包括结构基因或其他调控基因）的蛋白质，如转录因子（transcription factors，TFs）和转录调控因子（transcriptional regulators，TRs）。它们可以通过调控多个下游靶基因的表达来影响整个基因网络的活动状态，因此对生物体的性状和功能具有重要影响。调控基因通常以基因家族形式存在，在植物中TFs至少可以分为58个家族，TRs至少可以分为24个家族，其中比较大的TF家族包括MYB、NAC、ERF、bHLH等，TRs包括SET、mTERF、SNF2、PHD等。植物基因组中TFs基因数量更多，通常是TRs基因数量的3~5倍。

③非编码RNA基因　基因组除了编码基因外，还有些DNA片段可以转录rRNA、tRNA、miRNA、siRNA（small interfering RNA）、piRNA（piwi-interacting RNA）、lncRNA（long non-coding RNA）、circRNA（circular RNA）等RNA，但并不编码蛋白质，被称为ncRNA。

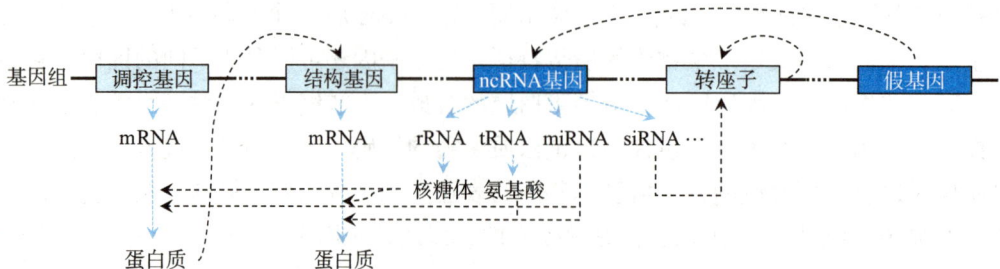

图2-3　基因类别与基因间的相互关系

④转座子　也称为跳跃基因，指染色体上一段能够自主复制和移位的DNA序列，在基因组中通常占较高的比例。转座子可分为两大类：逆转录转座子（类型Ⅰ）和DNA转座子（类型Ⅱ）。Ⅰ型转座子首先转录出RNA，再逆转录为DNA并插入基因组另一位置，实现自身的拷贝扩增，而Ⅱ型转座子通过由自身编码的转座酶将其剪切并插入到另一位置，实现在基因组中的"跳跃"。Ⅰ型转座子序列通常比较长，也是大多数树木中主要的重复序列元件，主要分为病毒家族和非病毒家族两大类，前者又被称为长末端重复反转录转座子（long terminal repeats，LTR），在树木中主要有*Ty3-Gypsy*、*Ty1-Copia*；后者被称为散在重复序列（也被称为non-LTR），主要包括LINE（long interspersed nuclear elements）、SINE（short interspersed nuclear elements）。在树木中，绝大多数重复序列都是LTR，在杨树中*Ty3-Gypsy*平均占全基因组的10.1%，*Ty1-Copia*占1.5%；在油松中*Ty3-Gypsy*占全基因组的33.6%，*Ty1-Copia*占13.5%。

⑤假基因　有些具有基因的典型特征，与已知功能基因有较高的序列相似性，但丧失正常功能的DNA序列，被称为假基因（pseudogenes），常用ψ表示。一般认为，假基因是基因家族在进化过程中形成的无功能的残留物。假基因十分常见，如毛果杨基因组中共鉴定到2.4万个假基因，超过真基因的1/2。需要注意的是，假基因只是丧失了原有功能，但在演化中的生物学意义并不能排除，如一部分非编码RNA来源于假基因近端上游区域，可能起源于假基因的差异化转录（Xie et al.，2019）。

总的来说，基因是生物体遗传信息的基本单位，对生物体的性状和功能起着决定性的作用。研究基因的结构、功能及其相互作用机制，对于深入理解生命现象的本质和规律具有重要意义。

2.3　基因结构与表达调控

2.3.1　真核生物基因结构

真核生物基因结构相对于原核生物来说要更复杂，除了具有内含子外，在编码区上下游还具有多种转录调控区域，通常包括以下几个主要部分：启动子区、转录起始区、编码区（包含外显子区与内含子区）、转录终止区等（图2-4）。

（1）启动子区（promoter）

启动子是DNA序列的一部分，位于基因的5′端，它是RNA聚合酶识别、结合并开始转录的部位。在真核生物中，启动子通常包括核心启动子区域和远端启动子区域（即调控区）。核心启动子通常包含CAAT盒与TATA盒，以及转录起始位点（transcription start site，TSS），而远端启动子区域可能包括增强子和沉默子，这些元件可以增强或减弱启动子的活性。这些调控序列可以位于核心启动子的上游或下游，甚至可能位于基因的远端区域。它们通过蛋白质和其他因子的作用，可以远程影响基因转录活性。启动子区还包含多种转录因子结合位点。转录因子结合在启动子特定区域，精确调控基因的组织表达特异性与表达强度。

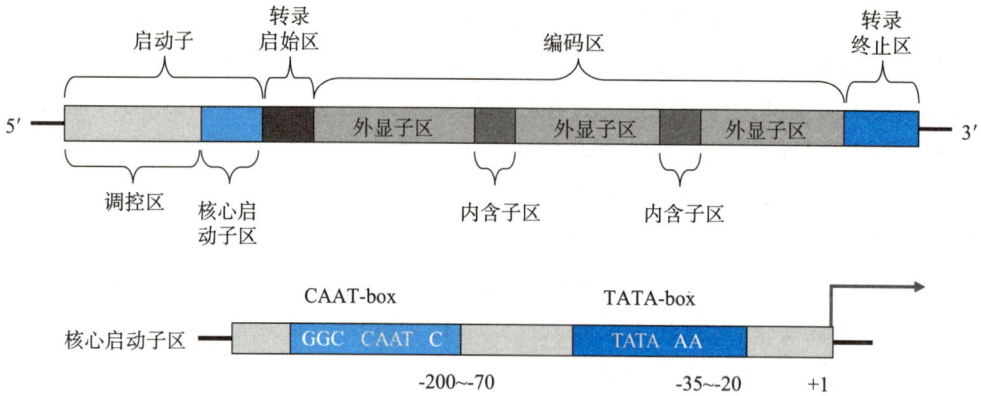

图2-4 真核基因结构与核心启动子结构

（2）转录起始区（transcription initiation region，TIR）

转录起始区位于启动子区下游，是RNA聚合酶Ⅱ识别并结合以开始转录过程的区域，包含转录起始位点（transcription start site，TSS）。TSS是转录过程中第一个核苷酸被加入RNA链的确切位置，通常用+1来表示。在真核生物中，一个基因可能具有多个TSS，这被称为多启动子使用，这种机制可以增加基因表达调控的复杂性。

（3）编码区

编码区包含外显子和内含子。外显子是真核生物基因中能够编码蛋白质的信息序列。在基因转录成前体信使RNA（pre-mRNA）后，内含子会被剪切掉，外显子会被保留下来，这个过程被称为剪接。内含子的剪接存在一定的可变性，从而允许一个基因产生多个不同的mRNA转录本，这些转录本亚型可以编码不同的蛋白质变体，这种现象被称为选择性剪接（alternative splicing）。选择性剪接现象在林木中十分常见，增加了蛋白质的多样性和复杂性，在发育过程、细胞分化和响应环境变化中起着关键作用。

（4）转录终止区（termination region）

转录终止区是基因的3'端区域，是RNA聚合酶Ⅱ完成转录后释放RNA并从DNA模板上解离的区域。这一区域通常存在一个聚腺苷酸化信号序列（polyadenylation signal），也称为加尾信号，其典型序列为AATAAA，位于转录终止点上游约10到30个碱基处。在加尾信号之后通常有一段富含GT序列的区域，当RNA聚合酶对其进行转录时，会导致RNA聚合酶停顿并最终释放RNA分子。随后，聚腺苷酸化酶会在RNA分子的3'端添加一串腺苷酸[poly（A）尾巴]，形成成熟的mRNA。这一修饰对于mRNA的稳定性、出核转运以及翻译效率等方面都至关重要，并且同时标志着转录过程的有效终止。虽然没有像原核生物中的ρ因子那样的单一转录终止因子，但真核生物中有多种蛋白质因子参与转录终止过程，这些因子与上述顺式作用元件相互作用，确保转录复合物的解离以及mRNA的正确释放。

综上所述，真核生物的基因是一个包含多种调控元件的精密结构，它确保了基因转录过程的有效调控。在真核生物的基因表达过程中，这些结构元件协同工作，确保基因在适当的时间和空间位置以适当的量被转录和翻译。这一过程受到细胞内复杂调控网络的控制，确保细胞能够根据其内部和外部环境的需求来精确地调节基因表达。

2.3.2　基因状态与时空表达特征

基因以DNA的形式存在于细胞核中，在生物体内主要以两种状态存在：激活状态和沉默状态。在激活状态下，基因附近的染色质会变得更加松散，允许转录因子和RNA聚合酶等蛋白质接近DNA，启动基因的表达过程，基因可以被转录成mRNA，进而翻译成蛋白质。沉默状态下的基因不会被转录，通常以紧密压缩的异染色质状态存在。

染色质可及性是基因表达调控的重要机制，开放的染色质结构（称为常染色质）允许转录因子结合到DNA上，从而促进基因的激活；而紧密压缩的染色质结构（称为异染色质）则限制了转录因子的接近，导致基因沉默。染色质结构非常紧密的区域基因很难被普通转录因子激活，如在根中异源表达开花调控转录因子很难启动生殖发育下游靶基因的表达。有一类特殊的先锋转录因子可在染色质结构非常紧密的情况下结合到DNA上，通过招募染色质重塑复合物来改变染色质的结构，使之变得更加开放。这种染色质结构的改变使得其他转录因子能够随后结合到DNA上，从而启动或增强特定基因的转录。例如，植物中LEAFY蛋白便是一类先锋转录因子（Jin et al.，2021）。

虽然多细胞生物体内不同细胞中具有几乎完全一致的DNA序列，但不同细胞类型间基因表达模式却存在明显差异，这种差异是细胞功能分化和稳态维持的基础。因此，多数基因的表达需要被精确调控，仅在合适的发育阶段、在合适的组织/器官中被某些特定的内源或外源信号激活，这种现象称为基因的时空特异性表达。

基因的时空特异性表达特征包括：

（1）时间特异性（时序性）

基因表达具有时间特异性，即按功能需要，某一特定基因的表达严格按特定的时间顺序发生。如特定基因的表达会在特定的发育时期被激活或抑制，以确保生物体按正确的顺序发育。另外有一些节律基因，会在特定的时间（如傍晚）或特定的季节（如春季）表达，表现出明显的时间特异性。

（2）空间特异性（细胞/组织特异性）

基因表达还具有空间特异性，即在不同的细胞类型或组织中，基因的表达模式不同。这是因为不同的细胞类型承担着不同的功能，因此需要表达不同的基因来产生其特有的蛋白质。如一些决定气孔密度基因仅在叶片形成初期表达。相同类型的细胞，因其在生物体上的空间位置不同，基因表达通常也存在明显差异，例如不同冠层的叶片或不同高度茎干的形成层细胞都存在特异的基因表达谱。

（3）诱导表达性

有些基因在正常生长条件下并不表达，仅在特定环境条件或外部信号刺激下才被激活，以响应环境变化或细胞内外的信号。这种调节机制使得生物体能够快速响应环境变化，调整自身的代谢和生理状态，以适应新的生存条件。例如，在植物中，盐胁迫可以诱导抗逆基因的表达，帮助植物抵御高盐环境带来的伤害。

（4）组成型表达

也称为恒定表达，是指某些基因在生物体的几乎所有细胞类型和发育阶段中持续不断地表达其产物，而不受外部环境因素的显著影响。组成型表达的基因具有三个关键特征，即普遍性、持续性、稳定性。这类基因通常编码对于细胞基本功能和存活至关重要的蛋白质，例如管家基因（housekeeping genes），它们通常编码维持细胞基本生命活动所必需的蛋白质，如参与细胞代谢、蛋白质合成和细胞骨架构建的蛋白质。管家基因的表达通常较为恒定，不会因细胞类型、发育阶段或环境条件的变化而有太大波动。因此，它们常用作基因表达分析实验中的内参基因，以标准化其他基因表达水平的测量，从而校正不同样本之间的差异，确保实验结果具有可比性。

2.3.3 转录调控元件与转录调控因子

基因的时空表达模式对于正常的生长发育是至关重要的，因此，转录调控是一个精细而复杂的过程，涉及多种调控元件和转录调控因子的相互作用。这些调控元件和因子确保基因在正确的时间、正确的细胞类型、正确的环境条件下以正确的表达丰度进行转录，从而协调植物的生长、发育和对环境的响应。其中顺式作用元件（cis-acting elements）是与编码序列相邻或远端的特异DNA序列，这些元件并不编码蛋白质，而是通过提供一个结合位点来影响特定基因的活性。反式作用因子（trans-acting factors）是能够与顺式作用元件相互作用并调节靶基因转录水平的蛋白质，它们通常具有特定的结构域（domain），如DNA结合结构域和转录调控结构域，使它们能够识别并结合到相应的顺式作用元件上发挥转录激活或抑制功能。

真核生物中的顺式作用元件主要包括：启动子、增强子、沉默子、转录因子结合位点（transcription factor binding sites，TFBS）、应答元件（response elements，REs）等。虽然启动子、增强子、沉默子的功能同样依赖于其中的转录因子结合位点，但后者的分布范围更广，某些基因的内含子区同样含有对转录具有调控作用的转录因子结合位点。应答元件是一类高度特异性的顺式作用元件，它们能够响应特定的细胞内或外源信号，并通过与相应的反式作用因子相互作用来调控基因转录。

真核生物中的反式作用因子主要包括：转录因子和转录调控因子。转录因子通过与DNA中的特定顺式作用元件结合来直接调节基因转录的过程。广义的转录调控因子包括所有能影响转录过程的蛋白质分子，狭义的转录调控因子指除了直接与DNA结合的转录因子以外的那些间接影响转录的因子，例如，辅激活因子（coactivators）、辅阻遏因子（corepressors）以及信号传导通路中的效应因子（effector）等。转录调控因子可以通过多种机制发挥作用，如改变染色质结构、组蛋白修饰、招募其他转录因子或酶、调节RNA聚合酶活性等。

植物基因的转录调控是一个动态的网络，涉及多种调控元件和因子的相互作用。这些调控机制确保植物能够在不断变化的环境中维持正常的生长和发育。

2.3.4 基因表达的表观遗传调控

在基因DNA序列不发生改变的情况下，在不同发育阶段或不同生长环境下，基因的表达仍受到严格调控而表现出不同的表达模式，这种调控机制被称为表观遗传调控

（epigenetic regulation）。其中涉及DNA层面的包括DNA甲基化、组蛋白修饰、染色质重塑（chromatin remodeling）等。这些调控机制在细胞分化和发育过程中起着重要作用，并且可以被环境因素和细胞内部信号所影响。

（1）DNA甲基化

DNA甲基化是指DNA分子中含氮碱基上的甲基化修饰，通常发生在胞嘧啶（C）上，形成5-甲基胞嘧啶（5mC）。5mC会增加DNA的热稳定性，并被DNA甲基化结合蛋白（methylation binding protein）特异性识别，以调控基因表达。在植物基因组中，胞嘧啶甲基化可分为三种类型：CG、CHH、CHG（H代表A、T或C），分别由三种不同的甲基转移酶修饰催化（如MET1、CMT2、CMT3），这些不同的甲基化模式在不同物种和不同的基因组区域中具有不同的分布和功能。在杨树中，mCG、mCHG、mCHH的甲基化水平分别约为42%、21%、3%，而在油松中分别约为85%、78%、2%。在植物中，高甲基化通常与基因沉默相关联，即调控区被高甲基化的基因通常表达量较低。

（2）组蛋白修饰

在真核生物细胞核中，DNA双链缠绕在由四种组蛋白（H2A、H2B、H3和H4）构成的八聚体上，组装成核小体作为染色质的基本组分。组蛋白游离在外的N-端可以通过多种翻译后修饰进行标记，如甲基化、乙酰化、磷酸化、泛素化等。这些修饰可以改变染色质的结构和可及性，从而影响基因的转录。

（3）染色质重塑

染色质重塑是指染色质结构的变化，这些变化不涉及DNA序列的改变，但可以影响染色质的紧密程度和基因位点的可及性与表达。如前所述，组蛋白乙酰化与甲基化等修饰可以影响染色质的紧密度和基因的表达。环境信号和发育阶段可以调节这些修饰的酶活性，从而影响染色质的状态。此外，植物细胞中存在多种ATP依赖的染色质重塑复合物，如SWI/SNF、ISWI、CHD和SNF2等家族的成员。这些复合物能够改变核小体的排列，移动或重新定位核小体，从而影响基因的转录。植物基因组中存在多种组蛋白变体，它们与"标准"的组蛋白类似，但在氨基酸序列上有所差异，通常在特定的细胞类型、发育阶段或生理状态下表达。这些变体可以替换常规的组蛋白，从而改变染色质的结构和功能。如H2A.Z、H3.3等组蛋白变体通常与活跃转录的区域相关。

2.4 林木重要性状的基因表达调控

2.4.1 林木气孔发生的转录调控

三倍体杨树较二倍体叶片显著增大，显微观察发现三倍体叶片上气孔变大，但气孔密度较低，即气孔更为稀疏。研究发现一个MYC转录因子家族成员*PpnMYC*2在气孔密度调控中发挥重要作用（图2-25）。*PpnMYC*2基因在三倍体中表达丰度显著高于二倍体，在转基因植株中过量表达*PpnMYC*2会导致气孔密度显著降低（Xia et al.，2024）。体外与体内实验证实，反式作用因子*PpnMYC*2可以分别直接结合气孔密度抑制因子

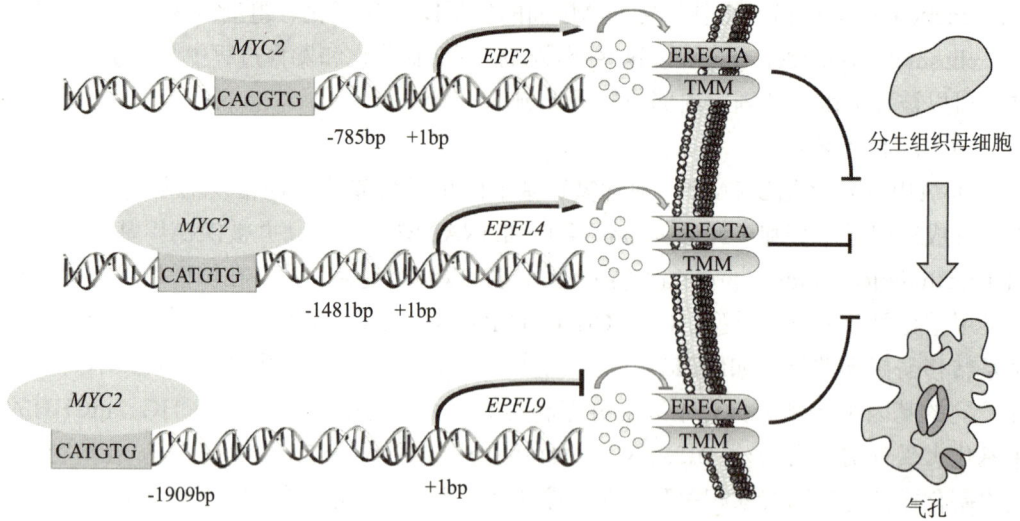

图 2-5 杨树气孔密度调控机制（Xia et al.，2024）

PpnEPF2 和 *PpnEPFL4* 启动子区的顺式调控元件 "CACGTG" "CATGTG"，并促进它们的表达；同时直接结合气孔密度正调节因子 *PpnEPFL9* 启动子区 "CATGTG" 元件，并抑制其表达。可见，即便相同的转录因子结合到相同的顺式调控元件上，在不同位点既可能激活亦可抑制靶基因的表达，两者功能并不冲突，这是因为转录调控还需要其他转录辅助因子的参与。

2.4.2 杨树木质部发育的转录调控

木材的形成与林木的生长息息相关，木材的性质直接影响其应用领域和附加值，研究木材的材性性状形成机制，有助于我们更好地理解林木的生长规律，从而为提高木材产量和质量提供科学依据。

在杨树中，木材形成即木质部发育过程可以分为四个阶段：维管形成层细胞分裂、细胞分化伸展、次生壁加厚和细胞程序性死亡。根据形成时间和来源的不同，木质部可以分为初生木质部和次生木质部。初生木质部是由原形成层（procambium）向内分化而来。次生木质部是由维管形成层（vascular cambium）向内分化产生的，主要包括导管、木纤维、薄壁细胞和木射线等。次生木质部的发育是树木径增粗的主要方式，也是年轮、心材等特征结构形成的基础。

WOX4（WUSCHEL-related homeobox 4）是调控维管形成层活性的核心转录因子，在维管形成层中特异性表达，是多种维管形成层发育调控信号通路的整合节点。在杨树中，有至少95个转录因子在形成层特异高表达，其中表达量最高的为 *WOX4a*，在 *WOX4a/b* RNAi杨树中，初生生长没有受到影响，而维管形成层的宽度显著减少，次生木质部发育受到抑制。生长素是形成层形成与维持的主要激素，生长素响应因子ARF7可以通过与生长素信号通路核心阻遏子AUX/IAA以及赤霉素信号通路核心阻遏子DELLA蛋白互作，以整合上游生长素和赤霉素信号激活 *WOX4* 基因的表达，进而调控形成层活性（图2-6）。

2.4.3 林木季节性生长发育的转录调控

林木的生长周期往往长达数十年甚至上百年，为了应对四季更迭的环境变迁，逐渐演化出一套随季节变化的生长发育模式，这被称为树木的季节性生长或物候。季节性生长具体体现在树木发育的多个过程中，如开花、枝条的生长、木材的形成（早晚材）、叶片的衰老以及顶端分生组织的休眠与复苏等。以杨树为例，可以将这个转换过程细分为六个紧密相连的发育阶段：顶端分生组织的生长停止、休眠芽的发育、芽休眠的建立、获得抗寒能力、芽休眠的解除以及芽的萌动。休眠期还可以进一步细分为生态休眠（enco-dormancy）和内休眠（endo-dormancy）前后两种状态。生态休眠是一种较为浅层的休眠状态，只需遇到合适的生长条件就容易被打破；而内休眠则必须经历一段时间的低温才能解除，之后恢复到生态休眠状态。这些发育阶段既相互独立，又彼此关联。

植物通过感应外部环境的变化来调控其生长与休眠的周期性，以确保其发育与当地的气候条件相适应，从而能在各种环境条件下存活。不同年龄的树木也会采用不同的生长周期，以增加生存概率。

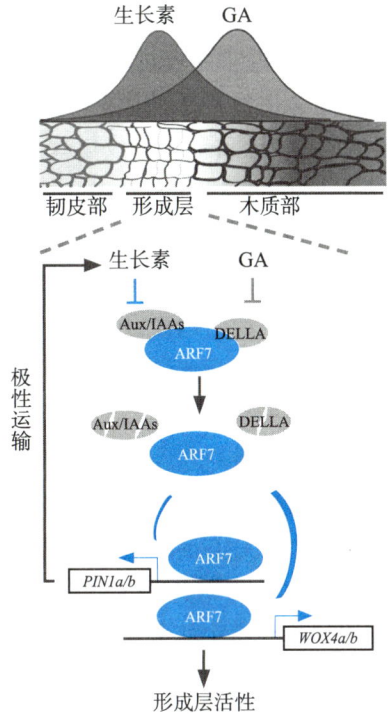

图 2-6　生长素与 GA 信号通路在杨树木材发育过程中对形成层活动的调控
（Hu et al.，2022）

有趣的是，在天然林中，幼年树与成年树通常呈现不同的年生长周期。通常幼年树春季萌芽提前，秋季休眠推迟，通过错位的季节性生长模式或延长生长时间以获取足够的能量，从而确保它们在郁闭的环境下成活。遗传实验证明年龄调控关键因子miR156可促进杨树生长，其在幼年树中表达量更高，可以通过抑制秋季生长停止与促进春季萌芽，有效延长生长期。miR156作为年龄标志因子，随着年龄的增长，表达量逐渐降低。miR156可以特异性靶向*SPL3/5*基因，以促进靶基因mRNA降解。而转录因子*SPLs*能够直接结合并调控*FT2a*和*FT2b*的表达（图2-7），作为分子桥梁将年龄途径与季节性

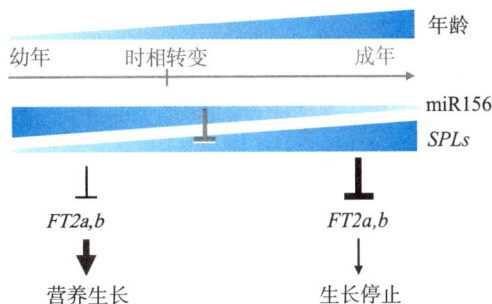

图 2-7　miR156–*SPL3/5s* 模块调控杨树年龄依赖的季节性生长

生长途径联系起来，共同调控树木的适应性生长发育。

2.4.4　林木年龄记忆的转录调控机制

高等植物种子萌发后的发育过程可以分为三个不同的阶段，分别是童期或幼年期（juvenile phase）、成年营养期（adult vegetative phase）以及具备生殖能力的阶段（reproductively competent phases）。与那些一年生草本植物的特性形成鲜明对比，这些草本植物通常在当年开花后就会衰老死亡，而树木则通常需要经历一个相对较长的营养生长阶段。当树木达到性成熟（reproductive maturity）后，它们在首次开花后并不会立即衰老死亡，而是会进入一个周期性的生殖发育阶段。在这一发育过程中，从童期向成年期的转变被称为童期时相转变（juvenile-to-adult phase change），而从成年营养期过渡到具备生殖能力的阶段则被称为营养生长时相转变（vegetative phase change）。值得注意的是，在营养生长期间，即使树木处于理想的生长环境条件下，它们也无法开花。这种营养生长时相转变往往伴随着一系列形态和生理状态的变化，其中最为显著的特征是生殖器官，如花或孢子叶球（通常被称为球花）的发育和形成。

DAL1（DEFICIENS–AGAMOUS–LIKE 1）是针叶树中稳定的年龄标志因子，其表达量在不同年龄个体的相同组织中，随着年龄的增长逐渐升高（图2-8）。研究表明这种与年龄高度相关的表达模式在油松、欧洲云杉、落叶松、红松以及银杏中均是高度保守的。油松中*DAL1*基因长达406kb，其基因区被大量DNA甲基化位点覆盖。研究

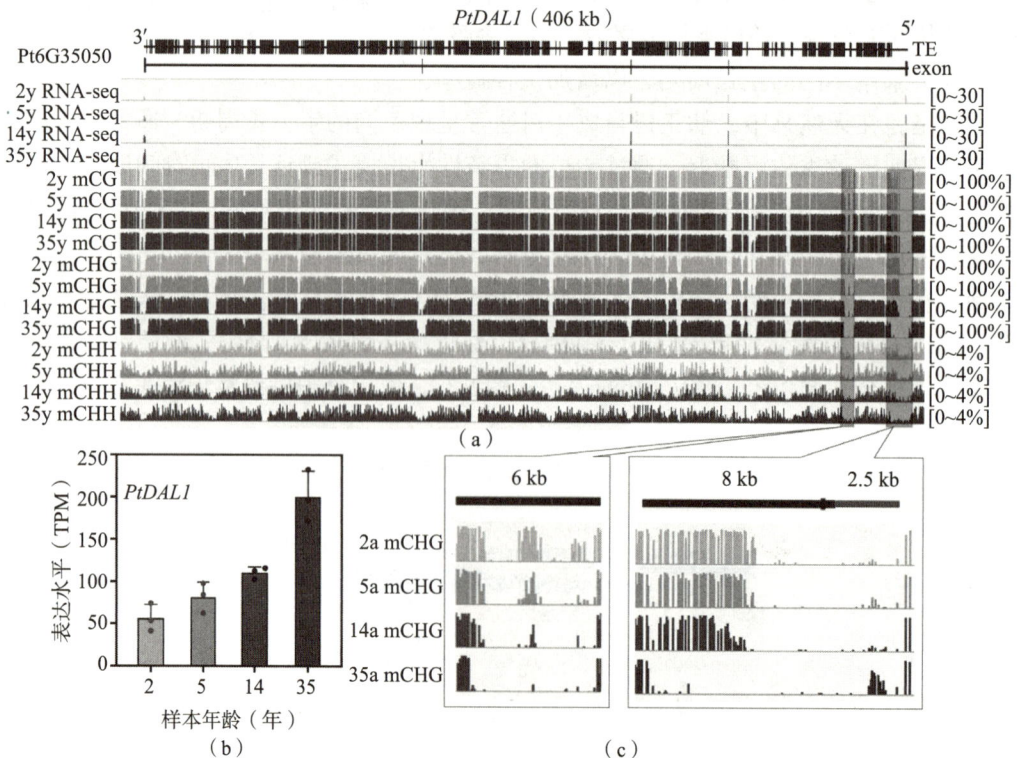

图 2-8　DNA 甲基化对油松年龄标志基因 *DAL1* 的表达调控

发现*DAL1*第一内含子区两个区段DNA甲基化水平随年龄增长逐渐降低，并且变化幅度与*DAL1*表达量变化高度相关，表明DNA甲基化，尤其是CHG位点甲基化可能是针叶树内源的年龄计时分子时钟，表观遗传修饰在针叶树生长发育时相转变的单向性与稳定性中发挥重要作用（Liao et al.，2023）。

思考题

1. 描述真核生物基因结构的主要组成部分，并解释它们在基因表达中的作用。
2. 林木基因组有何特点？
3. 讨论基因表达的时空特异性特征及其在林木生长发育中的意义。
4. 解释转录调控元件和转录调控因子在基因表达调控中的功能。
5. 阐述表观遗传调控机制如何影响基因的表达模式。
6. 基因的不同等位变异对林木性状表现影响有何差异？
7. 基因的功能及其类别有哪些？
8. 真核生物基因结构的特点是什么？

第 3 章

基因转录后调控

基因转录后调控（posttranscriptional regulation）是指基因转录产物通过RNA结合蛋白调控自身结构、分布位置、修饰类型以及稳定性的调节过程。其调控机制是真核生物复杂基因组内基因转录产物正确发挥自身生物学功能的保障措施，而调控产生的转录产物或蛋白质亦可能同时具有反馈调节作用。本章重点介绍了植物mRNA转录后5′加帽、剪接、Poly（A）尾巴的添加、序列特异性核输出、RNA转录本的隔离以及mRNA翻译的过程，针对植物mRNA转录后加工分子机制进行了系统的讨论，并列举了林木重要性状遗传改良过程中的基因转录后调控实例。

3.1 植物 mRNA 结构特征

RNA是基因表达过程的中心纽带。植物体内的RNA根据蛋白编码能力可以分为编码RNA与非编码RNA。其中，编码RNA主要为信使RNA。非编码蛋白RNA主要包括组成型的rRNA、tRNA、小核RNA和核仁小RNA（small nucleolar RNA，snoRNA）以及调节型的miRNA、siRNA、piRNA、lncRNA、circRNA等。

mRNA是以DNA一条链为模板转录并携带一定的遗传信息，用于指导蛋白质合成的一类RNA。mRNA负责将遗传信息从细胞核内DNA传递到核外，然后在核糖体上指导合成基因所编码的功能蛋白，是连接DNA遗传信息与蛋白质（多肽）合成的信使和桥梁。细胞中mRNA的含量只占RNA总量的1%~5%，但是种类繁多，一个细胞中就有成千上万种不同的mRNA分子。植物mRNA分子的大小也千差万别，分布在几百个核苷酸至上万核苷酸之间。

真核生物与原核生物中mRNA的结构存在显著差异。在真核细胞中，一个mRNA分子通常只携带一种肽链编码信息，合成一种多肽链，属于单顺反子的形式。细胞核内，DNA转录产生原始转录产物mRNA前体（pre-mRNA），pre-mRNA上的蛋白质编码区被内含子分隔成若干段，经过内含子剪切、加帽、加尾等加工过程，成为成熟的mRNA，然后从核内转移到细胞质中。细胞质中成熟的真核生物mRNA的结构，一般是

5′端有帽子结构和非翻译前导序列（5′UTR），3′端含非翻译序列（3′UTR）和多聚腺苷酸 [poly（A）尾巴]，中间为翻译区（图3-1）。"帽子"由7-甲基鸟嘌呤（m7G）及三磷酸鸟苷组成，帽子结构可以帮助mRNA从细胞核向细胞质转运、促进核糖体对mRNA的识别和结合，使翻译得以正确起始，也可以阻止5′核酸外切酶对mRNA的降解，增加mRNA的稳定性。非翻译前导序列位于翻译起始密码子AUG之前，通常是不翻译的，但近年发现5′UTR区可能存在一些小的开放阅读框（open reading frame，ORF），可以通过竞争性地结合核糖体来抑制下游主效开放阅读框的翻译，调控蛋白翻译过程。poly（A）尾巴长度为20~200个腺苷酸，以无模板的方式添加，与mRNA从核内向胞质的转位及mRNA的稳定性有关。真核生物mRNA的半衰期通常为1~24h，胚胎中的mRNA半衰期可达数日。

图 3-1　植物 mRNA 结构示意

3.2　植物 mRNA 转录后加工类型

RNA是基因表达的核心，最初被认为仅仅是蛋白质合成的中间体，但后来研究表明许多RNA在基因表达的不同阶段中发挥了特定的功能。在真核生物的所有类群中都存在结构不连续的断裂基因，基因要正确发挥自身功能，需要对初级转录产物pre-mRNA进行相应的加工处理，使之变成具有功能的成熟RNA。植物mRNA转录后加工过程主要包括：转录本在5′端加帽，内含子被移除，并在3′端聚腺苷酸化。然后mRNA通过核孔运输到细胞质，在细胞质中进行翻译，最终以蛋白质的形式行使生物学功能。

3.2.1　植物 mRNA 的 5′ 端加帽

mRNA的5′端加帽是指成熟的mRNA在转录过程中通过5′-5′链接将G添加到转录本的末端碱基上，形成5′端帽子结构的过程。该过程对mRNA转录暂停后的释放具有重要作用。大多数mRNA的5′端帽被单甲基化，但也有一些小的非编码RNA被三甲基化。5′端帽结构可以被蛋白质因子识别，进而影响mRNA的稳定性、剪接、核输出和翻译。

5′端帽子的主要功能之一是保护mRNA不被降解。而事实上，酶切本身就是真核细胞中调控mRNA转录的主要机制之一。在细胞核中，帽子结构被CBP20/80杂二聚体识别并结合。这种结合刺激第一个内含子的剪接，并通过与mRNA输出机制（TREX复合体）的直接交互作用，促进mRNA输出到细胞核外。一旦到达细胞质，另一组不同的蛋白质（eIF4F）与5′帽子结合，开始启动翻译过程。

3.2.2 植物 mRNA 的可变剪接

断裂基因的结构特征，决定mRNA在转录后到行使生物学功能过程中要经过有序的剪接过程。mRNA剪接位点处于外显子-内含子边界处的紧邻序列，一般根据与内含子的相对位置命名。通过比较mRNA和相应结构基因的核苷酸序列，外显子与内含子之间的连接点就可以被甄别出来。内含子的两端之间并没有很强的同源性或互补性，因此，连接点序列尽管比较短，但仍有极端保守的共有序列。根据外显子-内含子连接点的保守性，可以将特定末端排列到每个内含子中。因为内含子两端剪接位点的识别是根据起始点为二核苷酸GU，结束点为二核苷酸AG来确定的，所以剪接位点的这种特征常称为GU–AG规则。

两个剪接位点的序列不同，可以限定内含子的两个末端的方向。它们的命名沿着内含子按照从5′向3′的方向，分别为5′剪接位点，也被称为左侧剪接位点或供体位点；3′剪接位点，也被称为右侧剪接位点或受体位点。剪接位点的突变在体内和体外实验中都可以阻止剪接反应的进行，可进一步证明此共有序列参与了剪接事件。除了基于GU–AG规则的主要内含子，有机体还存在少数内含子特例，它们在外显子-内含子边界处拥有一组不同的共有序列。这些内含子是基于AU–AC规则的次要内含子（Chen and Manley，2009）。

（1）剪接位点的有序拼接

剪接位点序列的简单性引出了mRNA剪接的根本性问题，即植物存在无数序列符合内含子剪接位点规则。那么，如何保证真正的剪接位点被正确识别与剪接，并保证相应的GU–AG对必须跨越较长的物理距离连接起来（有时内含子的长度大于100kb）是mRNA正确行使其功能的关键环节。由此，推测可能存在一种保障5′剪接位点和3′剪接位点碱基之间的正确配对的分子机制。剪接位点及其周围区域通常并不存在互补序列，这排除了内含子末端之间的碱基配对模型。已有的实验表明，任何5′剪接位点原则上能与任何3′剪接位点相连。因此得出以下两点一般性结论：

①剪接位点具有通用性　它们对单个RNA前体没有专一性，而单一前体也没有提供剪接所需的特异信息（如二级结构）。然而，特异RNA结合蛋白可通过其结合于邻近的预期剪接位点，进而促进剪接位点的配对。

②剪接装置没有组织特异性　RNA在任何细胞中都可正确剪接，而不必考虑其是否是在这个细胞中合成的。

如果所有的5′剪接位点和3′剪接位点都是相似的，那么是什么机制确保了剪接位点的识别，使得剪接反应只限于发生在同一个内含子的5′和3′剪接点呢?在RNA剪接过程中，内含子的去除是否存在特定的顺序呢?

剪接反应可暂时性地与转录耦联在一起。因此，由转录事件提供了5′→3′方向的剪接反应的大致顺序。另外，功能性剪接位点常常被一系列可增强或抑制位点的序列元件所包围，表明在内含子和外显子中的序列也可以作为剪接位点选择的调节元件。由以上可知，为了有效地被剪接装置识别，一个功能性的剪接位点必须拥有正确的序列背景，包括专一性的共有序列、高效的剪接增强元件。这些机制组合起来可以确保剪接信号以相对线性有序的方式进行成对解读。

（2）内含子切除的分子机制

去除内含子的剪接反应，第一阶段是5′剪接位点2′–羟基的亲核攻击。左侧外显子呈线性结构，右侧的内含子–外显子分子形成套索（lariat）结构，而内含子的5′端同时进行转酯反应，通过2′→5′–磷酸二酯键与内含子的一个碱基相连，目标碱基是A，称为分支点（branch）（图3-2）。

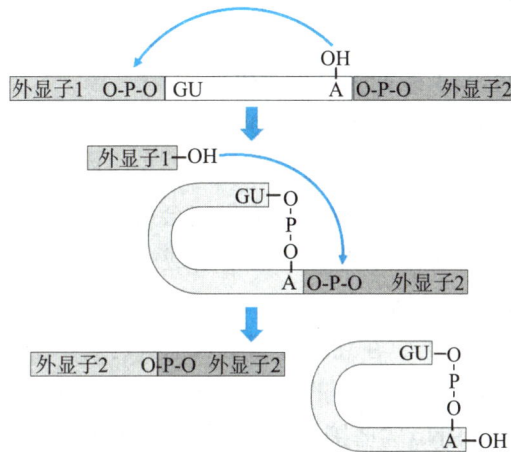

图 3-2　细胞核的基因剪接过程中有两步转酯反应

在内含子切除过程中，需要先形成剪接体（spliceosome）。剪接体由snRNP（核内小RNA）和其他一些蛋白质共同构成。参与剪接过程的5个snRNP是U1、U2、U4、U5和U6。剪接体可识别5′和3′剪接位点及分支点。在所有反应发生之前，复合体就把5′和3′剪接位点连到了一起，这就解释了为什么任何一个位点的缺失都会阻止剪接反应的起始。剪接体是按一定顺序在pre–mRNA上进行组装的。只有所有的组分都组装好之后才可发生剪接反应。剪接体是以完整的pre–RNA为基础而形成的，经历了含有游离的5′外显子线性分子和右端套索–内含子–外显子的中间阶段。在复合体中几乎找不到剪接产物，这表明发生了3′剪接位点的剪接和外显子的连接后，产物立刻被释放。像核糖体一样，剪接体不仅依靠蛋白质–RNA和蛋白质–蛋白质间的相互作用，也需要RNA–RNA间的相互作用。在有snRNP参与的一些反应需要RNA与被剪接RNA序列进行直接碱基配对；其他一些反应则需要snRNP之间，或剪接体中蛋白质与其他组分之间的相互识别。

（3）可变剪接与基因表达的耦联

尽管mRNA剪接与转录两个反应在体外能独立进行，但是，长久以来人们认为两者在基因表达中是耦联的（Hicks et al.，2006）。首先，基因5′端的内含子在转录过程中就被去除，而基因末端的内含子则在转录过程中或转录之后被加工。其次，在5′加帽、内含子去除，甚至3′端的多腺苷酸化过程中，Pol Ⅱ的C端结构域（CTD）作为装卸垫，提供给各种不同的RNA加工因子，以确保在转录过程中对不断出现的剪接信号的有效识别，以便与邻近的功能性剪接位点配对，这样就保持了5′→3′方向的剪接顺序。最后，与延伸Pol Ⅱ复合体相连的RNA加工因子和酶，可识别不断出现的剪接信号，这使得这些因子能与其他非特异性RNA结合蛋白有效竞争。此外，5′加帽酶可以协助克服初始的启动子附近的转录暂停，剪接因子似乎在转录延伸方面发挥了重要作用，并且mRNA3′端的形成对转录终止是必需的。因此，在真核生物细胞中，转录和RNA加工是高度协同的。

3.2.3　植物 mRNA 的 3′ 末端加工

（1）mRNA转录终止与3′末端多聚腺苷化

转录是以DNA为模板，利用RNA聚合酶（polymerase）的酶促核苷酸聚合过程。真核生物中存在三种RNA聚合酶：RNA聚合酶Ⅰ、Ⅱ、Ⅲ。RNA聚合酶Ⅰ是催化产生5.8S rRNA、18S rRNA、28S rRNA的酶，它们将会成为真核生物核糖体的大小亚基的组成部分；RNA聚合酶Ⅱ（RNAP Ⅱ/Pol–Ⅱ）合成mRNA及大多数snRNA和小RNA或者微RNA（microRNA，miRNA）的前体，Pol–Ⅱ是含12个亚基的复合物，也是RNA聚合酶中被研究得最多的一类，在它结合到基因上游的启动子并开始转录前需要大量转录因子；RNA聚合酶Ⅲ主要合成小的RNA，比如5S rRNA，snRNA（核内小RNA），tRNA等，其中snRNA参与RNA的剪接。基于不同的RNA聚合酶的类型，转录可以以多种不同方式结束。mRNA3′末端的形成传递了对RNA聚合酶Ⅱ转录终止的信号。真核生物绝大多数mRNA前体都需要经过3′末端的核苷酸信号识别、剪切、添加一段腺苷酸尾巴，这个过程称为多聚腺苷化。

（2）mRNA3′末端多聚腺苷化的生物功能

mRNA3′末端的多聚腺苷化是真核生物中一个关键的转录后调控步骤，具有多种生物功能。多聚腺苷酸[poly（A）尾巴]具有保护mRNA分子免受核酸外切酶攻击的功能，较长的poly（A）尾巴通常与更高的mRNA稳定性相关，poly（A）尾巴的长度和结构还对核糖体识别mRNA，以及翻译具有调控作用。

调控基因表达　多聚腺苷化过程的选择性可以产生具有不同3′末端的mRNA异构体，这些异构体可能具有不同的稳定性、翻译效率和功能。

病毒防御　多聚腺苷酸化过程也可以被病毒用来干扰宿主的基因表达，例如，流感病毒靶向CPF蛋白以阻断宿主的基因表达。

参与胚胎发育和肿瘤抑制　特定的多聚腺苷聚合酶，如FAM46和GLD-2，与胚胎发育和肿瘤抑制有关。近年的研究发现大概50%的基因具有多个poly（A）位点，称之为选择性腺苷化（alternative poly adenylation，APA）。不同poly（A）位点的选择使得一个基因产生可以产生具有不同3′末端的多种转录本，从而增加了转录本的多样性，这些异构体可能具有不同的稳定性、翻译效率和功能。因此，APA是存在于真核生物中一种重要的基因表达调控机制，其关键步骤是mRNA前体的核苷酸序列的识别，直接决定了成熟mRNA转录本的序列。

3.2.4　microRNA 的转录后调控作用

真核生物和细菌一样，可利用RNA来调节基因表达。非编码RNA可在DNA与RNA水平上调控基因的表达。在真核生物中，除了主要的5S rRNA和tRNAs外，还发现了许多小的非编码RNA，即microRNA，来源于基因间隔区、内含子或者假基因。miRNA可以特异性靶向并降解mRNA，以作为基因表达调控因子，参与基因转录调控；部分miRNA也被证明通过与基因的启动子结合来影响转录的起始。据估计，这些miRNA在发育的各个阶段控制着数千种mRNAs，可能高达基因总量的90%。

（1）植物miRNA 的典型特征

在非编码RNA中，miRNA具有相对保守的二级结构，其前体序列特征包括：其二级结构为发卡状茎环结构（stem-loop structure）；二级结构的自由能小于−20kcal/mol；前体的长度在动物中一般为60~80nt，而在植物中变化很大，从几十至几百nt不等；其前体茎环结构的茎部一般不少于18个基本的配对（包括不稳定的GU配对）；茎环结构中的错配配对体（duplex）不宜过多。

成熟序列具有以下特征：长度约为20~24nt，其中植物大多约为21nt，动物大多在22~24nt；为单链非编码小RNA；具有能够形成发卡状茎环结构的前体；位于茎环结构的一条臂（stem）上，大多在5′端有一个磷酸基团，3′端为羟基。

miRNA作为一种大的RNA初级转录物产生，称为pri-miRNAs，具有自我互补性，能自动折叠成一个双链发夹结构，但通常具有一些不完全的碱基配对。miRNA从合成到作用于靶基因要经过三个途径：miRNA前体（pri-miRNAs）的转录、加工和miRNA的输出。

（2）植物miRNA 的生物合成途径

miRNA前体的转录　相对于部分动物miRNA位于基因组的内含子上，植物miRNA大多位于基因间隔区或具有自己独立的转录单元。在植物基因组中，部分miRNA聚集成簇共同转录，说明各种不同的miRNA可能来自单一的初级转录物。实验证明，植物miRNA初期转录本（pri-miRNA）比动物的更长以形成茎环结构（图3-3）。植物pri-miRNA长度可达1kb，常位于TATA-box序列之后，在RNA聚合酶Ⅱ的协助下进行准确的拼接、多聚腺苷酸化和加5′端帽子。已有的研究表明，拼接位点为Dicer酶的剪切识别位点，可以对miRNA成熟序列进行切割。

miRNA的加工　miRNA的加工与生成过程中最重要的一步就是核糖核酸内切酶（RNase Ⅲ-type）从pri-miRNA上切下miRNA成熟序列。这一过程在动物和植物中并不相同，动物的miRNA从pri-miRNA上的切除是由两种酶分两步完成的：①在细胞核中，Drosha酶先作用于pri-miRNA，切下pre-miRNA；②当pre-miRNA释放

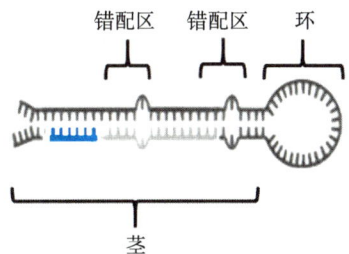

图 3-3　植物 miRNA 茎环结构示意

到细胞质中后，Dicer酶作用于pre-miRNA，切下miRNA成熟序列和与之对应的duplex上的miRNA互补链（miRNA*），产生的miRNA和miRNA* duplex在3′端有2个碱基的凸出。

在植物中，上述两步切割均由Dicer-like 1（DCL1）在细胞核内完成，即植物miRNA和miRNA*是在细胞核中产生的。此外，在动物和植物RNA中很少检测到pre-miRNA的存在，这说明pre-miRNA从产生到切割是一个快速的过程，同时也表明发生在pre-miRNA上的切割反应比发生在pri-miRNA上的频率要高。植物miRNA的生物合成除了需要DCL1的切割，还需要双链RNA结合蛋白HYL1（hyponastic leaves1）和锌指蛋白编码基因SE（serrate）两个基因的共同作用。DCL1、HYL1和SE组成的切割小体（dicing body）识别剪切位点，加工形成miRNA/miRNA*二聚体。

除了切割小体外，METHYLTRANSFERASE HOMOLOG 1（HEN1）能够使miRNA/miRNA*二聚体甲基化，研究表明，植物内生miRNA的3′端2′-OH可发生甲基化，而动物中没有发现。而HEN1突变体中的miRNA的丰度和功能都有一定的削弱。HEN1甲基化可以使miRNA的3′末端羟基免受细胞内多种酶（核酸外切酶、连接酶、末端转移酶、聚合酶等）的攻击，从而保持稳定。

miRNA的输出　在经过DCL1切割和HEN1甲基化后，大部分的miRNA开始从细胞核输出到细胞质中（图3-4），其输出依靠β家族胞核胞质转运蛋白HASTY（HST）。有研究指出，HST突变体中，某些miRNAs的水平降低，但是miRNA在细胞核和细胞质的亚细胞分布比例没有改变。HST通过稳定DCL1和MIRNA基因座组成的复合物，进而促进miRNA的生物合成。但是，HST是如何被募集到MIRNA基因座以及作为一个

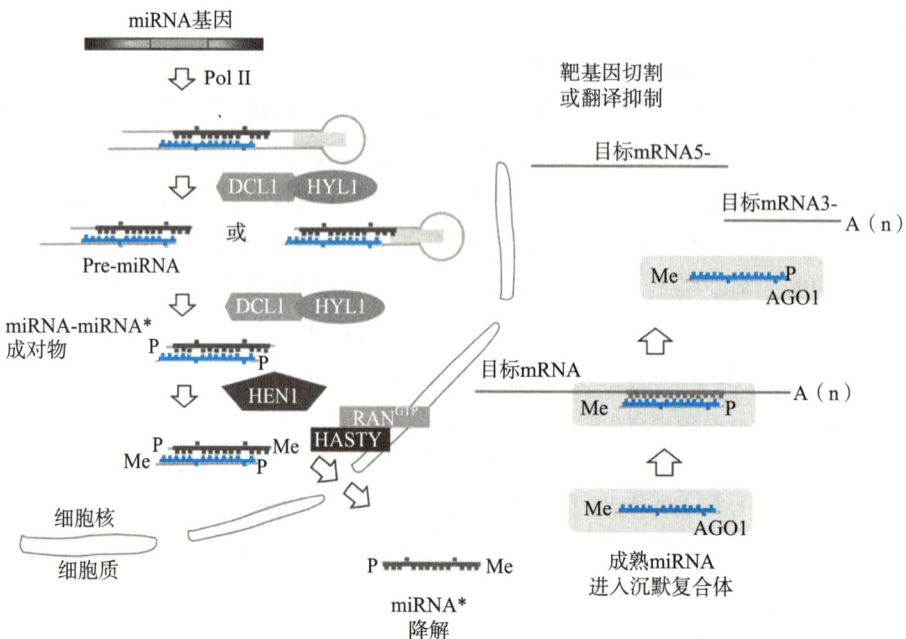

图3-4　MicroRNA 的生物合成与作用机制

核转运蛋白HST是否具有在细胞核与细胞质之间转运生物分子的功能仍需进一步研究（Cambiagno et al.，2021）。

3.3　植物 mRNA 转录后加工分子机制

3.3.1　mRNA 可变剪接的分子调控机制

可变剪接通常与弱剪接位点有关，这意味着位于内含子中两个末端的剪接信号与共有剪接信号存在差异，使得这些弱剪接信号能被各种反式作用因子所调节，它们常常称为可变剪接调节物（alternative splicing regulator）。然而，与假设相反的是，在已探明的真核生物基因组中，这些弱剪接位点常常比组成型剪接位点更加保守。表明许多可变剪接事件可能在进化上是保守的，以在RNA加工水平上维持基因表达的调节。

可变剪接的调节是一个复杂过程，它涉及了大量的RNA反式作用剪接调节物（图3-5）。这些RNA结合蛋白可能识别外显子和内含子中邻近可变剪接位点的RNA元件，并对可变剪接位点的选择产生了正或负影响。结合于外显子、可增强选择的因子是正剪接调节物，其对应的顺式作用元件称为外显子剪接增强子（exon splicing enhancer，ESE）。一些RNA结合蛋白，如hnRNP A和hnRNP B结合于外显子序列，以此来抑制剪接位点选择，其对应的顺式作用元件称为外显子剪接沉默子（exon splicing silencer，ESS）。相应地，许多RNA结合蛋白通过内含子序列来影响剪接位点选择，其对应内含子中的正或负顺式作用元件称为内含子剪接增强子（intronic splicing enhancer，ISE）或内含子剪接沉默子（intronic splicing silencer，ISS）（Long and Caceres，2009）。

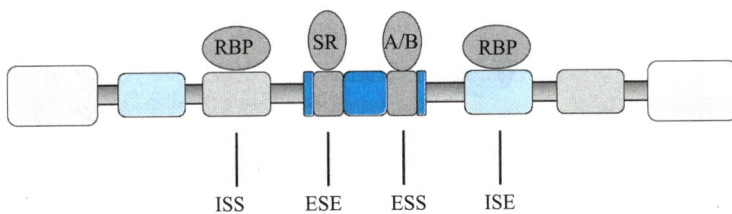

图 3-5　外显子和内含子序列可调节剪接位点选择

许多剪接调节物的位置效应增加了这种复杂性。RNA结合剪接调节物中Nova蛋白与Fox蛋白家族，它们能增强或抑制剪接位点选择，这依赖于它们所结合的、相对于可变剪接外显子的位置。Nova蛋白与Fox蛋白结合于可变剪接外显子上游的内含子序列，这常常导致外显子抑制，而它们结合于可变剪接外显子下游的内含子序列却会增强外显子选择。Nova蛋白与Fox蛋白分别表达于不同的组织。这样，通过反式作用剪接调节物的组织专一性表达可以达到可变剪接的组织专一性调控（Keren et al.，2010）。

3.3.2 mRNA3′末端多聚腺苷化作用机制

与转录起始相比，真核生物RNA聚合酶的终止反应的研究仍然远远落后。目前已知的RNA的3′末端可以通过两种方式产生。一些RNA聚合酶在特定DNA中序列处（终止子）终止转录。RNA聚合酶Ⅲ（Pol-Ⅲ）使用这种策略，运用不同长度的寡聚核苷酸（dT）序列作为信号，将Pol-Ⅲ从转录终止反应中释放出来。对于RNA聚合酶Ⅰ（Pol-Ⅰ），转录的唯一产物是一个含有大部分rRNA序列的前体。终止发生在成熟的3′末端下游的两个不同的位点（T1和T2）上。这些终止子是由特异性DNA结合蛋白识别的。Pol-Ⅰ终止也与内切核酸酶Rnt1p蛋白介导的剪切事件有关，该剪切在加工的28S rRNA的3′末端下游约15至50个碱基处剪切新生的RNA。在这方面，Pol-Ⅰ终止与RNA聚合酶Ⅱ（Pol-Ⅱ）终止在机理上有关，因为两个过程都可能涉及RNA的剪切。与Pol-Ⅰ和Pol-Ⅲ终止相反，RNA聚合酶Ⅱ通常表现出不连续的终止反应，但是它会继续转录约1.5kb，跨过对应于3′末端的位点。在多腺苷酸化位点处的剪切为RNA聚合酶Ⅱ提供了终止的触发因子（图3-6）。

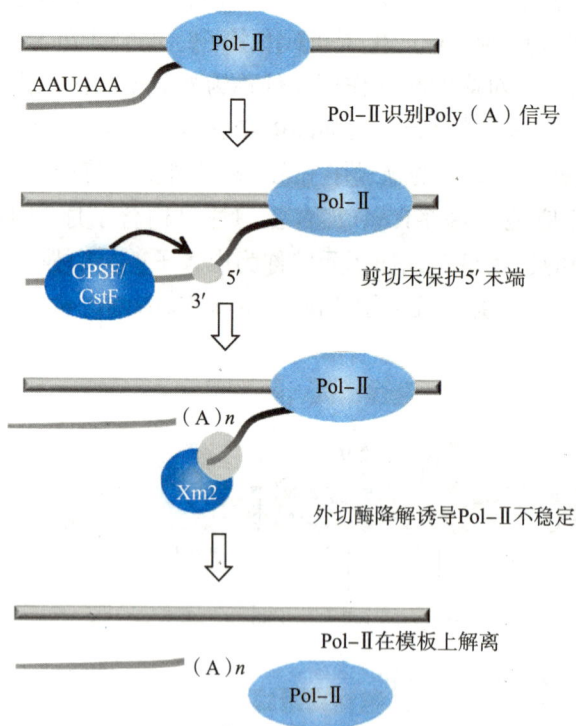

图3-6 Pol-Ⅱ转录本的3′末端形成促进转录终止

关于Pol-Ⅱ的终止反应目前有两种模型，分别为变构模型和鱼雷模型。变构模型表明，多聚腺苷酸化位点的RNA剪切可能在Pol-Ⅱ复合物和局部染色质结构上都触发了某些构象变化。这可能是由于多腺苷酸化反应期间被因子交换所诱导，导致Pol-Ⅱ暂停，然后从模板DNA上释放出来。而鱼雷模型则提出一种特异性核酸外切酶结合到RNA的5′端，导致5′端在剪切后能继续被转录。但是该核酸外切酶降解RNA的速率比合成速率的快，因此它可以追赶上RNA聚合酶，并与结合到聚合酶的辅助蛋白质相互作用，进而触发了RNA聚合酶从DNA中释放，从而导致转录终止。鱼雷模型解释了RNA聚合酶Ⅱ的终止位点不确定的问题。变构模型和鱼雷模型并不排斥，两者都可能反映了与Pol-Ⅱ转录终止相关的一些关键方面。通过这两种机制中的一种或两种，很明显对于大部分真核生物中的mRNA而言，Pol-Ⅱ的转录终止是与3′端紧密耦联在一起的。

3.3.3　miRNA 的转录调控机制

（1）miRNA介导的靶基因mRNA剪切

动物中的miRNA通过RISC复合体（RNA-induced silencing complex，RISC）招募去腺苷化酶和脱帽蛋白对mRNA进行降解。相比之下，植物miRNA与靶基因的互补配对程度高（通常错配小于4个碱基），主要通过对靶基因mRNA的剪切发挥沉默效应。目前，尚未有证据表明在植物中存在不依赖剪切的mRNA降解机制（Iwakawa and Tomari，2013）。植物miRNA主要通过AGO蛋白（argonaute proteins，AGO）的核酸内切酶活性发挥作用。AGO蛋白是一类进化上非常保守的蛋白，广泛存在于细菌、古生菌、真菌、植物和动物中。拟南芥AGO蛋白家族有10个成员（AGO1~10），其中AGO1结合绝大多数的miRNA发挥作用，此外AGO2、AGO4、AGO7和AGO10也可以结合部分miRNA发挥剪切功能。

成熟的miRNA与AGO蛋白组装成miRNA-RISC复合体，miRNA引导及识别与自身核苷酸互补配对的靶基因mRNA并与之结合；AGO1蛋白保守的PIWI结构域具有类似RNA酶H催化中心的三级结构，特异性地在miRNA第10~11位对应的靶基因mRNA位置切断核苷酸之间的磷酸二酯键，产生5′端包含帽子结构和3′端带有poly（A）尾巴的两段切割产物。经miRNA剪切后的mRNA5′和3′端片段进入核酸外切酶降解途径。Northern blot检测结果发现3′切割产物更容易被检测到，意味着5′切割产物更容易被降解，而3′切割产物更稳定。在拟南芥中，催化降解3′切割产物的是一类5′→3′的外切酶EXORIBONUCLEASE 4（XRN4）。miRNA 5′切割产物的降解步骤相对复杂，拟南芥的核酸转移酶HEN1 SUPPRESSOR 1（HESO1）以及其同源蛋白RNA URIDYLYLTRANSFERASE 1（URT1）对其3′末端进行尿苷化修饰能够加速5′切割产物的降解。拟南芥RICE1（RISC-INTERACTING CLEARING 3′→5′ EXORIBONUCLEASE 1）在尿苷化的5′切割产物随后的降解过程中发挥重要作用。RICE1是AGO1蛋白的辅因子，结构上与3′→5′外切酶DnaQ家族类似，RICE1催化活性的缺失导致尿苷化的5′切割产物在突变体内过度积累。此外，在xrn4突变体中也报道了5′切割产物的异常积累，表明XRN4也参与了5′切割产物的降解。Branscheid等（2015）证实了组成外切体复合体的其他亚基突变体中5′切割产物存在积累的情况，表明该过程需要外切体辅因子的亚基SUPERKILLER2（SKI2）、SKI3和SKI8的参与。因此，植物miRNA切割后产生的5′切割产物与果蝇和衣藻（*Chlamydomonas*）中siRNA切割后5′端片段的降解过程类似，均需要外切体的参与，外切体在这个过程中的作用机制是保守的。

（2）miRNA介导的翻译抑制

在拟南芥花序组织中，拟南芥miR172使参与花器官发育调控的靶基因APETALA2（AP2）的蛋白水平下降，而mRNA水平无明显变化。随后，Brodersen等（2008）通过正向遗传学方法筛选影响miRNA作用机制突变体时发现，包括miR171、miR395、miR398和miR834在内的miRNA均可以降低其相应靶基因的蛋白水平，而mRNA水平未出现明显变化，表明翻译抑制是植物中广泛存在的一种机制。

通过放射性同位素标记追踪miRNA靶基因蛋白合成速率的变化，证实miR398和miR165/166抑制其相应靶基因的蛋白合成。Liu等（2013）通过核糖体组学分析发现miRNA靶基因的编码区上附着的核糖体密度降低，miRNA靶基因在核糖体上的翻译效率显著低于非靶基因，而靶基因与非靶基因的稳态mRNA水平并没有明显差异。在影响翻译抑制的DOUBLE-STRANDED RNABINDING2（*DRB2*）基因的报道中指出，*DRB2*及其同源基因在苔藓和进化谱系基部的被子植物中已经存在，且氨基酸的保守程度非常高，表明了其功能的保守性，以及在远古的植物中可能已经存在*DRB2*介导的翻译抑制机制（Reis et al.，2015）。以上证据表明miRNA介导的翻译抑制在植物中的普遍存在。

尽管利用突变体和各种报告系统对miRNA翻译抑制分子机制的研究没有得到明确的结论，但是，体外的生化试验为植物miRNA翻译抑制分子机制的研究提供了部分线索。以荧光素酶作为报告基因，设计人工干扰miRNA使RISC复合体的结合位点位于编码区时发现，miRNA的翻译抑制作用引起全长的靶蛋白水平降低；同时，与miRNA结合位点之前的编码区区域对应的截短蛋白出现明显的积累，然而在报告基因5′ UTR设计的miRNA没有检测到截短蛋白的积累，表明RISC复合体结合在编码区时能够在空间上阻碍靶基因上正在翻译的核糖体延伸。体外实验利用AGO1剪切活性位点突变的RISC复合体（翻译抑制功能正常）与靶基因孵育后进行蔗糖密度梯度组分分析发现，完整的80S核糖体明显减少，说明RISC复合体通过干扰核糖体组装影响翻译起始过程。AMP1是翻译抑制必需的，而*amp1*突变体中的靶基因在活跃翻译的核糖体上的丰度高于野生型，说明AMP1的存在阻止靶基因mRNA进入翻译机器，表明翻译抑制是通过影响翻译起始实现。此外，利用人工合成miRNA的报告株系检测miRNA沉默效率探索发现，当miRNA与靶基因结合位点位于5′端起始密码子前200碱基对范围时能更加有效地实现翻译抑制，表明miRNA可以通过抑制翻译起始过程发挥作用。

（3）miRNA加工衍生siRNA

被miRNA剪切的mRNA除了进入核酸外切酶降解途径以外，还有可能产生phasiRNA。phasiRNA的产生是植物中广泛存在的一种保守机制，即miRNA对一类特殊的靶基因转录本的剪切可以触发产生具有一定相位（phase）的siRNA，称为phasiRNA（phased siRNA）。

phasiRNA在拟南芥中的数目相对较少，近些年伴随着植物基因组数据的不断披露，研究人员发现在玉米、水稻、短柄草等单子叶植物中存在大量的phasiRNA，这些物种的生殖组织中存在的数量尤为丰富。通常来说，phasiRNA的生成由22nt的miRNA触发，与绝大多数编码蛋白的靶基因不同的是，miRNA-RISC复合体切割PHAS转录本，产生的5′和3′片段会被SUPPRESSOR OF GENE SILENCING 3（*SGS3*）捕获并稳定，阻止了切割产物进入核酸外切酶的降解途径，随后RNA-DEPENDENT RNA POLYMERASE 6（*RDR6*）将上述剪切片段复制成双链RNA，通过DICER LIKE 4（DCL4）从头开始以21碱基为单位连续剪切双链RNA，形成头尾相接的21nt双链siRNA。成熟的phasiRNA与AGO1组装成沉默复合体，通过碱基互补配对作用于产生phasiRNA的转录本自身或者其同源基因，在转录后水平发挥负调控作用。其中一类特殊的phasiRNA来自一类长链非编码RNA（long noncoding RNA，lncRNA）的转录本，因其最终产生的小RNA片段作用于非自身或同源的靶基因而被称为反式作用小干扰RNA（Trans acting siRNA，tasiRNA）。

phasiRNA主要来源于长链非编码RNA，但也并非都产生于非编码的转录本。基因组测序及生物信息分析发现部分编码蛋白的基因，包括免疫反应受体NUCLEOTIDE-BINDING LEUCINE-RICH REPEAT（NBS-LRR）和PENTATRICOPEPTIDE REPEAT（PPR）家族以及转录因子MYB家族等，也能够被22nt的miRNA触发产生phasiRNA，这一类phasiRNA可能在植物与有益微生物的相互作用或者防御外界胁迫中发挥功能。tasiRNA的产生起始于特定miRNA对TAS转录本的剪切，拟南芥中有4个TAS基因，TAS1-4。根据TAS转录本中miRNA结合位点的数目，将tasiRNA的产生机制分为"One-hit model"和"Two-hit model"。"One-hit model"中TAS初级转录本只有一个miRNA结合位点，引起切割的miRNA长度为22nt，由AGO1蛋白介导，在5′端进行剪切。"One-hit model"是主要的tasiRNA/phasiRNA产生模型。而"Two-hit model"这一模型特异性适用于TAS3基因转录本的切割，TAS3转录本有两个21nt长度的miR390的结合位点，参与的AGO蛋白是AGO7而非AGO1，剪切点靠近3′端而非5′端。"Two-hit model"在植物中广泛存在，然而在不同物种中的具体分子机制略有差别，在苜蓿和苹果等物种中这些差异涉及参与的miRNA长度，结合的AGO蛋白成员以及剪切发生的位置。

3.4　植物 mRNA 翻译的过程

蕴藏在mRNA序列中的遗传信息被解读并产生蛋白质氨基酸序列的过程称作翻译。翻译是所有生物体中最保守，也是细胞中最耗费能量的过程之一。在快速生长的细菌细胞中，最多可有80%的能量和50%的细胞干重是专门用于蛋白质合成的。在信息传递中，翻译远比DNA到RNA的转录过程复杂。与DNA模板信使RNA的核苷酸互补性不同的是氨基酸的侧链与RNA的嘧啶和嘌呤之间几乎没有什么特异的亲和力。例如，丙氨酸、缬氨酸、亮氨酸和异亮氨酸构成的疏水侧链不能和核苷酸碱基中的氨基和酮基形成疏水键。因此，多肽链中特异而准确的氨基配列不可能是由mRNA模板和氨基酸的直接相互作用导致的。

1955年，Crick提出，在形成多肽链之前，氨基酸必须结合一个能够直接识别并作用于信使RNA三核苷酸密码子的特殊的转配分子（adaptor）。1957年，Zamecnik和Hoagland证明了，在蛋白质形成之前，氨基酸确实和一组RNA分子（约占所有细胞RNA的15%）相结合。这些RNA称为转运RNA（tRNA），因为它们携带的氨基酸随后被转运到不断延伸的多肽链上。将信使RNA的语言翻译成蛋白质语言的机器由4种基本的成分组成：信使RNA（mRNA）、转运RNA（tRNA）氨酰–tRNA合成酶（aminoacy1 tRNA synthetase）和核糖体（ribosome）。通过编译，将4种碱基书写的密码翻译成由20种氨基酸书写的密码。

3.4.1　翻译过程结构性组件

核糖体是将mRNA中包含的信息翻译成蛋白质中的氨基酸序列的解码机器。但并非所有的RNA都是核糖体的底物而被翻译，能够被翻译的转录本具有许多决定翻译效率的内在特征（图3-7）。这些特征包括翻译起始密码子上游mRNA5′端的前导区或5′非翻译区（5′UTR），以及终止密码子下游的3′UTR。其他重要特征是mRNA5′末端的7–甲基鸟苷（m7GpppN）帽和3′末端的[Poly（A）尾巴]，这两者都是翻译的强启始信号。mRNA自身的二级结构也会对翻译产生很大影响。当核糖体遇到无法解开的发夹结构（hairpins）和假结（pseudoknots）结构，就会阻止翻译进程。RNA结合蛋白（RBPs）和小RNA的识别位点的存在是调控mRNA翻译的其他特征。上游开放阅读框是位于5′UTR中主要ORF（mORF）上游的短编码区，是影响mRNA的蛋白质生产水平最普遍的基因特异性元件之一，通常对下游mORF的翻译产生负面影响。起始密码子位于mRNA内的序列信息也极大地影响了核糖体能够识别它作为翻译起始位点的频率，从而影响蛋白质生产速率。

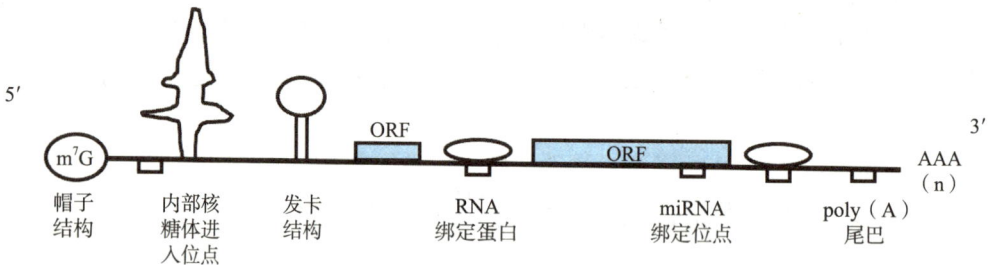

图3-7　影响翻译的 mRNA 结构特征

结构特征不仅决定了mRNA的翻译效果，还决定了特异的蛋白质和其他RNA是否可以与其相互作用。因此，加帽和多聚腺苷酸化后的mRNA转移到细胞质后，原则上已经准备好进行翻译，它们可以通过与特定蛋白质或小RNA的相互作用而螯合在应激颗粒（stress granules）和加工体（processing bodies，P-bodies）上。螯合的mRNA不会被翻译，然后在胁迫结束后分离，使得mRNA可重新被用于翻译。另外，加工体是脱帽酶的积累位点，核糖核酸酶，偶尔还有miRNA依赖性核酸内切酶ARGONAUTE1（AGO1）（Maldonado–Bonilla，2014），负责mRNA的失活和降解。然而，在某些情况下，加工体也可以作为完整的mRNA的瞬时可逆存储位点。此外，转录本还受到mRNA监控机制的影响，例如 no-stop、no-go和nonsense介导的降解，以确保mRNA的翻译无误，同时消除结构异常的转录本，而不产生具有潜在毒性的截短蛋白。

3.4.2　翻译起始

翻译分为三个阶段：起始、延伸和终止。起始是真核生物之间研究最多的部分，是翻译调控的主要阶段。真核生物的翻译依赖于复杂的RNA–蛋白质和蛋白质–蛋白质互作机制（图3-8）。当帽（cCap）结合复合物识别帽结构，并且Poly（A）结合蛋白（PABP）与mRNA Poly（A）尾结合时，翻译过程开始。在植物中，帽结合复合物或eIF4F 4F（eukaryotic initiation factor 4F，eIF4F）由帽结合蛋白eIF4E和支架蛋白eIF4G组成。eIF4G将解旋酶（helicase）eIF4A、eIF4E、PAPB和eIF3结合在一起，使mRNA环化。mRNA的环化是检查mRNA完整性的质量控制环节，刺激翻译起始并促进核糖体的40S亚基的循环。eIF4A是一种解旋酶，与其辅因子eIF4B结合，解开mRNA的二级结构，允许招募43S预起始复合物（43SPIC）。43SPIC由与多亚基起始因子eIF3、eIF1、eIF1A和eIF5以及三元复合物（TC）相关的40S小核糖体亚基组成。TC由GTP结合蛋白eIF2、GTP和Met–tRNA Met起始子（met–tRNAMet）组成，它是起始特异的，可以与用于延伸的Met–tRNA Met区分开来。eIF3由12个亚基组成，是最复杂和最大的起始因子。eIF3参与了几乎所有主要的启动步骤，并负责通过与eIF4G的相互作用将43SPIC带入帽结构。eIF3还参与扫描和起始密码子识别过程，抑制40S亚基与60S亚基过早结合，直至达到起始密码子并参与重新起始（图3-8）。

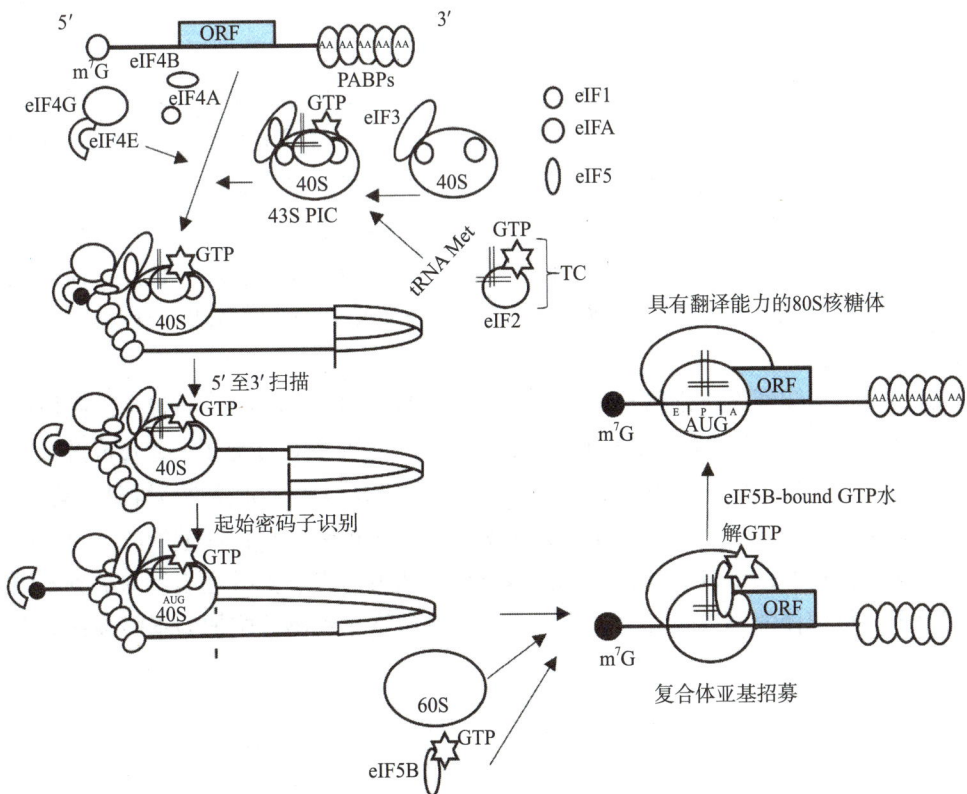

图 3-8　植物 mRNA 翻译起始过程

所有高等植物都具有三种不同形式的帽结合蛋白，eIF4E、nCBP和植物特异性eIFiso4E。这些帽结合蛋白具有不同的表达模式，典型的eIF4E、eIF4E1b和eIF4E1c与帽的结合比eIFiso4E或nCBP更强。不同的复合物对mRNA具有迥异的亲和力，为特定mRNA群体的翻译提供了一种潜在的分子调控机制。翻译起始的主要模式是通过招募到帽的核糖体的mRNA扫描。虽然大多数转录本都属于这种情况，但翻译并不总是从核糖体遇到的第一个AUG开始。在植物中还存在遗漏扫描、重新启动、非AUG密码子启动、内部核糖体进入和分流等调控机制。

3.4.3　翻译延伸

在翻译起始因子eIF4A、eIF4B、eIF4G、eIF1和eIF1A的辅助下，核糖体开始在5′到3′方向扫描mRNA的5′ UTR，直到识别出AUG起始密码子（图3-8）。eIF1在起始密码子识别的保真度中起着关键作用。识别后，eIF1被置换，导致eIF2结合的GTP（guanosine-5-triphosphate）水解，该过程由eIF2催化并由eIF5促进。eIF5BGTPase被招募并介导核糖体60S亚基与40S亚基的组装以及eIF1和eIF2-GDP的解离，产生具有伸长能力的80S核糖体。eIF6还参与亚基结合：它可以防止60S过早地与48SPIC复合物结合，一旦磷酸化就会失去亲和力并与60S分离，从而能够形成80S核糖体。亚基组装后，eIF5B和eIF1A分离。事实上，此时所有的eIFs都与核糖体分离。在这个阶段，甲硫氨酰-tRNAi位于组装的80S核糖体的肽基（P）位点，核糖体的氨酰（A）位点可以自由招募第二个带电的tRNA。eEF1A形成用于延伸的三元复合物，将GTP和氨酰-tRNA输送到A位点。A位点的mRNA和氨酰基-tRNA之间的密码子-反密码子识别导致GTP水解，eEF1A-GDP被释放并由eEF1B再生。P位点中的起始氨基酸Met与A位点中的第二个氨基酸之间的肽键形成是由大核糖体亚基的25~26SrRNA催化并将延长的肽转移到A位点。随后由eEF2-GTP携带的一个密码子在5′到3′方向上进行的核糖体易位（以其水解的GTP为代价）使A位点腾空，肽基-tRNA位于P位点，而去酰化的tRNA从出口（E）站点弹出。然后，A位点准备接受另一个氨酰tRNA以匹配第三个mRNA密码子。

延伸一直持续到终止密码子（UAG、UGA或UAA）进入核糖体A位点。翻译终止由释放因子（release factor，RF）eRF1和eRF3介导，它们与GTP分子一起形成进入核糖体A位点的三元复合物。多肽链和tRNA从核糖体中释放出来，80S核糖体解离成其亚基，可以回收用于新一轮的翻译。但是，并非所有三个终止密码子在促进蛋白质合成终止方面都同样有效（Yu et al.，2016）。这种差异可能是由于特定终止复合物对遇到不同终止密码子的核糖体的不同亲和力，或者由每个特定终止密码子施加的不同终止动力造成的。

3.4.4　翻译终止

翻译终止涉及两个阶段：终止反应本身需要从最后一个肽基tRNA上释放肽链，而终止后需要释放tRNA和mRNA，并把核糖体解离成亚基。没有一种终止密码子可与某一tRNA相对应，它们的作用机制与其他密码子完全不同，它们是被蛋白质因子直接识别的（由于这个反应不需要反密码子和密码子的识别，这很难理解为什么这一步仍然需要三联体密码子，很可能这反映了遗传密码的进化过程）。终止密码子是被Ⅰ型释放因子（release factor，RF）识别的。在大肠杆菌中，两类Ⅰ型释放因子分别识别两种序列，RF1因子识别UAA和UAG，RF2识别UGA和UAA。它们要在A位发挥作用，并且P位需要存在肽基tRNA。释放因子的含量比起始因子和延伸因子的含量低得多，每个细胞约有600个分子，也就是一个RF约对应于10个核糖体。大概在进化之初，可能只有一个因子识别所有的终止密码子，后来才演变为两种因子分别对应不同的终止密码子。在真核生物中，只有一个称为eRF的Ⅰ型释放因子。细菌释放因子识别靶密码子的效率受3′碱基序列的影响。Ⅱ型释放因子是没有密码特异性的，它协助Ⅰ型释放因子发挥作用，Ⅱ型释放因子是GTP结合蛋白。在大肠杆菌中，Ⅱ型释放因子RF3的作用是从核糖体上释放Ⅰ型释放因子。RF3是一种与延伸因子相关的GTP结合蛋白。

在终止反应中，完整的肽链被释放出来，但是留下的脱酰tRNA和mRNA仍然结合在核糖体上。剩余部分（tRNA、mRNA、30S 亚基和50S亚基）的解离需要核糖体再循环因子（ribosome recycling factor，RRF）的参与。这一反应需要GTP的水解，而RRF因子可与EF−G因子一起发挥作用。这一过程还需要IF3因子的参与。RRF因子作用于50S亚基，而IF3因子将脱酰tRNA从核糖体中去除。当然，即使大小亚基已经分开，IF3因子依旧留下来以防止二者的再度结合。

3.5　林木基因转录后调控实例

3.5.1　miRNA 调控杨树多倍体营养生长

在杨树中，三倍体植株较于二倍体具有更大的叶片面积，以及更高的材积生长量。然而，并不是所有的多倍体植物都具有营养生长优势，杨树四倍体、六倍体在营养生长方面显著低于二倍体。表明杨树多倍体中存在比二倍体生长快而健壮和缓慢而矮小的两种类型。

转录组测序研究表明，随叶片发育miRNA表达是否表现剂量效应决定了杨树多倍体营养生长表现，显示了转录后调控的显著作用。其中，青杨三倍体与营养生长相关的miRNA随着叶片的发育不存在剂量效应，导致对促进植株生长的靶基因剂量效应的负调控作用减弱，从而使得叶细胞内与营养生长相关的基因表达表现剂量效应，加之三倍体叶片面积更大，叶绿体降解以及衰老相对缓慢使叶片光合效率更高等，保证三倍体叶片的光合作用、碳固定、蔗糖和淀粉合成代谢，以及生长素、细胞分裂素、赤霉素合成等比二倍体更强，是青杨异源三倍体比二倍体更具有营养生长优势的主要原因（Du et al.，2019）。而随着青杨四倍体叶片发育，miRNA对营养生长相关基因负调控作用逐渐加强，增强了对植株生长正调控因子的抑制作用，

ARFs、*GAMYB*等表达量显著下调，GA₃、IAA等促进生长的激素含量显著低于二倍体；而*ERF*、*TCP*等表达量显著上调，ABA、JA、ET等调节衰老的激素含量高于二倍体，进而导致青杨四倍体叶绿体降解及叶片衰老加快，光合速率降低，糖、淀粉合成及分解能力下降，最终造成青杨四倍体比二倍体营养生长缓慢（图3-9）（Xu et al., 2020）。

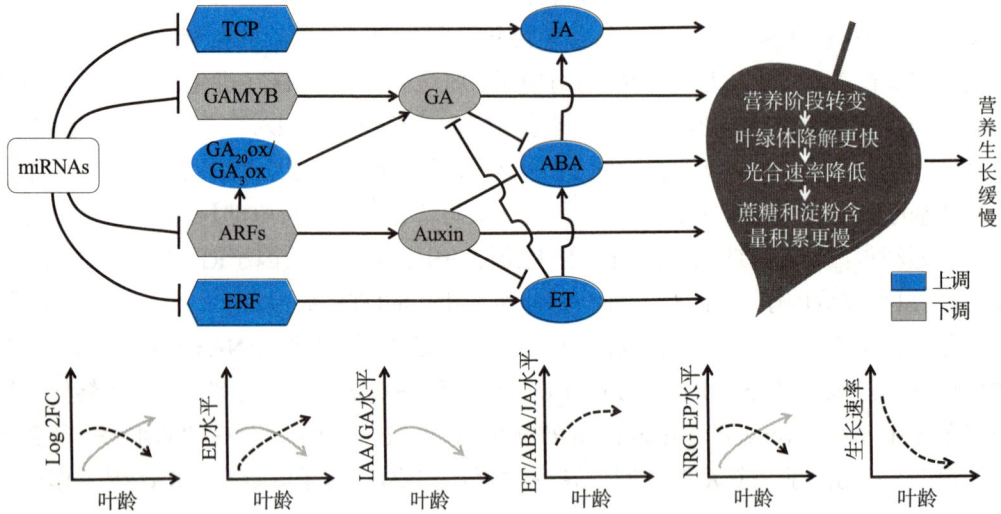

图 3-9　杨树四倍体营养生长缓慢分子调控模型（Xu et al., 2020）

注：①箭头表示促进作用，短线表示抑制作用。②坐标中的实线代表靶基因与营养生长正相关的差异 miRNA、差异基因，以及激素和生理代谢产物的表达趋势；虚线代表靶基因与营养生长负相关的差异 miRNA、差异基因，以及激素和生理代谢产物的表达趋势。

3.5.2　miRNA 调控林木抗逆性状

随着高通量测序技术的兴起，miRNA在林木基因组中的鉴定、分离与功能解析日益加速。迄今为止，已经对林木组织特异性、生长发育、逆境胁迫响应、自身免疫应答等过程中miRNA开展了翔实的研究。根据miRNA的作用方式，开发了大量的软件以及数据库用于对下游靶基因的预测。得益于5′RACE、降解组以及串联短片段核酸靶标模拟（short tandem target mimic，STTM）等技术的发展，miRNA通过靶基因介导林木重要经济性状的分子调控机制逐渐深入。针对杨树特异性miR6445的分子功能进行解析，发现miR6445可以靶向NAC（NAM、ATAF和CUC）家族基因。其中，miR6445–NAC029调控模块参与了干旱胁迫响应。基于STTM诱导的基因沉默实验，证明了miR6445对杨树干旱胁迫耐受性起正向调控作用（图3-10）。过表达其靶基因*NAC029*导致杨树在干旱胁迫下萎蔫加剧、膜损伤加剧、脂质过氧化增加、保水能力降低和光合效率降低，活性氧含量增加。*NAC029*敲除株系在干旱胁迫下显示了完全相反的表型。对*NAC029*下游靶基因进行进一步的解析，发现其可以通过直接靶向并抑制谷胱甘肽S–转移酶23（GSTU23）活性来调节活性氧稳态，增强杨树的抗旱性。

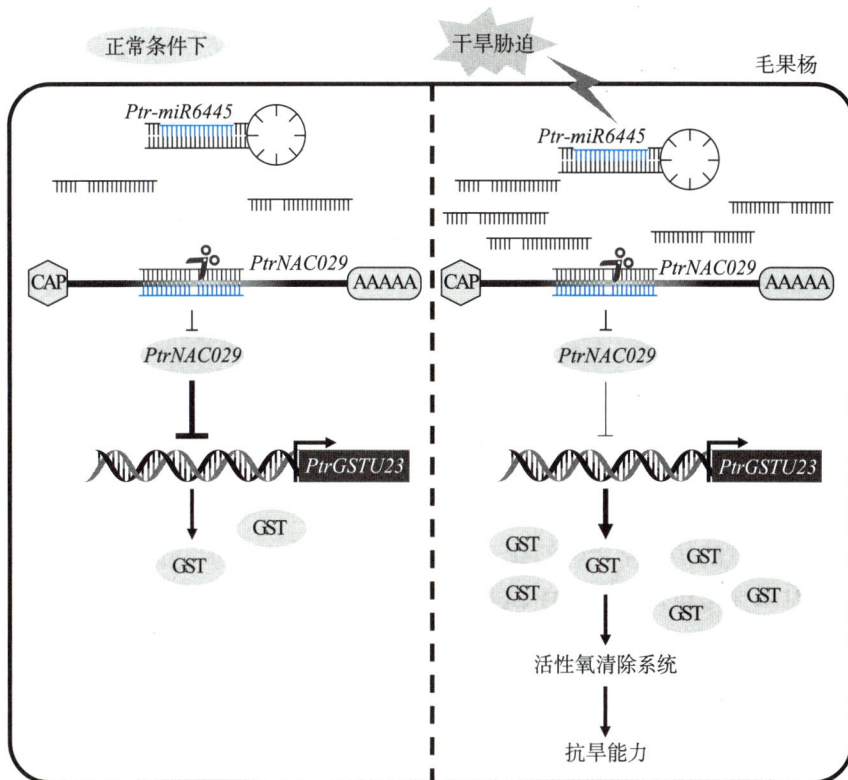

图 3-10 杨树特异性 miR6445 调控抗旱性分子机制（Niu et al.，2024）

思考题

1. 如何识别不同的RNA类型，以进行不同类型的5′帽子添加？

2. 内含子对于基因的转录调控有何作用？

3. 断裂基因的可变剪接总是遵循5′剪接位点–3′剪接位点的顺序进行连接吗？

4. 内含子的去除是否存在特定的顺序？

5. 可变剪接与转录调控如何耦联？

6. 什么是多聚腺苷化？

7. 真核生物成熟mRNA分子3′端poly（A）尾巴结构有何生物学作用？

8. mRNA的定位方式有哪些？是否存在新的定位方式？

9. mRNA衰变的机制是什么？

10. miRNA的转录调控机制有哪些？

11. miRNA在基因组中的进化模式是怎样的？

12. miRNA与siRNA在生物合成、代谢以及转录调控功能方面的异同点。

13. 影响翻译调控的转录本内在特征包括什么？

14. mORF与uORF的定义是什么？

15. 转录调控与翻译调控是如何耦联的？

第4章
遗传信息传递及规律

遗传信息的传递是生物演化和物种发展的重要基础。基因是决定生物性状的基本遗传单位，它以DNA片段的形式存在于染色体上，通过复制、减数分裂以及交配实现亲代遗传物质有规律地传递给子代。本章重点介绍了DNA的半保留复制、有丝分裂、减数分裂与体细胞遗传信息传递，世代交替以及质量性状、数量性状和细胞质遗传规律。

4.1　染色体及其传递

生命体是一个高度复杂而又受到基因精确调控的系统。在高等植物中有$10^4 \sim 10^5$个基因，主要分布于细胞核的几条至数十条DNA分子链上。一般而言，一个细胞核直径仅5μm左右，在这样一个微小的空间里，为容纳几十条长达数厘米的DNA分子，且保证各DNA分子间互不影响，生物进化出了最为简单的适应机制——将DNA纤丝压缩成染色体。由于有了这种将大量基因与少数几个着丝粒维系在一起的染色体"装置"的存在，基因的复制和遗传信息传递变得简单而稳定。

4.1.1　DNA 复制与染色体形成

（1）DNA的半保留复制

在生物个体生长发育过程中，通过有丝分裂（mitosis）实现体细胞增殖，或通过减数分裂（meiosis）完成单倍体（n）配子发生。随着细胞持续分裂和数量增加，作为遗传物质的DNA在细胞分裂前必须进行准确的自我复制。1958年，Matthew Meselson和Frank Stahl以大肠杆菌为材料，通过DNA ^{15}N标记和氯化铯（CsCl）密度梯度离心实验，在分子水平上成功地证明了DNA的半保留复制，即复制完成后的DNA分子双链一条来自亲代，另一条为新合成的链（图4-1）。

DNA的半保留复制是一种确保遗传信息准确传递的机制，这一亲代DNA双链分离

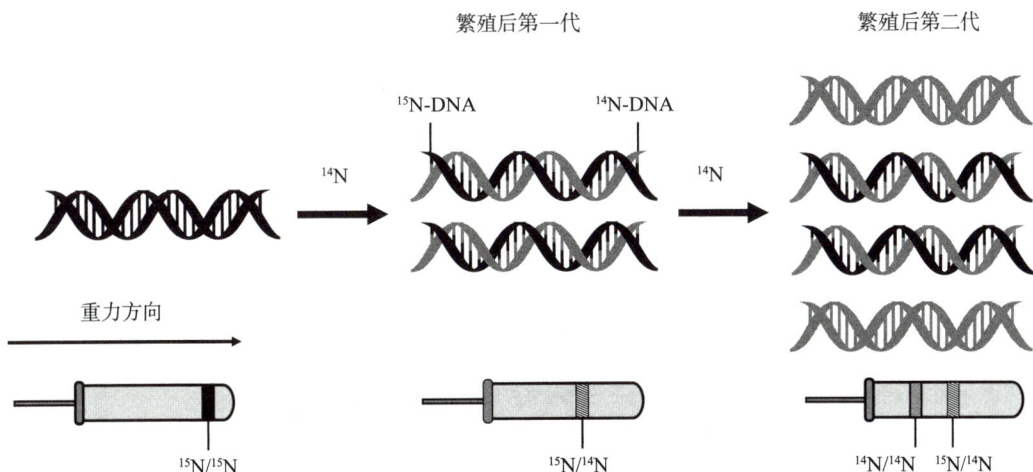

图 4-1　大肠杆菌 DNA 半保留复制模型（William，2002）

注：在全部由 ^{15}N 标记的培养基中得到的细菌 DNA 显示为一条重密度带，位于离心管的管底；当转入 ^{14}N 标记的培养基中繁殖后第一代，得到了一条中密度带，这是 ^{15}N–DNA 和 ^{14}N–DNA 的杂交分子；第二代有中密度带及低密度带两个区带，表明它们分别为 $^{15}N/^{14}N$–DNA 和 $^{14}N/^{14}N$–DNA；随着在 ^{14}N 培养基中培养代数的增加，低密度带增强，而中密度带逐渐减弱。为了证实第一代杂交分子确实是一半 ^{15}N–DNA 和一半 ^{14}N–DNA，将这种杂交分子加热变性，对于变性前后的 DNA 分别进行 CsCl 密度梯度离心，结果变性前的杂交分子为一条中密度带，变性后则分为两条区带，即重密度带（^{15}N–DNA）及低密度带（^{14}N–DNA）。

后通过复制起始点，沿着一定方向生成新的子代DNA双链的过程，需要DNA聚合酶、解旋酶的参与。在复制过程中，DNA分子的双螺旋结构首先通过解旋酶的作用解开，使得两条互补的DNA链分离。接着以分离的每条DNA链为模板，通过严格的碱基配对指导新链的合成，使得每个新合成的DNA分子都含有一条原始链和一条新链，从而完整保留了亲本DNA分子的全部遗传信息，确保遗传信息的稳定传递。

真核生物含有较大的基因组DNA，且DNA与蛋白质结合成染色体，使得真核生物DNA的复制又具特殊性，真核生物DNA复制过程主要包含以下几个步骤。

起始　细胞进入有丝分裂或减数分裂之前的时期称为间期（interphase），主要完成DNA的复制。DNA复制从特定的起始位点即复制起点开始，与原核生物不同，真核生物DNA有许多复制起始点以及更多的复制子。通过分段复制，弥补了其复制速度慢的问题。为确保DNA在每个细胞周期（cell cycle）中只复制一次，DNA复制起始需要一个称为复制许可的过程，这一过程涉及复制起始点的识别和预复制复合体（pre-replication complex，pre–RC）的形成。预复制复合体主要由起始识别复合体（origin recognition complex，ORC）和DNA复制许可因子组成。随后，DNA解旋酶被招募到起始位点，将双链DNA解旋成两条单链，随后单链DNA与单链DNA结合蛋白（single stranded DNA binding protein，SSB）结合，以防止它们重新结合或被降解，以便进行DNA复制或修复。真核生物复制起始点富含A/T，因此此处双链间的结合力比其他区域小得多，有利于解链酶的解链过程。

解开DNA双螺旋是一个耗能过程。研究表明，解旋酶在与复制起点结合时消耗ATP仅用来进行蛋白构象改变，而不是用来解旋DNA。此后解旋酶沿着DNA进行长距离移动，仅由热运动驱使，形成了典型的"随机行走"模式，这种随机移动速度很快，比许多ATP驱动的蛋白马达更有效率。DNA双链解旋后，形成两个复制叉，这两个复制叉可以向相反方向移动，形成一个双叉结构，称为复制泡。另外，由于在真核生物中DNA与组蛋白结合形成核小体，在DNA复制起始时，这些组蛋白会首先被剥离，随着复制的进行，组蛋白不断重新结合于已复制的部分，因此电镜观察这一阶段的DNA时，常发现多个核小体串珠的现象（图4-2）。

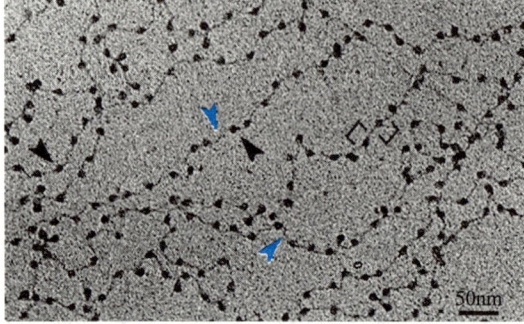

图 4-2　真核生物 DNA 复制过程中核小体串珠结构电子显微照片

（Debasish Kar & Sagartirtha Sarkar，2022）

注：黑色括号表示 1 个核小体，黑色箭头表示核小体核心，蓝色箭头表示连接体 DNA。

延伸　新DNA链的合成主要依赖DNA聚合酶的催化。真核生物中DNA聚合酶的拷贝数和种类较多，有α、β、γ、δ、ε及ζ 6种不同类型。在DNA复制中起主要作用的是DNA聚合酶α，参与复制的成员还有δ和ε，DNA聚合酶γ在线粒体DNA的复制中起作用。DNA聚合酶无法从头合成DNA新链，必须依赖DNA模板与引物。具有RNA聚合酶功能的引物酶（primase）以解旋后的单链DNA为模板，合成一段短的RNA引物，为DNA聚合酶提供起始点。而后，聚合酶α在RNA引物3′末端添加相应的脱氧核苷酸（dNTPs），合成RNA–DNA融合引物。随后，由DNA聚合酶δ负责前导链的复制，ε负责后随链的复制，在DNA引物的基础上继续进行DNA新链的延伸。

连接　在DNA复制过程中，由于DNA聚合酶只能催化dNTP从5′→3′的方向聚合，一条链可以随着复制叉前进方向连续合成，称为前导链（leading strand），而另一条链只能从复制叉分段向后复制，因此是不连续的，称为后随链（lagging strand）。当复制叉前进时，后随链上会周期性地合成短的DNA新链，称为冈崎片段（Okazaki fragment）。真核生物的冈崎片段较短，通常为100~200个核苷酸，仅有原核生物长度的十分之一。DNA连接酶可将冈崎片段连接成连续单链，在连接前，RNA引物先被核糖核酸酶H（RNase H）特异性降解，留下的空隙由聚合酶ε填补，然后，由DNA连接酶连接两个DNA片段，形成连续的DNA链。

校正与修复　在复制过程中，可能会出现错误，如错配的核苷酸。真核生物的DNA聚合酶（如聚合酶δ和ε）在复制过程中具有3′→5′外切酶活性，可以识别错误配对的碱基，通过校对和去除错误核苷酸，替换正确的核苷酸，保证遗传信息精确复制。一旦复制完成，DNA修复系统，如切除修复（excision repair，ER）、错配修复（mismatch repair，MMR）、同源重组修复（homologous recombination repair，HRR）等，会进一步检查并修复遗留的错误。

终止　在复制过程中，两个复制叉从复制起点向相反方向移动。当它们在基因组上相遇时，复制泡融合，在复制叉相遇的区域，形成特定的终止复合物，复制酶和解旋酶的活动逐渐减弱。复制叉相遇后，两段新合成的DNA分子被DNA连接酶连接起来。由于DNA聚合酶工作时总是需要一段RNA引物，造成真核生物线性染色体末端RNA引物结合部分无法进行复制，因此，如果不进行修复，染色体末端会随复制次数的增多逐渐缩短，导致遗传信息丢失和染色体的不稳定。

（2）DNA压缩为染色体

在真核生物中，DNA并非线性排列，而是经过逐级折叠成为高度压缩的染色体结构，存储于细胞核中。染色体直径仅为100Å（1Å=0.1nm），其主要化学成分是脱氧核糖核酸和蛋白质，包括低相对分子质量的碱性蛋白即组蛋白以及非组蛋白的酸性蛋白，其中组蛋白的种类和含量恒定，DNA–组蛋白经过高度螺旋化，形成固定的形态。那么，DNA是如何逐级折叠压缩的？

核小体是构成染色质的结构单位（图4-3），使染色质中的DNA、RNA和蛋白质组成一种致密结构。每个核小体由8个组蛋白分子组成，包括4种不同的组蛋白：H2A、H2B、H3和H4，每种各两个分子。此外，核小体还包含166个碱基对的DNA。这些组蛋白和DNA共同构成核小体的八聚体结构。长166bp的DNA分子以左手方向在八聚体上螺旋盘绕1.75圈，所形成的核小体直径约为10nm。DNA双螺旋的螺距为2nm，166bp

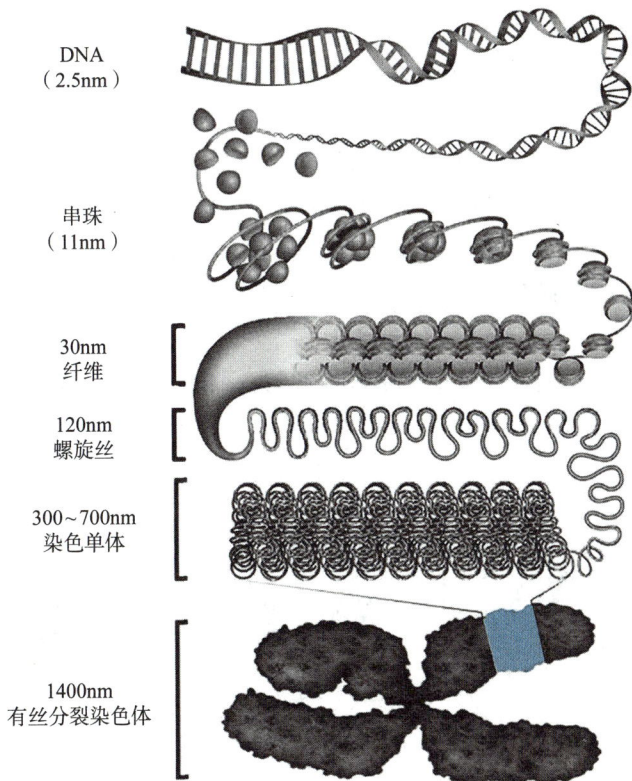

DNA
（2.5nm）

串珠
（11nm）

30nm
纤维

120nm
螺旋丝

300~700nm
染色单体

1400nm
有丝分裂染色体

图 4-3　染色质分层折叠模型（Ou et al.，2017）

的DNA分子长70nm，因此从DNA分子包装成核小体，DNA压缩了7倍，同时直径加粗了5倍。核小体之间以组蛋白H1和DNA结合连接起来，其中可能还含有非组蛋白。用核酸酶水解核小体后产生一种只含140bp的核心颗粒，由核心颗粒加连接区DNA（linker DNA）就构成了核小体的基本结构单位，许多这样的单位重复连接起来形成直径11nm核小体串珠结构，该结构称为染色质纤维或核丝（nucleofilament），也称多核小体链（polynucleosomal chain），这是染色质包装的一级结构。核小体的形成是染色体中DNA压缩的第一步。

随后，在组蛋白H1存在下，由直径11nm串联排列的核小体进一步螺旋化，每一圈由6个核小体构成外径30nm内径10nm，螺距11nm的中空螺线管（solenoid），这时DNA又压缩了6倍，形成染色体包装的二级结构。30nm的纤丝和非组蛋白骨架结合形成很多侧环（loop），每个侧环长10~90kb，约0.5μm，人类染色体约2000个环区。带有侧环的非组蛋白骨架进一步形成直径为700nm的螺旋，构成姊妹染色单体（sister chromatids）。再由两条姊妹染色单体形成中期染色体，其直径为1400nm。

4.1.2 有丝分裂与体细胞遗传传递

在真核生物中，无论是单细胞还是多细胞生物体，其生长、发育和繁殖都是通过细胞分裂进行的，包括有丝分裂和减数分裂。有丝分裂是指一种真核细胞分裂产生体细胞的过程，其特点是细胞在分裂的过程中有纺锤体和染色体出现，使已在S期复制的子染色体被平均分配到子细胞。多细胞生物体的生长发育，主要是通过细胞数目的增殖来实现的，因此有丝分裂也称为体细胞分裂。在萌动种子的胚、根尖、茎尖生长点等部位，都能观察到有丝分裂现象。

细胞通过有丝分裂将经过复制的染色体从一个细胞均等地分配到两个新产生的子细胞中去，这一过程包括细胞核分裂和细胞质分裂两个阶段，其中细胞核分裂分为四个时期（图4-4），即前期（prophase）、中期（metaphase）、后期（anaphase）和末期（telophase）。实际在细胞连续两次分裂之间还有一段时期，称为间期。间期和分裂期相互交替，循环出现，构成细胞周期（图4-4）。

间期　在光学显微镜下，间期细胞核是均匀一致的，看不到染色体。此时仅从细胞外观看，细胞核似乎是"静止"的，而实质上却正处于高度活跃状态，主要完成DNA

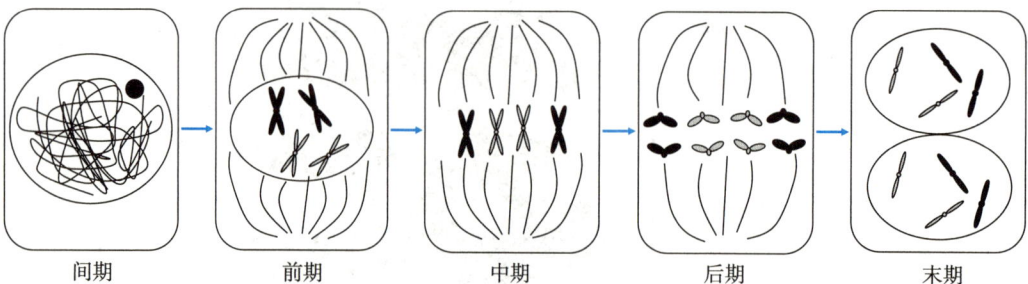

| 间期 | 前期 | 中期 | 后期 | 末期 |

图4-4　有丝分裂过程

复制、DNA转录及蛋白质合成，为细胞分裂积蓄物质与能量。间期又可细分为三个时期，其中 G_1 期（gap1）是指从细胞分裂完成到DNA合成前的一段间隙，称为合成前期或复制准备期。S期（synthesis）为DNA合成期或染色体复制期。此时期内DNA完成复制，DNA含量增加了一倍。G_2 期（gap2）为DNA合成完毕到有丝分裂开始的一段间隙，也称为合成后期。在细胞分裂间期，核仁体积变大，核内细胞质黏性增加。有证据表明，在 G_1、S、G_2 期都有RNA和蛋白质的合成。间期中三个时期的长短因物种而异，一般S期较长，而 G_1、G_2 期较短。染色体复制完成后，经过短暂的 G_2 期，细胞开始进入活跃的分裂期，即M期。细胞周期历时长短与物种和外界环境条件密切相关，大多数高等真核生物细胞周期为18~24h，M期仅需0.5~2h（图4-5）。

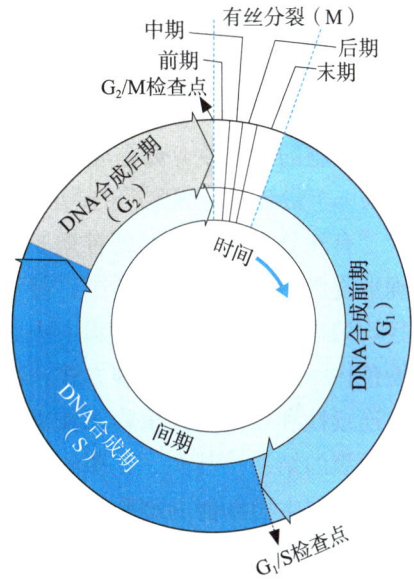

图 4-5 细胞周期

前期 前期的开始以染色体凝缩、形成在细胞核中清晰可见的纤丝为标志。由于在间期的S期已经完成复制，每条染色体实际上由两条染色单体组成，由一个共同的着丝粒连接。大多数物种的核膜、核仁在前期末解体消失，并在两极逐渐形成纺锤丝等。核仁物质的去向主要有两种可能：其一是核仁物质移动到染色线上，参与有丝分裂活动，并被携带到两个子核中；其二是部分或全部核仁物质参与形成纺锤体。在某种情况下，也会发生体细胞联会（somatic synapsis）与体细胞交换（somatic crossover）。体细胞联会是体细胞交换的基础。不均等的姊妹染色单体互换可能是DNA串联重复序列产生的重要原因之一（Wintersberger，1994）。

中期 细胞核与细胞质间已无界限，由微管蛋白聚合成的纺锤丝构成的纺锤体（spindle）开始形成。此时，染色体的着丝粒排列在纺锤体中央的赤道板（equatorial plate）上，纺锤丝附着在着丝粒上。有证据表明，染色体在赤道板上的排列方式并不是随机的，但机制尚未明晰。当用秋水仙碱等抑制组成纺锤体的微管蛋白合成时，染色体就不能排列到赤道板上；而去除秋水仙碱等化学处理时，纺锤体重新形成，染色体又可以在赤道板上排列。此时染色体高度螺旋化，是染色体计数和鉴别的最佳时期。着丝粒分裂为中期结束的标志。

后期 后期是有丝分裂过程最短的时期。每条染色体在着丝粒处几乎同时分裂，具有独立着丝粒的姊妹染色体彼此分开并移向两极。两极染色体数目与原来细胞相同。不同生物或不同细胞种类染色体向两极运动的速度各不相同，在正常温度下，一般在 $0.2\sim5\mu m\cdot min^{-1}$。在同一细胞内，一般不论染色体大小，都以同样的速度同步移向两极。关于染色体运动的机制有许多推测，部分可能是由于附着于着丝粒的微管蛋白解聚导致纺锤丝收缩，向着两极相反的方向牵引染色体，部分可能与分裂中的细胞向纺锤体平行方向扩张有关。

末期 两组子染色体到达两极，染色体解螺旋成染色质，纺锤体逐渐解体消失，核仁、核膜重新形成。在细胞质分裂之前，细胞质中的半自主性细胞器（质体、线粒体）等组分都会进行复制，以后再分配到子细胞中去，完成细胞质分裂（cytokinesis）。植物细胞的细胞质分离是通过细胞板（cell plate）形成实现的。形成的胞间层（middle lamella）最终成为细胞壁的一部分，两个子细胞分开，细胞进入典型的间期状态。

有丝分裂在遗传上具有重要意义。首先，由于细胞在有丝分裂间期每条染色体准确地复制，而在细胞分裂中，复制形成的两条姊妹染色体分开，成对的染色体有规律且均匀地分配到两个子细胞中去，从而使两个子细胞与母细胞具有同样数量和质量的染色体，这种均等的分裂方式，既维持了生物个体的正常生长和发育，也保证了物种的连续性和稳定性。植物无性繁殖之所以能保持无性系原株的遗传性状，就是均等有丝分裂的结果。其次，在多细胞生物中，有丝分裂不仅产生体细胞，而且还产生若干具有潜在生殖功能的细胞，这些生殖细胞可以进行有丝分裂—减数分裂—受精—有丝分裂循环，使物种避免因细胞老化、死亡而保持其连续性。而从合子或原基细胞开始的有丝分裂则是分化必不可少的步骤。

4.1.3 减数分裂与性细胞遗传传递

搭载于细胞核染色体中的遗传物质如何从上一代遗传给下一代呢？是通过减数分裂。所谓减数分裂是指性母细胞成熟形成配子时所发生的一种特殊有丝分裂形式，其特点是染色体只复制一次，而细胞连续分裂两次，新产生的生殖细胞中的染色体数目比体细胞减少一半。减数分裂包括两次连续的细胞分裂过程，分别称为减数分裂Ⅰ和减数分裂Ⅱ，都可划分为前期、中期、后期和末期（图4-6，图4-7）。其中，减数分

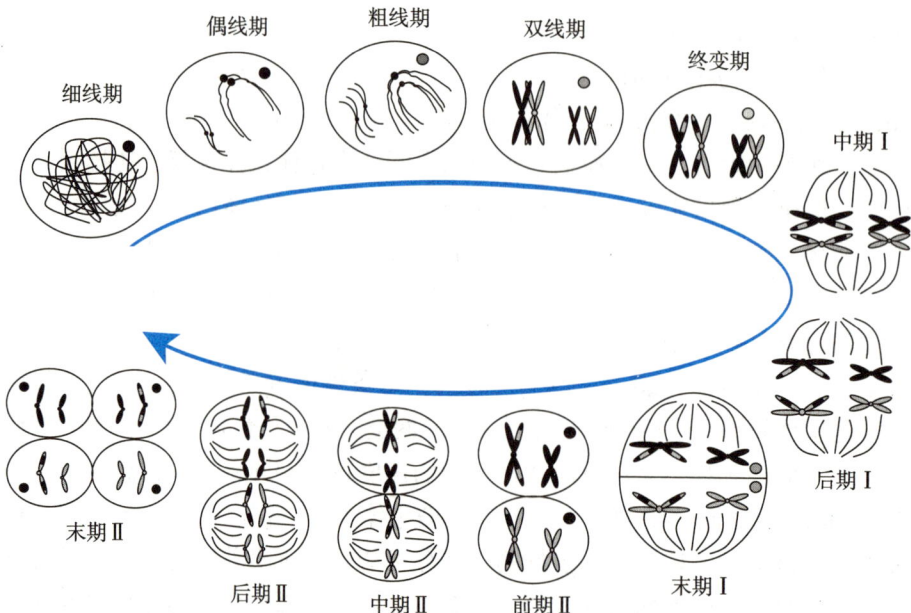

图 4-6 减数分裂期间的染色体行为示意

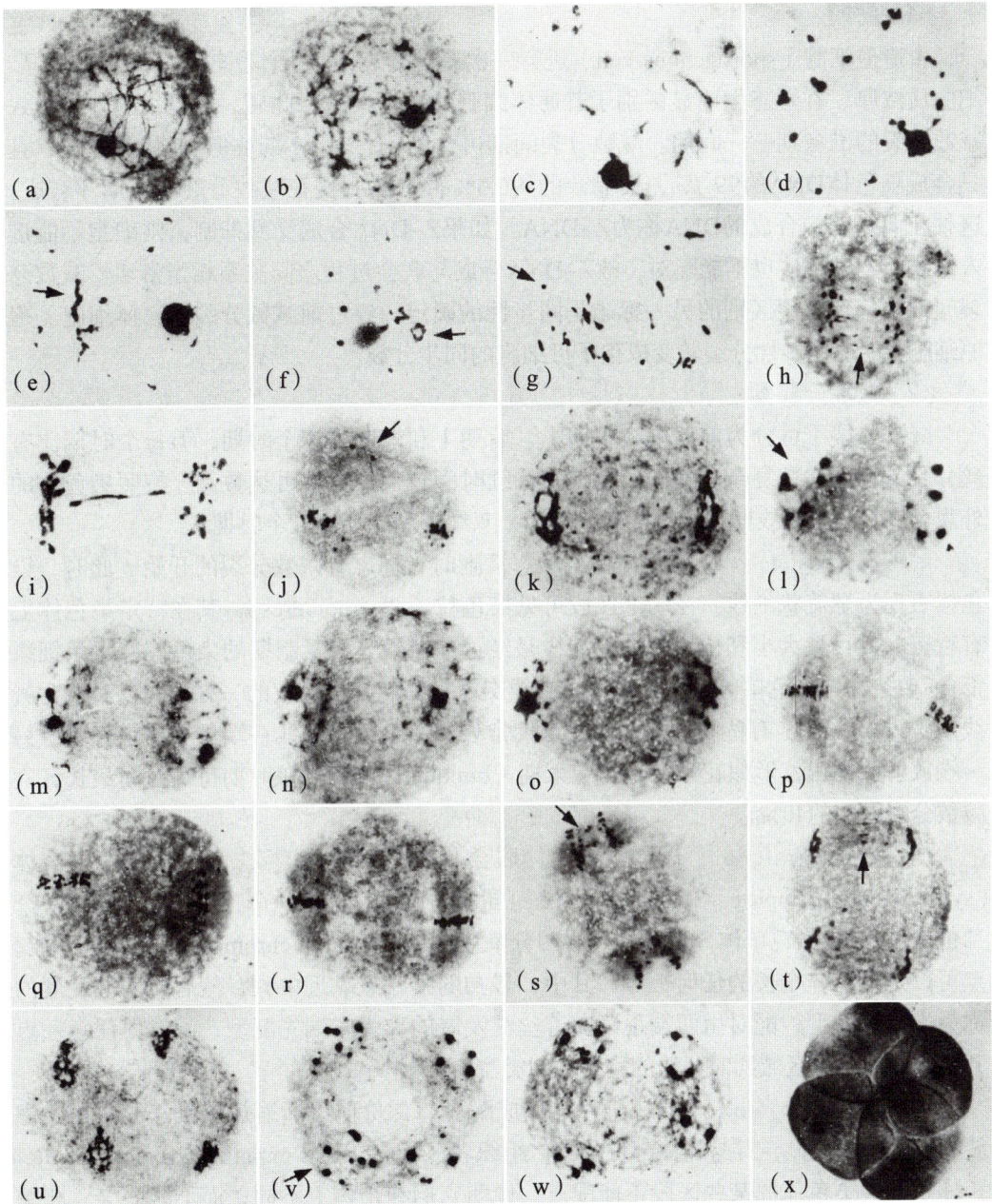

图 4-7　毛白杨小孢子母细胞减数分裂染色体行为（康向阳等，2010）

注：（a）毛白杨花粉母细胞减数分裂细线期；（b）（c）双线期；（d）～（f）终变期（示与核仁相连二价体的数目动态变化，箭头示易位四体链和环）；（g）中期Ⅰ（箭头示单价体）；（h）～（i）后期Ⅰ（箭头示落后染色体、染色体桥）；（j）（k）末期Ⅰ（箭头示4个单价体游离于细胞质中）；（l）～（n）末期Ⅰ多核仁及核仁融合现象（箭头示含8个小核仁的子核）；（o）前期Ⅱ；（p）～（r）中期Ⅱ（示纺锤体定向的不同类型）；（s）（t）后期Ⅱ（箭头示落后染色体）；（u）～（w）末期Ⅱ（箭头示含8个小核仁的子核）；（x）四分体。

裂Ⅰ属于同源染色体分离，为实际上的减数分裂（reductional division）；减数分裂Ⅱ是姊妹染色体分离，类似于有丝分裂，所以称为均等分裂（equational division）。而性母细胞（auxocyte）进入减数分裂之前的物质准备阶段称为间期，或称为前减数分裂期（remeiosis interphase）。

（1）间期

由造孢细胞（sporogenous cell）进行一次有丝分裂，产生体积较大、细胞核明显、细胞质浓厚、在形态上明显区别于普通体细胞的性母细胞。此后，性母细胞开始进入减数分裂的准备期——间期。减数分裂间期可分为G_1、S、G_2期。但S期相对较长，且只合成染色体DNA的99.7%，而剩余的约0.3%的DNA则要在减数分裂偶线期才合成。这种在偶线期中合成的DNA称为Z-DNA。如果Z-DNA合成受到抑制，则细胞不能进入偶线期，染色体也不能配对，故Z-DNA合成与联会过程之间关系相当密切。减数分裂间期与有丝分裂区别的另一标志是同步性的确定，经过前减数分裂期，体细胞（孢原细胞）的非同步性分裂转变成孢子母细胞的同步分裂。

（2）减数分裂I

减数分裂I可分为前期I、中期I、后期I和末期I四个时期，但每个时期比有丝分裂的相应时期复杂。其中，前期I持续时间较长，通常可达数天。按照染色体的外观可将其分成细线期、偶线期、粗线期、双线期和终变期五个时期。

细线期（leptotene）　染色体变得形态清晰时，标志着减数分裂的开始。此时，染色体表现为螺旋状细线，在局部区段可见染色粒（chromomeres），其在特定染色体上有特有的数目、大小和位置。这种细线是经过前减数分裂复制期的染色体，每条细线都含有2条姊妹染色单体。由于染色体细线交织在一起，偏向核的一方，所以又称为凝线期（synizesis）。有些物种中的细线末期常表现为染色体细线一端位于核膜一侧，另一端放射状伸出，形似花束，称为花束期（bouquet stage）。该时期持续时间最长，占减数分裂周期的40%。

偶线期（zygotene）　以同源染色体联会（synapsis）为标志，形成联会复合体（synaptonemal complex，SC）。联会的一对同源染色体，称为一个二价体。由于每一个二价体包括4条染色单体，所以又称为四分染色体（quadruple chromosome）。配对的起点可以是染色体全长的任何一点。其中，最初的接触点靠近中央，然后向两端发展的称为中央先配型；配对由两端逐渐向着丝粒发展的称为末端先配型；配对由任意一点开始，或在若干区域同时开始的称为中间类型。

粗线期（pachytene）　同源染色体完成配对，二价体逐渐缩短变粗，形成相关螺旋。核仁形态明显，且与随体部位的核仁组织者区（nucleolar organizing region，NOR）相连。某些染色体的某些区段不能配对，说明它们在结构上不同源而不能联会。相关螺旋在交换中起重要作用，因此，这一时期也是同源染色体的非姊妹染色单体之间发生交换的时期。通过染色单体的单链的断裂以及连接，最终形成拥有新遗传信息的染色单体。此外，粗线期染色体形态上的线性化表现明显，能够观察到染色粒、异染色体纽等，因此可以对部分染色体进行识别。

双线期（diplotene）　配对的染色体开始分离，彼此互斥。此时核仁依旧与特定的染色体相连，但体积已大大减小。光镜下可以看到联会的2个染色体都分别有2条染色单体组成。同源染色体通过彼此的交换点（即交叉结）依旧联结在一起，形成双线期特有的环和节。每个二价体至少会形成一个交叉，出现的位置和数目决定了二价体在双线期以后各期的构型。二价体两端各具一个末端交叉为环状；具有一个末端交叉为棒状；只有一个非末端交叉为十字形。有证据表明，细胞学上所观察到的交叉与遗传上已经发生的交换点是相吻合的。交叉的数目和位置在每个二价体上并非固定的，而随着时间推移向端部移动，这种现象称为交叉的端化（terminalization）。

终变期（diakinesis）　同源染色体互相排斥，没有交叉连接的片段相互分离，这一时期染色体达到最大凝缩状态，染色更深。每个二价体的同源染色体仍然通过交叉保持连接，在细胞核中呈均匀分布，是观察染色体数目的有利时期。当终变期结束时核仁逐渐解体，核膜逐渐消失。不能联会的染色体以单价体形式存在。

中期Ⅰ　为从核膜解体到二价体固着于纺锤体之间的一段时期。每个二价体的两个着丝粒并列在赤道面的两侧，各自面向相对的两极，这就决定了一对同源染色体将要分向两极的去向。着丝粒具体指向哪一极是随机的。由于在遗传上已经证实不同染色体是按独立分配行动的，假设每对染色体上的一对等位基因都是杂合的，则两种随机产生的定向排列方式产生AB、ab、Ab和aB四种配子的概率相同（图4-8）。即在减数分裂Ⅰ中，非同源染色体在赤道板上随机排列，位于不同染色体上的基因自由组合。

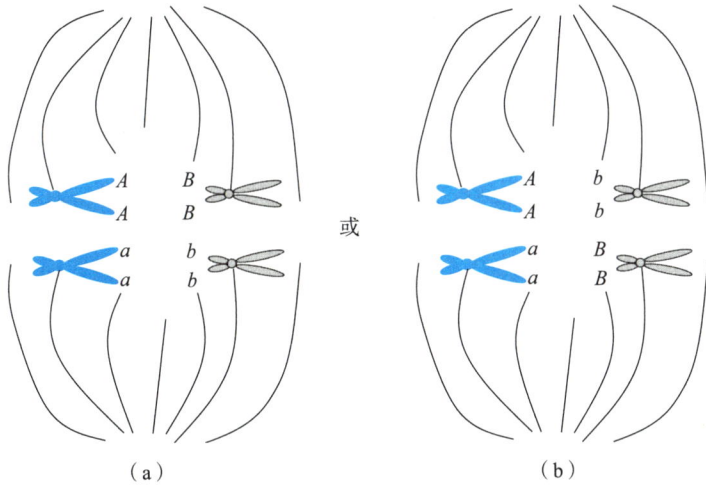

图 4-8　中期Ⅰ中非同源染色体的随机排列导致非同源染色体上基因自由组合

注：（a）产生的配子为 AB：AB：ab：ab；（b）产生的配子为 Ab：Ab：aB：aB。

后期Ⅰ　二价体中的2条同源染色体分开，分别移向两极，同源染色体平均地分配到子核中，每个子核只得到n条染色体，从而使体细胞的二倍性过渡到单倍性，完成染色体数目的减半。等位基因伴随着染色体的分离而分离，是Mendel分离定律的物质基础。后期Ⅰ完成时，细胞的每一极只获得每对同源染色体中的一条（n），即二分染色体（chromosome dyad）。然而，由于一个二分染色体中的两条染色单体仍然由着丝粒连在一起，即姊妹染色单体的着丝粒并没有分裂，故每个细胞中的DNA含量仍为2C（content），即与体细胞中的DNA含量相同。

末期Ⅰ　同源染色体平均分配到达两极后，染色体不再复制，或者进入短暂的分裂间期，或者直接进入第二次分裂（见图4-6）。在植物界，约有35科的单子叶植物和5科的双子叶植物在减数分裂末期Ⅰ的核之间形成细胞板，即表现为连续型胞质分裂；约有176科的双子叶植物和10科的单子叶植物在减数分裂末期Ⅰ的核之间并不形成细胞板，而是在第二次减数分裂结束时完成胞质的四等分裂，即同时型胞质分裂。同时型胞质分裂的染色体行为因植物种不同而表现出差异性，其中，在玉米、杨树中可观察到染色体部分解螺旋并形成核膜；而延龄草属、月见草属（*Oenothera*）等植物的纺锤体消失后，染色体并不解螺旋，由两极直接进入第二次分裂的赤道板。

（3）减数分裂Ⅱ

减数分裂Ⅱ的核分裂实质上是一次有丝分裂，通常将这种有丝分裂称为减数有丝分裂。与体细胞有丝分裂不同的是，减数分裂Ⅱ所产生的子细胞里，只含有一套染色体，而不像有丝分裂所产生的子细胞内含有两套染色体；由于染色体交叉互换的结果，每个染色单体在遗传上可能与其在减数分裂开始时有很大不同；染色单体彼此分开的程度很大，不会出现相关螺旋；在减数有丝分裂结束时，每条染色体的两条染色单体分离至两极，形成4个子核，但每个核的DNA含量皆为1C。

前期Ⅱ 每个二分染色体凝缩，2个姊妹染色单体由一个共同的着丝粒相连，其遗传组成取决于前期Ⅰ发生交换的种类和次数。染色体比末期Ⅰ长，没有相关螺旋。

中期Ⅱ 核膜逐渐消失，纺锤体随之形成，二分染色体通过着丝粒与纺锤丝连接，排列形成赤道板，着丝粒完成分裂。此时，染色体的着丝粒在功能上已是成双的了，来自两极纺锤丝的微管与染色单体上的每个着丝粒相连。

后期Ⅱ 着丝粒纵裂，姊妹染色单体分离，每一染色单体成为独立的2个染色体，并分别移向相反的两极，于是在每一极内含有n个单分染色体（chromosome monad）组成的单倍性的染色体组。

末期Ⅱ 染色体解螺旋，核仁、核膜重新形成。再经过胞质分裂形成4个单倍性子细胞。这样经过两次连续的分裂，结果形成四个细胞，称其为四分体（tetrad）。各细胞核里只有性母细胞的半数染色体。

携带基因的染色体向后代传递是通过减数分裂形成配子以及异性配子结合形成合子完成的，减数分裂在遗传学上具有重要意义。首先，减数分裂时核内染色体严格按照一定的规律变化，使得性细胞的染色体数目减少一半。当雌、雄配子结合成合子时，染色体数又恢复到二倍染色体数目。这就保证了生物世代间染色体数目的恒定性，以及物种的相对稳定性。其次，在减数分裂中，由于同源染色体在后期Ⅰ向两极移动是随机的，非同源染色体（包括染色体上的基因）表现为自由组合，可能产生2^n（n为染色体对数）种自由组合方式；而在形成配子后，不同的配子组合又是随机的，这对于物种遗传多样性的形成是非常有意义的。第三，生物的基因数目多于染色体数目，大量基因连锁于同一染色体上，使基因的复制以及功能发挥变得简单而有序，同时，在减数分裂粗线期还会发生同源染色体互换，从而增加了配子中的基因重组概率，这就更增加了这种变异的复杂性，并为植物子代的变异提供了物质基础。

4.1.4 高等植物的世代交替

高等植物的一个完整生活周期（lifc cyclc）是从种子胚到下一代的种了胚，包括孢子体（2n）的无性世代（asexual generation）和配子体（n）的有性世代（sexual generation）两个阶段。与低等植物相同，都是无性世代与有性世代（或二倍体世代与单倍体世代）有规律地交替出现，这种世代交替（alternation of generations）因植物种在繁殖方式以及各世代的持续时间方面有所不同。植物的进化水平越高，无性世代越占优势，有性世代则趋于简化。在无性世代占绝对优势的被子植物中，其配子体（gametophyte）寄生在孢子体（sporophyte）上，依靠孢子提供营养，如被子植物花药和胚珠中的花粉粒（pollen）与胚囊（embryo sac）。

高等植物的生殖细胞是个体发育成熟时由体细胞分化形成，其有性生殖过程全部在花器内进行。被子植物雄配子的形成过程：雄蕊花药内首先分化出孢原细胞，再经几次有丝分裂分化为小孢子母细胞（microsporocyte）或花粉母细胞（2n）。小孢子母细胞经减数分裂形成四分孢子（n），发育成4个小孢子（microspore）（n），进一步发育为4个单核花粉粒。此后，每个小孢子经过一次有丝分裂，形成二胞花粉粒，包括营养核和生殖核；而生殖核再进行一次有丝分裂后，才形成一个成熟的花粉粒——雄配子体（male gametophyte），包含3个单倍体核，即含2个精核（sperm nucleus）（n）和1个营养核（vegetative nucleus）（n）。

被子植物的雌配子形成过程：在雌蕊子房内着生有胚珠，在胚珠的珠心分化出大孢子母细胞（megasporocyte）或胚囊母细胞（2n）。大孢子母细胞经过减数分裂形成呈直线排列的4分孢子（n），其中近珠孔端的3个大孢子退化，而远离珠孔端的1个大孢子（n）继续发育。被子植物胚囊最普遍的形态是8核、7细胞的结构，通常需要经过连续3次有丝分裂，依次形成二核胚囊、四核胚囊和八核胚囊，成熟的八核胚囊即雌配子体。在雌配子体的8个核（n）中，顶端的3个为反足细胞（antipodal cells）；移至中部的2个核为极核（polar nucleus）（n）；另外3个核移至胚囊底部，其中2个助细胞（synergid）（n），1个卵核（female gametic nucleus）（n）。根据大孢子分裂次数、是否存在核融合、成熟胚囊中细胞数目、排列和染色体倍性等特征，将胚囊划分为蓼型、月见草型、葱型、椒草型、贝母型等不同类型，成熟胚囊分别具有4核、8核、16核等结构。

植物花粉从花药中释放出来并传递到雌蕊柱头上的过程称为授粉（pollination）。而雌配子（卵细胞）与雄配子（精子）融合为一个合子的过程即为受精（fertilization）。当植物雌蕊柱头进入可授期后，伴随着雌配子发育，花粉粒附着在柱头上萌发，营养核与精核通过花粉管进入胚囊。2个精核从花粉管中释放出来，其中一个精核与卵细胞结合形成合子，将来发育为种子胚（2n）；另一个精核与2个极核受精结合为三倍性的胚乳核，将来发育成胚乳。这一过程也被称为双受精（double fertilization）。双受精是被子植物特有的现象。双受精完成后形成种子，又发育为新一代的孢子体（2n）（图4-9）。

裸子植物的花粉也形成两个精细胞，但一个精细胞与卵细胞结合发育成胚，而另一个精细胞却自行解体，因此裸子植物没有"双受精"现象。裸子植物同样具有充满丰富营养物质的胚乳，但其胚乳来源于雌配子体，是由大孢子叶（macrosporophyll）直接发育而成（图4-10），因此裸子植物的胚乳是单倍体。

花药

减数分裂

花粉粒（n）
（雄配子体）

柱头
花粉粒
花粉管

孢子体

减数分裂

雌配子体中
的卵

子房

含雌孢囊
的胚珠

胚珠

精子

种子

精子

养分供给

种皮

受精

合子

果实（成熟的子房）

胚

种子

图例
单倍体
二倍体

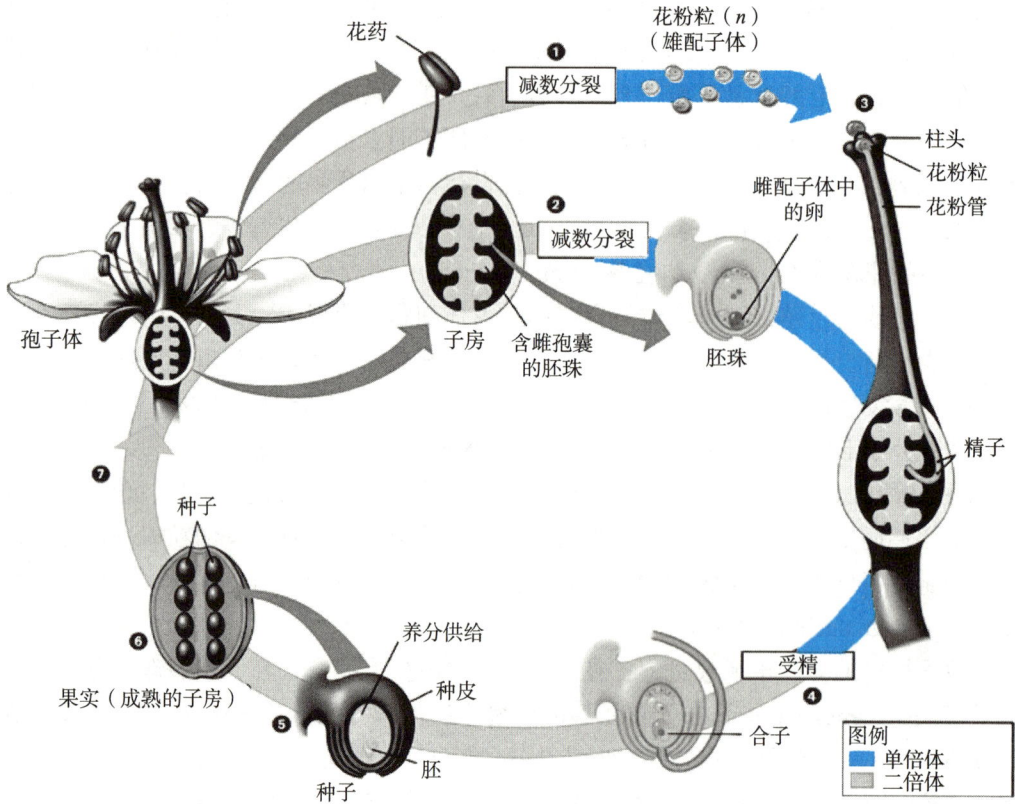

图 4-9　被子植物的生活史和有性生殖

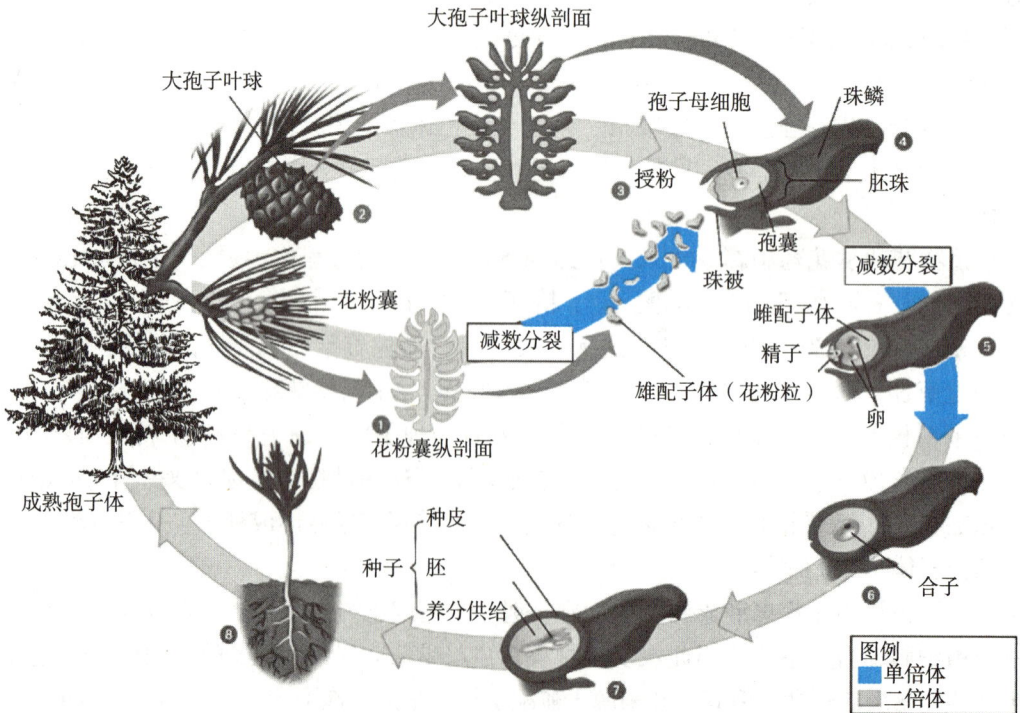

大孢子叶球纵剖面

大孢子叶球

孢子母细胞

珠鳞

胚珠

授粉

孢囊

珠被

减数分裂

花粉囊

雌配子体

精子

雄配子体（花粉粒）

卵

成熟孢子体

花粉囊纵剖面

减数分裂

合子

种皮

胚

养分供给

种子

图例
单倍体
二倍体

图 4-10　裸子植物的生活史和有性生殖

4.2　质量性状遗传

生物体所表现出的形态结构、生理特性和行为方式等统称为性状（character），如树高、花色、果实油脂含量、种子形状、子叶颜色、木材纤维长短、光合速率等。生物某一方面的特征特性称为单位性状（unit character）。同一单位性状的相对差异称为相对性状（relative character）。通常将生物体所有性状的总和称为表现型，将代表生物体的遗传组成称为基因型。基因型是生物性状遗传的可能性；表现型则是遗传基础在外界环境条件作用下最终表现出来的现实性，是基因型与环境条件共同作用的产物。其中，那些变异呈不连续性，可以分组计数但无法度量的性状称为质量性状（qualitative trait），如花色、种子形状、子叶颜色、遗传缺陷等。质量性状一般受一对等位基因或少数基因控制，不易受环境条件的影响，在群体内呈现不连续分布，杂交后代的个体可明确分组。

Mendel于1856—1864年通过一系列豌豆杂交试验，发现了分离定律和自由组合定律，奠定了遗传学基础。

4.2.1　分离定律

根据杂种后代分离现象，Mendel提出每个遗传性状都是由单位因子控制的，单位因子在生物体内成对存在。这里的单位因子其实就是基因。控制某一相对性状的基因位于同源染色体的相同位点上，彼此互为显、隐性且在配子形成过程中彼此独立分离，这两个不同的基因称为等位基因。如果一对同源染色体上的等位基因相同，则该植株是纯合的；反之，等位基因不同则为杂合。分离定律的实质是在杂种细胞进行减数分裂形成配子时，随着染色体数量减半，各对同源染色体分别分配到两个配子中去，等位基因彼此独立分离，使配子中只含有成对基因中的一个。

Steinhoff（1974）进行了西部白松（*Pinus monticola*）杂交试验，发现109株子代中有83株的球果为紫色，26株为绿色。通过χ^2适合度检验确定子代观测数与基于Mendel紫色和绿色球果的比例为3∶1期望值相符，分离比支持紫色对绿色为显性遗传。

4.2.2　自由组合定律

Mendel在双因子杂交试验中发现，F_2中每个独立性状两种表现型比例均为3∶1，与同一性状的单因子杂交试验结果相同。假定两对性状随机分离且完全相互独立，则正是两性状表型的期望比例。而具两性状的表现型期望频率是每个性状基因频率的乘积。如豌豆黄色、圆粒种子亲本与绿色、皱粒种子亲本杂交，F_1子代全部为黄色、圆粒，F_1自交的F_2具有黄、圆表现型的子代频率为f（黄）$\times f$（圆）=3/4×3/4=9/16；具有黄、皱表现型子代的频率为3/4×1/4=3/16。由此，Mendel在分离定律的基础上，提出了针对两对和两对以上相对性状的自由组合定律，即位于非同源染色体上的非等位基因，在减数分裂形成配子时，等位基因随同源染色体的分离而分离，非等位基因随同源染色体的组合而自由组合，一对等位基因与另一对等位基因的分离和组合互不干扰。

Franklian（1969）研究了火炬松实生苗的正常胚轴与鲜绿色胚轴、子叶期正常与子叶期致死两个性状的遗传分离。假设这两个性状由两个不同位点控制，且每个位点存在显、隐性关系，则两株双杂合体杂交后，子代中两位点表型的期望比例为9：3：3：1。通过每种类型的子代期望值计算及其χ^2检验，证明$\chi^2=1.82$（$df=3$），低于5%（$\chi^2=7.515$）差异显著性水平，支持每个性状由单位点且存在显性和隐性关系等位基因控制，符合Mendel遗传。

4.2.3　Mendel定律的扩展

Mendel的研究超越了他所在的时代，直到1900年，Hugo de Vries（1848—1935）、Carl Erich Correns（1864—1933）、Erich von Tschermak（1871—1962）三位植物学家重新发现这些遗传学规律，Mendel定律才受到重视。此后，由于一些不同杂交试验获得的结果有所偏离，Mendel定律也曾被多次质疑，但最终证明这些现象只不过是Mendel定律的扩展（表4-1），是不同类别的基因互作（genetic interaction）结果。

表 4-1　两对基因互作类型的表现型分离比例

序号	基因互作类型	比例	相当于自由组合比例
1	互补作用	9：7	9：（3：3：1）
2	累加作用	9：6：1	9：（3：3）：1
3	重叠作用	15：1	（9：3：3）：1
4	显性上位	12：3：1	（9：3）：3：1
5	隐性上位	9：3：4	9：3：（3：1）
6	抑制作用	13：3	（9：3：1）：3

因为基因和性状间不完全是"一对一"的关系，一个基因不只影响一种性状，而是可以产生多种效应，即一因多效（pleiotropism）；同时，一种性状也不仅仅是由一对基因决定，而往往由多基因所影响，即多因一效（multigenic effect）。也就是说，非同源染色体上的非等位基因在遗传时，不仅可以互不干扰、自由组合，还能够相互影响、相互制约而共同控制某一性状，这种现象称为基因互作。现代分子生物学有诸多证据表明一因多效、多因一效以及基因互作的普遍性。

对于偏离孟德尔定律的一种解释是不完全显性（incomplete dominance）或部分显性（partial dominance）。欧洲云杉野生型植株（*GG*）针叶为正常的深绿色，其等位基因纯合（*gg*）突变型（*aurea*）针叶白色，而等位基因杂合（*Gg*）的针叶为浅绿色或金黄色。Langner（1953）通过杂交试验发现，在*GG*×*Gg*和*Gg*×*Gg*两种杂交组合中，前者子代绿色与金黄色针叶的比例为1：1，而后者绿色、金黄色与白色针叶的比例为1：2：1，说明野生型等位基因并不是完全显性，而是呈现出部分显性，否则*Gg*型植株的针叶应为绿色。

4.2.4　连锁与互换定律

（1）连锁遗传现象

Mendel观察到豌豆7个性状的独立分配现象，证明所有基因在由亲代向子代传递的过程中都是独立分配的。然而，根据减数分裂可知，如果染色体是遗传单位，那么一条染色体上的所有基因都将作为一个单位遗传，这就是遗传连锁（genetic linkage）。

1906年，William Bateson和Reginald Punnett研究香豌豆的花色和花粉粒形状的遗传时发现遗传连锁现象。Morgan（1866—1945）等在研究果蝇性状遗传时发现了雄果蝇的完全连锁（complete linakage）和雌果蝇的不完全连锁（incomplete linakage），揭示出基因连锁和交换的规律，证实了染色体是基因的载体，成为Mendel遗传定律的重大补充和发展。

连锁遗传就是指同一同源染色体上的非等位基因联系在一起遗传。控制不同性状的非等位基因，位于一对同源染色体的不同座位上，同一条染色体上的非等位基因彼此间具有连锁关系，统称为基因连锁群（linkage group）。当基因连锁群上的基因总是联系在一起分离，一起随配子传递给子代时，称为完全连锁。完全连锁的例子并不常见，因为在减数分裂中，一对同源染色体上两个非等位基因之间或多或少地发生非姊妹染色单体之间的交换，这种交换打破了原有遗传连锁的现象，称为不完全连锁。当两对非等位基因不完全连锁时，F_1不仅产生亲本型配子（parental gamete），也产生重组型配子（recombination gamete），重组型配子少于配子总数的50%，这是因为任何F_1植株的小孢子母细胞数和大孢子母细胞数都是大量的，即使在100%的孢母细胞内，一对同源染色体之间的交换都发生在某两对连锁基因相连区段内，最后产生的重组型配子也只占配子总数的一半，即50%，而这种情况是很难发生的。

在Morgan确立遗传的染色体学说之前，Janssens在描述蝾螈减数分裂前期I染色体交叉时，就提出交叉可能是父本和母本同源染色体的物理交换位点。现在知道，交换是一个随机过程，除着丝粒外，非姊妹染色单体的任意位点都有可能发生交换，但远离着丝粒的位置发生交换的频率远高于靠近着丝粒的位置。

（2）四分体分析与Holliday模型

同源重组（homologous recombination）机制的揭示是通过红色面包霉的四分体分析（tetrad analysis）完成的。四分体分析或称四分子分析，指对减数分裂产生的四个子细胞所进行的遗传分析。基于红色面包霉四分体分析证明，减数分裂中的联会染色体之间的交换属于DNA单链交换，即形成异源双链DNA。连锁基因互换本质上是同源重组的结果。所谓同源重组就是发生在非姊妹染色单体间或同一染色体的同源序列DNA分子的重新组合。

红色面包霉的四分体再经过一次有丝分裂，形成8个子囊孢子，它们按严格顺序直线排列在子囊里。其在基本培养基上正常生长的野生型的子囊孢子成熟后呈黑色，而由于基因突变而产生的一种不能自我合成赖氨酸的菌株，称为赖氨酸缺陷型，它的子囊孢子成熟较迟，呈灰色。

1964年，Holliday发现在DNA同源重组损伤修复过程中形成一种十字叉状的DNA连

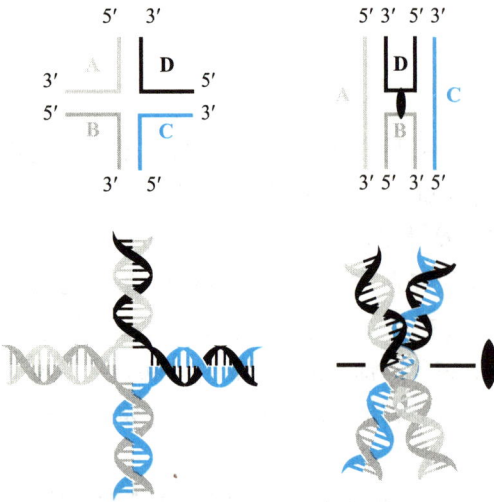

图 4-11 Holliday 结构交叉构象

（Eichman et al., 2000）

接体（图4-11），在噬菌体、细菌、真菌、植物乃至动物细胞中均存在，推测参与同源重组的DNA分子之间通过形成"交叉"作为"中间体"，造成彼此之间的交换，因此提出DNA同源重组模型（图4-12），认为伴随同源重组形成异源双链DNA。在DNA同源重组损伤修复过程中形成的一种十字叉状的DNA连接体（holliday junction，HJ），DNA损伤修复完成后，HJ在解离酶的作用下解离，从而促使两条同源DNA双链分开重新成为线性DNA。期间形成的Holliday结构（或Holliday连接）可以沿垂直线或水平线切割。垂直切割将导致 f–f'和F–F'区域之间的交叉，异源双

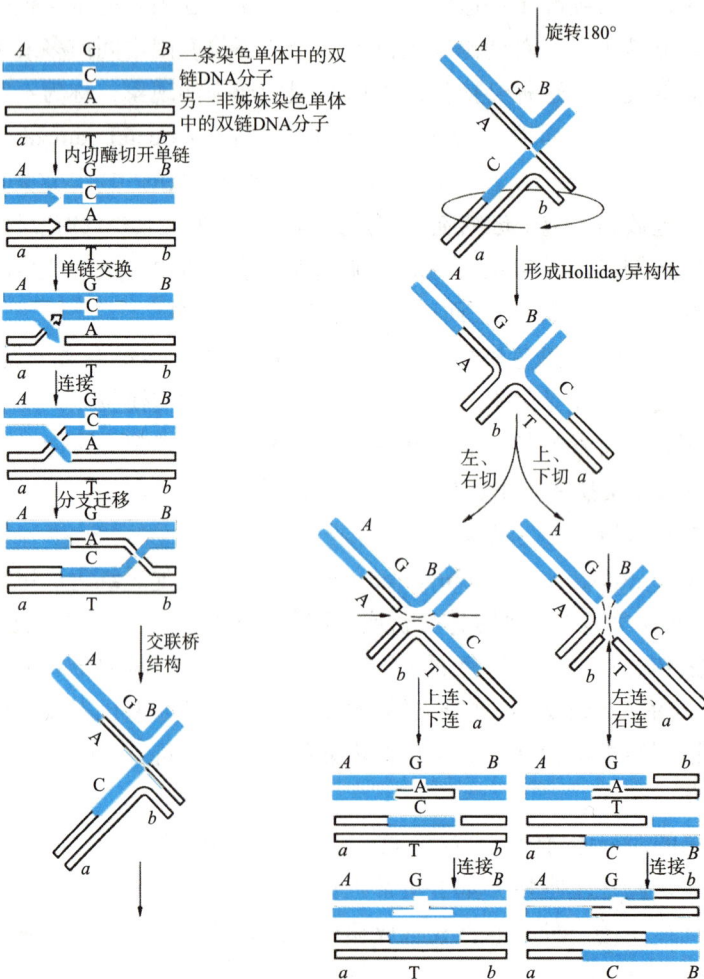

图 4-12 Holliday 模型

链区域最终将通过错配修复得到纠正。切割错配修复后水平切割不会导致交叉，但可能会导致基因转换（gene conversion，GC）。

高通量测序技术和单细胞全基因组扩增技术的发展，使得在配子水平研究减数分裂重组成为可能。基于玉米四分体中分离出的四个小孢子全基因组测序表明，同源重组可能发生在大多数交叉区域（Li et al.，2015）。Dong等（2014）以胚囊染色体加倍获得的三倍体为对象，发明了一种基于抑制减数后分离和采用SSR等共显性分子标记实现对高等植物hDNA直接检测的方法，发现杨树种内不同个体间以及染色体间的同源重组存在差异。两个毛白杨母本hDNA发生频率介于8.5%~87.2%（Geng et al.，2021）；绝大多数的染色体检测出1~3次重组事件，少数检测出4~5次甚至更高的同源重组事件等。

（3）交换值

同源染色体的非姊妹染色单体间有关基因的染色体片段发生交换的频率，即交换值（crossing-over value）。对一个短的交换染色体片段来说，交换值即重组率，就是重组型配子占总配子数的百分比。对于较大的染色体片段来说，由于可能发生双交换或多交换，用重组率估算出的交换值往往偏低，如两个位点之间发生三交换或更高数目的奇数交换时，形成配子和单交换相同，当发生双交换或四交换等更高数目的偶数交换时，形成的配子仍然是非重组型的（图4-13）。

$$交换值 r = R/N \times 100\% \quad (r < 50\%) \tag{4-1}$$

式中，R为减数分裂中形成的重组型配子数；N为重组型配子和非重组型配子总数。重组型配子是相对于亲本型配子而言的，在配子分类前，首先要确定位于一条染色体上的两个基因的连锁相（linkage phase）。如等位基因分别为A和a与B和b的两个位点，当A、B位于一条同源染色体上，a、b位于另一条同源染色体上时，称为相引连锁相（coupling linkage）。而当A和b与a和B分别位于相对的同源染色体上时，则称为相斥连锁相（repulsion linkage）。对于相引连锁相，AB和ab为亲本型配子，Ab和aB为重组型配子；对于相斥连锁相则正相反，Ab和aB为亲本型配子，AB和ab为重组型配子。当交换值越接近0时，说明连锁强度越大，发生交换的孢母细胞数越少。当交换值越接近50%时，连锁强度越小，两个连锁的非等位基因之间发生交换的情况越多。

交换值的测定可以采用测交法和自交法进行估算。因为交换值相对稳定，可用于表示两个基因在同一染色体上的相对距离，即遗传距离（genetic distance）。两个连锁的

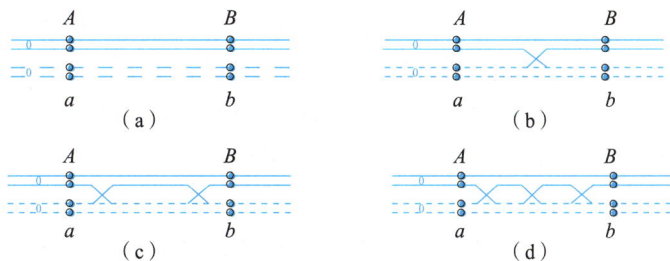

图 4-13　不同交换次数产生的配子类型

注：（a）~（d）分别产生0、1、2、3次交换，0次和2次交换产生的配子分别为AB、AB、ab、ab；1次和3次交换产生的配子分别为AB、Ab、aB、ab。

非等位基因之间距离越近，发生交换的孢母细胞数越少，交换值就越小。反之，连锁基因间的距离越远，在它们之间发生交换的孢母细胞数越多，交换值就越大。在基因定位中，将1%的交换值/重组率定义为一个遗传图距单位（genetic map unit，m.u.）。为纪念Morgan对连锁遗传的发现，一个图距单位也称作一个厘摩（centimorgan，cM）。如两对连锁基因的交换值为3.5%，则认为它们在染色体上相距3.5个遗传图距单位或3.5 cM。

通过两点测验或三点测验，可将一对同源染色体上各个基因的位置确定下来。其中三点检测法通过一次杂交和一次隐性亲本测交，可以确定3对基因在染色体上的位置，对交换值的估算更加准确。确定了连锁基因间的遗传距离，就可以绘制连锁遗传图（linkage map），又称遗传图谱。存在于同一染色体上的基因群，称为连锁群，连锁群的数目与同源染色体的对数相等。

在育种工作中，根据育种目标选配杂交亲本时，需要考虑基因之间的连锁关系，尽可能促使有利性状的基因连锁在一起。当不利性状与有利性状的基因连锁遗传时，就要采取措施打破基因连锁，通过基因交换使得有利基因重组在一起，从而培育出多目标性状优良的新品种。此外，根据基因连锁规律还可以预测后代中特定类型比率，克服盲目性和提高选择杂种后代的效率，为指导育种工作提供了参考。

4.3　数量性状遗传

4.3.1　数量性状及其遗传基础

数量性状（quantitative trait/quantitative character）指生物个体间表现的差异只能用数量来区别，变异呈连续性的性状。生物群体内表现连续变异的性状遗传称为数量性状遗传（quantitative trait inheritance）。数量性状包括两大类：①表型连续变异性状，如树高、胸径、材积、萌芽期、开花期、木材密度、叶长、叶宽、插穗生根能力、结实量等；②表型呈非连续变异性状，如干形、分枝特性、抗病性等，这些性状呈潜在的连续变异。只有遗传物质的数量超过某一阈值时才出现的性状，称为阈性状（threshold trait），本质上具有潜在的连续型分布特征。

1908年，Nilson-Ehle根据小麦子粒颜色遗传提出多基因假说（multiple-factor hypothesis），认为Mendel的分离定律和独立分配定律也是解释数量性状遗传的基础。多基因假说认为，数量性状是由许多彼此独立的基因决定的，每个基因对性状表现的效果较微，但其遗传方式服从Mendel的遗传规律。这些基因的效应相等，且表现为不完全显性或表现为增效和减效作用，且各基因的作用可以累加（Nilsson-Ehle，1909）。

数量性状遗传具有几个特点：①某一数量性状表现不同的两个亲本杂交，一般F_1该性状表现介于双亲之间，其平均数与两亲本的中值近似。②F_2群体性状变异幅度显著增大，一般近似正态分布，但其平均数仍近似F_1。③控制数量性状发育的基因易受环境影响，即使纯合的亲本或基因型相同的F_1个体间，其表型也会呈现一定幅度的连续变异。

现代分子遗传学表明，数量性状可能主要由数目较多、效应较小的微效多基因（minor gene）控制，也有一些性状虽然是受一对或少数几对主基因（major gene）控制，但同时还有一组效果较微小的修饰基因（modifying gene）会增强或削弱主基因对表现型作用。各个微效基因的遗传效应不尽相等，效应类型包括基因加性效应（additive effect）和非加性效应（non-additive effect），其中非加性效应包括等位基因间的显性效应（dominance effect）和非等位基因间的上位性效应（epistatic effect）。

传统数量性状遗传学研究基本上都是从表型推断基因型并估计育种值。随着现代分子遗传学的发展，人们尝试通过分子标记和统计方法，将复杂的数量性状分解为在基因组中若干相互作用的孟德尔因子——数量性状基因座，从而将复杂的数量性状基因座精准地定位在染色体上，并估算出其加性、显性及其与环境互作效应等，即用分子标记技术研究数量性状相关基因的位置和效应等，数量性状遗传研究开始向分子数量遗传学（molecular quantitative genetics）发展。

4.3.2　数量性状遗传分析

数量性状无法像质量性状那样分成特定的基因型进行分组研究，因此，必须采用生物统计的方法分析，其基本的策略是将观察到的表型变异分解为不同类型的遗传效应（heredity effect）与环境效应（environmental effect），以及对测定的家系、无性系等进行多位点遗传效应值的估计。常用的统计学参数有群体平均值、表型方差、标准差、变异系数、遗传力和重复力等。不同遗传测定目的和试验条件下的重要遗传参数估算方法见第12章。

（1）群体平均值

观测生物某一性状所得的观测值，为表型值，可能与图4-14中某一条曲线相似。如统计某一树种的同龄纯林中1000株树的树高表型值分布，即在该林木群体中共观察到$N=1000$个表型值（P_i），可用群体平均值（population mean，μ），即全部表现型值的总平均值表示观察值的集中程度。

群体平均值：

$$\mu = \sum (P_i)/n \tag{4-2}$$

式中，P_i为各观察值；n为观察总个体数。

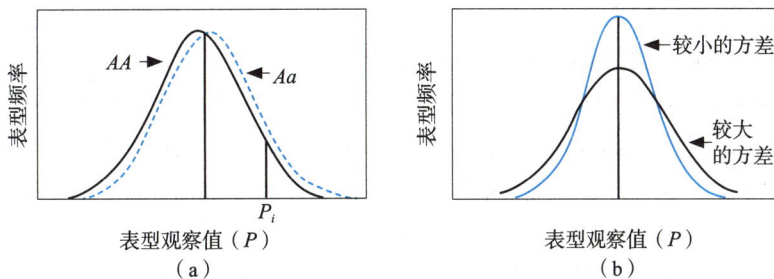

图 4-14　多基因性状的表型频率分布

注：（a）多基因型的表型分布频率，实线和虚线表示两个群体，该群体只有一个等位基因不同；（b）两个不同频率分布的群体，平均数相同，方差不同。

群体平均值是衡量一个群体基因型优劣的重要指标，这是由于所处环境的随机效应，同一群体内的不同个体表型值与基因型值（genotype value）通常具有一定的偏差，这种偏差有正有负，当群体很大时，环境偏差为0，群体平均值等于该群体的基因型值。

（2）表型方差与变异系数

群体的分散程度可以用方差和标准差表示。

①方差（phenotypic variance，σ^2）

$$\sigma^2 = [\sum (P_i - \mu)^2]/n-1 \tag{4-3}$$

式中，P_i为各观察值；μ为群体平均值，$\mu = \sum (P_i)/n$；$n-1$为自由度，当调查数据为总体或大样本时，可以用n代替$n-1$，即：

$$\sigma^2 = [\sum (P_i - \mu)^2]/n \tag{4-4}$$

②标准差（standard deviation） 标准差是方差的平方根，也可以作为变异幅度的度量值，表示群体的分散程度。以图4-14为例，群体平均值描述的是表型值分布在x轴上的相对位置，其单位与测定性状的单位相同。群体表型方差度量的是不同个体表现值与群体平均值的离散程度或者变异程度，其单位为测量值与群体平均数离差平方和的平均值。在图4-14（a）中，两个群体的平均数有微小的差异，而方差相同。在图4-14（b）中，两个群体的群体平均值相同，但方差不同，表明一个群体变异幅度较大，另一群体变异幅度较小。

③变异系数（coefficient of variation） 变异系数是指某变量的标准差对于其平均值的比值，记作CV。

$$CV = S/\mu \times 100\% \tag{4-5}$$

变异系数说明了变量对其平均值的相对变异程度，便于对平均值不同甚至度量单位不同的变量之间进行比较。这是数量性状观测时常用的统计量。

④协方差（covariance） 协方差是两个相关变量之间相互关系的一个统计量，当两个变量为x和y时，可记作Cov_{xy}，其定义式为：

$$\mathrm{Cov}_{xy} = \sum (P_x - \mu_x)(P_y - \mu_y)/N \tag{4-6}$$

式中，N为观测总单元数。

在数量遗传分析中，常常涉及两个性状之间的相互联系或者不同亲属之间的相似性分析，这时就要用到协方差、相关系数及回归系数等。

（3）表型值与育种值

任何一个数量性状的表现都是遗传和环境共同作用的结果，所以性状的表型值可以剖分为遗传和环境两个组成部分。前面提到的表型值及表型方差能够对群体表型特征进行描述，却无法推断遗传与环境的相对贡献大小。为了体现遗传效应和环境效应对表型值的贡献，可以将表型观察值用以下简单线性模型来描述：

$$P_i = \mu + G_i + E_i \tag{4-7}$$

在此公式中，我们认为基因型与环境各自独立作用于表型，不考虑两者之间的交互作用，因此它是数量性状的基本数学模型。

以1000株树群体为例，P_i为第i株树（$i=1\sim1000$）的树高表型值；$\mu=20$m，G_i和E_i分

别为第i株树的固有基因型值、累加环境效应值与群体平均的离差值，$\sum E_i=0$，$\sum G_i=0$。对某一株树而言，其基因型值或环境效应值可使其表型值在群体平均值20m的基础上增加或减少，其树高表型值是群体平均数、基因型离差与环境离差三者之和。

由于群体平均数μ为常量，个体的表型值实际取决于G_i和E_i两个变量，但这两个变量常混淆在一起无法区分。据此，需通过交配设计、子代测定（田间试验设计），采用随机、重复试验设计将表型观察值分解为基因型值与环境效应值。交配设计决定了谱系与家系结构，田间试验设计保障了试验的随机性、重复性及土壤气候条件的代表性。

数量性状的表型方差为：

$$\text{Var}(P_i)=\text{Var}(\mu+G_i+E_i)=\text{Var}(\mu)+\text{Var}(G_i)+\text{Var}(E_i) \tag{4-8}$$

群体平均数为常量，因而$\text{Var}(\mu)=0$，

进一步得出
$$V_P=V_G+V_E \tag{4-9}$$

实测方差
$$\sigma_P^2=\sigma_G^2+\sigma_E^2 \tag{4-10}$$

即表型方差为基因型方差（σ_G^2）与环境方差（σ_E^2）之和。基因型方差越大，说明群体遗传基础变异大，改良潜力大。环境方差V_E是误差的来源，个体间所处的微环境不同引起的方差，它既包含生物所处的环境差异，主要由土壤和气候因素造成，也包含测量时的误差。

在林木遗传改良工作中，由于有性后代群体存在着基因的加性效应、等位基因间的显性效应以及非等位基因间的上位效应，其中，加性效应是许多微效基因效应的总和，是可以随育种世代固定遗传的分量，即育种值（breeding value，BV），又称为遗传值（genetic value）。而显性效应和上位效应只存在于特殊的亲本组合中，不能稳定遗传。因此，育种实践中需要将基因型值G_i分解为加性效应值A_i以及显性效应值D_i和上位效应值I_i。

因为表型值中的A、D、I相互独立，数量性状表型方差的基本数学模型可进一步分解为：

$$V_P=V_G+V_E=V_A+V_D+V_I+V_E \tag{4-11}$$

即群体的表型方差是由加性方差、显性方差、上位方差和环境方差组成。加性方差V_A是由加性基因累加效应方差，是群体遗传特性的主要决定因子，也是群体对选择产生响应的主要决定因子。显性方差V_D源于等位基因的相互作用，是由群体中杂合子带来的差异。上位方差V_I指非等位基因之间的相互作用对于基因型值所产生的效应，这种互作可以是两个座位之间的，也可以是更多座位之间的。因为多座位互作的方差可能正负相抵，往往忽略不计。

为了突出育种值，有时将D_i和I_i合并到E_i中统称为剩余值，记作R_i，于是数量性状的基本模型为：

$$V_P=V_A+V_R \tag{4-12}$$

育种值是在随机交配情况下亲本可传递给子代的那部分基因型值，属于影响该性状所有等位基因平均效应的总和。育种值是针对特定性状而言的，有些亲本的子代生长快但高感病，表明这些亲本的育种值利于生长而不利于抗病。

目前在实际育种工作尚难以掌握控制目标性状的全部基因，即亲子代的基因型均

属于未知，而子代群体内的基因频率和基因型频率也大多是未知的，因此理论育种值是不能够直接度量的，只能利用统计学原理和方法，通过表型值和个体间的亲缘关系得到估计育种值（estimated breeding value，EBV）。因此，可以估算亲本在遗传上对后代的贡献程度，即其遗传贡献高于或低于群体平均数的部分。

实际育种工作中，可以将多个亲本的子代按照一定田间试验设计进行遗传测定，通过半同胞家系和全同胞家系子代平均值估算家系育种值。在杂交子代群体中，平均等位基因效应可累加，则对于某一性状，每个子代的育种植为$2n$个等位基因平均效应之和。由于每个子代从其亲本中继承了一半基因并获得相应的平均效应，每个亲本将其一半的基因传递给子代，即母本或父本只传递育种值的1/2给后代。对于某一性状，如A_F、A_M分别为父本育种值、母本育种值，则子代群体数为m的家系平均育种值$\overline{A}_{EBV}$可以表示为：

$$\overline{A}_{EBV}=[\sum(A_F+A_M)/2]/m=\sum(A_F)/2m+\sum(A_M)/2m=(A_F+A_M)/2 \qquad (4-13)$$

在林木中，对于特定父本与母本杂交获得的全同胞家系，由于每个亲本将其一半的基因传递给子代，全同胞家系子代的平均育种值为每个亲本育种值一半之和。

$$A_{O,Fs}=(\overline{A}_F+\overline{A}_M)/2 \qquad (4-14)$$

半同胞家系指林木某一亲本与群体中所有其他亲本随机交配获得的子代。母本为共同的亲本，父本为群体中随机提供花粉的个体。每一个配子携带有亲本n个等位基因的一个随机样本，这n个基因共同影响某一性状，且每一个基因对该性状有正向和负向作用。对于半同胞家系子代，当随机提供配子（花粉）的父本群体很大时，父本平均等位基因效应可视为0，即$\overline{A}_M=0$。此时，母本育种值为常量。

$$\overline{A}_{O,Hs}=\frac{1}{2}\overline{A}_F=\frac{1}{2}A_F \qquad (4-15)$$

实际育种值的估测需要综合考虑多个因素，包括多世代遗传信息、目标性状的经济重要性以及试验点环境因素差异影响等，其估测多采用选择指数法（selection index）和最佳线性无偏预测法（best linear unbiased prediction，BLUP）等方法。其中选择指数法相对简单，主要是通过对目标性状建立回归方程来求解估计育种值的方法。而BLUP法则充分考虑育种过程中时间和空间层面上发生变化的随机效应的存在，遵循线性、无偏和最佳原则，确定线性模型结构，从而对固定效应和随机效应做出适当的估计和预测。一般首先通过不同的模型预测家系育种值，再通过亲缘关系预测所涉及的个体育种值。

如果已经掌握了亲本育种值，就可以预测所涉及家系的期望平均值。其中，半同胞家系的期望平均值为所有可能交配子代的群体平均值与半同胞家系平均育种值之和，全同胞家系的期望平均值为所涉及交配子代的群体平均值与全同胞家系平均育种值之和。如某树种交配子代的树高群体平均值为20m，母本F、父本M的育种值分别为2m和1m，则亲本F的半同胞子代家系的期望平均值为20+2×0.5=21m，而全同胞子代家系的期望平均值为20+（2+1）×0.5=21.5m。在杂交育种中，应选用育种值较高的亲本相互交配。

（4）遗传力和重复力

遗传力（heritability）是定量分析某一数量性状遗传控制程度的重要参数，是当前育种领域中广为应用的一个统计学估值。遗传力有广义遗传力（broad-sense heritability，H^2）和狭义遗传力（narrow-sense heritability，h^2）之分，前者指遗传方差（V_G）占表型方差（V_P）的比值；后者指遗传方差中加性方差（V_A）占表型方差的比例。

$$H^2 = V_G / V_P = (V_A + V_I)/(V_A + V_I + V_E) \tag{4-15}$$

$$h^2 = V_A / V_P = V_A /(V_A + V_I + V_E) \tag{4-16}$$

因为遗传力是通过方差计算的，所以是度量群体的一个参数，可以利用无性系后代估算H^2，这里需要假设无性系间不存在无性繁殖方法引起的非遗传效应，即C效应（conditioning effcects，C-effects）。因C效应会导致估算的遗传力偏高。有性后代可以用来估算h^2。根据公式可以看出，狭义遗传力代表了表型方差中育种值方差所占的比例。如果h^2值为0.30，那么，某一个体比其他个体高2m，则可以预计其育种值比其他个体高0.6m。林木中的树高、树径、材积通直度及某些分枝特性等经济性状的h^2为0.1~0.3，而木材密度的狭义遗传力为0.3~0.6，说明木材密度与其他性状相比受遗传控制的程度更强。

狭义遗传力与广义遗传力的比值h^2/H^2可以度量V_A/V_G。因$V_A<V_G$，故$h^2<H^2$，h^2/H^2的度量范围为0~1，值越大，说明非加性方差越小，h^2/H^2接近1时，无性系值近似于育种值，这意味着无性系造林和实生苗造林相比没有显著优势。相反，h^2/H^2值小，代表非加性方差所占的比率大，这种情况下，无性系育种可以获得额外的遗传增益，可以利用无性系测定选择优良无性系造林。

遗传力的估算结果与特定的环境和试验条件有关。遗传测定所用样本较大时得到的结果更准确，使用家系测定时要求子代与亲本群体环境，包括田间试验环境、管理方法、测量精度等应尽可能一致。同时为了获得遗传力的无偏估计值，应在不同地理区域或不同的土壤气候条件进行多点试验。

值得注意的是，当树种为多倍体或试验群体包含部分或全部为自交或近交子代时，遗传力的估算是不准确的；当两个树种发生种间杂交，或地理相隔较远的群体融合时，易出现连锁不平衡现象，也影响遗传力的估算。

重复率（repeatability）也称为重复力，最初指动物同一个体同一性状在不同生产周期之间所能重复的程度。如奶牛不同年份间的产奶量、绵羊不同次剪毛的产毛量等等。而树木每年也都有一次生产记录，如株高生长量、胸径生长量、果实或种子产量等。此外，因许多树种可以进行扦插、嫁接、组织培养等无性繁殖形成无性系。如果说同一生物个体在不同年份的生产记录是时间上的重复，那么，同一无性系的不同个体的生产记录就是同一基因型在空间上的重复。所以，重复力的基本概念就是生物同一基因型的生产记录在不同时间或不同空间所能重复的程度。

我们已经知道，数量性状的表型值P可以分解为基因型值G和环境差值E两部分，其中基因型值G又可以分解为育种值A和显性效应值D、上位性效应值I等。其中，环境差值E又可以分解为一般环境效应E_g和特殊环境效应E_s两部分，即

$$P = G + E = G + E_g + E_s \tag{4-18}$$

一般环境效应E_g指对生物一生都起作用的那一部分环境效应，如同一无性系的两株苗木，一株种植的立地土壤肥沃，另一株种植的立地土壤贫瘠，这两株树木表型肯定会

存在显著差异。所以，一般环境效应带来的影响是不可恢复的，甚至已经形成DNA甲基化、基因沉默等表观遗传变异。特殊环境效应E_S是指对生物体局部或暂时起作用的那一部分环境效应，如生长在贫瘠土地上的树木，雨量充沛年份，生长量较大；干旱少雨年份，生长量会明显降低。所以，特殊环境效应对生物体的影响是暂时的、可恢复的。

重复力的实际意义就是基因型方差与一般环境方差之和在表型方差中所占比例。

由于基因型效应值与两种环境效应值彼此独立，因此它们的方差也是可加的：

$$V_P = V_G + V_E = V_G + V_{Eg} + V_{Es} \tag{4-19}$$

个体重复力R可以表示为

$$R = \frac{V_G + V_{Eg}}{V_P} = \frac{V_G + V_{Eg}}{V_G + V_{Eg} + V_{Es}} \tag{4-20}$$

式（4-18）是对群体中的多个个体分别进行度量时表型方差的分解。如果总的观测群体是划分为若干无性系的，每个无性系又有K个个体，将来用K个变量值的平均值作为无性系的表型代表值，记作P，那么通过K次重复度量可以减少的唯一方差组分是特殊环境方差V_{Es}，且减少的倍数为K，如下式：

$$V_p = V_G + V_{Eg} + \frac{1}{K} V_{Es} \tag{4-21}$$

无性系重复力：

$$R = \frac{V_G + V_{Eg}}{V_P} = \frac{V_G + V_{Eg}}{V_G + V_{Eg} + \frac{1}{K} V_{Es}} \tag{4-22}$$

重复力在统计学上的概念就是生物个体或无性系在多次生产记录之间的组内相关系数。

如果用个体分组，则个体重复力就代表组内相关系数。

如果用无性系分组，即将方差分析表的变异来源分为"无性系间"和"无性系内"。

个体重复力：

$$R = t = \frac{\sigma_b^2}{\sigma_b^2 + \sigma_2^2} = \frac{MS_b - MS_w}{MS_b + (k-1) MS_w} \tag{4-23}$$

无性系重复力：

$$R = \frac{\sigma_b^2}{\sigma_b^2 + \frac{\sigma_w^2}{k}} = \frac{MS_b - MS_w}{MS_b} = 1 - \frac{1}{F} \tag{4-24}$$

估算重复力主要采用方差分析法，对多个个体或多个无性系的度量值计算离差平方和，进行方差分析，再按式（4-23）或式（4-24）计算个体重复力或者无性系重复力；当组内个体数K不等时，用一加权平均数K_0代替，其计算式为式（4-25）。

$$K_0 = \frac{1}{n-1} \left(\sum_{i=1}^{n} k_i^2 + \frac{\sum_{i=1}^{n} k_i^2}{\sum_{i=1}^{n} k_i} \right) \tag{4-25}$$

计算出的重复力可以用F检验或t检验进行显著性检验，一般而言，t检验要比F检验严格。对个体重复力进行t检验时的标准误计算式为：

$$S_R = \frac{(1-R)[1+(k-1)R]}{\sqrt{0.5(n-1)k(k-1)}} \tag{4-26}$$

用估算出的重复力R除以标准误S_R，即得t值：

$$t = \frac{R}{S_R} \tag{4-27}$$

若$t > t_a$，重复力为显著。

4.4　细胞质遗传

真核生物细胞质中的叶绿体（chloroplast）、线粒体（mitochondrion）等细胞器所包含的支配遗传性状的全部DNA分子遗传信息称为细胞质基因组，由细胞质基因所决定的遗传现象和遗传规律称为细胞质遗传（cytoplasmic inheritance）。细胞质遗传也称为非Mendel遗传（non-Mendelian inheritance）、染色体外遗传（extra-chromosomal inheritance）、母体遗传（maternal inheritance）等。

4.4.1　细胞质遗传的特点

细胞质遗传可分为母系遗传（maternal inheritance）、父系遗传（paternal inhentance）、双亲遗传（biparental inheritance ）3种类型，大多数属于单亲遗传（uniparental）。虽然细胞质遗传也是通过配子向后代传递，但其并不具备与核遗传一样的遗传物质均分机制，属于随机分配。由于在真核生物有性生殖过程中，参与受精的雌性生殖细胞卵细胞不仅含有细胞核，还含有丰富的细胞质和细胞器，而雄性生殖细胞精细胞内除细胞核外几乎不含细胞质，在受精后形成的合子中，细胞核是由精、卵细胞共同提供的，而细胞质则全部或绝大部分由卵细胞提供，因此通过追踪突变表型进行研究，可发现被子植物的叶绿体DNA（cpDNA）和线粒体DNA（mtDNA）通常遗传自母本，不像核染色体那样遗传自双亲。

一般而言，由于细胞质基因只能通过卵细胞向后代传递，而不能通过精子遗传给子代，因此，由细胞质基因决定的性状的遗传具有以下特点：①遗传方式是非Mendel式的，杂交后代不表现出Mendel式的分离比例。②正交与反交的遗传表现不同，F_1只表现出母本性状。③在连续回交的过程中，母本的核基因按每回交一代减少一半的速度，直到几乎被全部置换掉，但母本的细胞质基因及其所控制的性状不会消失。④非细胞器的细胞质颗粒中遗传物质的传递类似病毒的传导。

4.4.2　叶绿体遗传

叶绿体拥有独立的遗传物质，是植物进行光合作用的场所，通过叶绿素利用光能将二氧化碳和水转化为储存能量的有机物，如糖、脂类等，为生命活动提供所需的基本物质。但叶绿体基因组只能合成自身需要的部分蛋白质，其正常功能发挥需要依赖于大量的核基因组编码蛋白，因此叶绿体基因组是一种半自主性遗传系统。

（1）叶绿体遗传的表现

1908年，Correns发现紫茉莉（*Mirabilis jalapa*）中有一种花斑植株，存在纯绿色、白色和花斑3种枝条，当用这3种枝条上的花粉相互授粉时，杂交后代植株所表现的性状完全是由母本枝条所决定的（表4-2），而与提供花粉的父本枝条无关，不符合Mendel定律的遗传现象。

表 4-2　紫茉莉花斑性状的遗传

接受花粉的枝条	提供花粉的枝条	杂交后代的表现
白色	白色 绿色 花斑	白色
绿色	白色 绿色 花斑	绿色
花斑	白色 绿色 花斑	白色 绿色 花斑色

由表4-2可知，白色枝条为母本的杂交种子都长成白苗，绿色枝条为母本的杂交种子都长成绿苗，而花斑枝为母本的杂交种子可长出绿苗、白苗，或者花斑苗。可见，决定枝条和叶色的遗传物质是通过母本传递的。研究表明，花斑枝条的绿色细胞中含有正常的叶绿体，白色细胞只含无叶绿素的白色质体，而在绿白组织之间的交界区域，某些细胞里既有叶绿体，又有白色质体。花斑枝条的雌花产生的卵细胞也有3种类型：只含有叶绿体、只含有白色质体、既有叶绿体也有白色质体。在配子形成或植株发育过程中，细胞质分裂使叶绿体和白色质体分别进入不同的子细胞中，而雄配子则不含有或极少含有细胞质，所以紫茉莉花斑性状的遗传符合细胞质遗传的特征。

玉米叶片的埃型条纹斑病（striped iojap trait）是叶绿体遗传的另一例子。1943年，Rhoades报道玉米的第7染色体上有一个控制白色条纹（iojap）的基因（*ij*），纯合的*ijij*植株或是不能存活的白化苗，或在茎和叶上形成有特征性的白绿条纹。以这种条纹植株与正常植株进行正反交，并将F$_1$自交，其结果如图4-15所示。

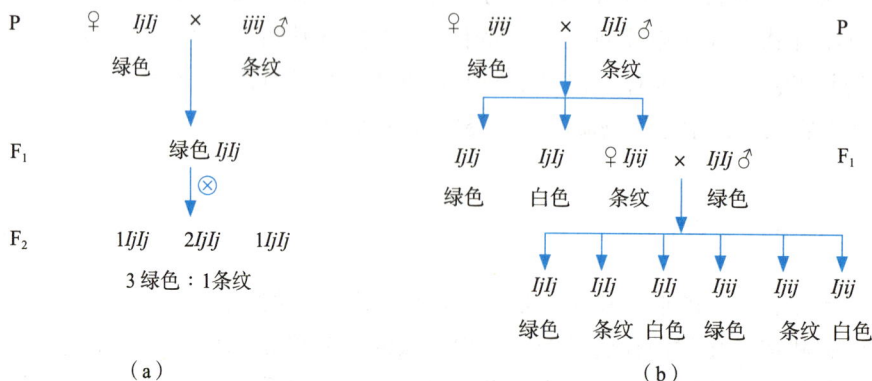

图 4-15　玉米埃型条纹斑病的遗传

注：（a）母本正常绿色植株，Mendel 式遗传；（b）母本条形叶，不表现 Mendel 式遗传。

当条纹植株作为父本给正常绿色植株授粉时，条纹性状按照Mendel规律遗传；当条纹植株作为母本与正常绿色植株杂交时，F₁代出现绿色、条纹和白化3种植株，比例不定。若将F₁中的条纹植株与正常绿色植株回交，后代仍然出现不定比例的3种植株类型。继续用正常绿色植株作父本与条纹植株回交，直到ij基因被全部取代，仍然没有发现父本对这个性状的影响。因此，条纹或白化性状是由隐性核基因ij引起的叶绿体变异，以细胞质遗传的方式稳定传递。

早期关于针叶树细胞器DNA遗传的报道是关于一个日本柳杉（*Cryptomeria japonica*）园艺品种'金黄柳杉'（'Wogon-sugi'）枝条颜色突变体遗传的研究（Ohba et al.，1971）。系列正反交试验表明，突变表型只通过父本传递，揭示该突变体是由cpDNA突变引起的且cpDNA只遗传自父本（图4-16）。针叶树中cpDNA严格的父系遗传现已通过DNA遗传标记手段被证实。

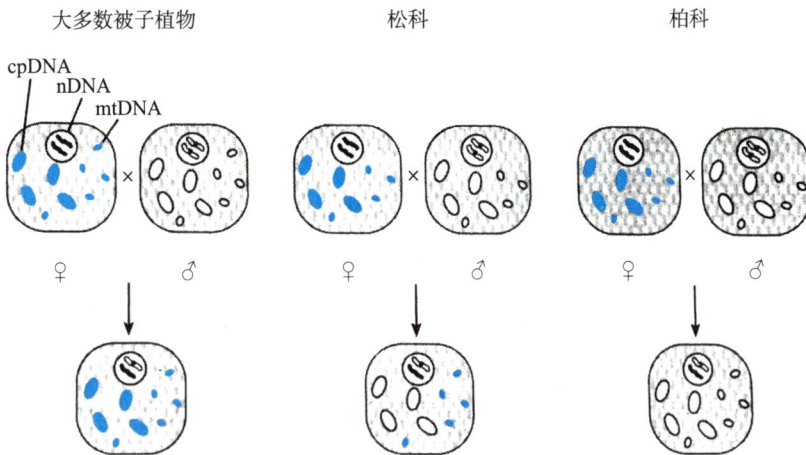

图 4-16　不同树种的叶绿体和线粒体基因组遗传（White，et al.，2007）

（2）叶绿体DNA及基因组特点

叶绿体DNA（cpDNA）是闭合环状的双链结构，存在于叶绿体内，呈双链环状，缺乏组蛋白和超螺旋，长度中间值约为45μm，具有独立基因组，cpDNA中的GC含量与核DNA及线粒体DNA（mtDNA）有很大的不同，因此可用CsCl密度梯度离心来分离cpDNA。

叶绿体基因组大小通常为120~190kb，如毛果杨约157kb，银白杨（*Populus alba*）约156kb，红松约117kb；基因组内的基因数目和顺序相对保守，不容易发生重组。对衣藻同步培养细胞的研究发现，叶绿体DNA是在核DNA合成前数小时合成的，两者的合成时期是完全独立的。叶绿体DNA的复制方式与核DNA一样，都是半保留复制。

一个叶绿体含有10~50个cpDNA。对其进行的遗传分析表明，cpDNA仅能编码叶绿体本身结构和组成的一部分物质，如rRNA、tRNA、核糖体蛋白质、光合作用膜蛋白以及RuBp羧化酶的大亚基等。除了为叶绿体自身的组成编码外，cpDNA的其余部分还与生物体的抗药性、对温度的敏感性以及某些营养缺陷型等有密切关系。cpDNA序列中的12%专门为叶绿体的组成编码。

就叶绿体自身的结构和功能而言，叶绿体基因组所提供的遗传信息仅仅是其中的一部分，对叶绿体十分重要的叶绿素合成酶系、电子传递系统以及光合作用中CO_2固定途径有关的许多酶类，都是由核基因编码的，即叶绿体基因组在遗传上仅有相对的自主性或半自主性。叶绿体基因组与核基因组之间存在着十分协调的配合和有效的合作。如叶绿体中的RuBp羧化酶的生物合成，就需要这两个基因组的联合表达。核酮糖二磷酸羧化酶（RUBP羧化酶）由8个大亚基和8个小亚基组成，相对分子质量分别为5.5×10^5和1.2×10^4，其中大亚基由叶绿体基因所编码，在叶绿体核糖体上合成，小亚基由核基因组编码，在细胞质核糖体上合成。

在林木叶绿体基因组遗传中，大多数被子植物为母系遗传，如杨属植物等；但也有一些属于父系遗传，如猕猴桃（*Actinidia deliciosa*）。而裸子植物一般为父系遗传，如松属（*Pinus* spp.）、落叶松属、云杉属（*Picea* spp.）、红杉属（*Sequoia* spp.）和黄杉属（*Pseudotsuga* spp.）等针叶树；但麻黄属（*Ephedra* spp.）、银杏（*Ginkgo biloba*）等树种中存在母系遗传；双亲遗传较为罕见。

4.4.3 线粒体遗传

线粒体与叶绿体类似，也拥有独立遗传物质，是真核生物糖类、脂肪和氨基酸进行氧化代谢、释放能量的场所。除了合成ATP为细胞提供能量外，线粒体还参与诸如细胞分化、细胞信息传递和细胞凋亡等过程。线粒体基因组同样是一个半自主性遗传系统，其结构维持和功能发挥受到核基因组的调控作用。

（1）线粒体遗传的表现

以红色面包霉为例，其分生孢子在受精中只提供一个单倍体的细胞核，一般不包含细胞质，因此分生孢子就相当于精子。1952年，Mitchell分离到一种生长迟缓的突变型红色面包霉，称为 poky。正常繁殖条件下其遗传方式和表现型都不发生改变，可以稳定遗传。当突变型的孢子囊果与野生型的分生孢子受精结合时，所有子代都是突变型[图4-17（b）]。而反交时，即野生型的孢子囊果与突变型的分生孢子受精结合，所有子代都是野生型[图4-17（a）]。在这两组杂交中，所有的染色体基因决定的性状都表现1∶1分离。表明当缓慢生长特性被原子囊果携带时，就能传给所有子代。而这种特性由分生孢子携带，就不能传给子代。其原因在于poky突变型线粒体不含细胞色素氧化酶，而该基因在线粒体中，从而揭示了线粒体遗传的母系遗传特征。

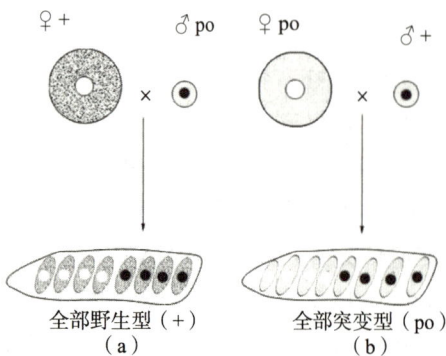

图 4-17　红色面包霉缓慢生长突变型的细胞质遗传（Debasish Kar & Sagartirtha Sarkar，2022）

（2）线粒体DNA及基因组特点

线粒体DNA（mtDNA）是一种裸露的双链分子，一般为闭合环状结构，但也有线性的。其相对分子质量约为60×10^6，长度为15~30μm。mtDNA与核DNA有明显的不同，如mtDNA与原核生物的DNA一样，没有重复序列；mtDNA碱基成分中G、C的含量比A、T少，例如，酵母mtDNA的G、C含量仅为21%；mtDNA的两条单链的密度不同，一条称为重链（H链），另一条称为轻链（L链）；线粒体中含有多个mtDNA拷贝，比如二倍体酵母约含100个拷贝，哺乳动物的每个细胞中含1000~10 000个拷贝。单个拷贝非常小，与核DNA相比仅仅是后者的十万分之一。

线粒体基因组相对分子质量比叶绿体基因组大，大部分由非编码的DNA序列组成，且有许多短的同源序列，导致基因组变化范围很大，在200~2500kb，如毛果杨约784kb，火炬松约为1191kb等。其基因组间存在明显的分子内和分子间重组，导致不同植物的基因顺序、基因组结构差别较大，但基因组内的基因数目（50~60）和内含子数目（20~24）及其核酸序列长度（53~72kb）差别不大mtDNA虽能合成蛋白质，但其种类十分有限。迄今已知，mtDNA编码的RNA和多肽有线粒体核糖体中2种rRNA（12S及16S）、22种tRNA和13种多肽（每种约含50个氨基酸残基）。编码ATP合成酶的亚基、细胞色素氧化酶的基因定位于mtDNA上。线粒体的遗传系统仍然要依赖于细胞核的遗传系统，组成线粒体各部分的蛋白质绝大多数都是由核DNA编码并在细胞质核糖体上合成后再运送到线粒体各自的功能位点上，因此，线粒体是半自主性细胞器。

在林木线粒体基因组遗传方面，被子植物多遵循母系遗传，只有少数物种为双亲遗传或者父系遗传；裸子植物则差别较大，松科、红豆杉科（Taxaceae）多为母系遗传，而柏科、南洋杉科（Araucariaceae）和三尖杉科（Cephalotaxaceae）主要为父系遗传，至今还没有双亲遗传的报道。除了叶绿体和线粒体遗传外，还有一些其他类型的细胞质遗传，比如共生体（细胞质中存在的一种细胞质颗粒）遗传和质粒遗传。

细胞核、线粒体及叶绿体内共生（endosymbiosis）过程在真核细胞形成和进化中起重要作用，长期的内共生过程导致核质在生化代谢方面相互作用。核质互作（nucleocytoplasmic interaction）是指一个细胞内的细胞核与细胞质间的相互作用。这种相互作用对细胞的形态、代谢活性、生理活动等方面都有显著影响。细胞核基因与细胞质基因互相影响，共同决定遗传、生理代谢及性状表现。植物的叶绿体遗传和雄性不育现象等，都与核质互作有关。掌握林木细胞质遗传及其规律，对于树种起源与进化研究以及育种亲本选配及利用等具有重要意义。如通过mtDNA标记进行中国北方油松人工林种群的"一对一"溯源，可确定几乎所有的河北人工林种质来源于山西天然林，辽宁人工林种质更多来源于辽宁天然林，另一部分来源于山西天然林（Zhou et al.，2024），这导致了河北人工林的同质性和辽宁人工林种群内的遗传结构差异，可为油松种质的科学配置、利用，以及油松人工林的高质量培育提供依据。

思考题

1. 有丝分裂和减数分裂在遗传学上分别有什么意义？

2. 简述经典遗传学的三大规律之间有何区别与联系。

3. 为什么说连锁基因互换本质上是同源重组的结果？

4. 利用测交法如何计算交换值，其原理是什么？

5. 某种树木的绿叶（G）对黄叶（g）为显性，请注明下列杂交组合亲本和子代的可能基因型。

①绿叶×黄叶，后代全部为绿叶；②绿叶×绿叶，后代3/4绿叶∶1/4黄叶；

③绿叶×黄叶，后代1/2绿叶∶1/2黄叶；④绿叶×绿叶，后代全部为绿叶。

6. 设有三对独立遗传、彼此没有互作、并且表现完全显性的基因Aa、Bb、Cc，在杂合基因型个体$AaBbCc$（F_1）自交所得的F_2群体中，试求具有5显性基因和1隐性基因的个体的频率，以及具有2显性性状和1隐性性状个体的频率。

7. 基因型为$AaBbCcDd$的F_1植株自交，设这四对基因都表现完全显性，试述F_2代群体中每一类表现型可能出现的频率。在这一群体中，每次任意取5株作为一样本，试述3株显性性状、2株隐性性状，以及2株显性性状、3株隐性性状的样本可能出现的频率各为多少？

8. 假定某个二倍体物种含有4个复等位基因（如$a1$、$a2$、$a3$、$a4$），试说明在下列这三种情况可能有几种基因组合？

①一条染色体；②一个个体；③一个群体。

9. 何为数量性状？它与质量性状的主要区别是什么？

10. 重复力与遗传力有何联系和区别？在选择育种工作中各有什么用途？

11. 什么叫细胞质遗传？它有哪些特点？

12. 试述林木叶绿体DNA的分子特点及其遗传特点。

13. 试述林木线粒体DNA的分子特点及其遗传特点。

14. 遗传信息是如何传递的？相关遗传规律对林木育种工作有何指导意义？

第 **5** 章

遗传变异及遗传多样性

变 异是生物子代与亲代之间、子代个体之间存在的差异，包括遗传变异和非遗传变异。遗传变异是生物进化的驱动力，也是遗传多样性形成以及育种利用的源泉。本章立足于遗传的细胞学和分子基础，根据遗传物质的改变方式对遗传变异的特征、效应与林木遗传多样性特点进行阐述，包括基因重组的类型及其遗传效应和应用、基因突变的分子基础和诱发与鉴定、染色体结构和数目变异的形成途径和特征及遗传效应，以及林木群体遗传多样性的特点和影响因素等。

5.1 基因重组

前面提到过基因重组是DNA双螺旋间的遗传物质断裂并发生重组，从而导致控制不同性状基因的重新组合，产生新性状的过程。基因重组不仅发生在细胞减数分裂过程中，而且也发生在高等真核生物的体细胞有丝分裂过程中。核基因、叶绿体基因或线粒体基因间也会发生基因重组。基因重组是生命的基本现象，也是生物适应与进化，以及育种工作的基础。根据基因重组涉及DNA同源序列的长短、重组是否需要重组蛋白参与以及重组的特点等，可将基因重组分为同源重组、位点特异性重组、转座重组和异常重组四种类型（表5-1）。

表 5-1　基因重组四种类型及其特征对比

基因重组类型	DNA序列	参与蛋白因子	重组特点
同源重组	需要长的同源序列区	非特异性重组蛋白	同源序列识别为主
位点特异性重组	识辨位点极短	重组酶	重组位点精确
转座重组	较短且特定的序列	转座酶	转座酶识别靶序列
异常重组	无须特异序列	DNA复制酶类	随机性大

5.1.1　同源重组及其特点

同源重组又称普遍性重组，依赖于较大范围的DNA同源序列的联会。在同源DNA序列之间的重组物质，包括真核生物减数分裂时的染色体连锁互换，一些低等真核生物及细菌的转化、转导、接合等遗传交换行为以及一部分噬菌体的重组和整合等。

尽管重组型染色体早就通过玉米细胞学研究得到证实（McClintock，1931），但有关同源重组形成机制直至Holliday同源重组模型提出才开始形成共识（Holliday，1964），并逐步完善、发展为被广泛认可的双链断裂重组模型（model of double-strand breaks recombination，DSBR模型）（Szostak et al.，1983）。该模型可概括为：首先同源染色体的两条单体形成联会复合体，内切核酸酶切开一条染色单体的DNA两条链，启动重组过程，其中染色体断裂的DNA双链被称为受体双链（recipient duplex），未发生断裂的被称为供体双链（donor duplex）。同时一个自由的3′端入侵供体双链DNA分子同源的区域，形成异源双链，产生取代环（displacement loop，D环）。此后由入侵的3′端引发的DNA修复合成导致D环延伸。当供体双链被取代的链到达受体双链空隙的另外一侧，它将和空隙末端的另一个3′单链末端退火，被取代的单链填补了受体双链开始被切除的序列。接着DNA聚合酶催化修复将供体双链的D环转变成双链DNA。

DNA连接酶缝合缺口，形成两个Holliday联结体。此后，内切酶在交叉点处形成一对切口对Holliday联结体进行拆分，然后由连接酶连接。因切口发生所在DNA单链的差异，分离得到的可能是交换或非交换（non-crossover，NCO）产物，前者也称为交互重组（reciprocal recombination）。但无论同源重组最终形成的是CO还是NCO，都会伴随异源双链DNA分子的产生（图5-1），导致受体序列部分或者全部被供体序列所替代，即发生基因转换。

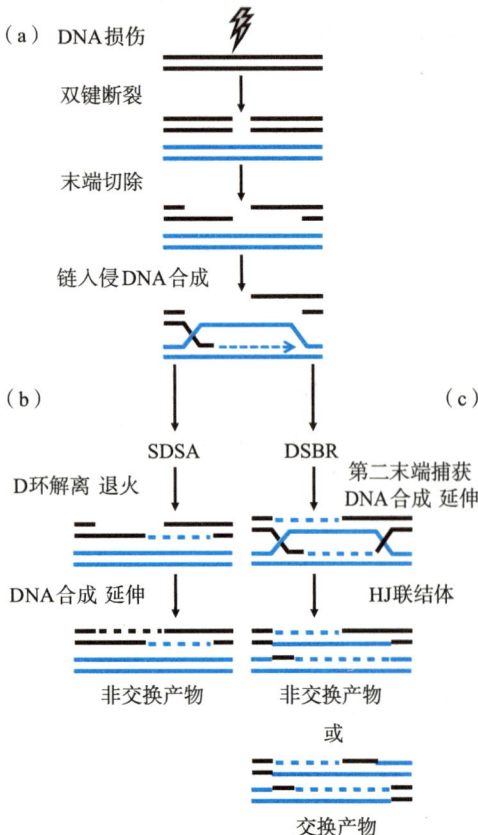

（a）DNA损伤
双键断裂
末端切除
链入侵DNA合成
（b）
SDSA　　DSBR
D环解离 退火　　第二末端捕获 DNA合成 延伸
DNA合成 延伸　　HJ联结体
非交换产物　　非交换产物
或
交换产物
（c）

图 5-1　DNA 双链断裂重组模型
（San Filippo et al.，2008）

5.1.2　位点特异性重组及其特点

位点特异性重组（site-specific recombination）又称位点专一性重组，是由重组酶识别DNA特定位点并介导DNA双链切割与交换的基因重组，只依赖于小范围内同源序列的联会。典型的位点特异性重组系统具有如下特点：①该类型重组并不依赖于DNA序列的同源性，但需要有短的同源识别序列或具有负责不同蛋白因子识别的结构位点；②依赖识别

DNA序列、介导切割和重新连接并实现交换的重组酶，且更多的系统是不同的蛋白因子协同作用实现基因重组；③重组过程没有DNA合成以及能量的消耗，系统拥有一套在DNA断裂重接过程中保持磷酸二酯键平衡的特殊机制等。

5.1.3　转座重组及其特点和应用

转座子又称转座元件，是可以在基因组中某一位点转移或自我复制到另一个位点，并对其后的基因起调控作用的特异DNA序列。转座重组（transposition recombination）是不依赖同源序列进行DNA的交错剪切与复制的重组，是由转座子介导的DNA重排现象，最早由美国遗传学家McClintock通过对玉米籽粒色斑的不稳定性遗传的研究而提出（McClintock，1931），随后陆续在大肠杆菌和酵母、果蝇以及哺乳动物中被发现，并对其分子机制进行了深入研究。

根据转座子的结构特点，通常原核生物中的转座子被分为两大基本类型：①插入序列（insertional sequence，IS），是最简单、最早从细菌的乳糖操纵子中发现的一段可阻止被插入基因转录的自发插入序列，其不含任何宿主基因，结构非常紧凑（约1kb），两端是长度相同或几乎相同的短的反向重复序列，大多内部编码有介导自身移动转座酶。插入序列插入到基因组的另一个位置时会在靶位点上生成一个新的正向重复序列，亦可从插入位点上再切除。②复合转座子（composite transposon），是一类带有某些抗药性或其他宿主基因的转座子，其两侧多带有两个相同或高度同源的IS序列，但也存在两侧组件不同的复合转座子。复合转座子上的IS序列因功能已被修饰，不能再单独移动，只能作为复合体移动，插入宿主的靶序列后，可造成靶序列的正向重复序列，其内部携带的某些抗药性或其他宿主基因可随转座在基因组中快速传播，这也是自然界中细菌产生抗药性的重要原因。

真核生物中同样存在广泛分布的转座子，植物中研究比较透彻的是玉米激活—解离系统（*Ac–Ds*系统）（Takumi et al.，1999）。这一系统中，激活因子*Ac*是一种结构和功能都较为完整的转座子，两端具有11bp长度的反向重复序列，除具有自主转座所需信息外，还编码一些与切割和转座有关的基因或DNA序列，相对分子质量较大达到4563bp。不同于*Ac*，*Ds*是一种结构和功能都不完整的转座子，长度介于0.5~1.0kb，只具有与切割有关的识别序列而缺失了转座酶的有关信息，属于非自主移动的受体因子。*Ac–Ds*系统中，*Ac*的基因产物（即转座酶）可以扩散并结合到*Ds*元件上以帮助其发生转座，诱导染色体断裂并从染色体的一个位置上切离转移到另一个位置。

转座重组的遗传效应和应用有：①引起插入突变，各种转座子插入到染色体的编码区导致原基因编码的多肽链提前终止或延长、读框移位等，引起基因失活等。②引起基因表达改变，转座子插入基因的内含子中可影响该基因的表达水平；可能改变内含子的剪切位点使某些外显子丢失而造成基因失活；一些转座子还可携带增强子或启动子，以某一方向插入时启动或增强某一沉默基因的表达水平等。③产生新基因，如转座子上带有结构基因，可造成靶DNA序列上的插入突变，同时也可以使这个位点产生决定新性状基因；由于转座作用，一些在全基因组上相距甚远的基因组合在一起，使得基因与操纵子融合或构成新的表达单元，产生新的具有生物学功能的基因（图5-2）。④产生染色体畸变，当复制性转座发生在宿主DNA原有位点附近时，常导致转座子两个拷贝之间的同源重组，其中若同源重组发生在两个正向重复转座区之间，会导致宿主染色体DNA缺失；若重组发生在两个反向重复转座区之间，则会引起宿主染色体DNA倒位等。⑤标记目的基因，转座重组发生时可能恰好造成某一基因外显子区域插入突变，引起表型改变而获得突变体，如该突变是由于转座子的DNA含有与突变体有关基因，则可利用转座子对该基因进行标记，实现对目的基因的识别和分离。

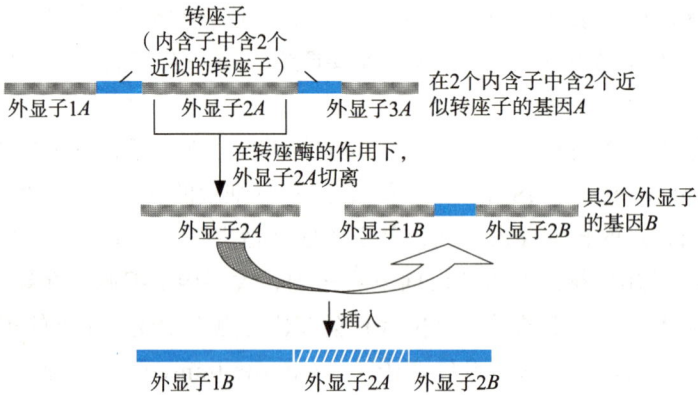

图 5-2　双转座子插入引起的外显子改组示意

5.2　基因突变

5.2.1　基因突变与性状表现

基因突变（genic mutation）是染色体上某一基因座位内的遗传物质发生了化学上的变化。基因突变也称为点突变，其结果是一个基因突变为一个新的等位基因，并与原来的基因形成对性关系，可能导致表型上的变异。基因突变是生物进化的材料，对于研究基因的性质、功能、结构及其育种应用等均有重要的意义。

基因发生突变时表现出突变性状的个体称为突变体。发生突变的个体数占观察总数的比率称为突变率。在植物中，自花授粉植物通常比杂种或杂合状态下的植物更加稳定，突变率更低；而多年生无性繁殖的植物，则比二年生种子繁殖的植物的突变率更高。在生物个体发育的任何时期，不论在体细胞或性细胞中都可以发生基因突变，体细胞的突变率往往低于性细胞，这是因为在减数分裂末期，性细胞对外界环境的变化有较高的敏感性，易受到环境影响发生基因突变，并可通过受精卵而传给后代。其中，显性突变在F_1代就可以观察出来，隐性突变或下位性突变则因被其他基因掩盖直到F_2代突变基因纯合后才能表现出来。体细胞中如发生了显性突变，当代就会表现出来，并与原来的性状并存形成嵌合体，嵌合范围大小取决于突变发生时期的早晚，越早嵌合的范围越大。嵌合体中突变细胞常竞争不过周围正常细胞，处于抑制状态，如不及时分割保存，这部分的细胞突变可能随着组织或器官发育趋于消失。体细胞突变也可在植物生长点分生细胞中发生，导致整个芽或枝条发生突变，即产生芽变。芽变及时分割繁殖，可以发展成为新品种，是经济林育种的重要途径。

基因突变具有的主要共同特征有：①随机性和稀有性，突变发生的时期和个体是随机的，且在自然条件下具有较低的突变率；②平行性，亲缘相近的物种因其遗传基础相近，经常会发生相似的基因突变；③重演性和可逆性，同一突变可以在同种生物的不同个体间重复发生，同时，基因突变的发生方向是可逆的，原来正常的野生型基因经过突变成为突变型基因的过程，称为正向突变（forward mutation），突变型基因通过突变而成为原来的野生型基因的过程称为反向突变或回复突变（back mutation）；④多向性，基因突变可以一再发生，并向多方向进行，如A基因可以发生一次突变产生突变基因a，也可能产生a1、a2、a3等均对A表现为隐性的突变基因，它们之间生理功能与性状表现又各不相同，这些占据同一基因位点但性状与功能各异的等位基因，称为复等位基因，使得同一物种不同个体间表现出同一性状上的不同特性，增加了变异的多样性；⑤有利性和有害性，生物经长期进化形成了与环境相协调的基因体系，基因突变往往带来适应性、抗性和繁殖力降低等不利影响，但有时也可带来对物种生存与繁衍，或对人类经济活动有利的性状。

不同基因突变后产生的性状变异各不相同，有些突变型与野生型表现差异显著，有些则需要借助精细的遗传学或生物化学技术检测区别。根据突变基因的不同性质和表现，可将基因突变区分为不同类型。

（1）显性突变与隐性突变

当发生突变时，位于染色体同一基因位点上的两个基因总是独立发生的。如突变的基因由隐性变为显性，则称显性突变，反之则称隐性突变。体细胞发生显性突变，当代个体就能以嵌合体的形式表现突变性状。性细胞发生显性突变，尽管形成的合子是杂合体，但显性突变性状在第一代也能表现出来。隐性突变当代并不表现，需纯合后才能检出。

（2）形态突变与生化突变

形态突变也称可见突变，主要影响生物的形态结构，导致形状大小、色泽等发生改变。生化突变则主要影响生物的代谢过程，导致特定的生化功能的改变或丧失，常需借助生化手段测定。

（3）致死突变与条件致死突变

致死突变主要影响生活力，可导致个体死亡，一般可分为显性致死或隐性致死，前者在杂合态时即有致死效应，后者在纯合态时才有致死效应。隐性致死突变较为常见，如植物中常见的白化基因是隐性致死的，因白化的发生而不能形成叶绿素可致植株死亡等。致死突变不一定伴有可见的表型改变，并且可以发生在配子期、胚胎期、幼龄期或成年期等不同的发育阶段产生致死效应。条件致死突变则是指在某些条件下是能成活的，而在另一些条件下是致死的，如T4噬菌体的温度敏感突变型在25℃时能在大肠杆菌宿主中正常生长并形成噬菌斑，但在42℃时则不能存活。

（4）大突变与微突变

根据突变引起表型改变的显著程度，可分为大突变与微突变。大突变指质量性状的基因突变，如花的颜色、毛的有无、冠的宽窄等这类控制质量性状的基因发生突变；微突变则指控制数量性状如生长量、结实量等这类微效基因发生突变。微突变因突变效益微小而很难直接观察，只能通过统计学方法对群体进行测定。

（5）自发突变与诱发突变

自然界中天然发生的各种基因突变称自发突变，多属于隐性突变。自发突变频率低，一般高等生物突变率为$10^{-8}\sim10^{-5}$，细菌则为$10^{-18}\sim10^{-4}$。为满足育种利用要求，人们根据突变发生的机理，应用理化手段人工地诱发突变，这种突变称为诱发突变。

5.2.2　基因突变的分子基础

从分子水平上看，一个基因可分成许多基本单位，称为座位（site）。一个座位一般指一个核苷酸对，有时其中一个碱基改变就可能产生一个突变。因此，突变是基因内个别或部分座位的碱基改变，改变方式包括由碱基替换（base substitution）引起的分子结构的改变，以及由碱基的缺失和插入等引起的移码变异。

碱基替换是指DNA分子单链（双链）一个碱基（对）被另一个碱基（对）替换所造成的DNA分子水平的改变。其中，一种嘌呤被另一种嘌呤替换（A⇔G），或一种嘧啶被另一种嘧啶替换（T⇔C），称为转换（transition）；一个嘌呤被一个嘧啶替换，或一个嘧啶被一个嘌呤替换，称为颠换（transversion）（图5-3）。碱基替换只是DNA分子中单个碱基对改变，也称为单点突变（simple mutation），它不改变DNA分子序列（基因）长度和转录产物RNA分子的阅读框。

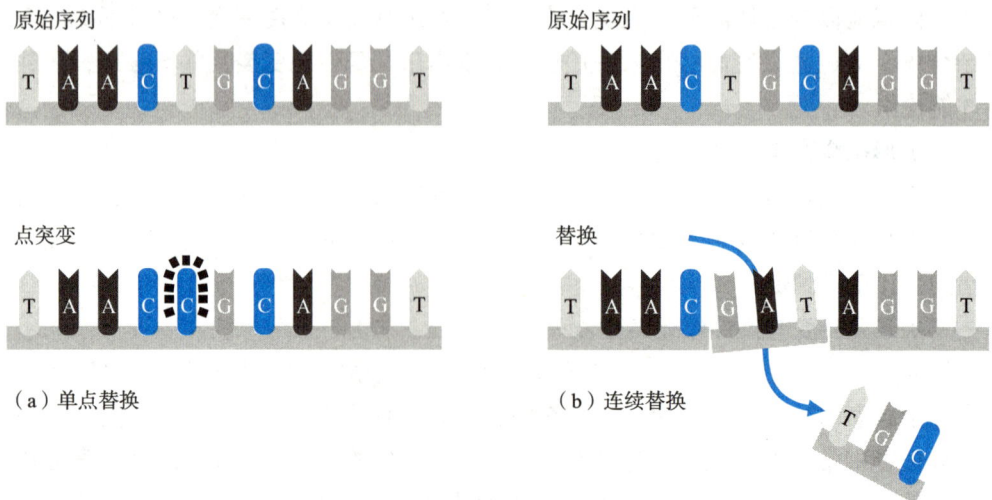

原始序列　TAACTGCAGGT

原始序列　TAACTGCAGGT

点突变　TAACCGCAGGT

替换　TAACGATAGGT　TGC

（a）单点替换　　　　　　（b）连续替换

图5-3　碱基替换示意

注：（a）一次单碱基嘧啶的替换（T–C），即发生一次转换；（b）一次连续的碱基替换（GAT–TGC）。

移码变异主要由碱基的缺失突变和（或）插入突变等引起这一位置以后一系列编码发生位移。其中，缺失突变（deletion mutation）是指DNA分子缺失了一个或多个碱基，缺失的碱基（对）可能是一个或多个，也可能是较长片段（几十至数百万碱基），两种缺失的形成机制不同，效应也可能明显不同；插入突变（insertion mutation），则是指DNA分子增加了一个或多个碱基，插入的碱基（对）可能是一个或多个，也可能是较长片段（几十至数百万碱基），两种插入的形成机制不同，效应也可能明显不同（图5-4）。

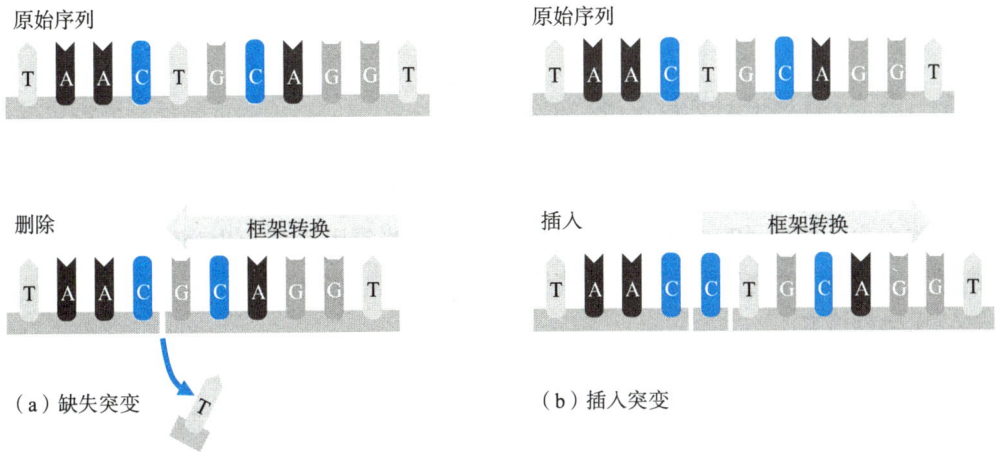

图 5-4　移码变异示意

注：(a) 一次碱基缺失突变（T）造成下游序列移位；(b) 一次碱基插入突变（C）造成下游序列移位。

基因突变的方式还包括：①碱基片段重复与片段倒置，即DNA分子上一段碱基序列发生重复或排列顺序发生倒转，重复或倒置的碱基（对）可能是数个碱基，也可能是较长片段（几十至数百万碱基）；②脱嘌呤（depurination）或脱氨基（deamination），前者是由于碱基和脱氧核糖间的糖苷键受到破坏，引起一个嘌呤从DNA分子上脱落，后者则指胞嘧啶（C）脱氨基变为尿嘧啶（U）或腺嘌呤（A）脱氨基变成次黄嘌呤（H）并造成转换。

不同的突变方式对遗传信息的影响各不相同，产生的效应包括造成错义突变、无义突变、移码突变、同义突变等。其中，错义突变（missense mutation）是指因一个碱基改变或替换，导致DNA及其转录和翻译的RNA和蛋白质氨基酸中发生顺序的改变从而产生的突变现象，最终可能使蛋白质失活、部分失活或不影响其正常功能，常存在于密码子前两个碱基中。无义突变（nonsense mutation）是指编码氨基酸的密码子突变成终止密码子，可以由碱基置换产生，也可以由移码产生。如果发生无义突变，蛋白质翻译到此停止，可能产生短且缺乏C端区域的无功能蛋白质。移码突变（frameshift mutation）是指基因的DNA序列中额外插入碱基或现有碱基缺失引起的突变。如插入或缺失的碱基数不是"3"的倍数，阅读框就会发生改变并造成下游一系列编码发生移位错误，从而完全改变编码蛋白质的氨基酸序列，最终产生突变表型。同义突变也称为沉默突变（silent mutation），是指密码子的改变由于简并性未导致编码的氨基酸以及表型发生改变，主要为密码子的第三个碱基改变。

生物体的生存和延续要求DNA分子必须保持高度的完整性和精确性，由于基因突变在自然界是普遍的，且大多对生物适应性、抗性和繁殖力产生不利影响。生物在进化过程中具有更广泛的机制防止有害突变对个体和种群的影响，包括：①利用密码的简并性降低基因突变造成编码氨基酸的碱基序列错误；②利用回复突变使突变基因反向突变恢复野生型表现；③利用基因内抑制（intragenic suppression）或基因间抑制（intergenic suppression）的机制抑制基因突变；④利用二倍体或多倍体生物基因组中，一个基因掩盖另一个隐性基因突变的表现；⑤利用选择和致死，通过自然淘汰或致死有害性状的细胞或个体，从而在群体中淘汰有害的突变基因等。

5.2.3　基因突变的诱发与鉴定

基因突变是一切生物的普遍现象。因自发突变率太低，于是采用人工诱变的方法以提高诱变率。所谓诱变是采用物理、化学以及生物等因素诱导生物细胞产生基因突变的过程。能诱发生物体发生变异的物质称为诱变剂（mutagen）。

（1）物理诱变

物理诱变剂包括非电离射线（如紫外线）和电离射线（X、α、β、γ射线和中子等）等。其中，紫外线在适当条件下可直接作用于DNA本身或细胞中游离的嘌呤、嘧啶或核苷酸等，诱发DNA双螺旋结构中相邻的胸腺嘧啶或胞嘧啶共价连接形成二聚体（TT或CC），引起DNA双链氢键断裂，引起真核生物体细胞和性细胞发生突变（图5-5）。这段断裂的DNA复制时可进一步造成碱基错配或复制断裂，产生错义突变、无义突变和移码突变等。

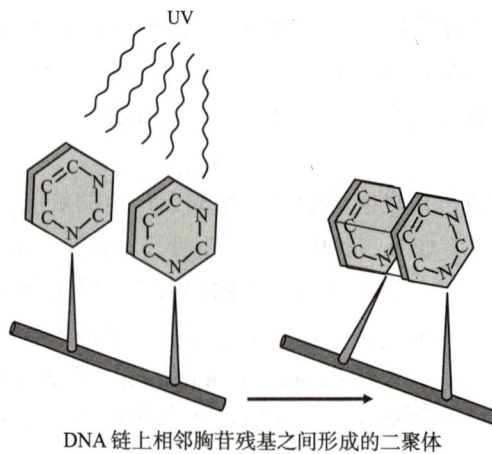

DNA 链上相邻胸苷残基之间形成的二聚体

图 5-5　紫外线照射诱发相邻的胸腺嘧啶形成二聚体

电离射线能够以粒子或能量很高的光子形式穿透细胞，撞击细胞原子表层的电子使其脱离轨道，导致自由电子的形成（表5-2）。与主要引起DNA嘧啶中二聚物形成的紫外线不同，电离射线能够造成DNA乃至染色体发生结构上的剧烈变化，而且这一过程中形成的高能物质还可能与DNA的碱基发生作用，导致DNA损伤，直接引起基因突变。

表 5-2　引起基因突变的电离射线

射线	穿透力	作用物质	辐射源	应用时间	照射方法
X	较强	光子	X光机	早	外照射
β	强	电子	^{60}Co、^{137}Cs	较早	外照射
γ	强	光子	^{32}P、^{35}S、^{14}C、^{65}Zn	较迟	内照射
中子	强	中子粒	反应堆或加速器	最近	外照射

（2）化学诱变

相较于物理途径，化学途径诱发基因突变的机理研究比较清楚，主要通过碱基类似物取代天然碱基、改变DNA化学结构、结合到DNA分子上等途径诱发突变。化学诱变剂包括各种碱基类似物、烷化剂和亚硝酸等。

碱基类似物是一种分子结构很像天然碱基的化合物，可以在DNA复制中代替天然碱基引起配对错误，使得碱基对被另一不同碱基对所代替。如5–溴尿嘧啶（BU）与胸腺嘧啶（T）有相似的结构，大肠杆菌生活在有5–溴尿嘧啶的培养液中，5–溴尿嘧啶可被编入DNA链中取代胸腺嘧啶（T）。取代后的5–溴尿嘧啶有互变异构的能力，通常在DNA分子中以酮式状态存在并与腺嘌呤（A）配对，但有时受溴类化合物的影响也以烯醇式状态存在，复制时在相对位置上出现鸟嘌呤（G）；而在下一次DNA复制时，鸟嘌呤（G）按一般情况跟胞嘧啶（C）配对。由此，初始A–T碱基对就转变为G–C碱基对，形成碱基替换（图5-6）。同样的情况还存在于2–氨基嘌呤（AP）中，其可与胞嘧啶（C）和胸腺嘧啶（T）配对，引起A–T、G–C之间的碱基替换。

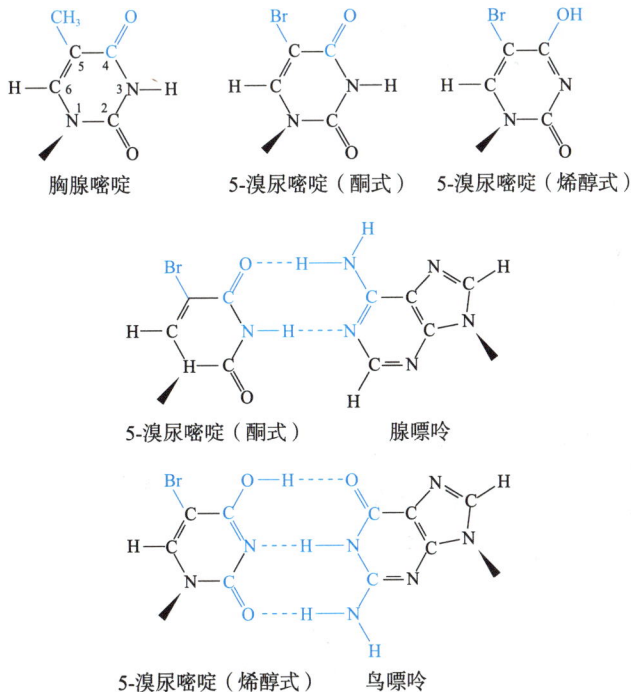

图 5-6　5–溴尿嘧啶的碱基配对方式

注：5–溴尿嘧啶（BU）以酮式存在时与腺嘌呤（A）配对；以烯醇式存在时与鸟嘌呤（G）配对。

诱变剂的作用方式多是改变核酸中的核苷酸化学组成，常见的有亚硝酸、烷化剂等。亚硝酸是一种强力诱变剂，能使腺嘌呤（A）、胞嘧啶（C）脱氨基，并氧化成相应的酮式类似物，生成次黄嘌呤（H）、尿嘧啶（U）；DNA复制时，次黄嘌呤（H）可与胞嘧啶（C）配对，尿嘧啶（U）可与腺嘌呤（A）配对，导致原A-T转换成G-C，G-C转换成A-T。烷化剂包括的种类同样很多，包括芥子气、甲基磺酸乙酯（EMS）、硫酸二乙酯、亚硝基胍等，诱发基因突变的机理包括：①造成鸟嘌呤（G）甲基或乙基化使其形成与腺嘌呤（A）相似的结构，进而与胸腺嘧啶（T）配对产生配对误差（图5-7）；②造成鸟嘌呤（G）丢失嘌呤结构造成脱嘌呤作用，进而在DNA链上留下缺口影响DNA复制；③造成同一或不同DNA分子间的两链间形成交联，进而诱发一个或多个核苷酸丢失或切除。

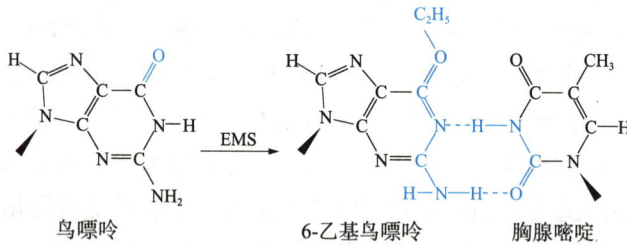

图 5-7 烷化剂 EMS 对鸟嘌呤（G）的乙基化作用

注：烷化形成与腺嘌呤（A）结构相似的6–乙基鸟嘌呤，并与胸腺嘧啶（T）配对产生配对误差。

结合到DNA分子上的诱变剂以吖啶类化合物为代表，其具有扁平的分子结构，诱发基因突变的机理是可以模拟碱基配对并结合到DNA分子上，通过插入邻近碱基对之间使其分开，进而在DNA复制过程中引起碱基的缺失或插入新的碱基，造成编码上的改变，导致移码突变（图5-8）。

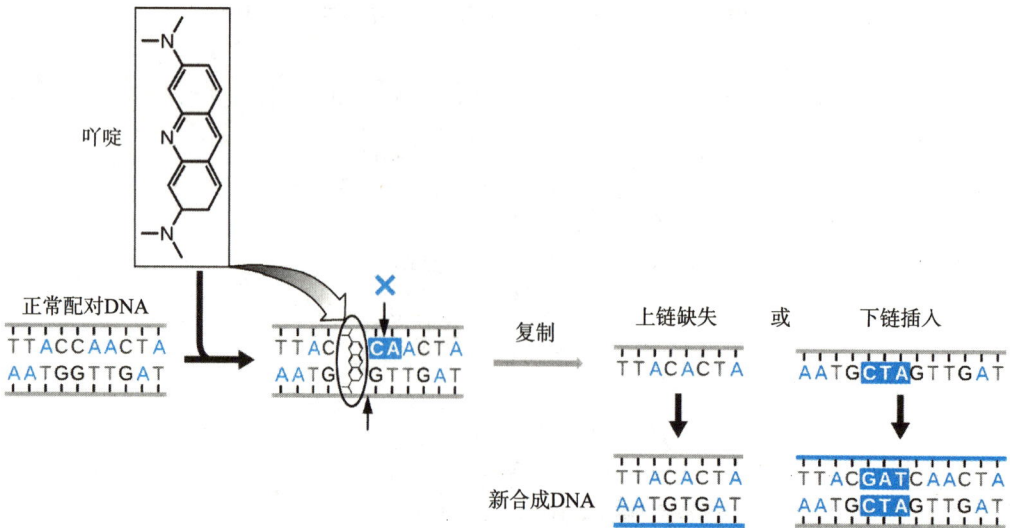

图 5-8 吖啶类化合物诱发移码突变机理

高等植物生长周期较长，容易受到环境影响，首先需要对突变真实性进行鉴定，明确为可遗传变异基础上，再判断是显性突变还是隐性突变，以及突变的频率等。鉴定方法因被鉴定植物的授粉方式、繁殖方式、突变性质及染色体倍数的不同而不同。如应用自交或人工控制授粉测交、杂交鉴定自花授粉或异花授粉植物的显性或隐性突变。应用嫁接、扦插、分株繁殖法，可以直接检出体细胞显性突变，如芽变的分离、固定和检出等。

5.3　染色体结构变异

5.3.1　染色体结构变异及其形成途径

染色体变异（chromosomal variation）又称为染色体畸变（chromosomal aberration），包括染色体结构变异（variation in chromosome structure）和染色体数目变异（variation in chromosome number）。断裂-重连假说（breakage-reunion hypothesis），是形成染色体结构变异的分子基础。在自然条件下如温度剧变、代谢失常等时，或施加人工诱变条件下，细胞内染色体可能发生断裂成为断片，其断头常带有黏性并在DNA损伤修复机制下重新接合起来，恢复原有的染色体结构顺序。但这一过程中也可能发生链接差错，如染色体片段扭转方向形成倒位链接，或将染色体片段错接至另一条同源染色体上造成片段重复，或错误链接至另一条非同源染色体上形成片染色体段易位，或缺失的染色体片段未能重连并在随后细胞分裂过程中丢失形成片段缺失。以上不正确的染色体断裂后重连，都可以导致染色体结构的变异。

引起染色体结构变异的原因有以下几种。

（1）理化诱变

在自然条件下，如温度剧变、代谢失常以及受到辐射、化学药物、病毒等影响时，染色体均可能发生断裂与重接合，因断裂点的数量以及重接次序和位置不同，就会产生不同类型的染色体结构变异。在人工施加辐射、化学药物诱变情况下，染色体发生断裂的频率更高。

（2）遗传因素

在小麦5B和3D染色体上存在抑制部分同源染色体配对的基因Ph^1、Ph^2，以及Ph基因的显性上位基因Ph^1。如Ph基因缺失、突变或Ph^1基因存在时，六倍体小麦的同源群的部分同源染色体配对频率显著提高，易发生部分同源染色体组间相互易位。野生小麦染色体$2C$、$2S$、$2S^1$及$4S^1$及长穗偃麦草染色体$7EL$在小麦背景中具有杀配子效应，同时能够诱导小麦染色体缺失。

（3）不等交换

同源染色体交换一般都是在两个染色单体的对应位置上进行，但如果曾发生过遗传物质的重复或在交换位点附近含有相似的DNA序列，就有可能发生不等交换（unequal crossover），其结果是一条染色单体发生缺失，另一条染色单体发生重复。体细胞中姊妹染色单体的不等交换，也会导致缺失、重复等染色体结构变异。

（4）染色体错分裂

当染色体在减数分裂中处于单价体状态时，其着丝粒会发生错分裂，产生端着丝粒染色体和等臂染色体。前者为整臂缺失，后者为整臂缺失与整臂重复的复合体。由染色体结构变异所引起的结果包括：染色体重排（chromosomal rearrangements），染色体上基因的排列顺序和相邻关系会发生改变，从而影响到基因的活性和表达；染色体核型的改变，若产生结构纯合体，就会使一些染色体增长或缩短，从而导致核型改变；形成新的连锁群，由于染色体易位会改变原来的连锁群，产生新的连锁关系；染色体上的遗传物质减少或增加，染色体的重复和缺失会使染色体上遗传物质增加或减少，甚至会影响到整个基因组的DNA含量。

5.3.2　染色体结构变异特征和遗传效应

染色体结构变异的类型主要包括缺失（deficiency）、重复（duplication）、倒位（inversion）和易位（translocation）。无论是哪种类型的染色体结构变异，在发生变异的细胞或个体中，如果一对同源染色体中的一条发生了变异，而另一条的相同部位正常，则称为结构杂合体（structural heterozygote）；若一对同源染色体均产生了相同的结构变异，则称为结构纯合体（structural homozygote）。下面做具体介绍。

（1）缺失

缺失是指染色体的某一区段丢失了。缺失如发生在染色体某一臂内部位，称为中间缺失（interstitial deficiency）；如发生在臂的外端称为顶端缺失（terminal deficiency）（图5-9）。缺失的程度同样有大有小，即可能缺失一整条臂，形成端着丝粒染色体（telocentric chromosome）；也可仅缺失一小个节段，或单个染色粒或个别基因，甚至仅仅是基因的某一部分。

细胞学上鉴定染色体缺失主要是根据缺失的染色体片段的有无，以及减数分裂时染色体配对的情况来确定。最初发生缺失的细胞进行分裂时，丢失的断片若未随纺锤丝牵拉进入子细胞核中，则可在细胞分裂后期观察到细胞质中被遗弃的无着丝粒的染色体片段。若为中间缺失且区段较长，则在缺失杂合体的偶线期与粗线期正常染色体与缺失染色体同源联会时，未缺失区段因无法配对形成拱形的环（缺失环）（图5-10）。一些情况下，没有愈合的染色体的断头可与另一染色体的断头相接合，形成双着丝粒染色体[图5-11（a）]，并在细胞分裂后期被再次拉断造成结构变异。顶端缺失也可能在染色体两臂外端同时发生，断的两端也可能连接起来，

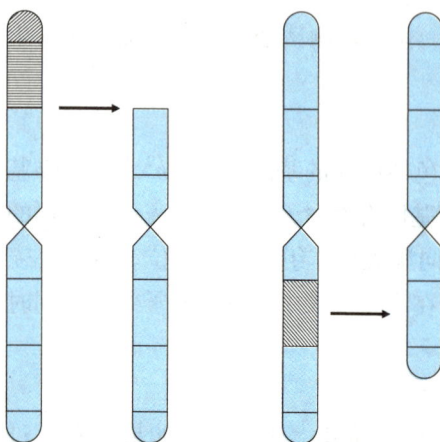

（a）顶端缺失　　　　　（b）中间缺失

图 5-9　染色体顶端缺失和中间缺失

形成环状染色体[图5-11（b）]。具有断头的姊妹染色单体靠近、重接，在减数分裂后期还可能形成染色体桥[图5-11（c）]。

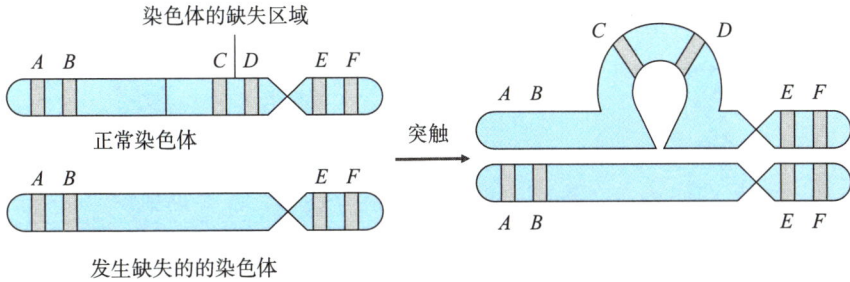

图 5-10　染色体中间缺失形成缺失环

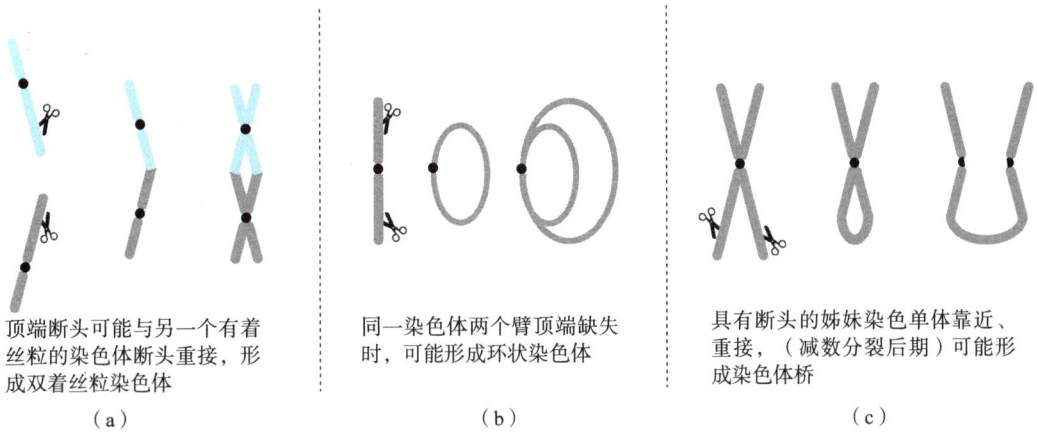

顶端断头可能与另一个有着丝粒的染色体断头重接，形成双着丝粒染色体

（a）

同一染色体两个臂顶端缺失时，可能形成环状染色体

（b）

具有断头的姊妹染色单体靠近、重接，（减数分裂后期）可能形成染色体桥

（c）

图 5-11　几种特殊类型染色体缺失的细胞学特征

缺失改变了正常的连锁群，影响了基因的交换和重组，使长期完善起来的基因系统、基因排列顺序、基因与基因间相互关系遭到破坏，往往对有机体正常的生长和发育不利。其中，较大片段缺失常直接导致致死，小片段的缺失在纯合状态下也可引起致死或半致死。因此，相对于缺失杂合体，缺失纯合体总是难于生存。缺失杂合体进入减数分裂形成配子时，由于同源染色体的分离，将产生一半正常的配子，另一半则为缺失型。缺失对配子发育的这些影响，常造成缺失杂合体植株产生部分不育现象。

（2）重复

重复是指染色体多了与自己相同的某一部分节段，并造成其上的基因也随之重复。发生染色体结构重复时，某区段按照染色体上正常顺序重复被称为顺接重复（tandem duplication），重复时颠倒了某区段在染色体上的正常直线顺序则被称为反接重复（reverse duplication）（图5-12）。重复区段如具有着丝粒时，则称为双着丝粒染色体（dicentric chromosome），其在遗传上并不稳定，并在后续细胞分裂时在纺锤丝牵拉下发生断裂，造成新的重复或缺失。

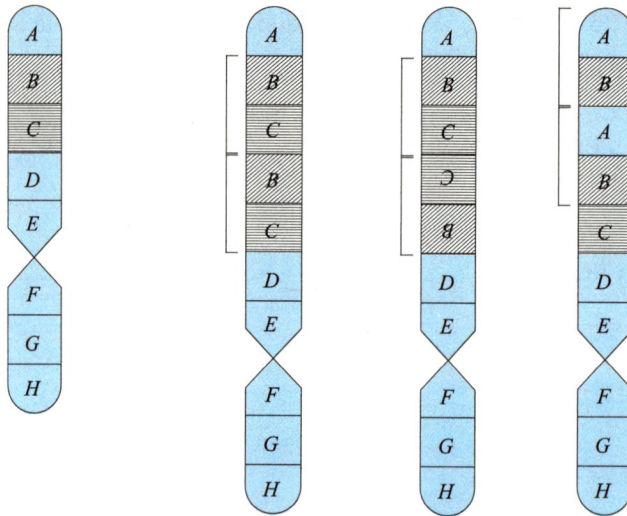

图 5-12　染色体顺接重复与反接重复

同源染色体间的不对等交换是形成染色体重复的方式之一，一方经交换多了一些节段形成染色体重复的同时，另一方必然经过交换少了一些节段形成缺失染色体。重复杂合体减数分裂联会时表现为：在染色体末端非重复区段较短时重复区段可能影响末端区段配对，形成二价体末端不等长突出；重复区段物较长，重复区段则会在联会时被排挤出来，成为二价体一个突出的环或瘤，即产生重复环（dupieaionios）（图5-13）。缺失环和重复环需要参考染色体长度、带型、横纹等特征加以区别。若重复区段极短，联会时二价体可能不会有环突出。

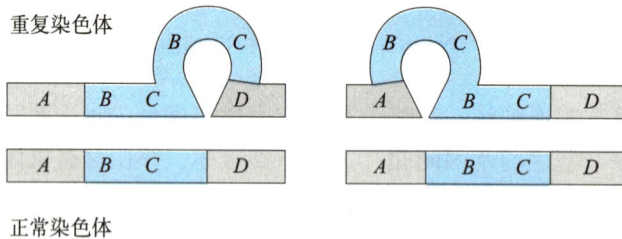

图 5-13　染色体结构重复时联会阶段出现重复环

染色体区段重复带来的遗传效应同样改变了原来正常的连锁群，影响了交换率，使长期驯化过程中适应下来的成对基因的平衡系统受到破坏，并在表型上产生不利影响，如生活力降低、育性降低等，甚至危及存活。但也有研究表明重复有重要的遗传意义：①重复可使DNA直接产生大量的RNA和相应的蛋白质，提高转录和翻译的效率，起到了调控基因活动的作用；②重复有助于产生新基因，因为重复提供了许多额外染色体和额外基因，这些外基因的产物已不再对维持个体正常机能负责，因此这段多余的节段具有更大的灵活性，通过基因座位增加、缺失和移码突变，导致形成新蛋白质的基因编码，而发展成为另一种基因，并为新基因的进化完善了机理；③基因的剂量效应，指染色体重复带来的基因效应累加所产生的效应，重复基因出现的次数越多，表型效应就越显著。

（3）倒位

倒位指染色体中发生了某一区段倒转。倒位可分为臂内倒位（paracentric inversion）和臂间倒位（pericentric inversion），前者指倒位区段发生在染色体某一臂上，后者则指倒位区段内有着丝粒，倒位涉及染色体的两个臂。发生倒位的染色体，基因总数没有改变，但基因排列顺序发生倒置（图5-14）。

倒位发生的原因，可能是在减数分裂细线期染色体发生盘绕作圈，由于辐射或其他原因，在交叉处断裂，重接时又发生接错（图5-15）。从分子水平来看，倒位片段的连接必须符合DNA链的极性，由于DNA两条单链的极性是反向平行的，重接时必须在极性相同的断头处才能接上，因此倒位必须在DNA两条单链同时断裂时才能扭转重连，并使原来信息链的编码组成发生改变。

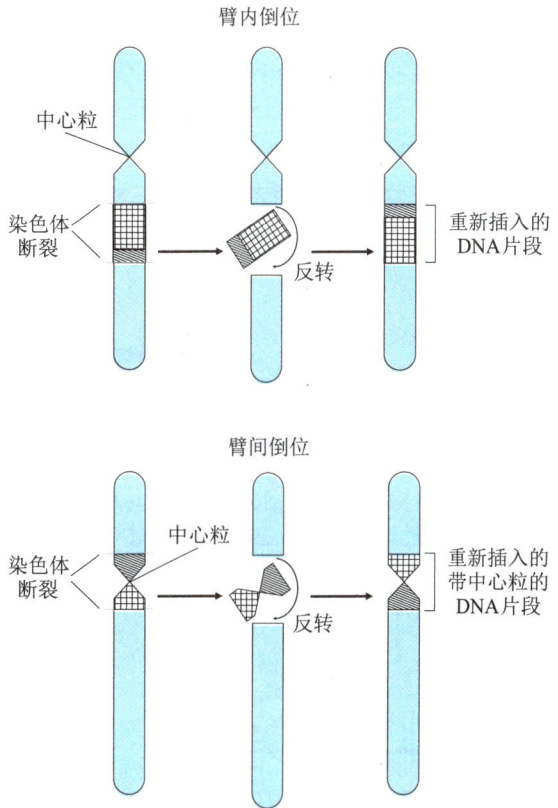

图 5-14 染色体臂内倒位与臂间倒位

倒位的细胞学鉴定主要根据倒位杂合体在减数分裂时的联会状态进行判断。倒位杂合体中，如倒位区段很长，则二条同源染色体颠倒过来反向配对；如倒位区段较短，则在区段间形成倒位环。需要特别指出的是，倒位环和缺失环、重复环不同，后二者是一条染色体平直而另一条拱起呈环状，而倒位环是二条同源染色体同时拱起呈环状，这是倒位杂合体的重要细胞学特征（图5-16）。倒位环内对应区段能够进行同源配对和非姊妹染色单体交换，产生不同育性的配子。臂内倒位的情况下，如倒位环内发生一次交换，后期Ⅰ同源染色体相互分离时，两个着丝粒中间区段形成染色体桥——后期Ⅰ

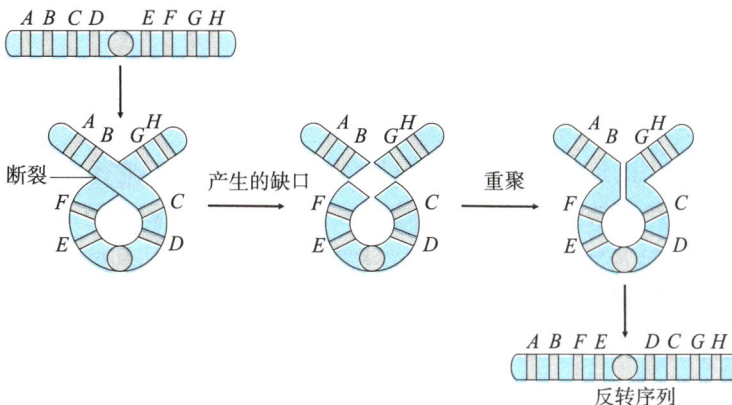

图 5-15 染色体倒位形成的分子机理

桥，可作为臂内倒位细胞学鉴定的依据；后期Ⅱ形成一个正常的、一个倒位的、一个双着丝粒且倒位和重复、一个无着丝粒且到位和重复的染色单体，末期形成两个正常、两个不能发育的配子[图5-17（a）]。在臂间倒位的情况下，如倒位环内发生一次交换，后期Ⅰ时无双着丝粒染色质桥出现；后期Ⅱ形成一个正常的、一个倒位的和二个重复且缺失的染色单体，前两者发育成正常的配子，后两者因染色体重复和缺失而不能发育[图5-17（b）]。以上两种情况均可造成配子的半不育现象。

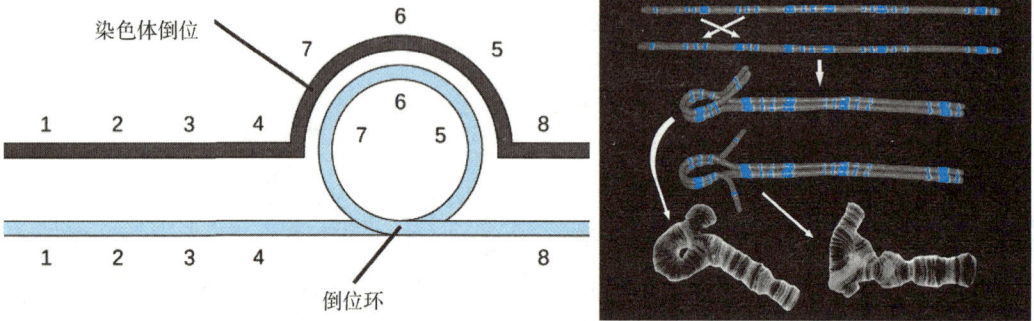

图 5-16　染色体结构倒位时联会阶段出现倒位环

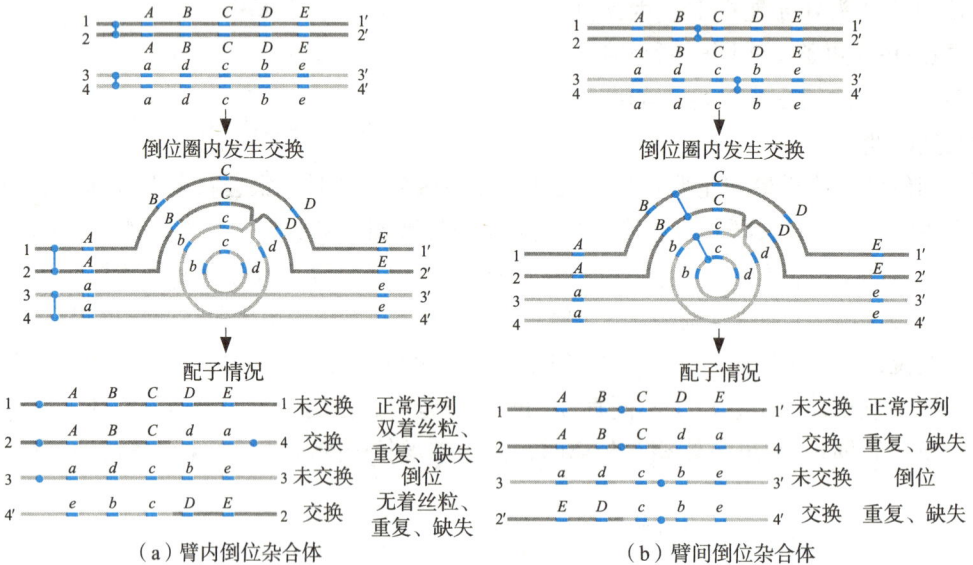

（a）臂内倒位杂合体　　　　　　　（b）臂间倒位杂合体

图 5-17　染色体倒位导致配子半不育的分子机理（Klug et al.，2012）

　　倒位改变了原来的连锁群，影响了基因间的交换和重组，它不仅使倒位区段内的基因顺序和编码发生了改变，而且使倒位区段内外各个基因间的距离和位置关系都发生了改变，进而引起表型上的变异。倒位最突出的遗传效应是其倒位区段内的基因有很强的连锁性，降低了倒位杂合体的基因重组率，这种效应称为交换抑制效应，倒位也被称为交换抑制因子（crossover suppressor）。交换抑制效应在进化上具有重要意义，当倒位杂合体自交形成倒位纯合体，就不再与原物种发生基因交换，彼此各自形成生殖隔离（reproductive isolation），促进了物种的形成和进化。

（4）易位

易位是指染色体上某一个区段移接到非同源染色体上。最常见的易位是相互易位（reciprocal translocation），即非同源染色体间发生了区段互换。如果某条染色体的一个臂内区段嵌入到非同源染色体上，就称为简单易位（simple translocation）或转移（shift）。如交换是相互的，两个同源染色体都发生断裂后的交换重接，则称为相互易位（图5-18）。

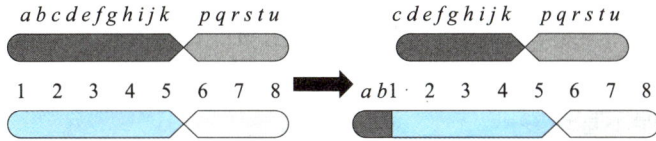

（a）简单易位

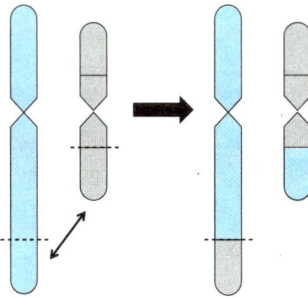

（b）相互易位

图 5-18　染色体简单易位与相互易位

相互易位的细胞学鉴定主要是根据易位杂合体在偶线期与粗线期的联会形象来判断。相互易位杂合体的两对染色体在联会阶段常呈现为"T"字形，当相互易位的区段较长时，则联会呈现为"十"字形；终变期阶段，纺锤丝牵拉两对四条染色体交叉移至细胞两极，到中期I阶段在赤道板上排成"8"字形的交替式分离或"0"字形的相邻式分离。此时需要注意，易位杂合体偶线期的十字联会转化为中期I赤道板上的"8"字或"0"字形的排列方式以及之后的分离，是易位杂合体至关重要的时期，关系着形成配子的育性有无和各种不同的遗传效应（图5-19）。

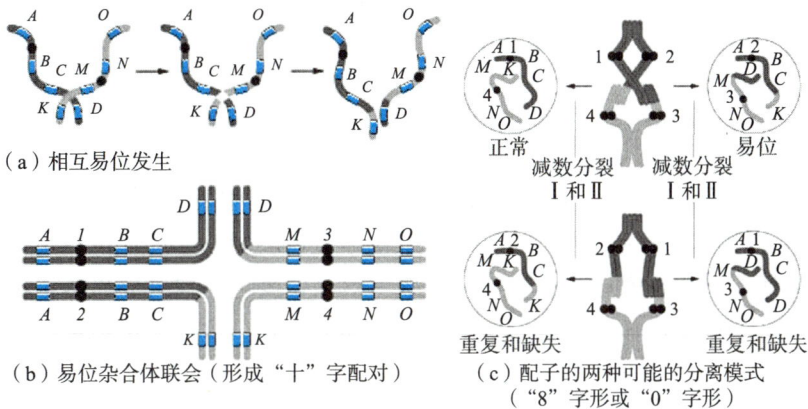

（a）相互易位发生

（b）易位杂合体联会（形成"十"字配对）

（c）配子的两种可能的分离模式（"8"字形或"0"字形）

图 5-19　易位杂合体中期 I 赤道板上的"8"字或"0"字形排列（Klug et al.，2012）

易位可导致非同源染色体间重排，易位区段基因处于不同的染色体上可能导致更为显著的位置效应，从而产生表型变异。从染色体组成上看，易位造成了基因排列顺序和位置改变，引起了各种不同的遗传效应，如易位杂合体可以出现配子半不育现象，其机制是易位杂合体在减数分裂中期I阶段排成倒"8"字形及"0"字形后，共有三种分离方式，可产生六种配子；其中只有交替式分离两种配子是可育的，其余四种配子都发生染色体缺失且重复造成不育的（图5-20）。三种分离方式随机发生理论上造成66.7%的败育比例，但实际上多数只有50%的不育性，原因在于不同细胞中交替式与相邻式分离各占一半，大量性细胞形成的全部配子中，可育和败育的配子各占一半比例，即表现为配子的半不育现象。

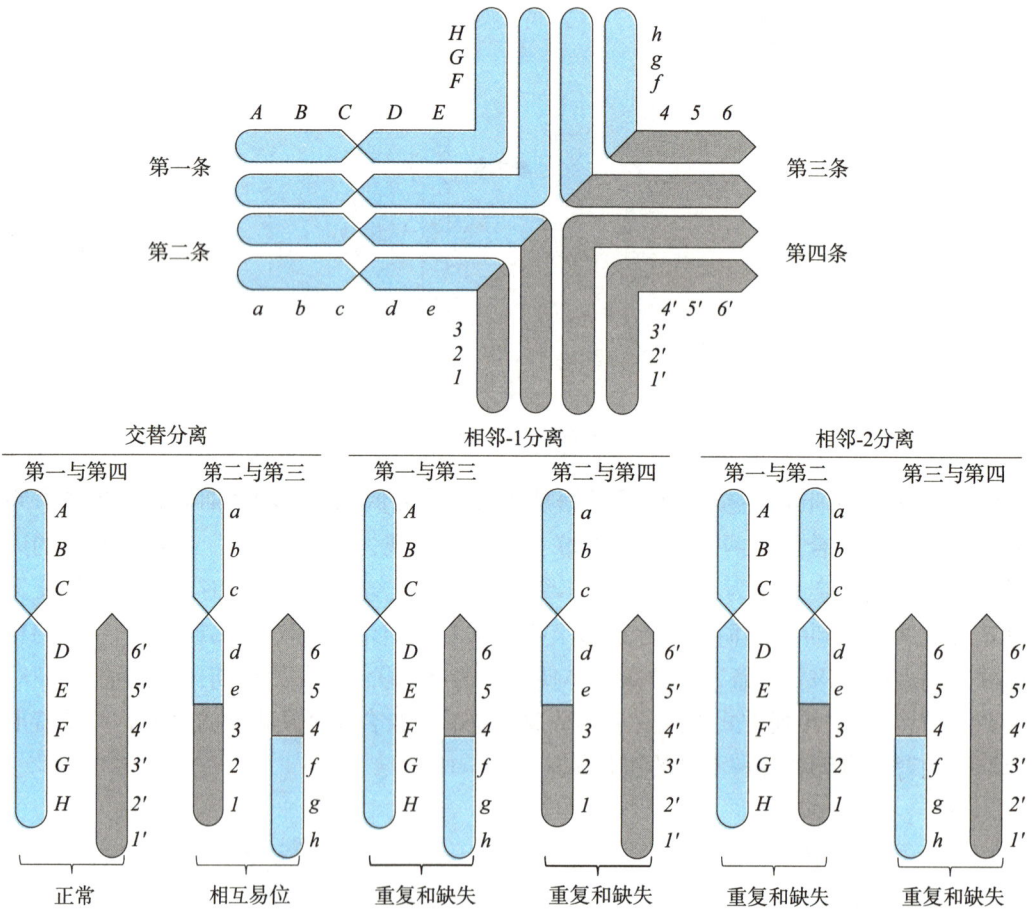

图 5-20 易位杂合体形成配子半不育的细胞学机理

易位的另一遗传效应是可使两个正常的连锁群改组为两个新的连锁群，是生物进化的一种重要途径。易位还可能导致物种染色体数目改变。如果易位发生在两条近端着丝粒染色体的着丝粒附近，易位纯合体的一对易位染色体包含原来两条染色体的长臂，而另一对易位染色体只包含原来两条染色体的短臂，这种易位现象称为罗伯逊易位（robertsonian translocation）（图5-21）。易位纯合体中一对易位染色体很小，可能仅含有极少量的基因，甚至不含基因，在细胞分裂过程中完全丢失后，对细胞和个体的

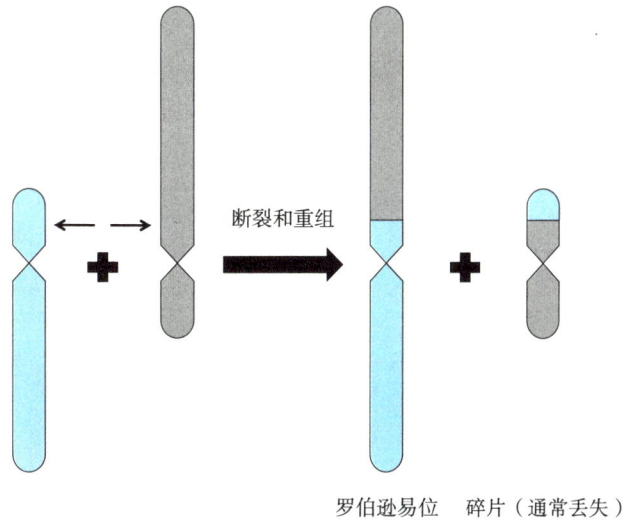

断裂和重组

罗伯逊易位　碎片（通常丢失）

图 5-21　易位杂合体的细胞学特征

生活力与繁殖力影响不严重，从而生存下来形成新的变种甚至物种。这种由两对近端着丝粒染色体通过罗伯逊易位和染色体丢失变为一对染色体的过程也称为染色体融合（chromosomal fusion）。

染色体结构变异是育种实践中重要的遗传变异来源之一。如因基因的剂量效应，重复区段基因拷贝数的增加可能导致性状变异，诱导特定基因所在染色体区段重复可能引起植物抗逆、营养成分或特定次生代谢产物等相关基因表达改变，提高其性状表现水平等。创造染色体易位是迄今最富有成效的植物种间基因转移方法。通过物种间杂交得到种间杂种，再诱导杂种或其衍生后代发生栽培植物染色体与野生物种染色体间易位，进而通过回交转育而实现抗逆性、品质性状等有益基因的利用。

5.4　染色体数目变异

5.4.1　染色体数目变异及其形成途径

染色体数目的变化表现为整倍性变异、非整倍性变异两大类型。整倍性变异是指物种染色体数目在正常染色体数（$2n$）的基础上，以染色体组基数为单位成倍数增加或减少的现象，发生整倍性变异的个体称为整倍体（euploid）；非整倍变异是在正常染色体数的基础上增加或减少了 $1 \sim n$ 条完整染色体的变异，发生非整倍性变异的个体称为非整倍体（aneuploid）。

（1）整倍性变异

整倍性变异中，细胞内具有三个或三个以上染色体组的个体统称为多倍体（polyploid）（图5-22）。根据多倍体中染色组的同源性又可以将多倍体分为同源多倍体、异源多倍体、同源异源多倍体、节段异源多倍体等。同源多倍体（autopolyploid）

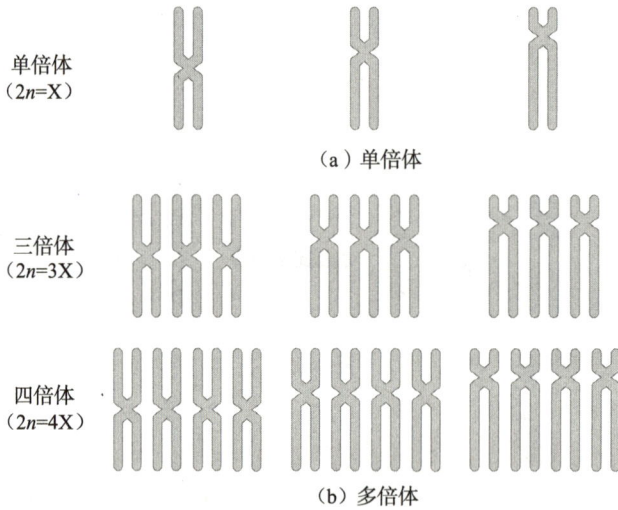

图 5-22　单倍体与多倍体

是指多倍体生物体细胞中的所有染色体组均来自同一物种。而当多倍体生物体细胞中的所有染色体组均来自不同物种时称为异源多倍体（allopolyploid）。如果生物体细胞中既含多倍性同源染色体组，又含有非同源染色体组时，称为同源异源多倍体（auto-allopolyploid）。此外，生物进化过程中，染色体组间还存在一种介于同源和异源之间的过渡类型，称为部分同源性（homology）。这种染色体组具有部分同源性的多倍体称为节段异源多倍体（segmental allopolyploid）。

多倍体的自然发生途径主要包括体细胞染色体加倍、未减数配子（简称$2n$配子）的直接融合和通过起源于未减数配子的杂种为中介杂交形成多倍体等。其中，体细胞染色体加倍可以发生在合子、幼胚、幼年或成年孢子体阶段，但这种天然同源多倍体并不多见。而$2n$配子的发生在植物界则极为普遍，已有13科85种或种间杂种有产生具功能$2n$花粉或$2n$雌配子的现象，其发生的细胞学机制大致可分为3类：①无孢子生殖（apospory），是无融合生殖的一种形式，通常发生于胚珠内，体细胞绕过减数分裂过程，经由有丝分裂直接发育成配子体，从而形成具有体细胞染色体数目的$2n$配子。②前减数分裂异常，即二倍体孢原细胞在前减数分裂过程中发生染色体加倍，产生四倍性花粉母细胞，再经减数分裂形成$2n$配子。③减数分裂异常，包括2种类型：一是减数第Ⅰ次分裂核复原（first division restitution，FDR），即减数第Ⅰ次分裂失败，形成染色体数未曾减半的单个再组核（restitution nucleus），而减数第Ⅱ次分裂正常，从而进一步发育形成未减数$2n$配子；二是减数第Ⅱ次分裂核复原（second division restitution，SDR），即减数分裂Ⅱ失败，后期Ⅱ姊妹染色体不能移向两极或胞质分裂异常而形成一个复原核，从而形成未减数$2n$配子。④减数分裂后核复原（postmeiotic restitution，PMR），是指减数分裂后形成的单倍性大、小孢子，在配子体发育过程中经历了染色体加倍事件而形成同源的$2n$配子的现象。植物的生长习性和繁育系统是影响未减数配子产生的重要因素，进行营养繁殖的多年生植物一般发生多倍体的比率较高；创伤以及温度、水和营养等环境因素变化也可以诱导未减数配子产生。

（2）非整倍性变异

非整倍体可分为亚倍体（hypoploid）和超倍体（hyperploid）两大类型。亚倍体是指比正常合子染色体数（$2n$）少若干条的非整倍体。二倍体成对同源染色体中缺少一条的个体称为单体（monosomic），用$2n-1$表示；丢失一对同源染色体的个体称为缺体（nullisomic），用$2n-2$表示；两对同源染色体中各缺少一条的个体称为双单体（double monosomic），用$2n-1-1$表示。亚倍体通常只在异源多倍体中出现，因为异源多倍体在同一部分同源群内不同染色体组的染色体间有某种补偿作用，不会因某条染色体的缺失而严重影响其生活力。超倍体则是指比正常合子染色体数（$2n$）多若干条的非整倍体。二倍体成对同源染色体中增加一条的个体称为三体（trisomic），用$2n+1$表示；增加其中一对同源染色体的个体称为四体（tetrasomic），用$2n+2$表示；两对同源染色体各增加一条的个体称为双三体（double trsomic）用$2n+1+1$表示（图5-23）。

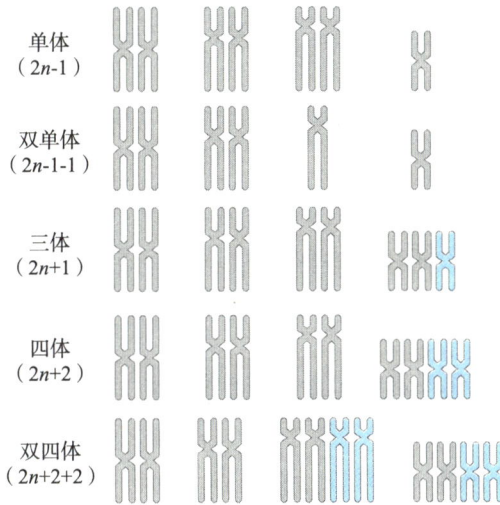

图 5-23　非整倍体变异

自然发生的非整倍体往往是由于正常个体减数分裂时个别染色体异常行为活动的结果：当减数分裂后期Ⅰ出现某对同源染色体不分离（nondisjunction）时，一对同源染色体同时移向一极；经正常减数分裂Ⅱ或某条染色体的两条姊妹染色单体不分开的非正常减数分裂后，即可形成两个$n+1$和两个$n-1$配子。若减数分裂中染色体配对不正常，也会出现单价体和多价体。单价体任意移向某一极，以及多价体在后期Ⅰ很可能发生不均衡分离，都会产生非整倍性配子。由非整倍体性配子与正常配子或非整倍体性配子之间受精结合就可产生各种类型的非整倍体（图5-24）。

生物体细胞有丝分裂不正常时，也会产生非整倍体。如某条染色体的两条姊妹染色单体在后期不能正常地分开并移向相反的两极，而是移向同一极，这样就会产生$2n+1$和$2n-1$的子细胞。当这种子细胞发育成孢母细胞时，就可产生$n+1$和$n-1$配子，并进而产生非整倍体。

此外，非整倍体还可产生于奇数多倍体和单倍体等的自交或回交杂种，以及易位杂合体减数分裂的不均衡分离等。奇数多倍体在减数分裂时染色体分配很不规则，可

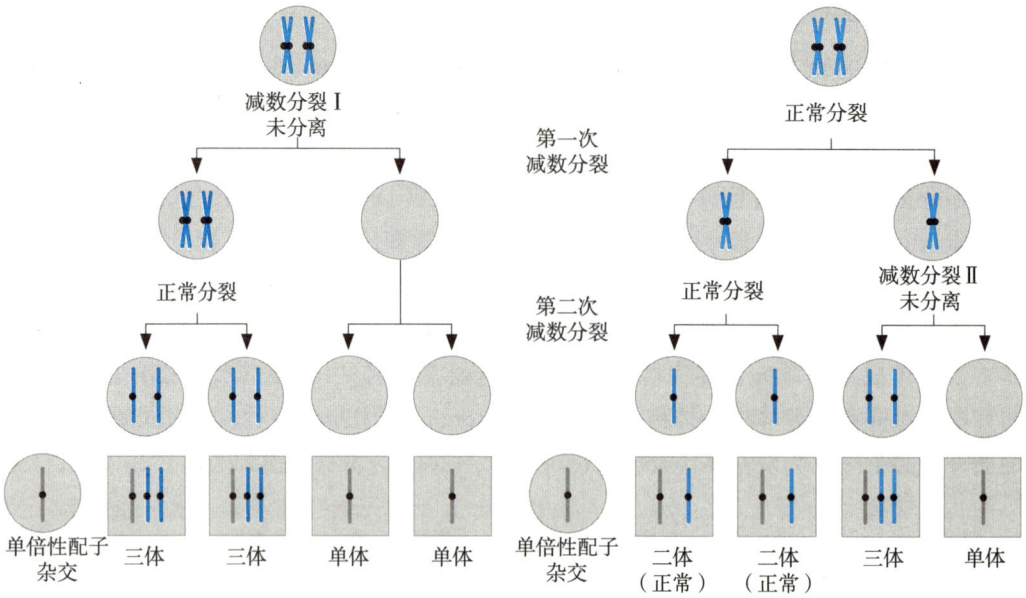

图 5-24　减数分裂异常产生非整倍体的细胞学机制

以产生多种多样的非整倍性配子，奇数多倍体自交或用偶数多倍体个体与之回交，在其后代中很容易找到非整倍体；单元单倍体和异源多元单倍体中大多数染色体不联会，呈单价体状态，自交或回交后代中可以分离出单体和三体。

5.4.2　染色体数目变异特征和遗传效应

（1）单倍体的特征和遗传效应

单倍体与二倍体相比通常表现为：①生活力降低。由于单倍体只含有体细胞染色体数的一半，基因产物必定减少，同时它也不存在等位基因间的相互作用，所以大多数动植物的单倍体不能存活，人工诱导的单倍体在表现型上也往往细胞体积小，体型小，生活力差（图5-25）。②各种性状都可以表现。由于单倍体缺乏等位基因间的显隐性关系，各种性状都可直接显现，如玉米单倍体植株常出现白化苗、黄绿苗等。③高度不育。高等植物的一倍体在进行减数分裂时，由于没有相互联会的同源染色体，染色体成单价体存在，所以最后将无规律地分离到配子中去，结果绝大多数不能发育成有效配子，表现为高度不育特征。

图 5-25　杜仲单倍体、二倍体和三倍体生长与形态对比（Li et al.，2019）

（2）多倍体的特征

植物细胞核内染色体组加倍以后，常常会带来一些形态和生理上的变化。主要表现在：①巨大型。随细胞中染色体数目的加倍，多倍体的细胞核和细胞体积有增大的趋势，表现为茎、叶、花、果增大，气孔数目增多，生育期延长等现象。但细胞体积的增大因物种而异，并且是有一定限度。如果超过物种最适宜的染色体加倍限度，那么多倍体的器官和组织并不会增大，反而可能减小。②生理生化代谢改变。由于多倍体基因剂量倍增，一些生理生化过程随之加强，新陈代谢旺盛，生化成分的含量也相应提高。如三倍体杜仲叶片桃叶珊瑚苷、绿原酸等药效成分含量甚至成倍增加等（图5-25）。③育性降低。多倍体尤其是奇数多倍体植物一般表现可育性和结籽性降低，甚至完全不产生种子。④抗性增强。杨树三倍体气孔密度低、黄酮类物质等次生代谢产物含量高，抗旱性较强。

（3）多倍体的遗传效应

在同源多倍体中，通常将来源相同的同源染色体称为一个同源群（homoeologous group）。同源三倍体在减数分裂同源染色体联会阶段，同源染色体两两配对的局部联会方式，决定了任何同源区段内只能有两条染色体联会，第三条染色体的相同同源区段则被排斥在联会之外（图5-26）。同源三倍体在减数分裂后期Ⅰ阶段，三价体一般是两条染色体进入一极，一条进入另一极；而单价体则有两种可能，或是随机进入某一极，或是停留在赤道板上，随后消失在细胞质中。因此，无论是哪一种染色体分离方式组合，最终产生能正常受精的有效配子数目很少，绝大多数配子的染色体数目介于 $X \sim 2X$ 之间。配子内染色体组的不平衡分配导致同源三倍体高度不育。

联会形式	偶线期形象	双线期形象	终变期形象	后期Ⅰ分离
Ⅲ		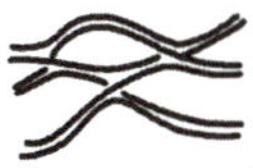		2/1
Ⅱ + Ⅰ				2/1或1/1（单价体丢失）

图 5-26　同源三倍体的同源染色体的联会和分离

同源四倍体的同源群有四个成员。减数分裂联会阶段与同源三倍体联会相似，特定同源区段内只允许两个同源染色体成员相互配对，因而四条同源染色体间会表现出更为复杂的联会情形（图5-27）。除可形成一个四价体外，还会产生两个二价体（Ⅱ+Ⅱ）、一个三价体和一个单价体（Ⅲ+Ⅰ）、一个二价体和两个单价体（Ⅱ+2Ⅰ）等多种染色体联会构型组合，但联会形式主要是四价体和二价体（图5-27）。同源四倍体在减数分裂后期Ⅰ时的不均衡分离必然会造成同源四倍体子代染色体数的多样性变化以及部分不育。与同源三倍体相比，同源四倍体的育性较高，这是因为同源四倍体减数分裂后期 I 主要是 2：2 式的均衡分离，产生可育配子；在同源四倍体不均衡分离产生的不整倍性配子中，如果其中至少有每个同源群一个成员的话，也是可以存活的，只是参与受精的竞争能力减弱，大多难以与整倍性配子竞争。

联会形式	偶线期形象	双线期形象	终变期形象	后期 I 分离
IV	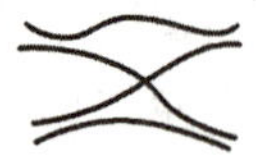	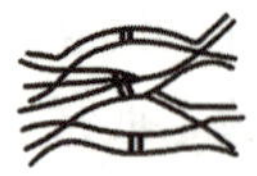		2/2 或 3/1
III+I		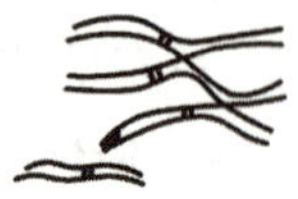		2/2或3/1 或2/1
II+II		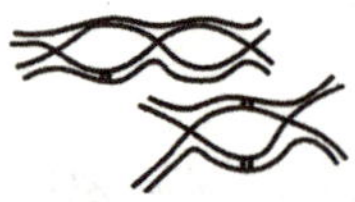		2/2
II+2I				2/2或3/1 或 2/1或1/1

图 5-27　同源四倍体的同源染色体的联会和分离

自然界中的异源多倍体植物可分为偶数异源多倍体和奇数异源多倍体两大类型，其中以能够自我繁殖的偶数异源多倍体为主，且多为异源四倍体和异源六倍体。奇数异源多倍体来源于偶数异源多倍体的种间杂交的子代，因减数分裂时其部分染色体成单存在，导致染色体分离紊乱，大多表现为不育或部分不育，常见于果树、林木等可以无性繁殖的植物群体。

（4）非整倍体变异的特征和遗传效应

①**单体**　非整倍体变异的各种类型中，单体是最常见的亚倍体。一些动物单体可以正常生存，蝗虫、蟋蟀、某些甲虫的雄性个体（XO）以及鸟类和许多鳞翅目昆虫的雌性个体（ZO）的性染色体均以单体状态存在。二倍体植物的单体一般不能存活，这是因为一条染色体的丢失就会使其生活力受到严重影响。植物的单体主要存在多倍体尤其是异源多倍体物种中，这是因为多倍体具有同源基因补偿作用。单体在减数分裂时，因缺少同源对象而不能正常联会配对，在中期 I 阶段呈单价体状态而游离于赤道板之外，在后期 I 阶段，单价体常成为两极之间的落后染色体，并大多进一步形成微核而丢失；即使能够进入配子中，但也因缺失一条染色体，$n-1$ 配子的生活力减弱，与正常配子的竞争力降低。

②**缺体**　缺体通常从单体的自交后代获得。在二倍体物种中，每对染色体的存在都必不可少，其缺体一般不能存活；即使是异源多倍体，其缺体一般也不能在自然群体中保存。当某对同源染色体发生缺失，该染色体所携带的基因随之丢失，往往会影响个体的生活力、育性以及相关生理生化特性，导致缺体生长瘦弱、矮小甚至死亡。由于不同染色体所携带的基因不同，缺体也会产生不同的表型效应，可以根据这种表型效应来判

断相关基因与染色体的关系。

③三体　曼陀罗的每一种三体的蒴果形状均不相同（图5-28），表明增加任何一条染色体都会产生特殊的表型效应。植物三体的外加染色体主要是通过雌配子传递给后代的，通过雄配子的传递率极低。2n和2n+1杂交的后代极少出现或根本没有2n+1个体。原因是n+1配子花粉的生活力极低，竞争不过正常的n花粉，很难有机会参与受精。

④四体　四体主要由三体自交产生，其稳定性远大于三体。由于四体的同源区段内同样只能有两条染色体联会，如果4个染色体中每两个成员间相联会的区段均较短，交叉数显著减少，容易发生不联会以及提早解离。因此，在中期Ⅰ阶段，除四价体（Ⅳ）外，还会出现一个三价体和一个单体价（Ⅲ+Ⅰ）、两

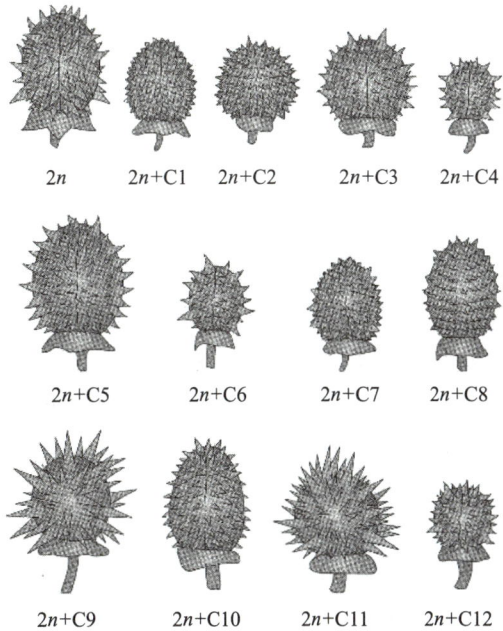

图 5-28　直果曼陀罗 12 个初级三体的蒴果表型特征（Cole，1956）

个二价体（Ⅱ+Ⅱ）以及一个二价体和两个单价体（Ⅱ+Ⅰ+Ⅰ）等构型，从而在后代中表现一定程度的分离。由于四体产生的配子大多数是n+1型，所以n+1配子可与少数n型配子竞争，从而实现n+1和n+1型雌雄配子的受精。因此，四体不但可以通过胚囊传递，也可以通过花粉传递。少数四体甚至可以形成100%的四体子代。在特定情况下，某个染色体的四体性还可补偿另一个染色体的缺体性。这种补偿作用通常只限于部分同源群内的染色体之间。缺失一对染色体并由其部分同源染色体的四体所补偿的个体称为补偿性缺体–四体（nullisomic–tetrasomic，N–T）。研究表明，相同的部分同源群染色体间的缺体–四体能表现出很好的补偿性，而不同的部分同源群间染色体代换则不具有补偿性。

5.5　林木群体遗传多样性

5.5.1　遗传多样性及其特点

遗传多样性（genetic diversity）是指生物种内或一个群体内不同个体的遗传变异总和，包括遗传变异水平的高低以及遗传变异的分布格局（即群体遗传结构）。在具体研究时，可以使用遗传标记（genetic marker）进行鉴定和评价。遗传标记是指生物群体可以稳定遗传且可通过一定方法检测或度量的遗传多态性形式，具体包括形态学标记、细胞学标记、生物化学标记和分子标记。

（1）形态学标记

形态学标记（morphological markers）是生物特定的肉眼可见的或可借助仪器设备直接测量的形态解剖、生长发育、化学组成、生理特性，以及适应性和抗性等性状特征。形态标记具有简单直接、容易观察测定等优点，是作为树木群体遗传变异研究的主要指标。早在1821年，de Vilmorin就发现不同产地来源的欧洲赤松在生长、干形、针叶、芽和球果等性状表现方面存在差异（Zobel and Talbert，1984）。我国华北地区的青杨（*Populus cathayana*）不同群体间均存在叶片形状、大小等差异（图5-29）（曹德美等，2021）。生长遗传多样性很大程度上由遗传因子所决定，但也受环境条件的影响。如火炬松和湿地松等针叶树种在北美地区受昼长和温度影响，南北群体生长均存在显著差异；在生长节律上，北端种源的火炬松较南端种源平均每年晚25天开始萌动、早85天停止生长；在生长量上，株高也仅为南端种源树木的40%左右（Woessner，1965；Wells and Switzer，1971；Zobel，1971）。

（2）细胞学标记

细胞学标记（cytological genetic markers），即生物的染色体数目、结构、形态以及行为等核型特征的多样性。细胞学标记具有操作简单、费用较低等特点，可以克服形态标记易受环境影响等缺点，并在一定程度上揭示生物DNA水平变化等，但可利用标记数量较少，对于染色体数目、结构相似的群体而言，辨别群体内不同个体多态性差异常常比较困难。例如，云南松（*Pinus yunnanensis*）核型变异表现为臂比、次缢痕数目及其分布的变化，表现为群体间以及群体内个体间多样性差异。

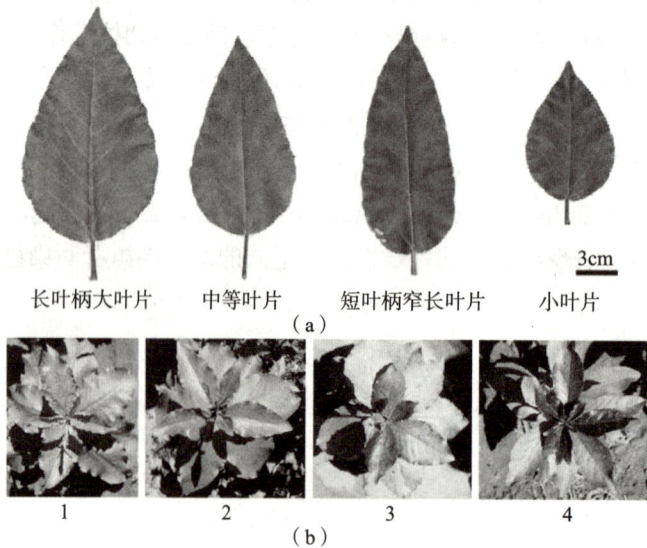

长叶柄大叶片　　中等叶片　　短叶柄窄长叶片　　小叶片

（a）

1　　2　　3　　4

（b）

图5-29　青杨叶片表型多态性（曹德美等，2021）

注：（a）叶形对比；（b）叶色对比（1.深绿；2.黄绿；3.暗红；4.紫红）。

（3）生物化学标记

生物化学标记（biochemical markers），简称生化标记，在植物中主要利用等位酶（allozyme）和贮藏蛋白标记等，在一定程度上反映生物群体间以及同一群体内个体遗传多样性水平和遗传分化情况。与形态学标记、细胞学标记相比，等位酶标记具有共显性表达、多态性水平较高等特点，且受环境影响较小；可以直接采集植物组织、器官等少量样品，实现大量样本基因产物差异的直接分析等，具有经济、高效等特点。从等位酶位点的平均期望杂合度（heterogosity，He）和多态性指数看，林木由于寿命长、地理分布广等特点，其变异水平远高于其他物种，平均水平比草本植物高60%以上。

（4）分子标记

分子标记（molecular markers），又称DNA分子标记，是反映生物个体DNA核苷酸序列变异的遗传标记。依据对DNA多态性的检测手段，分子标记可分为四类：一是基于传统的Southern杂交的DNA分子标记，如限制性片段长度多态性（restriction fragment length polymorphism，RFLP）；二是基于PCR的DNA分子标记，如随机扩增多态性DNA（random amplified polymorphism DNA，RAPD）、简单重复序列（simple sequence repeats，SSR）、表达序列标签（expressed sequence tag，EST）等；三是基于PCR与限制性酶切技术结合的DNA标记，如扩增片段长度多态性（amplified fragment length polymorphism，AFLP）；四是基于单核苷酸多态性的DNA标记，如SNP等（表5-3）。

表 5-3　几种主要 DNA 分子标记特点对比

标记特征	RFLP	RAPD	AFLP	SSR	SNP
遗传特性	共显性	显性	显性/共显性	共显性	共显性
多态性水平	较低	较高	高	中等	高
检测技术	分子杂交	随机扩增	特异扩增	特异扩增	基因组测序
检测位点分布	低拷贝区域	整个基因组	整个基因组	整个基因组	整个基因组
位点数	1~3	1~10	20~100	多数为1	2
技术难度	难	易	中等	易	难
引物/探针类型	低拷贝DNA	随机引物（9~10bp）	特异引物（16~20bp）	特异引物（14~16bp）	通用引物
DNA用量要求	5~10 μg	1~25 ng	2~5 ng	20~50 ng	> 50 ng
DNA质量要求	较高	较低	高	较高	高
结果可重复性	好	差	一般	好	好

5.5.2　遗传多样性的分析方法

形态学标记的性状主要可以分为由单基因控制的质量性状和由多基因位点控制的数量性状。其中，质量性状由于不同基因型彼此较易区分，可通过统计在一定总体或样本内某基因型出现的频率或次数来判定不同群体内或群体内不同个体间的差异。对于多基因位点控制的数量性状，由于单基因对性状的效应微小且难以确定或量化，标记的结果往往只能采用尺度测量、质量称量、频次计数等方法加以度量，并经适当的数理统计和参数估算，才能反映遗传多样性的水平。

在分析确定群体内个体间的遗传变异幅度时，一般采用计算群体平均值、表型方差和标准差。表型方差和标准差仅能反映群体内个体间的变异程度，其值越大，反映了群体内个体间的变异程度和多样性水平也越高。若要表现物种内群体间的差异，则还需计算变异系数。变异系数越大，反映出该群体变异程度和遗传多样性水平也越高。

采用细胞学标记开展遗传多样性分析时，由于对应标记的观测结果，如染色体数目、结构、形态以及行为等核型特征往往也采用测量和计数等方法加以度量，因此可以采用与形态学标记相类似的方法加以分析，通过适当的数理统计和参数估算，反映物种内群体间或群体内的遗传多样性水平。采用以等位酶为代表的生物化学标记，或是采用DNA分子标记等开展遗传多样性分析时，常使用多态位点的比例（P）、每个位点的平均等位基因数（A）、平均期望杂合度（$\bar{H}_e$），这三个统计数据来量化群体内的遗传变异。除以上，Shannon多样性指数（Shannon's diversity index）也被广泛应用于评价群体间或群体内个体间的遗传多样性水平，尤其适用于采用RAPD等显性分子标记数据，仅能获取到表型频率信息而缺乏等位基因频率信息的情况。多态信息含量（polymorphism information content，PIC）则可用于衡量某一位点的多态性程度，它表现了一个遗传标记在群体中出现多态性的频率，以及用于群体中检测多态性的价值。

5.5.3　林木遗传多样性的影响因素

影响林木遗传多样性的内部因素包括树种的居群大小、遗传漂变、生命周期、交配系统（生殖方式）、基因流、突变与选择等，同时还包括由于环境变化和人为干扰引起的种群隔离和生境碎片化等外部因素。总体来看，分布广泛、异交繁育系统、种子广泛分布、兼具有性繁殖和无性繁殖的木本植物，其种内和居群内遗传多样性往往较高，群体间变异较小（表5-4）。大规模的居群会降低群体对随机遗传漂变的敏感性，进而降低群体内遗传多样性，增加群体间的多样性。较长的生命周期给林木带来的另一个影响是在每一世代会累计更多的突变，因此，木本植物种群内的平均遗传多样性比其他植物类群的平均遗传多样性高。而群体中近交与异交之比，即交配系统是影响遗传多样性水平的另一个关键因素。异交则可以提高杂合度，使可能因基因表达而被淘汰的不良基因被保留下来，从而丰富了群体遗传多样性。近亲繁殖会导致重组降低和纯合基因型增加，引起遗传多样性的降低。此外，群体间等位基因的运动即基因流（或迁移），也发挥了提供新的遗传变异、抵消因遗传漂变或定向选择造成的变异流失等功能。

表 5-4　几组森林树种估算异交值

分组	树种数量	异交值中值	异交值范围	参考文献
松属（Pinus）	17	0.90	0.47~1.12	Changtragoon and Finkeldey，1995；Mitton et al.，1997；Ledig，1998
云杉属（Picea）	7	0.84	0.08~0.91	Ledig et al.，1997
桉属（Eucalyptus）	12	0.77	0.59~0.84	Eldridge et al.，1994
热带被子植物	13	0.94	0.46~1.08	Hamrick and Murawski，1990；Murawski and Hamrick，1991；Murawski et al.，1994；Boshier et al.，1995；Kertadikara and Prat，1995

突变是遗传多样性的根本来源，选择则是进化的主要动力，选择淘汰有害基因的同时又有新的突变发生。长期来看，突变产生有害基因和选择去除有害基因过程将会达成一种平衡。而平衡选择（balancing selection）则是通过选择增进同一基因座上不同等位基因的多态性，在维持群体遗传结构和遗传多样性中发挥着关键性作用。

思考题

1. 引起遗传变异的主要途径有哪些？

2. 基因突变对生物进化、遗传研究与育种工作有何重要意义？

3. 生物突变的防护机制主要有哪些？ DNA的损伤修复途径有哪些？

4. 简述转座子及其作用机制和应用。

5. 染色体缺失可分为哪两种类型？两者的细胞学特征是什么？

6. 染色体区段重复会产生哪些遗传效应？

7. 对于体细胞核中存在18条染色体的二倍体物种，请指出其单倍体、三倍体、四倍体、三体和单体个体的体细胞核中存在多少条染色体？

8. 为什么植物中的多倍体普遍比动物多？

9. 若某种植物2n = 4X，怎样从细胞学上确定它是同源多倍体还是异源多倍体？

10. 常见的遗传标记有哪些？相较于其他遗传标记，DNA分子标记具有哪些特点和优势？

11. 林木遗传多样性形成的影响因素有哪些？

12. 林木遗传多样性与育种有何关系？

第6章

林木群体遗传与地理变异

林木树种具有分布广泛且异交等特点，决定其种内具有丰富的遗传多样性。林木群体受其分布区域内不同环境条件长期自然选择的影响，产生群体遗传分化，形成与分布区环境条件相适应的群体遗传结构，即地理种源变异。本章主要介绍了群体遗传学的核心概念——群体遗传平衡定律及其影响因素，林木地理变异模式、规律和研究方法，林木育种区和种子区区划及其目的意义和应用等。

6.1 群体遗传学

群体遗传学（population genetics）属于遗传学的一个重要分支学科，是研究群体的遗传结构及其变化规律的科学。主要应用数学和统计学方法研究生物群体中基因频率、基因型频率变化，以及选择、突变、迁移和遗传漂变等与遗传结构的关系，由此来探讨进化机制。其研究对象不是个体，而是由一群相互交配的个体组成的Mendel群体（Mendelian population）。群体遗传学是Mendel遗传原理在生物群体水平上的具体应用，既适合单基因控制的质量性状，也适合多基因控制的数量性状。

6.1.1 群体、基因库和基因频率

Mendel群体简称为群体（population），不是某物种一些生物个体的简单集合体，而是指特定时间和空间内能够自由交配、繁殖的同种生物个体的集群。一个最大的Mendel群体是一个物种，一个物种往往由众多生物种群组成。所谓种群或称居群，是生活在同一地点的同种生物的一群个体，是生物繁殖的基本单位。种群内个体间彼此交配，通过繁殖将基因传递给后代。需要注意的是，交配是以有性繁殖为前提的，因此，群体遗传学一般以二倍体或多倍体并能进行有性繁殖的生物为研究对象，单倍体、完全无性繁殖或自交的生物群体由于不发生基因交换，故不是Mendel种群。

在群体遗传学中，将群体中所有个体共有的全部基因称为一个基因库（gene

pool）。群体由众多个体构成，群体中个体数目越多、差异越大，则基因库越大。在群体的世代交替过程中，基因在世代间传递，亲代的基因型被拆散，重新组合形成下一代的基因型，保证基因在群体内永续传递。如此而言，下一代基因型的种类和频率，就是由上一代基因种类和其频率所决定的，因此，群体遗传学实际上就是研究群体中基因的分布，以及基因频率和基因型频率的维持和变化规律的科学。

所谓基因频率是指在一个群体中某种基因占其同一位点基因总数的百分比，或者说是某种基因与其等位基因的相对比率。而基因型频率则是指某一性状的各种基因型在群体中所占比例，即某种基因型的个体数占群体个体总数的百分比。基因频率与群体中不同基因型的个体数目是相关联的。在遗传传递过程中，某种基因型的增减，实际上就是基因频率的变化。群体中各种等位基因的频率，以及由不同的交配体制所带来的各种基因型在数量上的分布称为群体的遗传结构（population genetic structure），基因频率和基因型频率是群体遗传结构的重要指标。

6.1.2　遗传平衡定律

1908年，英国数学家Hardy和德国医生Weinberg经过各自独立的研究，分别发表了有关基因频率与基因型频率守恒的法则，即遗传平衡定律或Hardy-Weinberg平衡定律（哈迪-温伯格平衡定律），与配子随机交配原则共同奠定了群体遗传学的基础。

这个定律指出：随机交配的大群体在无基因突变、选择、迁移和遗传漂变的情况下，一对等位基因（A与a）的频率（p与q），从原始群体开始，在世代相传中，是恒定不变的；而基因型AA、Aa、aa的频率，经随机交配一代，成为p^2、$2pq$、q^2之关系后，群体就处于平衡状态，在以后的世代相传中，也是恒定不变的。

（1）遗传平衡定律的证明

设有一原始群体，某位点上有一等位基因A与a，则群体中，必有三种基因型AA、Aa、aa，其频率如下：

原始基因型：AA，Aa，aa

原始基因型频率：D_0，H_0，R_0

原始基因频率：$A=p_0$，$a=q_0$

现在让这一原始群体产生配子并随机交配，产生第一代群体，带有AA、Aa、aa基因型的个体，将分解为基因A与a，这时在所有配子中，A基因所占的概率与a基因所占的概率，势必等于原群体中各基因的频率，即0世代所产生的配子，带有A基因的概率为p_0，带有a基因的概率为q_0。在随机交配下，各雌雄配子随机结合，并形成第一代。各种基因型频率见表6-1。

表 6-1　一对等位基因 A（p）a（q）的随机结合

配子		♂	
	基因（频率）	A（p_0）	A（q_0）
♀	A（p_0）	AA（p_0^2）	Aa（$p_0 q_0$）
	a（q_0）	Aa（$p_0 q_0$）	aa（q_0^2）

由表6-1可见，上一代的基因型频率，决定了下一代的基因型频率，于是第一代的基因型频率为：

$$D_1 = P_0^2; \quad H_1 = 2p_0q_0; \quad R_1 = q_0^2$$

由第一代的基因型频率，可计算出第一代的基因频率：

$$p_1 = D_1 + \frac{1}{2}H_1$$
$$= p_0^2 + p_0q_0$$
$$= p_0(p_0 + q_0)$$
$$= p_0$$
$$q_1 = R_1 + \frac{1}{2}H$$
$$= q_0^2 + p_0q_0$$
$$= q_0(q_0 + p_0)$$
$$= q_0$$

这说明第一代群体基因频率与上代原始群体基因频率一样。

第一代的个体，又产生带有基因A频率为p_1、基因a频率为q_1的雌雄配子，并随机结合，产生并决定第二代的基因型（个体）及其频率：

$$D_2 = p_1^2; \quad H_2 = 2p_1q_1; \quad R_2 = q_1^2$$

第二代的基因频率相应地应为：

$$p_2 = D_2 + \frac{1}{2}H_2 = p_1^2 + p_1q_1 = p_1$$

$$q_2 = R_2 + \frac{1}{2}H_2 = q_1^2 + p_1q_1 = q_1$$

于是我们可以证明：

$$p_0 = p_1 = p_2 = \cdots = p_n$$
$$q_0 = q_1 = q_2 = \cdots = q_n$$

这就意味着，在随机交配n代后，基因频率一直与原始群体保持不变。而基因型频率在随机交配下又怎样呢。

第一代基因型频率：$D_1 = p_0^2$；$H_1 = 2p_0q_0$；$R_1 = q_0^2$

第二代基因型频率：$D_2 = p_1^2$；$H_2 = 2p_1q_1$；$R_2 = q_1^2$

第三代基因型频率：$D_3 = p_2^2$；$H_3 = 2p_2q_2$；$R_3 = q_2^2$

由于$p_0 = p_1 = p_2 = p_n$，$q_0 = q_1 = q_2 = q_n$，于是$D_1 = D_2 = D_3 = D_n = p_0^2$，$H_1 = H_2 = H_3 = H_n = 2p_0q_0$，$R_1 = R_2 = R_3 = R_n = q_0^2$。

说明从原始群体起，在随机交配下，基因频率保持不变。而基因型频率，经随机交配一代后便也一直保持不变。

（2）群体平衡的性质

对于一个随机交配的大群体，在无突变、迁移和选择等情况下，群体的基因频率和基因型频率都是守恒的，所以各世代中， $p^2(AA)+2pq(Aa)+q^2(aa)=1$ ，即 $D+H+R=1$ 。

即使由于突变、迁移、选择等因素改变了基因的频率，只要这些因素不再发生作用；则群体在一代随机交配以后，又达到新的平衡。在此基础上，基因频率和基因型频率又重新维持恒定关系，继续不变。

在一个处于遗传平衡状态下的群体中，始终具有 $D=p^2$ ， $H=2pq$ ， $R=q^2$ 的关系。可用来在平衡群体中从基因频率计算基因型频率，或检测群体是否为平衡群体。如果基因型频率与基因频率间，在任何世代中都维持上述关系，则称此群体已达平衡，即往后不管多少世代，在随机交配的情况下，在无基因丢失时，基因频率与基因型频率不再发生改变。分别等于 p^2 、 $2pq$ 、 q^2 的 D 、 H 、 R 频率，称为遗传平衡的频率。如涉及的基因超过一对以上存在基因间连锁时，则同样遗传平衡能够达到，只不过达到平衡所需要的世代数要多些。

（3）平衡状态下基因频率和基因型频率的计算

当交配制度一定时，基因频率取决于基因型频率，因而群体的基因频率可通过有关基因型的实测数目或基因型频率来加以估算。

设在一有 N 个个体组成的群体中有两个等位基因 A_1 和 A_2 ，它们在群体中组成的三种基因型中，有 n_1 个 A_1A_1 ， n_2 个 A_1A_2 ， n_3 个 A_2A_2 ，则三种基因型的频率及 A_1 和 A_2 的基因频率可通过表6-2得出。

表 6-2　基因频率和基因型频率

	类型	A_1A_1	A_1A_2	A_2A_2	总和
基因型	个体数	n_1	n_2	n_3	$N=n_1+n_2+n_3$
	频率	$\dfrac{n_1}{N}$	$\dfrac{n_2}{N}$	$\dfrac{n_3}{N}$	1
	符号	D	H	R	$D+H+R=1$
	类型	A_1		A_2	总和
基因	个体数	$2n_1+n_2$		$2n_3+n_2$	$2N$
	频率	$\dfrac{2n_1+n_2}{2N}$		$\dfrac{2n_3+n_2}{2N}$	1
	符号	p		q	$p+q=1$

根据表6-2可知，若某基因座位上三种基因型 A_1A_1 、 A_1A_2 和 A_2A_2 的频率分别用 D 、 H 、 R 表示，则所有基因型频率之和为：

$$D+H+R=\frac{n_1}{N}+\frac{n_2}{N}+\frac{n_3}{N}=1$$

A_1 和 A_2 的基因频率 p 和 q 为：

$$p=\frac{2n_1+n_2}{2N}=\frac{n_1}{N}+\frac{n_2}{2N}=D+\frac{1}{2}H$$

$$q=\frac{2n_3+n_2}{2N}=\frac{n_3}{N}+\frac{n_2}{2N}=R+\frac{1}{2}H$$

而A_1和A_2的频率之和为：

$$p + q = D + \frac{1}{2}H + R + \frac{1}{2}H = 1$$

从而得到基因型频率与基因频率的关系式为：

$$p = D + \frac{1}{2}H \ ; \quad q = R + \frac{1}{2}H$$

在显性完全时，显性基因掩盖了隐性基因，所以表现型不等于基因型，表型比例不等于基因型频率。但如属于平衡群体，则其隐性纯合子个体（aa）的表型比例，必然等于其基因型比例。即$R=q^2$，于是通过R可以求出p与q。

当无显性或显性不完全时，基因型可直接由表型来识别。统计表型比例，就可算出基因频率。如欧洲云杉幼苗颜色的遗传，分别受一对等位基因（A与a）的控制，属于不完全显性遗传，其纯合子基因型AA，幼苗为绿色；杂合子基因型Aa，幼苗为黄色；而双隐性纯合子基因型aa，幼苗为白色。因此，根据其幼苗颜色的表型，可以识别其基因型并统计其比例。

设某一欧洲云杉幼苗群体共有10 000株，其中绿色苗有3000株，黄色苗有5000株，白色苗有2000株，则这一群体各类基因型频率和基因频率见表6-3。

表 6-3　欧洲云杉幼苗颜色基因型频率和基因频率

基因型		AA（绿色）	Aa（黄色）	aa（白色）	总数
基因型数		3000	5000	2000	10 000
基因型频率		0.3（D）	0.5（H）	0.2（R）	$D+H+R=1$
基因数	A	6000	5000	0	11 000
	a	0	5000	4000	9000
基因频率	A	p=11 000/20 000=0.55			$p+q=1$
	a	q=9000/20 000=0.45			

6.1.3　影响遗传平衡的因素

在随机交配的大群体中，基因和基因频率从一个世代到下一个世代保持恒定，这符合Hardy-Weinberg平衡定律。然而在自然界中，突变、迁移、选择等因素时刻都在改变群体基因频率和基因型频率，从而打破了群体的平衡，导致变异、进化和新类群的形成。

（1）自然选择

由于不同基因型在死亡率、育性、生殖力、交配成功率以及后代生活力等方面存在差异，那些有利于传留的基因型较不利基因型具有更高的生存和通过繁殖传留后代的概率，从而定向地改变群体中基因型频率。这种生存繁殖差异性是可遗传的，这就是自然选择（natural selection）。

在自然界中，配子与配子间的受精结实率不同，不可能遵守机会均等的随机交配原则，这必然导致群体的基因频率和基因型频率的变化。另外，受精选择性也推动了基因频率的改变。如在林木种子园中，由于子代的产生往往会受到父本花粉竞争力、花期一致性、亲本在群体中的位置，以及风力和风向等多种因素的影响，导致即便在空间和栽培条件相似情况下的林木种子园也并不是一个完全随机交配的遗传环境，传粉受精并非均衡。再者，环境或人工对后代的选择将使基因频率的改变更为显著，所以选择是林木群体中改变基因频率的最大因素。

（2）基因突变

基因突变是指基因在化学结构上的改变，其不是由于遗传分离和重组产生的改变，即一个基因转变成与它相应的等位基因或复等位基因，如基因 A 突变为 a、a_1、a_2 等。突变基因的遗传有两种情况：一种是发生在生殖系统内的突变可以通过配子传递给下一代，也可能导致新的突变个体出现；另一种是突变发生在体细胞，则仅出现突变点或突变区，不能传递给子细胞或下一个世代。

对群体的遗传组成来说，基因突变改变了群体原有的基因频率，如基因 A 突变为 a 时，则群体中基因 A 的频率减少了，a 的频率相应增加；另外，突变后的变异为选择提供了材料，如果这种突变与选择的方向一致，便加快了基因频率改变的速度。在自然界中，有时突变发生的方向有可逆性，即有正向突变（A 突变为 a）和反向突变（a 突变为 A）。由于正反突变的频率不同，一般正向突变大于反向突变，导致群体上下代的基因频率会有所变化。基因频率所改变的量是由突变压造成的。突变压（mutation pressure）是度量突变所造成的群体中基因频率改变的程度。如果突变压逐代增加，则基因 A 或 a 将在群体中逐渐消失。

（3）基因迁移

迁移（migration）指群体间基因的流动，个体迁入一个群体，或从一个群体迁出都称为迁移。在自然条件下，一个天然林群体中迁入了另一个群体的花粉或种子，带进来新的基因，会引起群体基因频率的改变。在自然条件下，林木同属不同树种中通过相互传粉而产生天然杂种是比较常见的现象。在杂交和回交的作用下，一个种的基因逐步扩散到另一个物种之中，这种一个物种的遗传物质通过杂交方式逐渐渗入到另一个物种基因库的现象称为种质渐渗（introgression）。种质渐渗是产生天然杂种的原因，也体现了迁移的作用。

设某地区每代都从外地迁入苗木，使基因频率不断改变，该群体原有树木 n_1 株，基因 A 与 a 的频率为 p_0 与 q_0，外地引入 n_2 株，其基因 A 与 a 的频率为 p_m 与 q_m，故引入率为

$$m(\%) = \frac{n_2}{n_1 + n_2}$$，原地区林木所占比例为 $1-m$（％），由于原来两个群体的基因频率不同，所以迁移后构成的新群体的基因频率发生变化。

设 p 为新群体的基因 A 频率，它的大小实际上应为两个群体基因频率的组分和，即：

$$p = (1-m)p_0 + mp_m = m(p_m - p_0) + p_0$$
$$q = 1 - p$$

故增量 Δp 为：
$$\Delta p = p - p_0 = m(p_m - p_0) + p_0 - p_0$$
$$= m(p_m - p_0)$$

由上式可见，每代增量的变化，决定于迁入率 m（％）和引入群体与原群体基因频

率之差。此公式可以用来估算一个种子园受邻近天然林花粉污染所引起的基因频率的变化，或计算一个大群体的种子、花粉迁移到另一个孤立群体所引起的基因频率的变化。

（4）遗传漂变

遗传漂变（genetic drift）指小群体中由于偶然因素而产生的基因频率的随机变化。实际上任何生物群体都是有限的，遗传漂变对群体基因频率的变化因群体的大小而不同。当群体很大时，个体间容易达到较充分的随机交配，遗传漂变的作用就趋于降低。而小群体和大群体不同，其基因频率很难保持平衡。尽管遗传漂变在任意群体中都能发生，但是群体越小，遗传漂变的效应越大，并对基因频率产生一定影响。对于遗传漂变产生的原因而言，在一个有限的小群体内，不论是对个体的选留、相互间的交配方式，以及基因的分离和重组，都不是充分随机的，而会产生一定的误差，从而造成基因频率在小群体中随机地增加或减少，可见遗传漂变是由于小群体内基因的分离和重组的误差而引起的。如一个二倍体群体中只保留了一雌一雄两个个体，这时后代的基因型，只能由这一对个体的基因型所决定，而与个体基因型在选择上是否有利无关。也就是说，如果群体很小，选择就不起作用，这时有利的基因也可被淘汰，有害的基因也可被保留。在自然界中可以观察到一些中性或无任何适应价值的性状被保留下来，这就是遗传漂变的结果。

（5）交配系统

交配系统（mating system）是指生物有机体通过有性繁殖从一个世代传递到下个世代的模式，涉及配子的结合和合子的形成等生物学属性。该系统受到群体规模、瓶颈作用及交配方式等多种因素的影响。群体遗传学通常采用理想化群体模型进行研究，即假设群体内众多个体无亲缘关系、配子间没有选择偏好、性别比例平衡，且个体间随机交配，每个个体对后代的遗传贡献均等。现实中的生物群体很难完全符合这些条件，为应对现实群体的复杂性，Sewall Wright在考虑了自交、近交等因素影响的基础上，于1931年提出了有效群体大小（N_e）的概念，用于描述实际对群体遗传结构产生影响的个体数。

有效群体大小的概念帮助理解遗传多样性的保持和变化。特别是在瓶颈效应下，群体经历了由于环境或其他因素导致的个体数量急剧减少，这种情况下，少数个体的遗传信息将支配后代群体，会降低群体杂合子频率以及整体适应度，可能导致遗传多样性的大幅度下降。因为近交机会增加会减少杂合子频率，增加纯合子频率，有害的隐性基因纯合容易引起近交衰退，导致个体的生存和繁衍能力下降，增加被自然淘汰的可能性。

（6）生殖隔离

在生物进化中，隔离是指由于不同原因导致的生物群体间的交配障碍，这些障碍阻止了群体间的基因交流，从而导致遗传差异的逐渐增加，最终可能促成新物种的产生。隔离机制主要分为地理隔离、生态隔离、物候隔离和生殖隔离4种。

地理隔离发生在自然地理障碍，如山脉、海洋、沙漠或湖泊，将原本可能交配的群体分隔开，阻断了它们之间的基因流。这种分隔让各群体的遗传变异在没有外部基因输入的情况下独立积累，有助于新种的形成。生态隔离是由于群体生活的环境差异，如不同的气候、土壤或食物来源，导致它们适应了不同的生态位，即使在地理上没有障碍，这些差异也足以阻止不同群体的交配。物候隔离则是由于生物活动的季节或时间差异导致的交配障碍，例如，如果两个群体的繁殖期不同，如花期不遇，即便它们在同一地区，也无法交配。生殖隔离涉及更直接的生殖层面的隔离，包括生殖器官的不匹配、染色体或基因差异导致的杂交不育等。

地理、生态和物候隔离实质上是生殖隔离的前置条件，它们通过限制基因流动，促使群体内部的遗传变异沿着不同方向积累，长此以往，可能导致生殖隔离的加深，最终形成新的物种。隔离使得有利的遗传组合得以保持，防止了基因交换和重组可能带来的适应性状的丧失，对于生物多样性的丰富和物种进化具有深远的意义。

6.1.4　遗传平衡定律的应用

Hardy-Weinberg平衡定律用途十分广泛，涉及生物学很多领域，其中最主要、最直接的应用是群体中等位基因频率的估算以及检测现实群体是否平衡。

（1）平衡群体的检测

利用共显性标记（codominant marker）可确定现实群体中各种基因型频率，从而计算出群体中等位基因频率。如果现实群体处不平衡状态，那么，就通过实测的群体中等位基因频率，按照Hardy–Weiberg平衡定律推算出理想群体中基因型期望理论频率。计算实测的群体中基因型数目与基因型数目理论期望值差异，就可判断现实群体是否处于平衡。

现仍以前述的欧洲云杉为例，证明其为平衡群体。

原始群体：

$$AA（D_0=0.4）;\ Aa（H_0=0.4）;\ aa（R_0=0.2）$$

$$p_0(A) = D_0 + \frac{1}{2}H_0 = 0.4 + 0.2 = 0.6$$

$$q_0(a) = R_0 + \frac{1}{2}H_0 = 0.2 + 0.2 = 0.4$$

第一代群体：

第一代基因型频率：

$$D_1 = p_0^2 = (0.6)^2 = 0.36$$

$$H_1 = 2p_0 q_0 = 2 \times 0.6 \times 0.4 = 0.48$$

$$R_1 = q_0^2 = (0.4)^2 = 0.16$$

第二代群体：

第一代基因频率：

$$p_1 = D_1 + \frac{1}{2}H_1 = 0.36 + 0.24 = 0.6$$

$$q_1 = R_1 + \frac{1}{2}H_1 = 0.16 + 0.24 = 0.4$$

第二代基因型频率：

$$D_2 = p_1^2 = (0.6)^2 = 0.36$$

$$H_2 = 2p_1q_1 = 2 \times 0.6 \times 0.4 = 0.48$$

$$R_2 = q_1^2 = (0.4)^2 = 0.16$$

第二代基因频率：

$$p_2 = D_2 + \frac{1}{2}H_2 = 0.36 + 0.24 = 0.60$$

$$q_2 = R_2 + \frac{1}{2}H_2 = 0.16 + 0.24 = 0.40$$

由上可见，虽然在原始群体里$D_0 \neq D_1$，$H_0 \neq H_1$，$R_0 \neq R_1$，但经过一代随机交配之后，

$$D_1 = D_2 = D_3 = \cdots = D_n = p^2 = 0.36$$

$$H_1 = H_2 = H_3 = \cdots = H_n = 2pq = 0.48$$

$$R_1 = R_2 = R_3 = \cdots = R_n = q^2 = 0.16$$

基因型频率就保持不变了。至于基因频率，自原始群体起，就一直保持原样，从未变化（p=0.6，q=0.4）。

（2）群体中基因频率的估算

通过基因型频率的估算可进一步计算基因频率。对于基因型频率的估算，如果二倍体生物某基因座上一对等位基因A对a是不完全显性，根据从群体中抽取的样本个体数，不能估算群体中显性纯合体和杂合体频率，但能估算隐性纯合体频率。如果群体处于平衡状态，根据Hardy–Weinberg平衡定律，就可估算群体中杂合体频率，从而进一步估算群体中等位基因频率和基因型频率。

如一对等位基因共有三种基因型：AA、Aa、aa，其基因型频率D、H、R分别为0.49、0.42和0.09，求基因频率。

$$p(A) = D + \frac{1}{2}H = 0.49 + \frac{1}{2} \times 0.42 = 0.70$$

$$q(a) = R + \frac{1}{2}H = 0.09 + \frac{1}{2}H = 0.09 + \frac{1}{2} \times 0.42 = 0.30$$

反过来，亦可验证该群体是否属于遗传平衡群体：

$$D = p^2 = 0.7^2 = 0.49$$

$$H = 2pq = 2 \times 0.7 \times 0.3 = 0.42$$

$$R = q^2 = 0.3^2 = 0.09$$

结果与群体原基因型频率相同，可见该群体为遗传平衡群体。

再如，利用标记分析群体某标记位点的隐性标记型频率为0.009%，那么，群体中隐性标记频率为$q = \sqrt{q^2} = \sqrt{0.00009} = 0.0095$，将群体视为平衡群体，显性标记频率为$p$=1$-q$=1$-$0.009 5=0.990 5，杂合体频率为$2pq$=2$\times$0.009 5$\times$0.990 5=0.018 8。

一般地，由一对等位基因决定的二倍体生物性状，如果可知群体中任一等位基因频率，只要群体处于平衡状态，就可以计算群体中三个基因型频率。

6.2　林木地理变异

　　林木生活在复杂多样的环境中，不同种群生境存在时空异质性。异质性生境下长期自然选择的结果，导致不同林木种群性状变异随环境变化而形成一定差异，这种差异反映在群体遗传结构和遗传多样性等方面，并表现为不同的地理变异模式。

6.2.1　地理变异及其研究意义

　　从生物种群进化的某一时间段看，性状变异又表现出与环境差异相对应的规律性变化，即产生地理变异。这是与地理分布相联系的种内性状变异，表现出多层次性，包括地理种源、种源内立地、立地内林分、林分内个体等，其中，地理种源变异和林分内个体间变异最为重要。种源（provenance）是指一树种种子或其他繁殖材料的地理来源或原产地。种源和种子产地（seed source）经常混用，但有时仍有所不同。产地是指一树种种子或其他繁殖材料的采集地。原产地是指获得的种子或其他繁殖材料的原始地理区域。如将山西省上庄油松引种到北京，在北京采集油松种子繁殖，其产地属北京，而种源或原产地为上庄。

　　种源变异不仅体现在生长速度、生育期、抗逆性等方面，也涉及形态特征、某些生理特性及木材品质等，而且这些性状差异可以遗传给后代。这些种源差异源于随机事件（如遗传漂变）和环境压力（自然选择）的影响，其中环境选择作用是形成地理变异的关键驱动力。不同的环境条件对林木性状施加不同的选择压力，促使具有适应性优势的遗传变异在种群中积累，导致了性状变异与环境差异相对应的规律性变化，使得遗传变异在空间上呈现出一定的分布格局，这种格局反映了群体遗传结构的分化，是林木种群适应性进化的直接体现。

　　林木地理变异研究具有重要意义。首先，可以分析自然选择、迁移和遗传漂变等因素如何影响林木种群的遗传结构，这有助于理解种群如何适应其生存环境，以及不同环境因素对种群遗传多样性的影响；其次，了解种内遗传变异的地理模式，对于科学地区划育种区和种子区，合理构建不同育种区的育种群体，确定种子的安全调运距离等具有指导意义；第三，为林木良种选育及其应用提供基础数据，掌握不同种源在不同环境条件下生长、适应性等性状表现，实现适地适种源栽培；第四，地理变异研究还强调了保护林木种内所有自然遗传变异的重要性，有利于维持生物多样性以及稀有或濒危树种保护等。

6.2.2　林木地理变异模式

　　种源与环境相互作用是基因型与环境相互作用的一种类型。长期自然选择的结果，导致树种不同类群性状存在较大差异，表现出一定的地理变异模式，其物候、生长量、形态和生理性状以及适应性等也表现出一定的规律性变化。具体包括连续性地理变异、不连续地理变异以及随机地理变异模式。

（1）连续性地理变异

连续性地理变异是指群体内那些随环境条件梯度变化而呈连续性变化的变异。在林木种群中，由于环境梯度的连续变化，如气候从温暖变寒冷、湿度从干燥变湿润，种源间性状发生连续变异，这种变异模式也被称为渐变群模式，体现了林木性状随环境梯度（如纬度、经度和海拔）的连续变化而呈现的逐渐变异，这些变异与纬度的关系比经度和海拔紧密得多。表6-4中，24年生马尾松种源的胸径、树高和单株材积生长与产地纬度呈显著的负相关，而与产地经度的相关性则较小。

表6-4 马尾松种源生长、形质和木材基本密度与产地地理气候因子的相关分析

性状	纬度	经度	海拔	年降水量	年均温	1月均温	7月均温	无霜期	≥10℃积温
胸径	−0.733**	0.055	−0.158	0.492**	0.709**	0.714**	0.151	0.661**	0.649**
树高	−0.755**	0.081	−0.259*	0.564**	0.727**	0.734**	0.224	0.643**	0.694**
材积	−0.742**	0.036	−0.192	0.464**	0.740**	0.730**	0.156	0.682**	0.680**
通直度	−0.536**	−0.092	0.074	0.456**	0.396**	0.465**	−0.046	0.502**	0.378**
圆满度	0.093	−0.065	−0.231	0.008	−0.164	−0.156	−0.046	−0.123	−0.22
基本密度	0.2	−0.17	0.032	−0.177	−0.251+	−0.297*	−0.037	−0.334*	−0.245*

注：* 为 0.05 显著性水准；** 为 0.01 显著性水准。

以上现象不仅体现在林木的生长方面，而且在抗旱、抗寒等生理性状上也表现出相同的规律，主要存在于分布广泛且连续的树种，表现为从温暖到寒冷，从干燥到湿润的连续递增或递减等。如北纬45°~60°范围内橡树（*Quercus robur*）种子重量、总酚含量、磷含量等性状随纬度变化而呈现出连续渐变模式（图6-1），其中，种子重量随着纬度的增加而减小，总酚类化合物和磷含量随着纬度的增加而增加。

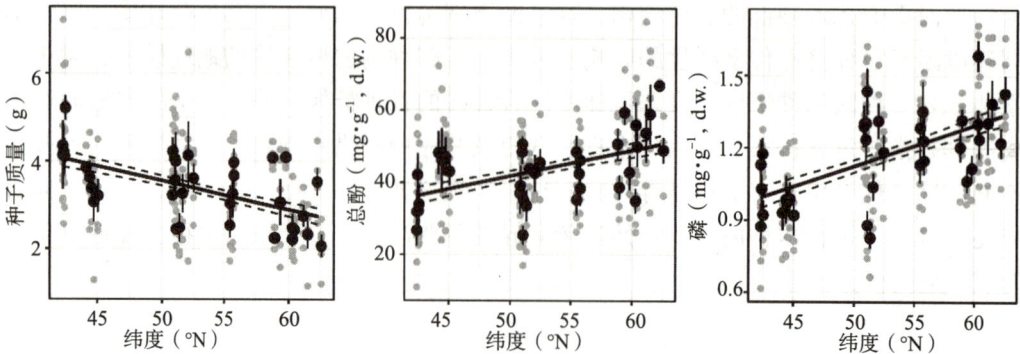

图6-1 北纬 45°~60° 范围内橡树种子关键特征随纬度变化（X. Moreira et al.，2020）

（2）不连续地理变异

不连续地理变异是指群体内那些因分布区不连续以及环境差异性而呈现不连续变化的性状变异。这种同种植物长期适应特定环境条件，因趋异适应而形成在生态学上

有差别的同种异地个体群称为生态型。环境的不连续性和多样性促使林木群体遗传分化，通过形成不同的生态型来应对特定的环境。在特定环境下，林木响应环境选择压力而展现出的不连续变异模式，形成了适应当地环境的特定遗传变异。如油松地理变异模式主要为非连续性地理变异，局部存在连续性地理变异和随机地理变异。

不连续地理变异的形成与基因流的限制、遗传漂变以及自然选择等因素密切相关。特别是在地理上隔离的种群中，基因流的限制导致各种群遗传特性独立演化，形成遗传上显著不同的生态型。不连续地理变异揭示了环境选择在促进种内遗传分化形成中的核心作用，反映了生物长期演化过程中对环境的适应策略，是基因与环境互作的产物。

（3）随机地理变异

随机地理变异是指群体内那些找不出与地理、气候条件存在相关性的性状变异。如华北落叶松生长等性状变异就无明显地理变异规律性。其原因可能在于：其一，温度、降水、土壤等常规因素，而导致变异的真正环境因素却并没有涉及；其二，在小型孤立种群中，遗传漂变效应尤为显著，因不能完全随机交配导致某些等位基因的频率随机增加或降低，群体性状变异表现为随机性；其三，树种自然分布区的环境条件相对一致，或树种地理分布范围小且花粉传播距离远而降低群体间的遗传差异，不同地理群体间难以产生显著遗传分化；其四，人为采伐或破坏等影响导致群体遗传结构的变化等。

6.2.3　林木地理变异规律

（1）冷暖变异趋势

林木性状的冷暖变异是自然界中的一种普遍现象，深刻体现了林木种群在长期演化过程中对不同温度条件的适应性响应。这种响应不仅在表型层面上表现出显著的地理分布模式，而且在遗传层面上揭示了环境选择与群体遗传之间的相互作用。

南方种源与北方种源在性状上的差异，正是对长期气候条件适应的直接反映。南方种源因适应较温暖的环境，展现出生长速率快、春季发叶和抽条较晚、对晚霜的抗性较强等特征，而北方种源则对短生长季和极端低温的适应性更为突出，如春季较早开始生长，对低温具有更好的耐受性。这些差异背后，是长期的自然选择和遗传适应过程的结果。

自然选择在林木冷暖变异趋势中的作用，可以通过种群对积温的反应进一步理解。北方种源由于对较低积温的适应，使其能够利用较短的生长季节，这种适应性是通过长期的自然选择过程形成的。如在间隔1900km的温带至北极地带梯度上，欧洲赤松针叶结构和解剖特征的种内变异研究发现，来自寒冷地点的针叶具有更厚的表皮细胞以及更密集的树脂管，而这些特征在比较温暖地点的针叶中不明显（图6-2）。

（2）干湿变异趋势

在林木地理变异规律中，干湿变异趋势揭示了树种如何通过自然选择和遗传适应来响应不同的水分条件。树种的干湿变异趋势主要由自然选择驱动，湿润地区的树种通常面临的是如何有效地利用丰富的水资源以支持快速生长，而干旱地区的树种则需

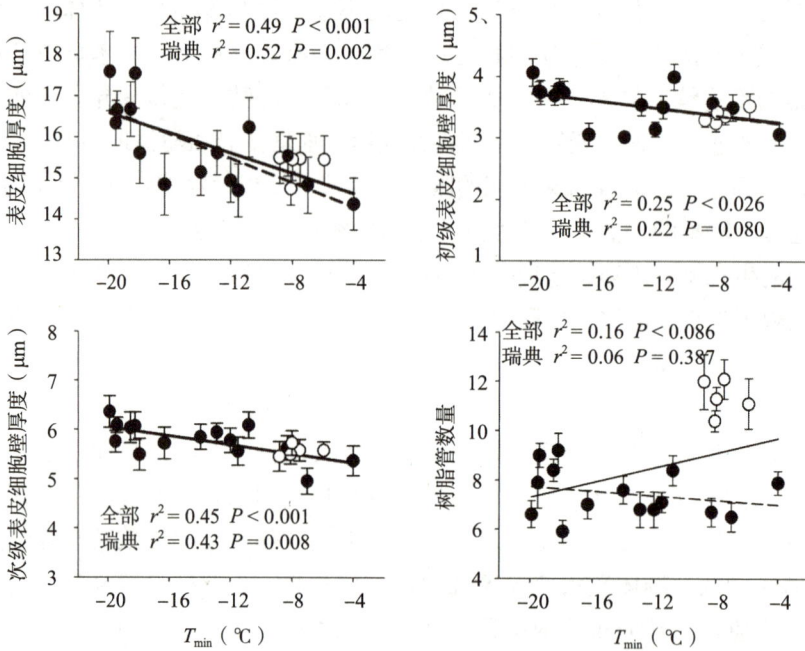

图 6-2 欧洲赤松针叶的解剖结构特征与最低冬季温度（T_{min}）之间的关系（Jankowski et al.，2017）

要发展出节水和抗旱的机制来应对水资源的稀缺。因此，水分条件成为影响树种地理分布和种群遗传结构的关键环境因素。

在湿润地区，林木往往展现出快速的生长特征，具有较浅的根系和更绿的叶片，这些特征有利于在水分充足的环境中的树种有效利用水分、养分资源，最大限度地加强光合作用，提高生长速率和竞争力。这种现象在许多树种的种源试验中得到了证实。如从湿润地区调入的种苗通常比来自干旱地区的种苗生长更快，而干旱地区树种倾向于长出更深或更长的根系，以保证生命活动的水分供给。

（3）高低海拔趋势

高低海拔差异对林木种群的遗传结构和适应性特征有着显著影响。海拔变化带来的环境梯度（如温度、湿度、光照强度和土壤类型的变化）促使林木种群展现出不同的遗传适应性。高海拔地区的低温和辐射增强要求当地林木种群拥有更强的耐寒和防紫外线损伤的能力。这种适应性变异是自然选择作用的直接结果，倾向于保留那些接近平均环境适合度的基因变异。

对乔木和灌木的叶脉密度、叶脉厚和单位叶面积的叶脉容量等特征研究发现，较高海拔地区的乔木相比于低海拔表现出较低的叶脉密度，通过减少叶脉密度来降低蒸腾损失并提高水分利用效率（图6-3）。与此相反，灌木在高海拔地区的叶脉密度相对增加，有助于增强光合作用能力和水分传输能力。与低海拔相比，高海拔地区的乔木具有更高的叶脉厚度，通过增加叶脉厚来增强叶脉的结构强度和水分传输能力。对于灌木而言，叶脉厚沿海拔梯度的变化不显著，表明灌木通过其他非结构性的特征来适应高海拔的环境压力。

海拔变异还影响着基因流的动态。高海拔地区的林木种群因为地理和环境障碍可

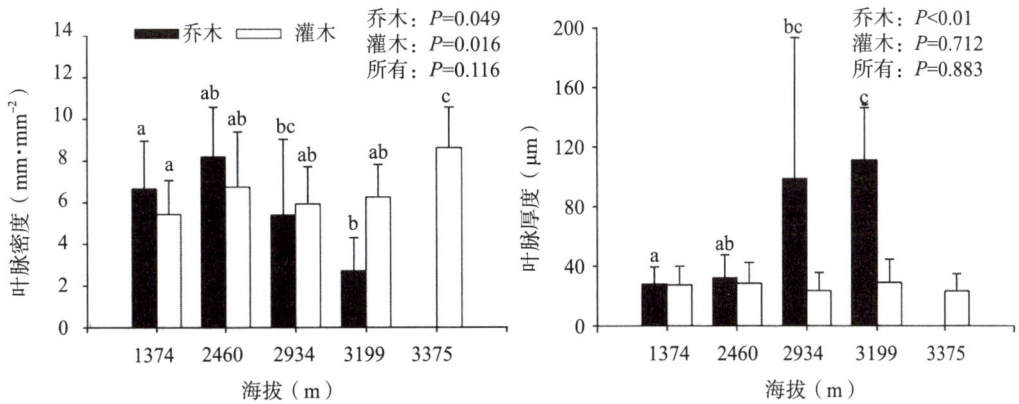

图 6-3　叶脉特征沿海拔梯度的变化趋势（Wang et al.，2020）

能较低海拔种群更加孤立，这导致基因流受到限制，从而增加了遗传漂变的作用。在这种情况下，遗传多样性可能会降低，影响种群的长期适应能力。然而，一定程度的遗传隔离也可以促使新的适应性变异在种群中稳定下来，有助于形成独特的地方种群。

6.2.4　林木地理变异的研究方法

天然群体不同林分的表型数据受遗传和环境效应的双重影响，有时基于表型度量难以揭示地理变异的内在遗传模式，这时通常采用苗期种源试验、田间种源试验以及遗传标记分析开展深入研究，揭示林木地理变异的遗传模式及其与分布区内地理、土壤与气候的关联性，根据树种不同变异模式及其各种进化因素，制定林木种子调拨准则。种源试验就是将来自各地的种源按一定的试验设计所进行的田间栽培对比试验。

（1）遗传标记分析

遗传标记包括形态标记、细胞标记、生化标记和分子标记等，其中分子标记因其高度的特异性、大量的遗传信息和对环境变异不敏感的特点，已成为林木地理变异研究的重要工具。通过遗传标记分析相同位点的基因型频率和等位基因频率，可以对比不同种源间的遗传结构和遗传多样性差异。这种比较基于基因多样性或F统计量的分析，目的是将遗传多样性按照不同的变异层次进行剖分，如种源间及种源内个体间的变异。此外，还可以利用多元统计分析方法，如主成分分析或判别分析，来分析多位点的等位基因频率变异模式，以及通过遗传距离的测量来评估每两个种源间等位基因频率差异的大小和方向。

遗传标记在地理变异研究中的应用优势在于能够直接测定天然群体样本的基因型，能够在相对较短的时间内完成，且成本较低。通过分析遗传标记解析群体遗传多样性和遗传结构，研究人员可以从基因组水平推断群体遗传差异，如种源间等位基因频率差异或杂合度差异，探索林木种群如何响应环境变化，以及自然选择如何塑造林木种群的遗传组成，这不仅有助于理解林木种群的遗传多样性保持和遗传适应性进化机制，还可以为林木的保护和可持续利用提供科学依据。

（2）苗期种源试验

苗期种源试验是林木地理变异研究的重要方法，旨在通过苗期种源试验，在较短时间内了解不同种源一定环境条件下的适应性差异。这类试验关注种源各性状差异与一般环境的相关性，掌握相关性状的地理变异规律，指导完成育种区和种子区区划并制定种子调拨准则等。首先，苗期种源试验的设计要求较高的精度和广泛的代表性。试验通常涵盖林木自然分布区内所有土壤气候条件类型，采用环境梯度绘制的抽样网格，确保了试验种源的多样性和广泛性。每个种源内随机选取的采种母树，保证了试验数据的可靠性和种源平均值的代表性。从而保证试验不仅能反映种源间的适应性差异，也能揭示种源内家系间的遗传变异。其次，通过苗期种源试验对苗木性状进行测定，包括生长速率、物候、形态特征、生理过程和逆境响应等多个方面。这些性状的测定不仅揭示了种源适应性的差异，还为了解林木响应环境变化提供了直接证据。例如，欧洲7个山毛榉种源在德国和斯洛伐克的苗期种源试验研究表明，不同种源的山毛榉在苗高、地上生物量生长，以及水分运输效率指标、木质部面积与叶面积比等方面表现出显著差异（图6-4）。

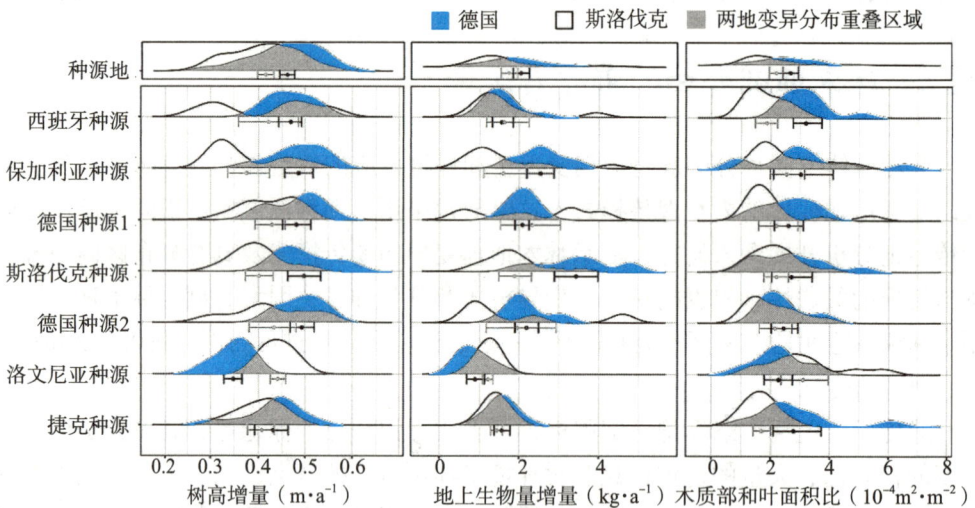

图 6-4　欧洲山毛榉种源苗期生长和叶片营养特征分布（Kurjak et al.，2024）

（3）长期种源试验

长期种源试验属于田间栽培对比试验，旨在了解不同种源在试验地点间的生长、材性变异，以及对试验地极端条件的适应性差异等。一般来说，长期种源试验的持续时间通常跨越数个生长周期，甚至几十年，以确保能够全面评估种源的生长性能和适应性。通过长时间的观察和数据积累，能够深入了解种源间的遗传差异和地理变异规律，揭示不同种源在不同地理环境下的生长特性和适应性差异，为林木的遗传改良研究和森林经营提供科学依据和指导。

长期种源试验需要科学设计，以确保试验结果的准确性和可靠性。在试验地点的选择上，需要考虑到林木种源的自然分布区域，尽可能覆盖不同的土壤类型、气候条件和地形特征，这样才能有效地模拟真实的生长环境，更好地评估种源的生长性能和适应性。同时，在试验设计中需要充分考虑到种源内的遗传差异，以及环境因素的相互作用，合理选择和优化试验设计，以确保获得数据的可比性和统计分析的有效性，最大限度地提高试验的效率和准确性，为后续的数据处理和分析奠定良好的基础。种源样本的选取也是影响试验结果的重要因素之一。在长期种源试验中，通常会涉及多个种源和多个家系，为了保证试验结果的可比性和统计分析的有效性，需要对种源样本进行合理选取和布置。在试验设计中，可以采用随机抽样的方法来选择种源样本，以减少人为干预和主观偏差，确保试验结果的客观性和科学性。同时，还需要考虑到种源样本的数量和分布，以确保试验结果具有统计学上的可信度和代表性。在试验周期的确定方面，需要充分考虑到林木生长的生物学特性和试验目的的需要，通过长期的观察和数据积累以及适当的统计方法，更准确地评估不同种源的适应性和生长等性状优劣。

6.3　林木育种区和种子区区划

6.3.1　育种区和种子区区划及其目的

通过种子区区划（seed zone division）对种源应用范围实施法律控制较早的是德国。该国1906年立法禁止从国外进口种子；1934年制定《林业种苗法》，中心内容是淘汰遗传上低劣的林木或林分，规定采种林分必须经过认可；1938年制定的《关于林业种苗法的规定》中，提出将全国划分成14个区，原则上每一地区只采用本区种子，并对每个地区又提出了划分不同海拔带的标准；1957年，德意志联邦共和国重新制定《林业种苗法》，其中重大的改变是种子区不再是统一区划，而是按树种进行区划。同时，世界各国相继开展了林木种子区区划工作。例如，美国在二次世界大战后，根据气候、地貌、土壤、植被以及行政区界等划分了100多个种子区。瑞典将其国内欧洲云杉划分为16个区、欧洲赤松划分为12个区。挪威全国统一划分为40个林木种子区，区内又按海拔划分为不同的带。我国自1982年起由林业部主持，对13个主要造林树种子区做了区划，并于1988年颁布了国家标准《中国林木种子区》。

种子区区划是根据生态条件、遗传性状表现、行政和自然区界等对一树种各地所产种子的供应范围进行的分区划片工作。有时一个种子区内部可再划分几个种子亚区。种子区是针对遗传改良水平较低树种而提出的控制用种的基本区划单位，而种子亚区是控制种源的次级水平的区划单位。一般不做垂直区划。种子区和种子亚区的命名可用方位或序号等表示。序号命名通常采用两位数表示，其中，前一个数字代表种子区，后一个数字代表种子亚区，如Ⅰ1、Ⅰ2、Ⅱ2、Ⅲ2等。为了便于实际应用，尽量利用行政界线（省界、县区等）、天然界线（山脊、河流等）、人工界线（铁路、公路等）作为种子区或亚区界线。鉴于基本的林业行政管理主要落实在县级，因此，一般不将一个县区划为两个种子区或种子亚区。

林木种子区区划作为森林科学经营的一个重要环节，其目的是通过科学的方法划分不同树种种源的地理适生区域，以确保选用适生种子造林，从而提高林木生长的适应性、稳定性和生产力。由于不同种源在不同造林地点的成活率、保存率、生长和材质等方面都可能存在一定的遗传差异，这种差异可能是极其显著的，因此造林工作不仅需要做到"适地适树"，还要做到"适地适种源"，这样才能保证安全用种以及造林后的林地生产力。不考虑种源差异盲目引种而造成损失的事例在世界各国都有不少教训。例如，19世纪中叶，瑞典等北欧国家从德国进口欧洲赤松种子育苗造林，开始时林木生长良好，10年以后生长缓慢，甚至死亡。而当地种子营造的欧洲赤松林分生长正常。其原因是，德国种源生长期长，引入北欧后，秋天枝条来不及木质化而遭受冻害，部分因雪压折断，受损伤枝条感染了松瘤病，导致松树死亡甚至整片松林的毁灭。

一般认为，种子区是森林培育学的概念，多是基于地貌和气候条件分析完成的区划，目的是对造林中的种子调拨的生态区域进行限制，防止生态条件差异较大的区域之间引种可能造成的损失。而育种区或称为种源区则是林木遗传育种学概念，是一个树种遗传改良计划中服务于不同区域造林良种需求的种质资源利用区界。育种区的区划是基于种源试验结果和树种分布区生态环境变化而对一个树种的育种资源收集和应用范围进行的划分。因此，育种区是在掌握树种地理变异规律的基础上完成的区划，目的同样是保证科学育种、制种和用种。显然，在没有完成种源试验之前，所划分的种子区和种源区之间或多或少存在一定的差异；而在完成种源试验之后，种子区划分应根据种源试验结果进行修正，即与育种区统一起来。在具体应用时，一般良种选育多使用育种区概念，而制种和用种时采用种子区的概念。

6.3.2　林木育种区和种子区区划的依据

（1）分布区内生态条件的差异

林木的生长和稳定性受到其生长环境的直接影响，其中地貌和气候是两个主要的影响因素。地貌影响着气候和土壤类型，不同的地貌类型如山地、高原、平原及盆地等，其气候条件和土壤特性差异显著。气候条件包括温度、降水量、光照等，是影响林木生长最直接的环境因素。不同地貌和气候类型决定了树种的分布范围、生长周期及生长速度，对于确保种子区区划的科学性和实用性至关重要。例如，美国俄勒冈州的地形复杂，由西向东可大致分为三个主要区域：沿海山脉、威拉米特谷和喀斯喀特山脉以及更东部的蓝山山脉。这些区域不仅海拔差异大，而且从西到东气候变化显著，沿海地区湿润，内陆地区干旱。1996年，俄勒冈州林业部综合考虑了西部区域内的温度和降水模式特点进行道格拉斯冷杉（*Pseudotsuga menziesii*）种子区区划，共分为16个种子区，明确了种子区边界（图6-5）。

（2）生态类型及其地理边界

林木种内的群体遗传结构是种子区区划工作的基础。不同地理区域内的树种，由于长期适应当地的环境条件，形成了具有特定遗传特征的生态类型。这些生态类型在形态、生理以及生物习性等方面存在一定的差异，可以为林木种子区区划提供重要的生物学依据。一些研究表明，基于群体表型变异聚类划分的地理类群与根据种源试验结果比较相近。

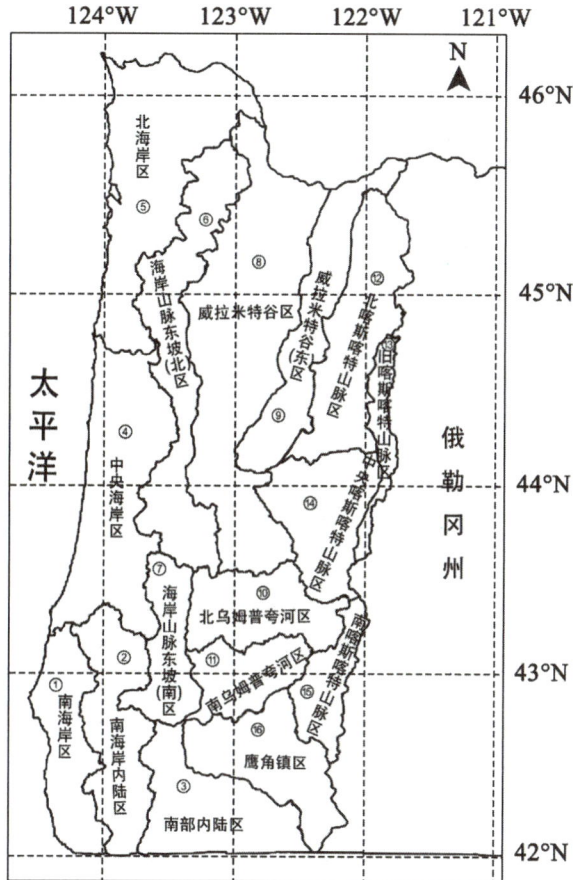

图 6-5　美国俄勒冈州西部的道格拉斯冷杉种子区区划

（3）种源试验与地理变异

　　种源试验是研究林木地理变异及其规律、进行种源类群划分以及育种区和种子区区划的重要途径。种源试验的结果表明，林木的生长性状和适应能力在不同地理区域间存在显著差异，这些差异往往与种源的地理位置、气候条件和土壤类型密切相关。通过在不同地理区域开展种源试验，可以直接观察和比较不同种源在不同试验地的适应情况和生长表现，并通过科学方法分析划分不同种源类群，为育种区和种子区区划提供了最可靠的依据。如徐化成等（1988）根据油松地理变异和种源选择试验，将油松划分为9个种子区，22个亚区，制定了国家标准《中国林木种子区 油松种子区》，其种子区特征见表6-5。

6.3.3　林木育种和用种的基本原则

（1）按育种区育种

　　由于林木树种分布范围广，其不同育种区间群体遗传结构不同，而相同育种区的不同群体具有相近的群体遗传结构，即同一育种区内的不同群体的基因数量及其频率

表 6-5　油松种子区基本特征

种子区		自然条件						森林特征
		气候					植被	
编号	名称	年平均气温（℃）	1月平均气温（℃）	7月平均气温（℃）	>10℃年积温（℃）	年降水量（mm）		
I	西北区	2~8	-10~-6	14~18	1500~3000	300~500	温带草原地带	天然林分布零散：青海的门源、互助、贵德、尖扎及化隆，甘肃靖远哈思山，宁夏同心的罗山等地。海拔2000~2700m
II	北部区	4~8	-16~-10	18~22	2500~3000	200~500	温带草原地带	天然林分布于：贺兰山、乌拉山、大青山及鄂尔多斯的神山。贺兰山垂直分布2000~2600m，乌拉山1400~2000m
III	东北区	2~7	-18~-12	20~22	2000~3000	300~500	温带草原地带和暖温带落叶阔叶林地带	赤峰以北克什克腾旗和翁牛特旗分布零散，内蒙古的宁城、喀喇沁旗，河北围场、丰宁及小五台天然林较多。垂直分布于海拔800~1500m
IV	中西区	7~12	-8~-2	22~24	3000~4000	500~700	暖温带落叶阔叶林地带	桥山、子午岭有天然林，垂直分布于1000~1600m
V	中部区	8~12	-8~-2	22~24	3000~4000	500~600	暖温带落叶阔叶林地带	天然林分布普遍，如太行山、太岳、管涔山、关帝山及中条山，一般海拔1200~1900m
VI	东部区	6~10	-12~-8	22~24	3000~4000	500~700	暖温带落叶阔叶林地带	天然林分布于河北的青龙、迁西、迁安、遵化、承德及平原地区，辽宁的建县、绥中、凌源和医巫闾山等地。辽东的开原、抚顺和海域亦有分布
VII	西南区	8~10	-8~0	16~22	1500~3500	500~700	暖温带落叶阔叶林地带	天然林见于小陇山地区和白龙江流域的迭部、南坪等地
VIII	南部区	12~14	-4~-2	22~28	3500~4500	700~1000	暖温带落叶阔叶林带及北亚热带常绿落叶混交林带	天然林分布较普遍，川北理县、广元一带及秦岭、伏牛山均较多。秦岭海拔1000~2000m
IX	山东区	10~12	-4~-2	26	4000	700~800	暖温带落叶阔叶林地带	天然林较少，垂直分布下限在800m左右

方面具有相似性。基于群体遗传学理论，如果按育种区育种，即在同一育种区内完成种质资源收集、杂交、遗传测定和选择等育种过程，则其后代群体在适应性方面仍能保持与原始群体相似的群体遗传结构。因此，在一个树种每个育种区的实际育种工作中，可以不必考虑适应性状遗传改良问题，而只需要考虑生长、材性等目标性状的遗传测定和选择即可。因为同一育种区选择的优树适应性相似，加之在同育种区内测定时，后代群体首先受到选择的是适应性状，其中不适应环境的基因型被淘汰，保留下来的都应该是适应育种区环境的基因型。如此可以简化育种的选择指标，提高育种效率和效果。而且，选育的良种通过种子园制种利用时，可以不经任何栽培试验直接造林利用，因为这种遗传基础宽泛的品种内各基因型与环境互作效应有正有负，总体趋近于零。无性系制种与种子园制种相比，可以最大限度地压缩育种区数量，但需要配合区域试验为选育的无性系品种选配适生栽培环境并测试其生产力。所谓区域试验是指通过统一规范的要求，在树种可能适生区进行的品种丰产性、适应性、抗逆性等对比试验。

需要特别指出的是，在推进多世代育种过程中，除非必须引进本育种区种质资源缺乏的优异基因，如抗病等，或者本育种区种质资源目标性状遗传品质十分低劣，需要引入其他育种区优异种质资源时，尽可能利用本育种区的优良种质资源，推进林木遗传改良工作。否则，如果育种中涉及非同一育种区种质资源或种间杂交时，则需要通过严格的区域试验重新确定相关杂交品种的推广应用范围；或者通过连续回交转移目标性状，同时清除非育种区种质资源携带的不利于适应性的基因，保证后代品种可以在原育种区推广应用。如果涉及外来树种引种，则需要通过一定规模的种源试验确定不同造林区域相匹配的优良种源，完成育种区区划并构建相应的育种群体，推动引种树种的群体遗传改良及其推广应用。

（2）按种子区用种

就适应性而言，育种区或种子区覆盖的范围越小，用种越安全，但育种和制种的成本投入也越高，这在林业生产经营中是难以实现的。实际上，育种工作往往是通过树种分布范围或造林区域的多点种源试验进行育种区区划，尽可能缩减育种区数量，从而用最小的遗传改良投入获得相关良种的安全高效生产。如此，就涉及种子调拨问题。从已有研究看，除特殊树种外，林木种子调运距离具有如下一般性规律：首先，由北向南和由西向东调运的范围大于相反方向的范围；其次，在经度方面，由气候条件较差向较好的地方调拨，其范围一般不超过16°；最后，由于地势海拔变化对气候的影响很大，在垂直调拨种子时，海拔一般不宜超300~500m等。

在林业经营过程中，科学用种和调种是确保林分适应造林地自然环境条件并保证正常生长的关键。对于完成种子区区划，而尚未完成种源试验，或种源试验年限尚不足以确定育种区的树种，应优先考虑造林地所在种子亚区的种子，若种子亚区的种子满足不了造林要求，再选用本种子区内其他亚区的种子。对于完成种源试验实现种子区与育种区统一的树种，在推动高世代育种群体建设和轮回选择的同时，精选优良亲本建设同一种子区的高世代种子园，按种子区制种和用种，推动高效商品林建设和理想森林经营。对于引种的树种，如果种源试验的期限和规模已足以证明其具有良好的适应性和生产优势，可以根据种源试验结果为不同造林区域直接引进优良种源种子造林，同时在不同育种区建设育种群体和生产群体，实现树种在引种地的良种生产和应用。

思考题

1. 群体、基因库和基因频率的概念是什么？

2. 影响遗传平衡的因素有哪些？遗传平衡定律的用途有哪些？

3. 为什么林木地理变异的研究意义重大？

4. 林木地理变异模式有哪几种？

5. 林木地理变异研究方法有哪些？种源试验的意义是什么？

6. 林木育种区和种子区区划有何意义？

7. 林木育种区和种子区有何区别和联系？

8. 林木种子区区划的依据有哪些？

9. 林木种子调运距离的一般性规律如何？

10. 林木育种和用种的基本原则是什么？重点应注意哪些问题？

第 7 章
林木育种程序、方法与策略

林木育种借鉴作物和畜禽育种的理论和技术成果，形成了独具特色的林木育种程序和育种方法。本章立足森林遗传基础，具有承前启后的作用，尤其是通过对林木育种程序、方法与策略的论述，阐明了其后各章节涉及的育种技术环节和育种方法的作用及相互关系等，包括林木育种目标及制定育种目标的主要根据和原则、林木的繁殖习性与品种类型及其应用、多世代育种与育种循环，以及林木育种的一般程序及影响育种效果的主要因素、主要选择方法及其特点、常规育种与非常规育种及其作用、育种策略及其制定原则和主要内容等。

7.1 林木育种目标及其制定原则

林木育种是伴随着人类社会对木材需求的剧增以及人工林的快速发展而产生的一门科学。在一百年来的发展过程中，一代又一代林木遗传育种人借鉴作物和畜禽育种的理论和技术成果，围绕着不同树种的育种目标，结合树木自身的生物学特点和遗传变异规律创新林木育种理论与技术体系，并不断引入现代生物学理论和技术，选育出一批又一批对林业生产具有显著推动作用的林木良种，同时也形成了独具特色的林木育种程序和育种方法等。

7.1.1 林木育种的主要目标

育种目标（breeding objective）是指一定的立地、气候和生产条件下计划育成品种目标性状表现的具体指标要求。可以分为产量性状目标、品质性状目标、适应性目标、抗逆性目标等，即为提高产量、改善品质、扩大栽培区域、拓展栽培立地类型或降低生产成本等而开展的育种计划，是树种遗传改良计划立项和执行的依据及指南。

林木育种目标具有区域性、时间性和相对性等特点，其中区域性和时间性是指不同树种在不同的国家、地区以及同一地区的不同经济发展阶段，以及树种的不同改良阶段，有不同的育种目标；而相对性是指育种中开展遗传测定和评价需要设置对照，育种目标往往是相对于上一育种轮次选育的品种或当前生产主栽品种的主要目标性状改善程度。目前林木良种选育的主要目标有以下几个方面。

（1）产量

丰产是林木育种的基本要求。产量为育种目标时，主要是指选育在单位林地面积上可以生产更多木材或经济林产品的林木品种。就用材树种而言，不但要求树木单株的胸径、树高以及材积生长快，还要求在单位林地面积上可以容纳较多的株数，生产出更多的木材，即具有理想株型（ideotype），如树干形通直、冠幅窄、侧枝细、冠形结构良好、光合效率高、形率大、树皮薄等，以实现对林地空间营养和光合的高效利用等。

（2）品质

品质为育种目标时，主要指选育目标性状表现优异、能充分满足市场需要质量标准的林木品种。随着森林工业的发展以及市场多样化需求的提高，林产品的品质性状日益受到重视。例如，纸浆材要求木材的基本密度大、木素含量较低、木纤维或管胞的长度较长，自然白度较高等；胶合板材良种不仅要求形率大、旋切性能好等，还要求主枝较细，以减少节疤对胶合板面装饰效果的影响等。

（3）采伐周期

采伐周期是指人工林从种植到收获的全过程。采伐周期为育种目标时，主要指选育采伐周期短且经济效益高的林木品种。就木材生产而言，最佳采伐周期应该是平衡人工林木材工艺成熟期、数量成熟期而确定的经济成熟期。其中，工艺成熟期是林产品达到适宜加工标准时的人工林培育时间；数量成熟期是指林分连年生长量等于平均生长量时的人工林培育时间；经济成熟期是在一定的人工林经营目标下林分生长达到经济收益最高时的人工林培育时间。选育速生、优质的林木良种，加快品种工艺成熟和数量成熟以及经济成熟，在保证产品加工品质的前提下，尽可能缩短人工林产品的采伐周期，同样是提高林地生产力和经济效益的重要途径，也是重要的育种目标之一。

（4）抗逆性

抗逆性是指植物具有抵御不利环境的某些性状。抗逆性为育种目标时，主要指选育产量等主要目标性状水平不降低，而抗寒、耐旱、耐盐碱或抗病虫害能力显著提高的林木品种。通过良种选育，或改善林木对主要病虫害的抗御能力，提高林分生产率与利用价值，降低营林成本；或增强林木对干旱、盐碱和瘠薄等土壤条件的耐受性，充分利用一些生产力低下的土地资源，拓展良种栽培面积；或增强林木对寒冷或高温等气候的适应性，拓展良种栽培区域等。

由于树木用途多样性特点，也决定了育种目标的多样性。除提供木材产品外，一些树种还可以提供果品、油料、树脂、橡胶、单宁、香料、药材原料等众多非木材产品，可兼顾相关产品的产量与质量性状改良目标。此外，树木同时还常用于城乡绿化或防护林建设等，其中，城乡绿化树种良种选育要求品种树体高大、树形美观、抗逆性强、病虫害少、无次生污染等；农田防护林树种良种选育要求品种冠形紧凑、枝叶分布均匀、深根性等；水土保持林树种良种选育要求品种根系发达、蒸腾弱等，具体由育种者根据树种特性、改良程度及生产需求设定一个或者几个目标。

7.1.2　制定育种目标的主要根据和原则

制定林木育种目标时，应将国家和市场需要、森林经营方式、树种遗传改良程度、研究基础和资源条件、预期经济效益和竞争优势等作为主要根据，具体包括以下方面。

（1）国家和省部级科研计划任务

国家和省部级科技投入一直是我国林木育种科研的主体。我国木材资源匮乏，自"六五"开始，国家通过设置林木育种科研项目，选育并推广林木良种以提高人工林产量和品质，满足国家重大林业工程建设以及社会经济发展需求。近年来，随着我国制浆造纸、胶合板、纤维板、重组木等森林工业发展以及对相关林产品需求的剧增，除了速生丰产目标外，木材等林产品加工性能等性状指标也开始成为相关科技攻关任务的主要育种目标。

（2）国内外市场需求及经济效益

作为生产资料的林木品种需要经受市场的选择。一些树种的木材生产市场化程度高，符合市场需求、经济效益高的品种，必然受到市场的欢迎。育种目标的制定不仅要重视当前现实市场需求，还要考虑市场的潜在需求。由于林木育种周期长，少则近十年，多则二十余年，有必要对未来的森林经营方式以及国内外市场需求做出预测。如果育种目标偏离市场需求和森林经营方式，或市场需求和森林经营方式已经发生显著改变，即使品种选育成功也必然受到市场的冷落，导致育种陷于劳而无功的境地。

（3）树种的遗传改良程度及竞争优势

育种是一个不断"推陈出新"的品种替代过程。具有一定栽培优势的新品种进入市场后，必然会挤占原有品种的市场份额甚至取而代之。因此，在制定育种目标时，一定要熟悉树种的遗传改良研究进展情况，要掌握与当前生产主栽品种相比，自己制定的育种目标是否具有竞争优势，或者与同行当前正在选育的品种相比是否具有优势等，从而保证自己的育种计划完成时，选育的林木品种具有一定的竞争力并能够快速推广应用。

（4）当前研究基础和资源条件

林木育种同其他生物育种一样，受自然和社会环境、经济和技术基础、种质资源储备、研究平台和基地条件等因素影响。具有竞争力的育种目标需要有一定的研究基础和条件保障。如没有理想的抗病、耐寒种质资源而制定抗病、耐寒育种目标，或者研究团队不明确某一性状关键调控基因，甚至缺乏转基因和基因编辑工作条件时，而制定基于分子设计育种改良相关性状的育种目标等，都是不切实际的。制定育种目标应量力而行。

因此，确定育种目标需要遵循如下原则：要考虑国民经济发展需要和生产发展的前景，育种目标具体且有一定的竞争优势；育种目标应落实到具体性状上，要分析现有品种在生产中的主要问题，明确亟待改进的目标性状，有针对性地提出克服树种缺点或改进现有品种主要性状的指标；同时要处理好与长远目标以及相关非目标性状改良的关系，有主有次，循序渐进。此外，还应该充分考虑实现育种目标的可行性，如自然条件是否允许，育种资源储备是否满足，育种技术是否具备，繁殖技术是否过关，研究经费有无保障，生产成本是否过高以及栽培技术条件是否成熟等。育种目标制定后，也并不是一成不变的，尤其是在研究取得较大进展，或遇到一些事先难以预料的问题或市场需求发生变化时，应及时对原有育种目标和计划进行必要的充实和调整。

7.2 林木遗传育种特点及品种类型

7.2.1 林木繁殖习性及遗传育种特点

植物繁殖方式可分为有性繁殖和无性繁殖两类。无性繁殖是指采集植物的部分器官、组织或细胞，在适当条件下使其再生为完整植株的过程，也称为营养繁殖。一些植物只能无性繁殖，一些植物既可以有性繁殖，也可以无性繁殖。常用的无性繁殖方法如利用根、茎、叶扦插，以及压条、嫁接、组织培养等。许多树木可以通过无性繁殖技术进行繁殖。不论采用的原始繁殖材料如何，林木无性系的共同特点是繁殖过程中不经过基因重组，可以固定并利用原株的遗传特性。

有性繁殖是由精卵结合形成合子而产生后代的繁殖类型，也就是种子繁殖。有性繁殖植物根据授粉习性可以分为自花授粉植物和异花授粉植物。其中雌蕊接受同一朵花的花粉称为自花授粉，而在自然情况下，以自花授粉为主的植物称为自花授粉植物（self-pollinated plants），或称自交植物，天然异交率多在5%以内。而在自然状态下雌蕊通过接受其他花朵花粉受精繁殖后代的植物称为异花授粉植物（cross pollinated plants），又称为异交植物，天然异交率在50%以上。而介于两者之间的称为常自花授粉植物和常异花授粉植物。其中，常自花授粉植物是指以自花授粉为主，但花器结构不太严密，从而发生部分异花授粉的植物，异交率通常在5%~10%。而常异花授粉植物是指以异花授粉为主，在不具备异源花粉时也可以自交繁殖的植物，一般天然异交率在5%~50%。树木多为异花授粉植物，通过雌雄异株，或雌雄异熟以及自交不亲和机制等保证异交。有性繁殖的共同特点是繁殖过程中经过基因重组，其家系后代具有与亲本不同的遗传组成。

树木多为异花授粉植物，通过雌雄异株、雌雄异熟、雌雄蕊异位以及自交不亲和机制等保证异交。其遗传特点是：天然群体具有较高水平的遗传多样性，且与环境存在交互作用；杂交后代群体内个体的基因型杂合，个体间基因型、表现型不一致；在同一育种区内，环境选择相关的性状表现及其群体遗传结构相似；与经过数百年甚至数千年人工选择的作物、畜禽等不同，林木多处于野生状态，除适应性相关性状外，育种目标性状大多未经历选择或属于随机选择，众多的目标性状相关基因的等位变异分散保存于不同的基因型内，不同等位变异遗传效应不同，有正向或有利等位变异，以及负向或不利等位变异之分；异交树种在基因组中保留有更多的不利甚至有害等位变异，容易产生连锁累赘（linkage drag）问题，即杂交导入有利基因的同时导入与之连锁的不利基因的现象，也称为遗传累赘；群体中的大部分有害变异是隐性的，近交引起隐性有害变异纯合而导致后代生活力衰退或育性降低；在同一育种区地理距离较远的不同群体内选择亲本杂交，当代可以获得生长等目标性状表现突出的后代；选择不同育种区的亲本杂交，可以获得生长等目标性状表现突出的杂种后代，但需要为其选择适合的栽培区域等。而种间杂交后代是否具有杂种优势与其亲本亲缘关系远近相关，并不是亲缘关系越远杂种优势越突出，一般亲缘关系过远亲本杂交后代的生存能力等反而低于亲本等。

林木的遗传特点、繁殖方式和开花授粉习性决定了其育种利用特点：由于林木生长等目标性状相关基因正向等位变异分散保存于不同的基因型内，在林木育种中需要基于育种群体构建以及连续多世代的轮回选择和基因重组，从而淘汰决定育种目标性状相关基因的负向等位变异，并提高目标性状相关加性基因正向等位变异频率以及优良基因型比率，促进育种群体目标性状加性基因正向等位变异聚集，才能获得如作物那样显著的遗传改良效果。在此基础上，对于能够无性繁殖的树种，在育种当代可以通过选择育种、杂交育种、多倍体育种、转基因或基因编辑育种等获得优良无性系，经无性繁殖制种利用；对于只能有性繁殖的树种，在育种当代可以通过选优营建种子园制种利用。

7.2.2 林木的品种类型及其应用

由于树木异交特性，以及繁殖方式和育种方法的不同，决定了林木育种获得的品种类型的不同，具体可归纳为单系品种和混系品种。

单系品种是指由一个无性系或一个家系组成的栽培群体。对于可以无性繁殖的树种而言，是指通过选择自然变异或人工创制变异获得的一个优良株系并经无性繁殖而形成的无性系品种，具体包括在某一特定区域长期栽培的地方优良类型或农家品种，从自然群体中选优获得的选种无性系，通过种内不同地理种源内选择优良亲本或优良类型杂交获得的种内杂交无性系，基于高世代育种群体选配优良亲本杂交获得的杂交无性系，通过种间杂交获得的单交、三交、双杂交、回交等远缘杂交无性系，通过染色体加倍获得的多倍体无性系，通过转基因或基因编辑获得的基因工程无性系等。如朱之悌等选育的白杨三倍体品种'三毛杨7号'、广西东门林场选育的尾巨桉杂交品种'DH32-29'，以及韩一凡等通过转 *Bt* 基因获得的抗食叶害虫欧洲黑杨品种'世纪杨'等。对于通过种子有性繁殖的树种而言，是指由一个优良母本株系种子构成的家系品种，具体包括通过种内或种间杂交获得的全同胞或半同胞杂交种子，通过四倍体与二倍体间杂交获得的三倍体杂交种子，不经过精卵融合形成胚的无融合生殖途径获得的某一品种种子等。例如，广东省林业科学研究院选育的国家审定良种'湿加松家系EH12'，以及'大红袍'等花椒的一些地方品种等。由于树木大多异交且存在自交不亲和现象，很难获得自交系等纯系品种，除了花椒等部分无融合生殖品种的种子属于同型纯合类品种外，大多数林木的单系品种均为同型杂合类品种。目前，这些林木单系品种大多来源于初代选择群体亲本，少见高世代育种群体亲本来源的品种。

混系品种或称为多系品种，是指由多个无性系或多个家系组成的栽培群体。对于可以无性繁殖的树种而言，是指通过选择自然变异或人工创制变异获得的多个优良株系经混合无性繁殖而形成的无性系品种，如'群众杨'就是徐纬英等（1984）以小叶杨（*Populus simonii*）为母本、钻天杨（*P. nigra* var. *italica*）及旱柳（*Salix matsudana*）的混合花粉为父本杂交选育出的由10个雌雄无性系组成的混系品种。对于通过种子有性繁殖的树种而言，是指两个以上优良母本株系种子构成的家系品种，具体包括在一定区域长期栽培的地方优良类型或农家品种，经过种源试验证明的优良种源区种子，优良种源区内经过去劣的优良林分——母树林生产的种子，优良种源区内选优营建的种子园种子，从育种群体的子代测定林选优营建的高世代种子园种子，种间杂交种子园种子，多倍体种子园种子等。如油茶地方品种'攸县油茶'、云南松的'永仁种源种子'、油松的'中湾林场母树林种子'以及东北林业大学营建的白桦强化种子园和四倍体强化制种园种子等。这些林木的混系品种均属于异型杂合类品种。

就林木的品种应用而言，遗传基础窄化的林木良种适合于集约化经营类的商品林，而遗传基础宽泛的林木良种适合理想森林经营类的商品林。需要特别指出的是，林木育种是为有商品林经营需求的树种而开展的遗传改良工作，因此，林木品种有着明确的经济属性，其或者为增加木材产量、改善木材品质；或者为改善树木观赏性状及防护性能；或者为提高林木抗性或适应性，拓展树种种植范围，提高困难立地栽培产出、降低生产成本等。而增加碳汇、保水固土、遮阴降噪、滞尘放氧等生态价值则属于种植改良品种所产生的附属效益，以所谓生态效益为目标的育种是没有意义的，甚至可以说是适得其反的无效工作。因为采用经过选择的少量基因型营建的人工林自我调节能力较差，需要在较长的时期内及时施加一定的抚育管理措施才能维持群体结构和功能相对稳定，也很难取得理想的生态效益。

当某一树种用于生态修复时，不建议采用单系品种或遗传基础窄化的混系品种造林。其原因在于这些品种的株系间遗传组成相似，生活习性和竞争力相近，难以通过自然稀疏进行林分结构调整，如林地自然环境尤其是水分发生较为剧烈的变化时，容易发生林分的群体衰退。因此，生态修复宜采用当地种子区的种子园种子或当地种源的优良林分种子直播造林。如确实需要育苗造林，忌苗木分级，以随机种植为佳。这样，可利用林分内个体竞争力的差异实现林分群体结构自然稀疏调节，实现经济而高效的营林目标。

7.3 林木育种程序及育种效果影响因素

7.3.1 林木多世代育种与育种循环

对于一个长期的育种计划，每个改良世代均需涉及基本群体（base population）、选择群体（selected population）、育种群体（breeding population）和生产群体（production population）等几种具有不同功能的树木群体（Zobel and Talbert，1984；White，1987；White et al.，2007）。除初代基本群体外，自第二代开始，其基本群体均由上一世代育种群体按一定的交配设计获得的子代测定林的树木组成，包括成千上万个基因型。所谓子代测定（progeny test）是根据不同亲本子代的田间性状表现，对其亲本的遗传特性与遗传参数进行评价的试验。理想的高世代基本群体应该能够维持足够水平的遗传多样性，且保持最大数量无亲缘关系的优良家系或基因型，其质量决定了高世代育种群体构建质量。选择群体主要由基本群体中根据育种目标按一定的标准挑选出来的优树组成，一般包括几十个到上千个基因型。育种群体则来源于选择群体的部分或全部优树，通过基于不同交配设计的基因重组促进目标性状相关基因正向等位变异聚合，提高遗传增益。一般认为育种群体大小维持在300~400份遗传材料的水平，足以支持一个树种的多世代遗传改良。而生产群体同样来源于选择群体或育种群体的部分或全部优树，其功能是扩大繁殖足够数量的良种以满足年度造林工程需求，又称为繁殖群体。包括两种类型，其中依靠种子繁殖树种的生产群体主要形式是种子园（seed orchard），一般由几十个到上百个优良基因型组成；依靠无性繁殖树种的生产群体主要形式包括采穗圃或组织培养、体胚培养体系等，可以概括称为无性繁殖体系（clonal reproduction system），一般由一个或十几个优良基因型组成（图7-1）。

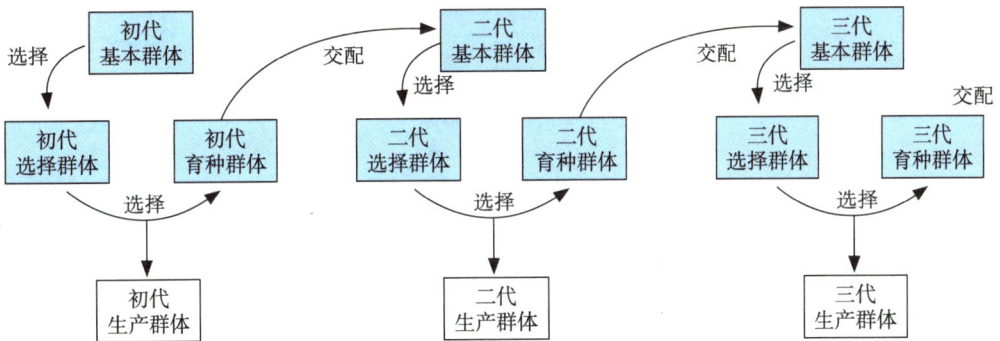

图 7-1　林木育种不同功能群体的关系及育种循环

　　多世代育种或称多世代遗传改良，是由前一个世代基本群体选优建立选择群体，进而由选择群体构建育种群体，育种群体亲本间通过一定的交配产生新的子代测定群体，即下一世代基本群体选优建立新的世代育种群体的遗传改良过程（图7-1）。如此一代又一代选择交配下去，使树木产量、质量、适应性及抗性等性状改良效果不断得到提高，并通过每一世代建立的种子园或采穗圃等生产群体制种推广利用。其理论基础为轮回选择理论。所谓轮回选择是通过多世代循环交替选择和杂交改进树木群体遗传结构，以提高选择群体育种目标性状相关有利基因频率的选择方法（Namkoong，1979；Namkoong et al.，1988）。通过不断推动选择、入选树木的相互交配以及遗传测定等改良活动的重复循环，以提高基本群体、选择群体以及育种群体决定树种目标性状相关基因频率，同时精选建设生产群体——种子园或无性繁殖体系进入生产应用。自基本群体开始，从中选优建立选择群体，在此基础上组建育种群体进行交配产生新一轮基本群体称为一个育种循环（breeding cycle），也称为育种周期（图7-1）。选择、交配和遗传测定是育种循环的核心活动。虽然世代（generation）与周期经常通用，但实际上还是有差异的。一般如果在一个育种周期中只使用本循环的群体材料时，才可称为一个特定的世代，如第一个育种周期通常称为第一世代。而从第一世代亲本的子代群体中选择出的优树则称为第二世代，更高的世代依此类推。如果一个特定育种周期使用了前几个周期的优树，即采用包括多个育种世代亲本的滚动式育种策略，此时则不能称为世代，而只能称为某一育种周期或育种轮次。

轮回选择可分为简单轮回选择（simple recurrent selection）和配合力轮回选择（recurrent selection for general combining ability，RS-GCA）两种类型，其中，简单轮回选择是从不同世代基本群体基于混合选择建立育种群体，进而自由授粉杂交、选择的多世代育种过程。简单轮回选择没有系谱控制，如农民混选、混繁的传统作物留种繁殖方式。而现代育种多采用配合力轮回选择，也称为一般配合力轮回选择，即从不同世代基本群体选择GCA值排序较高的优株建立育种群体，进而基于一定的交配设计随机或控制授粉（controlled pollination，CP）杂交、测定、选择而形成新的育种群体的多世代育种过程。通过多世代的基因重组和选择，打破优良基因与不良基因的连锁，有效地提高有利基因正向等位变异频率，保证目标性状遗传增益一代代有所提高（图7-2）。

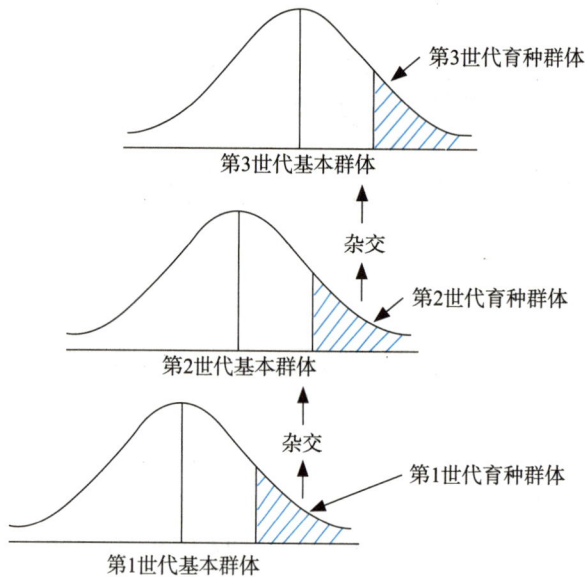

图7-2　基于轮回选择的多世代遗传改良示意

7.3.2　林木育种的一般程序

育种程序是围绕育种目标利用各种育种途径和技术方法创造新品种的工作过程。在每一个育种世代，不论采取何种育种技术方法，林木育种程序一般都包括育种目标确定、种质资源收集与鉴定、发现或创造变异、遗传测定与选择、良种繁育、生产栽培试验及推广等主要环节（图7-3）。每个环节都是围绕林木生长量等林产品产量

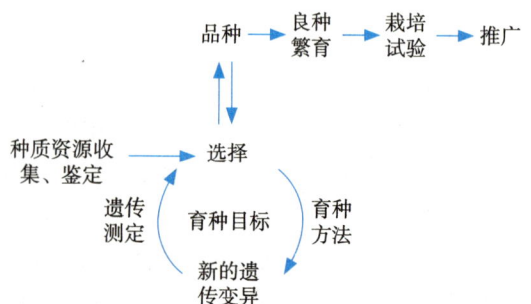

图7-3　林木育种的一般程序

性状或品质性状进行的，同时还要关注林木形质、适应性和抗性等性状的选择。

　　林木育种是一个不同育种环节和技术方法相互联系、密切配合的系统工程，而其一般程序是任何一个树种遗传改良均需要经历的基本过程，其中，育种目标是树种遗传改良的指南，决定了林木育种的方向和水平；种质资源是林木育种的物质基础，也是高效育种群体构建以及可持续育种的根本保障；育种方法包括选择育种、杂交育种、多倍体育种、分子设计育种等，是发现或创造优异变异的必要手段；遗传测定和选择是林木育种的基本方法，是保证遗传改良科学、准确、高效的核心工作；良种繁育是优良品种进入生产过程的前提条件；良种生产栽培试验及推广是充分发挥良种遗传潜力和作用的技术和制度保障等。

7.3.3　影响育种效果的主要因素

　　就一个树种的具体遗传改良计划而言，一般育种效果的评价常用选择响应（response to selection，R）和遗传增益（genetic gain，G）表示。选择响应就是入选群体子代目标性状平均值与原群体相关性状平均值的差值。遗传增益就是选择响应占原群体目标性状平均值的百分率，也称为遗传进展（genetic progress）。

　　如树木原群体目标性状平均值为X_p，树木入选群体目标性状平均值为X_s，则入选群体目标性状平均值与原群体相关性状平均值的差值（S）就是选择差（selection differential）。即：

$$S=X_s-X_p \tag{7-1}$$

　　树木入选群体子代目标性状平均值（X_o）与原群体相关性状平均值（X_p）的差值（R）就是选择响应。即：

$$R=X_o-X_p \tag{7-2}$$

　　因此，树木遗传改良的遗传增益就是选择响应占原群体目标性状平均值的百分率，也称为遗传进展。即：

$$\Delta G=R/X_p \tag{7-3}$$

　　由于环境因素、栽培条件以及树木个体竞争等因素影响，选择响应不可能等于选择差。而选择响应占选择差的比率就是相关性状的遗传力。即：

$$h^2=R/S \tag{7-4}$$

　　鉴于选择差是有单位的，各性状的单位不同，选择差S也同样不同。将选择差除以原群体的标准差（σ_p），使选择差标准化所得的值就是选择强度（selection intensity，i）。即：

$$i=S/\sigma_p \tag{7-5}$$

　　则选择响应可表示为：

$$R=i\cdot h^2\cdot \sigma_P \tag{7-6}$$

　　由于遗传力是加性方差（σ^2_a）占表型方差（σ^2_p）的比率：$h^2=\sigma^2_a/\sigma^2_p$，则相关性状选择响应可表示为：

$$R=i\cdot h^2\cdot \sigma_a \tag{7-7}$$

　　显然，选择响应和遗传增益的计算都是与有亲缘关系的原群体目标性状平均值比较而言的，是两个连续改良世代基本群体的对比。为了提高选择效果，也就是提高选择响应或遗传增益，可以采取的措施包括：尽可能减少栽培试验环境差异，提高性状遗传力；降低入选率，提高选择强度；扩大选择面，通过一定育种技术方法增加每一育种世代基本群体目标性状变异幅度等（图7-4）。其中，高改良世代基本群体的目标性状遗传变异幅度是否宽泛是决定育种效果的根本，而育种群体是否包含决定目标性状的全部正向加性基因、交配设计是否科学合理、轮回选择的世代数是否足够等，影响育种世代基本群体目标性状变异幅度。

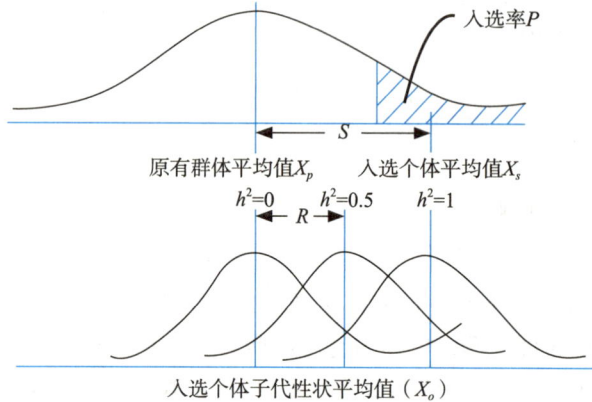

图 7-4 选择响应与选择差及性状遗传力的关系

7.4 林木育种的选择方法

7.4.1 选择的一般类型

生物学家Darwin（1859）创造了自然选择学说（natural selection theory），并将选择分为自然选择和人工选择（artificial selection）。所谓自然选择是指利于适应环境的变异类型得到保存，有害的变异类型被淘汰的过程，即适者生存，不适者被淘汰。自然选择的主导作用是自然条件，促进生物种群及其群体遗传结构向着适应环境的方向发展。而人们根据需要，改变生物群体中特定遗传表现的活动被称为人工选择。不论是自然选择，还是人工选择，都可以使树木群体中的某些基因型比其他基因型能够提供更多的后代，从而使得选择群体与选择目标方向相一致的基因频率逐渐提高。一般可分为以下3种选择类型（图7-5）。

（1）稳定性选择（stable selection）

稳定性选择是利于群体中间变异类型的选择，也就是淘汰群体中极端个体的选择。自然选择就属于这种类型，选择的结果是某一地区与气候等选择压相关的树木群体数量性状平均值基本保持稳定不变。

（2）定向性选择（directional selection）

定向性选择是对树木群体中符合选择目标的某一类极端个体的选择。选择的结果

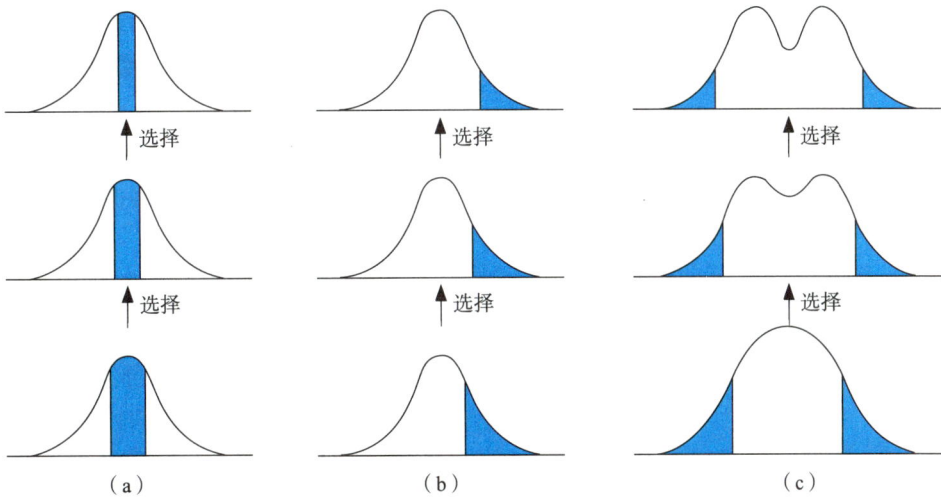

图 7-5　选择的基本类型

注：(a) 稳定性选择；(b) 定向性选择；(c) 多向性选择。

导致树木群体遗传组成以及相关数量性状平均值发生定向变化。如以纸浆材新品种为育种目标时，应选育生长快、木材基本密度高、纤维长、木质素含量低的类型；而以叶片黄酮类药物新品种为育种目标时，应选育植株生长快、叶片和叶量大、叶片黄酮类药物含量高等类型等。这些均属于定向性选择。

（3）多向性选择（disruptive selection）

多向性选择是对树木群体中符合两个或两个以上选择目标的不同类型个体的选择。自然选择中生态型的形成属于这种类型，长期的自然选择和生殖隔离导致群体分化，甚至会导致新物种形成。而在一个树种良种选育中，如同时以耐热、耐寒新品种，或以耐水湿和耐干旱为育种目标时，也属于多向性选择，实际是淘汰群体内中间类型个体的选择。

7.4.2　两种基本的选择方法

选择是实施育种的重要环节，贯穿于育种过程的始终。不论是利用自然变异的选择育种，还是通过人工措施创造变异的杂交育种、诱变育种、多倍体育种、分子设计育种等，只有经过选择，去劣留优，才能培养符合社会需要的优良品种。选择都是围绕一定的育种目标，按一定的育种程序进行的，其中最基本的选择方法包括混合选择（mass selection）和单株选择（individual selection）两种。

（1）混合选择

混合选择属于表型选择（phenotypic selection）是根据一定的选择标准，从混杂的群体中按表现型淘汰一批低劣个体，或挑选一批符合要求的优良个体，并对入选个体混合采种（条）、混合繁殖以及测试的选择方法（图7-6）。混合选择适用于遗传力较高的性状。其中，简单混合选择又称为一次混合选择，是对原始群体只进行一次混合选择，即

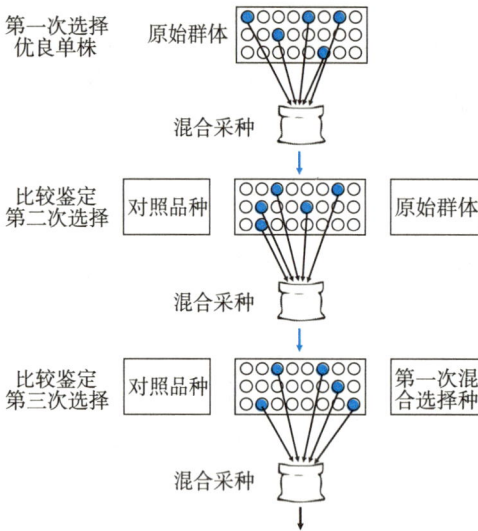

图 7-6　混合选择示意

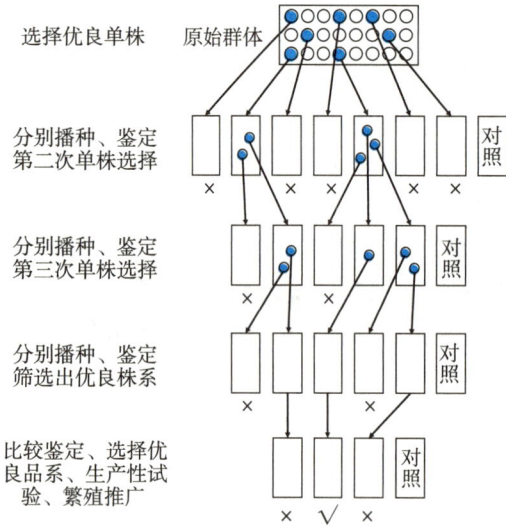

图 7-7　单株选择示意

从入选优株上一次或连续地采集自由授粉或混合授粉种子、混合繁殖以及测试。轮回混合选择又称为多次混合选择，即从优株种子长成的子代中再选择优株并混合采种繁殖，是重复多个世代的混合选择。

（2）单株选择

单株选择属于系谱清楚的表型选择，是根据目标性状标准，从群体中挑选优良个体，分别采种或采条，单独繁殖，单独鉴定的选择方法（图7-7）。由于谱系清楚，可通过子代测定的结果对亲本进行的再选择，即可以进行所谓的后向选择（backward selection）。单株选择是根据遗传测定林中子代或无性系的表现进行的选择，所以属于遗传型选择（genotype selection）。其中，简单单株选择又称为一次单株选择，是对原始群体只进行一次单株选择，分别采种或采条，单独繁殖以及测试。轮回单株选择又称为多次单株选择，即从每个世代基本群体中选优并分别采种或采条，单独繁殖以及测试，是重复多个世代的单株选择。

性状遗传力较高时混合选择和单株选择的选择效果相似；性状遗传力较低时应采用单株选择，可以提高选择效果，还可以根据子代表现对亲本回选等。

7.4.3　两种基本方法的林木育种应用

由于树种分布区较为广泛，不同树木所处环境并不完全一致，初代选择群体入选树木的优异表现有可能与其所处小环境相关，而并不完全是树木遗传因素的作用结果。此外，采用混合选择只能获得一批表现型与育种目标相一致的优良个体，而不能了解入选树木的亲子代系谱关系，当然也就不可能根据入选树木的表现对其亲本进行再选择。在林木育种中，如初代选择群体构建（即种质资源收集保存），基于种源试验为造林地选择优良种源，或者将优良种源内优良林分去劣疏伐改造成母树林，利用选择群体全部或部分优良植株的种子或穗条繁殖营建初级种子园等，均属于混合选择。

随着林木育种计划的推进，不论是采用自由授粉或多系混合授粉的半同胞子代测

定的半谱系设计，还是全同胞子代测定的
全谱系设计，由于谱系清楚，既可通过子
代测定结果对亲本进行再选择，即后向选
择，也可以从子代测定林中挑选优良家系
内的优良个体作为下一代选育的亲本，即
前向选择（forward selection），此时，主
要采用属于遗传型选择的单株选择方法，
具体包括家系选择（family selection）、家
系内选择（within-family selection）、配合
选择（combined selection）和无性系选择
（clonal selection）等。

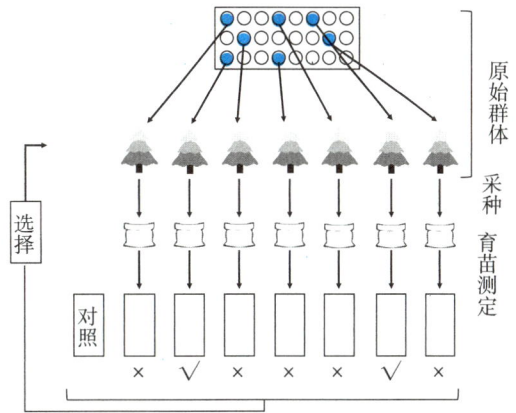

图 7-8　家系选择示意

为了获得显著的遗传改良效果，需要
在林木遗传改良的不同世代及其不同阶段
配合使用不同的选择方法。其中，家系选
择是依据家系内个体性状平均值选择优良
家系（图7-8）。家系选择适用于遗传力低
的性状。在这种情况下，家系平均值以大
量个体为基础，个体的环境方差在平均值
中相互抵消，家系表型平均值比较接近于
遗传型平均值的估量。家系选择要淘汰一
部分家系，使群体遗传基础变窄。无性系
初级种子园经子代测定后，对建园无性系
的去劣疏伐，或基于子代测定结果重建，
均属家系选择。

家系内选择是按一定的表型值标准淘
汰家系内部分个体的选择方法（图7-9）。
即在家系内选择优良单株，一般是根据家
系内个体表型值距该家系平均表型值的离

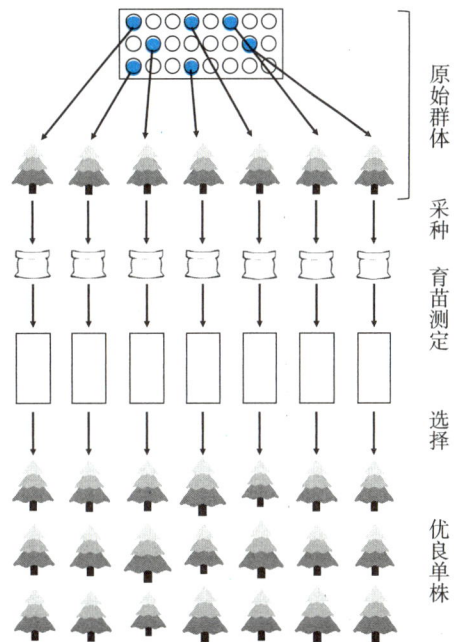

图 7-9　家系内选择示意

差选择个体。家系内选择时不考虑其他家系的表现，即供试各家系的平均值的权重为
零。这种选择保留所有家系而只淘汰家系内部分单株，家系还仍然保留。在多世代改
良中为延缓近交率发展过快，多采用这种选择方式，但单独使用也不多。实生苗种子
园（seedling seed orchard）去劣疏伐、子代测定林改建成实生苗种子园等，都属于这种
选择方法的具体应用。

配合选择是在优良家系中选择优良单株的一种选择方法，也就是根据各家系平均
表型值选择优良家系，并在入选优良家系内选择优良植株的选择方法，属于家系选择
和家系内选择的配合使用（图7-10）。配合选择在林木育种中应用较为广泛，在选择中
家系平均值和个体表型值的权重可根据性状遗传力的大小调节，以提高选择效果。当
性状遗传力低时，家系平均值给予较大的权重；性状遗传力高时，给予个体较高的权

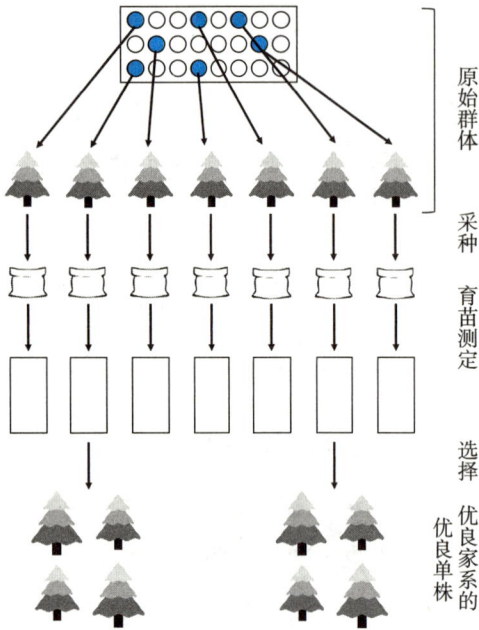

图 7-10　配合选择示意

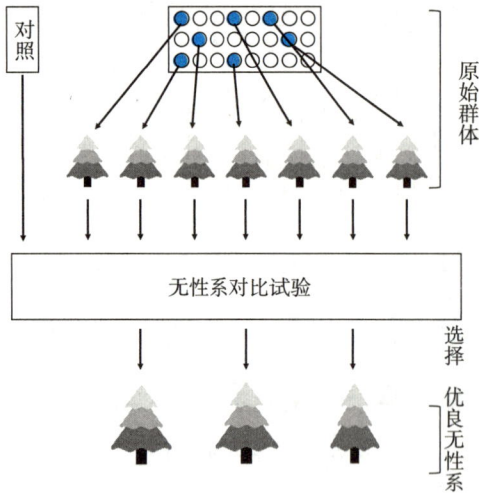

图 7-11　无性系选择示意

重。在林木遗传改良中，实生苗种子园去劣疏伐，子代林改建成实生苗种子园等，都属于这类选择方式的具体应用。多世代改良中常用于高世代育种群体构建，可获得较高的遗传增益。

无性系选择是在所有家系群体中按一定的标准选择最优植株，通过无性系对比试验（clonal test）评选出优良无性系的过程（图7-11）。无性系选择可充分利用杂种植株的加性效应、显性效应和上位效应，可获得更为突出的改良效果，方法也简单。无性系选择充分利用了植株的加性效应、显性效应和上位效应，因此，无性系选择增益大。但是，由于遗传基础随着无性系选择的强度提高而越来越窄，不利于适应性和稳定性。

7.4.4　林木多目标性状选择方法

一般来说，改良单个目标性状取得的效果要比多个目标性状大，也比多个目标性状改良进程快。而在实际育种工作中，不可能只针对单一目标性状进行选择，大多数的树种遗传改良计划都要求同时改良几个性状。采用科学的多目标性状选择（multiple traits selection）方法，可以有效提高选择效率和效果。多性状选择主要有下列几种方法。

（1）独立淘汰法（independent culling）

对每个选择性状规定一个最低标准，如果候选个体各性状都符合标准，就可入选，如果其中某一个目标性状不能达到标准，尽管其他性状都超过标准，也不能入选。这个方法简便易行，对主要目标性状改良效果好，在林木多性状选择中应用较多，但存在因某个性状没有达到标准，而将其他性状均表现优秀的个体淘汰掉的问题，如生长量较大而树干通直度并没有达到标准的个体。

（2）选择指数法（selection index）

选择指数法即把选择的主要目标性状以及相关次要性状合并成一个单一选择指数的选择方法。根据不同性状间的表型相关与遗传相关，对每个性状都按其相对经济重要性通过多元统计方法进行适当加权，形成如下线性关系：

$$I = b_1 x_1 + b_2 x_2 + \cdots + b_n x_n \tag{7-8}$$

式中，I 为选择指数；x_1，x_2，$\cdots$，x_n 为各性状的表型值；b_1，b_2，$\cdots$，b_n 为相应性状的加权系数。计算供试的每个单株的选择指数，按其选择指数大小作为选择标准。

多性状选择的选择指数法综合了多个性状的信息，可通过一次育种过程实现多目标性状一定程度的遗传改良。问题是确定经济权重比较难，如选择指数中经济权重使用不当，就会导致性状选择无效。

（3）综合评分法（comprehensive scoring）

综合评分法是在各个选择性状表型值的变异幅度内划分不同等级，并根据性状以及各性状内变异等级的经济重要性，分别给予一定的分值，累加候选树各性状的相应评分，作出评价的方法。一般首先确定需要评价的目标性状，然后制定出各性状的评价等级和评分标准，进而对所有的性状进行评价和打分，计算综合评分并根据一定的标准进行选择。问题是确定各性状的评价等级和评分标准有一定的主观性，导致某些性状的贡献可能而被高估或低估；评价过于简单化，会忽略一些重要性状的贡献差异；随着选择性状的增多，对单一性状的改良效果逐渐下降。

（4）顺序选择法（tandem selection）

顺序选择法即在育种中每个周期只选择一个目标性状的方法。当第一个性状通过几个育种周期的选择改良到一定的水平时，则将改良重点转移到第二个性状，依此类推。例如，用材林树种最早关注材积生长等产量性状改良，随着造纸和纤维板材等森林工业发展，才开始关注纤维长度、木质素含量、木材基本密度等木材品质性状遗传改良等，实际遵循了顺序选择法。该方法缺点是顺序选择法对主要目标性状改良效果好，但影响其他性状的遗传改良进程；而且一个性状的改良往往需要进行多个世代，采取连续选择法改良几个性状所需时间太长，一般很少采用。

7.4.5 林木目标性状的间接选择

直接选择（direct selection）就是直接对育种目标性状进行选择的方法。如用材林树种遗传改良时，产量育种就是直接选择树高、胸径生长更大的植株；抗寒育种是选择经历冬季低温后无冻害的优株等。而在实际育种工作中，抗逆性或化学组分等一些性状难以直接观测，或需要借助较为精密的仪器设备，或测定工作量大、时间长、费用高等；而林木的木材品质、开花结实等一些性状表现需要较长的测试时间等，此时可以采取间接选择方法。所谓间接选择（indirect selection）是利用性状间遗传相关，通过对一个间接选择性状的选择来达到改良目标性状的选择方法。只有当两个性状存在相关，且相关系数（correlation coefficient）趋近于1时，间接选择的效果才能接近于直接选择，但多数情况下目标性状和选择性状指标的相关系数 $r \leqslant 0.5$，间接选择的效果往往低于直接选择。

$$R_x = i_y \cdot h_y \cdot \sigma_{gx} \cdot r \qquad (7\text{-}9)$$

式中，R_x 为目标性状的选择响应；i_y 为间接选择性状的选择强度；h_y 为间接选择性状遗传力的平方根；σ_{gx} 为目标性状遗传方差（genetic variance）的平方根；r 为目标性状与间接选择性状间的遗传相关。

林木目标性状多为数量性状，其表型值是遗传和环境共同作用的结果。两个性状之间存在相关，可能有环境影响，也可能有遗传原因。相关的遗传原因主要源于基因的多效性以及连锁遗传等，由此产生可基于某一性状选择另一性状的可能性。如X和Y两个性状的表型值分别表示为：

$$P_x=G_x+E_x$$
$$P_y=G_y+E_y$$

（7-10）

假定G和E彼此独立无关，则有协方差分剖：

$$\mathrm{Cov}_{Pxy}=\mathrm{Cov}_{Gxy}+\mathrm{Cov}_{Exy}$$

（7-11）

同一遗传材料的两个性状间由于遗传原因所体现的相关，也即性状基因型值间的相关，称为广义的遗传相关（r_g），用两性状的基因型协方差（Cov_{gxy}）与各性状的基因型标准差（σ_{gx}与σ_{gy}）乘积之比度量，即：

$$r_g = \frac{\mathrm{Cov}_{gxy}}{\sigma_{gx} \cdot \sigma_{gy}}$$

（7-12）

由于基因型值又可分解为加性的和非加性的两个部分，在育种的遗传传递过程中，由于基因的分离和重组，所能固定的只有基因的加性效应值，即育种值。两性状加性效应值间的加性遗传相关，或两个性状育种值之间的相关称为狭义遗传相关（r_a）。

$$r_a = \frac{\mathrm{Cov}_{Axy}}{\sigma_{Ax} \cdot \sigma_{Ay}}$$

（7-13）

根据上述三种协方差之间的关系以及相关系数与协方差和相应方差的有关公式，可得到表型相关（r_p）、遗传相关（r_a）和环境相关（r_e）之间的关系式：

$$r_{pxy}=h_x \cdot h_y \cdot r_{axy}+e_x \cdot e_y \cdot r_{exy}$$

（7-14）

式中，h_x和h_y为二性状遗传力的平方根；e_x和e_y为环境率（$e^2=1-h^2$）的平方根。表明若相关的两个性状均具有较高的遗传力，则表型相关系数（r_p）主要由遗传相关系数（r_g）所决定。反之，若两性状的遗传力均甚低，则r_p主要由环境相关系数（r_e）所决定。由于遗传相关已经剔除了环境影响，可以比表型相关更确切地反映两个性状间的相关程度。在林木育种中，营养繁殖中常用广义遗传相关，有性繁殖中则常用狭义遗传相关。

由于一些性状间存在遗传相关，如能确定某性状与育种目标性状存在高度遗传相关，就可利用该选择性状对育种目标性状进行相关选择或间接选择。这种方法特别适用于育种目标性状难以准确测量或遗传力甚低的情况，可以通过对遗传力高且与育种目标性状高度相关的性状的选择，有效地改进育种目标性状。如用材林树种产量育种可根据株高、地径等生长性状早晚相关进行苗期初步选择；也根据相关化学成分进行相关选择，如抗虫育种可根据树叶中酚类化合物的组成和含量初步选择抗虫株系等。

要提高选择的效率，最理想的方法是直接对基因型进行选择。20世纪以来，迅速发展的DNA分子标记技术给间接选择育种提供了新的途径，这就是所谓的分子标记辅助选择（marker-assisted selection，MAS）育种，也就是利用分子标记与决定目标性状基因紧密连锁的特点，通过检测分子标记，将常规育种中目标性状表型评价、选择转换为分子标记基因型的鉴定、选择的方法。相关研究在树木中已有数百例，但应用效果有限，其原因在于：分子标记只能解释有限且非常低的遗传方差分量，即主效基因所决定的遗传变异，而难以捕获大多数微效多基因的累加效应；分子标记与遗传背景及栽培环境交互作用显著，难以保证基于分子标记的数量性状基因座贡献量估值的稳定性；大多数分子标记只存在于独立的群体，当重组率较高时，选择正确率显著降低等，使分子标记辅助选择技术应用于育种受到限制等。

EL–Kassaby等基于BWB育种策略，实现谱系重建和高配合力亲本选配以及高遗传增益种子园建立等，已有油松、欧洲赤松、西部落叶松（*Larix occidentalis*）、毛白杨、核桃等有效应用实例。当然，该技术策略的应用也存在一定的问题，如受开花散粉时间、花粉竞争力等因素影响导致半同胞家系子代并非完全随机交配；亲本分子标记位点因同源重组影响导致难以实现所有子代的父本鉴别，以及难以支撑高世代育种等。

7.5　林木常规育种与非常规育种及其作用

发现或创造变异的技术方法很多，具体可分为常规育种方法与非常规育种方法。一般认为常规育种（conventional breeding）方法包括选择育种和杂交育种，而非常规育种（unconventional breeding）方法则包括诱变育种、多倍体育种、远缘杂交育种，以及转基因和基因编辑等分子设计育种等。所谓常规育种是选择利用通过有性过程自然实现基因重组及其利用的育种方法。而非常规育种则是通过一些强制性措施保证通过有性过程创制变异，或通过非有性过程创制变异并实现利用的育种方法。在非常规育种中，分子育种又被称为新技术育种，其他则与常规育种一起统称为传统育种。

7.5.1　林木常规育种及其作用

林木分布范围广，树种分布区的不同环境条件下群体首先受到选择的是适应性状，其中不适应环境的基因型被淘汰，适应环境的基因型被保留下来，初步形成与当地环境相适应的群体遗传结构；而当林分郁闭后，高生长竞争加剧，自然稀疏导致一部分树木死亡，林分稳定性显著增强，从而形成与经度、纬度、海拔以及相应生态环境因子变化相关的地理种源变异。因此，林木育种需要在掌握树种地理变异规律的基础上完成种子区区划，严格按育种区育种，按种子区调种、用种，即适地适种源栽培。如果育种中涉及外来树种以及非同一育种区种质资源利用，则需要通过严格的区域试验确定品种的推广应用范围。

研究表明，树木多属异花授粉，长期有性繁殖下的基因分离和重组等遗传变异积累，导致种群内性状变异十分丰富，尤其是分布区较为广泛的树种。因此，在树木遗传改良计划启动之后，通过选择育种直接利用自然变异就可以收到较好的效果。由于选择育种不需要人为去创造变异，而是直接利用种子区内现有的优良种源、家系和株系等，具有改良周期短、见效快、投入少等特点，是林木遗传改良的基本方法。需要注意的是，仅就生长和适应性相关性状而言，对于无性繁殖利用的树种，与优树选择相比，选择遗传结构相似的地理种源内个体杂交、无性系利用基因非加性效应的改良效果是不显著的，其原因在于树木异交特性决定其自然群体就是一个大的杂交场，初代杂交群体的选择强度显著低于从自然群体选优。而对于有性繁殖利用的树种，与优良种源相比，围绕目标性状选优建设种子园制种利用具有显著的改良效果，因为通过少数优良型相互交配繁殖可以提高目标性状相关有利基因频率以及基因加性效应。

常规育种是林木遗传改良的核心和基石。在20世纪50年代世界范围内开始大规模树木改良计划之初，多沿用生产群体同时作为育种群体的单一群体多世代轮回选择育种策略，导致育种群体遗传基础快速窄化，遗传进展较低且难以为继。因此，林木育种更重视初代选择群体建设，即种质资源收集保存工作。维持足够数量的初代选择群体，且其目标性状平均值越高，遗传改良基础越扎实，效果也越好。在遗传品质较高的初代选择群体基础上，通过不同世代育种群体的交配、测定、选择，实现基本群体、选择群体、育种群体世代转换的育种循环，推动基于配合力轮回选择为核心的多世代育种，并在每一世代精选优树建设生产群体，成为众多树种遗传改良的必然选择。

7.5.2　林木非常规育种及其作用

非常规育种尤其是新技术育种是林木育种的创新与发展。创造变异的方法不仅包括前述的种内杂交，还包括理化诱变、倍数性育种、远缘杂交，以及包括转基因和基因编辑的分子设计育种等。其中，诱变育种是利用物理、化学等诱变剂诱导生物体基因突变或染色体变异，培育新品种的过程。倍数性育种是指诱发染色体数量变异而培育新品种的过程，属于染色体工程范畴，具体可分为单倍体育种、多倍体育种和非整倍体育种。获得的多倍体可通过遗传测定和选择直接育成新品种。单倍体则是通过快速纯化杂交亲本实现杂种优势充分利用。远缘杂交育种则是通过不同种间、属间甚至科间的亲本杂交创造变异而培育新品种的过程。大多数远缘杂交需要采取一定的克服杂交不亲和性或不育的技术方法，其利用还需要通过连续回交将远缘亲本的有利基因转移到轮回亲本之中。分子设计育种是指围绕育种目标，在全基因组测序基础上，对基因、生长、发育及其对外界环境反应行为等进行评价和预测，基于育种程序各要素构建品种基因组设计蓝图，通过优化选择最佳亲本组合、杂交和选择等育种技术聚合有益基因并删减不利基因，进而实现高效精准育种植物新品种选育过程等。非常规育种只有在常规育种的基础上才能取得更为突出的育种效果。

7.6　林木育种策略

育种的实质就是创造变异、选择变异与利用变异的过程。在林木育种过程中，采用不同的育种方法所创造和利用的变异类型是不同的，其育种效果也是不一样的。掌握相关树种的遗传变异规律，从而有针对性地围绕育种目标制定科学的育种策略，选择合理可行的育种方法，并持续推进遗传改良进程，可以取得事半功倍的效果。

7.6.1　林木育种策略及其制定原则

林木育种策略（forest tree breeding strategy）就是针对某个特定树种的育种目标，依据树种的生物学和林学特性、遗传变异特点、资源状况、已取得的育种进展，并考虑当前的社会和经济条件，可能投入的人力、物力和财力，对该树种遗传改良做出的长期的总体安排。其目的是有计划地推动相关树种多世代育种实施，并保证可持续遗传改良计划在一定的育种周期内获得最大的遗传增益。

由于林木生长周期长，其遗传改良周期更长，如果实施育种计划之前未制定育种策略或制定的与育种策略欠科学、周密，有可能导致育种失败，或者难以如期达到育种目标等。因此，育种策略制定是决定林木育种事业成败的先决条件。有关育种策略的制定应遵循如下原则：育种策略的目标要求既能在短期内取得最大的遗传增益，提供最佳的经济和社会效益，又能保证能持续开展长期遗传改良，不断获取更大遗传增益，也就是既能满足当前生产的需要，又能符合长远遗传改良的要求；育种策略中规定的育种途径和技术方法，既要符合树种及其性状的生物学与遗传学特点，又要考虑该树种的育种目标、种质资源储备以及社会、经济条件；育种策略要合理地运用育种的各技术环节和方法，并做好各环节和方法间的衔接和配合；育种策略要重视种质资源的收集和保护工作，也就是初代选择群体建设，并在不断提高遗传增益的同时最大限度地保持育种群体的遗传多样性；在达到预定目标的前提下，各项试验设计和测试过程应就简而不就繁，通过科学的试验设计提高遗传改良效果、效益和效率，以达到用最小投入换取最大产出的育种目的。此外，制定的育种策略也不是一成不变的，尤其是在研究取得较大进展，以及遇到一些事先难以预料的问题或市场需求发生变化时，应及时对原有育种目标和计划进行必要的充实和调整，以保证育种计划和成果的竞争力。

7.6.2　林木育种策略的主要内容

（1）确定树种的育种区和育种目标

主要包括树种生物学特性、改良和应用现状、资源分布范围、气候区划与育种区（或种子区）划分、近期和长远育种目标等。首先需要根据改良树种资源分布范围、气候区划等进行育种区区划，明确实施育种计划的一个或几个育种区。同时根据改良树种的生物学特性、遗传改良进展以及应用情况等，为育种区改良树种不同育种阶段确定一个科学、具体且有一定竞争优势的育种目标。育种目标包括近期育种目标和长远育种目标。对改良树种某一育种周期，育种目标是一个相对且具体的指标，测定和评价时需要与设置的对照进行对比分析。当选育的林木品种进入良种审定程序时，其对照是同树种的当地主栽品种，一般是该树种上一育种世代选育的审定良种。一个树种在一定育种周期内的具体育种目标如：在材质材性、抗逆性、适应性等综合性状指标不降低条件下，造林后林分材积增益高于主栽品种10%以上；或耐盐碱能力显著优于当地主栽品种，且品种生长指标等与当地主栽品种相当。

（2）种质资源和初代选择群体构建

主要包括基因资源收集与保存及评价、选择育种以及初代选择群体构建等。鉴于林木育种目标性状多未经历选择或属于随机选择，相关有利基因分散保存于不同的基因型内，因此，林木育种更重视育种区内的初代选择群体建设，即种质资源收集保存工作。其目的是尽可能将育种区内包含决定目标性状的大部分甚至全部正向等位变异的优良基因型汇聚于初代选择群体之中，为高世代育种奠定坚实的基础，同时也为应对社会需求以及自然环境变化做一定的基因资源储备。种质资源收集包括育种区内树种资源收集的范围和数量、优树选择标准和方法、繁殖和保存方法等。其中应注意种质资源收集的全面性、代表性和优异性等，一般将育种区范围内的全部天然林和人工林作为基本群体，在每个地理种源内选择几个有代表性的优良林分，根据育种目标在每个林分内按一定的选优标准和地理距离选择一定的优良单株，同时广泛收集该树种的现有品种、类型、古树以及近缘野生种等。在此基础上开展种源选择和优树选择等选择育种或引种驯化研究，并对收集的种质资源进行目标性状和遗传多样性等初步鉴定和评价，剔除目标性状表现较差以及重复选择等株系，构建遗传多样性丰富且品质优良的初代选择群体。

（3）育种群体构建及多世代育种

主要包括育种群体材料的选择标准、选择强度和选择方法、育种群体的大小与结构（精选群体、主群体及亚系等）及其管理、交配设计与杂交规模，以及下一世代基本群体规模等。在初代选择群体的基础上，围绕目标性状按一定的标准和选择强度构建遗传多样性丰富且遗传品质优良的初代育种群体；然后按一定的交配设计选择优良亲本进行交配、繁殖，建立的子代测定林为二代基本群体；进而依次开展高世代育种群体构建和高世代育种。

高世代育种群体构建多采用家系内选择或配合选择方法，在适宜树龄从基本群体的优良家系内选优形成当代育种群体。因此，育种群体建设更重视优异的遗传材料的选择和利用。近十几年来，世界上一些重要树种高世代遗传改良计划的育种群体组成往往突破了世代的界限，包括当前世代的前向选择、不同育种轮次后向选择以及新补充的优良材料等。

当育种群体决定目标性状正向加性基因频率高于基本群体时，才能保证其获得遗传增益，但不可避免会导致育种群体遗传多样性降低以及共祖率提高的速率加快。为缓解上述问题，一般对育种群体采用复合群体结构管理，将育种群体划分成两个大小不等的亚群体，甚至在划分亚群体的基础上，再将亚群体划分大小相等的数个或数十个亚系等。即基于精选群体或核心群体设置提高遗传增益，而通过主群体设置控制共祖率、维持群体遗传多样性以及可持续育种等。例如，新西兰辐射松遗传改良计划的核心群体和主群体基因双向流动的育种群体构建策略（Cotterill，1988）；美国湿地松遗传改良育种计划的精选群体和主群体，以及主群体下进一步划分亚系的育种群体构建策略（White et al.，1993）。

要推动一个树种的高世代育种，维持一定规模的育种群体是十分必要的，一般包括300~400个优树，其原因在于：①度量育种群体大小一般采用有效群体大小（effective population size，Ne）概念，可定义为与理想群体具有相同近交变化的种群大小。由于育种群体内入选优树可能存在一定的亲缘关系而导致群体的近交系数增加，有效群体大小会相对变小。②开展多目标性状遗传改良时，需要足够大的育种群体才能保证不同目标性状汇集足够比率的正向等位变异。③由于林木目标性状多未经历过选择，遗传改良过程中要提高遗传增益，需要保持较大的选择强度等。在此基础上，精选群体大小控制在30~40个，可有效保证育种当代获得较高的遗传增益。

以一般配合力轮回选择为核心的多世代育种可分为两种基本模式，即基于自由授粉（OP）的多世代轮回选择育种和基于全同胞（FS）控制授粉（CP）的多世代轮回选择育种，其他类型多是两种模式的衍生类型或相互配合应用。其中，自由授粉和多系授粉是常用的交配设计，如美国巨桉的多世代育种采用自由授粉交配设计（Reddy and Rockwood，1989），而美国佛罗里达协作组的湿地松第二代育种计划主要采用多系混合授粉和半双列杂交的互补交配设计（White et al.，1993）。此外，为了让育种值最大的亲本有更多的交配机会，美国火炬松的第三轮育种采用了正向选型交配设计，改良效果显著。基于育种群体交配产生下一世代基本群体，一般含300~1000个甚至更多的家系，包括3万~5万个子代的规模。

（4）非常规育种技术应用

主要包括远缘杂交育种、多倍体育种、分子设计育种等非常规育种技术方法在林木常规育种周期内的叠加应用，其目的是创造更为丰富的遗传变异供当代选择利用，或弥补已育成品种的"短板"性状等。理想的应用是在基于配合力轮回选择促进育种群体目标性状正向基因频率提高的常规育种基础上，进一步采取一定的远缘杂交育种、多倍体育种、转基因或基因编辑等非常规育种技术创造新变异，并通过无性系选择以获得更高的遗传增益。

（5）遗传测定与选择

主要包括分别基于交配设计和田间试验设计的遗传测定、试验数据调查和分析，以及基于遗传测定结果选择优良种源、家系和无性系等。遗传测定和选择是遗传改良的核心工作，通过遗传测定可以获得遗传力、配合力、育种值、遗传增益、遗传相关等遗传参数，指导育种实践。其中，子代测定林属于基于交配设计的遗传测定，主要测试亲本的性状遗传程度以及一个亲本与其他亲本交配所产生子代的性状遗传表现，可后向选择用于指导种子园重建、去劣疏伐，也可以基于前向选择或后向选择为下一世代育种群体提供优良材料；而种源试验林、无性系测定林家系测定林以及区域试验林等则属于基于田间试验设计的遗传测定，主要测试不同种源、无性系和家系材料在相同环境下的目标性状表现，以及同一种源、无性系和家系在不同栽培环境下的目标性状表现等，为优良种源和优良无性系选择等提供依据。其中，遗传基础宽泛的种子园种子因其用种仍然在同一种子区内，其适应性相关群体遗传结构一致与原群体基本一致，不存在适应性问题；而群体品种内个体的基因型与环境互作效应有正有负，总体趋于零，也不存在为不同立地选配品种问题，因此不需要进行区域试验。

（6）育种周期及缩短育种世代措施

主要包括育种周期以及树种生殖周期、选择树龄、促进提早开花结实技术、早期选择技术等。育种周期长短取决于育种目标性状、目标性状多少、育种群体的大小、开花结实时间、遗传测定与选择时间等因素，一般在制订育种计划时确定。育种周期过长往往会影响育种计划立项批准，选育出的品种也可能因选育周期过长而失去竞争优势；而过短则有可能难以完成一个育种循环，影响育种成效。科学合理的育种周期对于项目的批准和执行至关重要，应根据育种目标及植物特性确定适宜的育种周期。并在育种实践中通过促进提早开花结实技术，加快育种群体交配设计和子代测定；或利用性状相关性的间接选择、早晚相关选择或分子标记辅助选择技术等，加快选择及良种选育进程等。

（7）良种繁育方法与制种

主要包括种子园制种或无性系制种等良种繁育技术方法以及良种繁育制度等。良种繁育是指在一定的栽培管理制度下，通过优质、高效生产群体建设迅速实现良种增殖和生产应用的技术方法。林木良种繁育作为育种系统的重要环节之一，绝非单纯的种苗繁殖，其总体任务是迅速扩繁和推广良种，推进良种化进程；同时保持良种种性与生活力，充分发挥良种效益。与农作物不同，由于林木生长发育周期长，且主要为异花授粉，不可能采取农作物的制种方式繁殖良种，只能根据树种的繁殖习性以及相应的育种技术采取适宜的良种繁育方法。其中，可以进行无性繁殖的树种，采取采穗圃、组织培养等无性系制种进行良种繁育；而不能进行无性繁殖的树种，则主要通过种子园制种或母树林制种等实现良种繁育的目的。

（8）生产栽培试验及推广

主要包括遗传基础窄化的品种生产栽培试验以及品种宣传和推广等。在商品林经营中，难以集约经营的针叶树或珍贵用材树种的商品林经营，宜采用同种子区内的遗传基础宽泛的种子园种子造林或辅助自然更新，最终主要依靠自然力的理想森林经营。这类良种由于在同一种子区内育种、制种和用种，不考虑适应性和基因型与环境互作效应等问题，因此不需要开展生产栽培试验。而对于集约化程度高的商品林经营，宜采用遗传基础窄化的品种甚至理想品种栽培。由于这类遗传基础窄化甚至无性系品种的基因型与环境互作效应突出，为了充分利用基因型与环境互作效应，需要选育多系品种并在推广应用前开展无性系栽培试验，为不同立地选配主栽品种，做到适地适基因型栽培，充分发挥品种的遗传潜力。而品种推广也是育种的重要后续工作，当品种育成后，应通过林业行政部门组织、借助大众传媒宣传、联合加工龙头企业带动等加快品种推广，并提供配套的良种栽培技术，让广大栽培者尽快认识并使用新品种，通过大面积种植实现区域性品种代换，从而在相同的时间、土地面积和栽培管理条件下收获更多、更好的木材等林产品，使种植者增产增收，生活改善；使国家的宜林地资源得到更为充分的利用，创造更多的社会财富。

（9）条件保障及风险评估

主要包括育种的主导和协作单位分工、技术力量、资金投入、仪器设备、土地资源，以及存在的风险性及对策等。林木育种周期长，且需要坚持多世代遗传改良才能取得显著的育种成效，具有长期性、继承性等特点。稳定的人才队伍、充足的科研经费，以及永久性育种基地是保证林木育种可持续性的基本条件。在制定育种策略时，应落实林木育种的长期持续、稳定的条件保障和支持机制。并充分考虑树种开花结实、各种灾害以及人员变动、资金不到位等可能造成的影响和对策，保证树种的育种策略稳定落实，快速推进遗传改良进程。

思考题

1. 林木育种目标有哪些？制定育种目标应遵循哪些原则？

2. 林木有哪些品种类型？应用时应注意什么？

3. 为什么林木育种必须走基于轮回选择的多世代遗传改良之路？基本群体、选择群体、育种群体、生产群体各有什么功能？

4. 为什么林木育种更重视初代选择群体建设？

5. 为什么育种群体构建重视遗传多样性和防止近交，采取哪些措施可延缓其同祖率增长势头？

6. 什么是混合选择和单株选择？举例说明两种基本选择方法在林木育种中的应用。

7. 简述林木常规育种与非常规育种的内涵及其作用。

8. 如何提高一个育种周期的遗传增益？

9. 如何加快育种进程、缩短育种周期？

10. 简述林木育种策略的基本内容以及制定原则。

第**8**章

林木选择育种与种质资源

种质资源是开展一切育种工作的基础，而林木选择育种既是一项快速且效果显著的育种方法，同时也是种质资源收集、保存，以及构建高质量初代选择群体和初代育种群体的基本途径。本章围绕种质资源收集、保存与利用等核心问题，从林木选择育种、林木引种以及种质资源管理三个部分进行阐述，包括种源试验和种源选择、优树选择及其方法、林木引种需要考虑的因素与注意事项、林木种质资源收集与保存，以及种质资源的育种利用等。

8.1 林木选择育种

8.1.1 林木选择育种及其意义

从天然或人工林分中，按一定的标准和目标，挑选符合人们需要的、经济性状表现优良的群体或个体，再经过比较、鉴定和繁殖，获得优良类型或品种的育种方法就是林木选择育种（forest tree selective breeding），包括种源选择（provenance selection）和优树选择（selection of plus tree），是林木遗传改良的基本方法。需要注意选择育种与选择是不同的概念，其中选择育种是一种常规育种方法，需要经过选择、对比试验、鉴定和评价、审定等育种过程。而选择是育种过程的一个技术环节，贯穿于常规育种以及非常规育种工作的始终。

选择的本质作用是改变群体的基因频率和基因型频率，提高下一代群体某些性状的平均水平；而且通过轮回选择，可以将微小的不定变异加以积累和巩固，使得群体朝着预定的方向发展，显著提高育种目标性状水平，这就是选择的创造性作用。因此，基于一定育种目标的人工选择具有如下特点：人工选择保留的变异是符合人类需要的，但对生物生存不一定有利；人工选择是人类对有益变异的挑选，决定相关性状基因的积累，同时会淘汰某些基因，从而改变种内群体的基因频率及基因型频率；人工选择的主导因素是人的因素，选择的结果有目的性和预见性，使生物变异向着人类需要的预定方向发展；人工选择直接利用自然变异，需时短、见效快等。

人工选择和自然选择是相互联系和制约的。当人工选择和适应性方向不一致时，自然选择会抵消部分人工选择的效果；一个品种既要受到人工选择又要受到自然选择的作用，如一个品种从甲地引种到乙地表现不好是因为自然条件在品种形成过程中起作用；人工选择的产物只有经受住自然选择的考验，才能在自然环境中得到顺利繁殖和推广。因此，在选择育种中，既要高度重视经济性状的选择与改良，也不可忽视适应性状的选择和利用，在选择利用种子区之外的优良材料时尤其需要重视。

实践表明，选择育种具有如下意义：其一，不需要诱导变异的技术环节，可直接利用自然存在的多层次遗传变异类型，选择出速生、优质、抗逆的优良种源、家系以及无性系等，改良效果显著。例如，瑞典南部欧洲云杉种源试验表明，波兰、白俄罗斯西部种源20年生时可增产20%。朱之悌等组织全国10省协作组开展毛白杨基因资源收集、保存和利用研究，按统一的标准进行调查选优、幼化繁殖、无性系测定等，成功选育出一系列毛白杨新品种，其中建筑材、胶合板材新品种遗传增益超过50%。其二，乡土树种就地应用时，稍加测试甚至不用测试就可进入生产应用，具有技术环节简单、育种周期短、见效快等优势，尤其适合生长周期长、杂合程度高的林木树种。其三，选择育种同时也是一个树种可持续遗传改良的基础，尤其是结合种源试验完成种子区区划，可保证适地适种源栽培；结合种源选择和优树选择，可以完成一个育种区的初代选择群体构建，也就是种质资源收集工作，对于推动高世代育种以及种质资源保护等具有重要意义。

8.1.2　林木种源选择

根据种源试验结果，为各造林地点选择生产力高、稳定性好的种源的过程就是种源选择。

（1）种源试验的目的和作用

19世纪中叶以来，类似瑞典引种德国欧洲赤松种子造林失败的教训在世界各国多有发生。人们通过研究逐渐认识到，种源差异是由于不同环境对基因长期选择的结果。当树种在分布区内承受多种环境选择压力时，不适应环境的基因型被淘汰，而适应环境的基因型则保留下来，形成因分布区不同而遗传结构有别的地理种群，这就是地理种源形成的遗传基础。种源试验的主要目的：研究林木地理变异的规律性，阐明其变异模式，及其与生态环境和进化因素的关系；为各造林地区选择生产力高、稳定性好的种源，并为种子区区划以及确定育种区和种子区提供科学依据；为今后进一步开展选择、杂交育种提供数据和原始材料等。美国通过对短叶松（*Pinus banksiana*）、湿地松、长叶松（*P. palustris*）、火炬松等树种的长期种源试验划分种子区，种源试验后的种子区区划与等温线划分的结果较为一致。

通过种源试验，选用最佳种源造林，可以提高林分稳定性、增加木材产量、改善木材材质和干形，用最低的投入在短期内取得显著的遗传增益。如在福建进行的马尾松种源试验，20年生时广西种源比当地种源材积生长超出44.2%。欧洲赤松通过种源试验研究发现，表现最好的种源比最差种源的密度高9.5%。浙江进行的杉木种源试验，18年生的树高、胸径、材积在种源间存在显著差异，并以速生筛选出优良种源，与当地种源相比，其材积现实增益达28.9%~60.1%。对收集的毛白杨不同种源进行繁殖获得的500个无性系分别进行10省种源试验，以筛选出各地种源区的最优单株，取得了良好的育种效果。

对湿地松18个种源材性测定结果表明（表8-1），种源间木材气干密度、抗弯强度、抗弯弹性模量和顺纹抗压强度差异极显著，管胞长度和宽度及冲击韧性差异显著，而管胞壁厚及胞壁率差异不显著；种源内木材胞壁率、气干密度及4项力学强度指标差异不显著；管胞长、宽和壁厚的差异均显著且高于种源间的差异。在种源水平上对湿地松的材性进行遗传改良有很大潜力，其木材气干密度、力学强度和管胞形态的种源选择可取得良好的效果；种源内个体管胞形态（管胞长、宽和壁厚）值变异大于种源间的差异，表明湿地松种源材质改良在种源选择基础上进行个体改良会取得更好的增益。

表 8-1　湿地松 18 个种源材性测定结果

性状	变异幅度	平均值	种源间差异	种源内差异
管胞长度（mm）	3.417~4.204	4.008	2.87[*]	7.04[**]
管胞宽度（μm）	47.08~52.26	49.94	1.75[*]	15.30[**]
管胞壁厚（μm）	9.66~11.63	10.59	1.10	9.58[**]
胞壁率（%）	53.27~63.04	56.88	1.04	0.39
气干密度（g·cm^{-3}）	0.448~0.541	0.485	5.59[**]	0.27
抗弯强度（MPa）	69.3~88.5	81.6	5.61[**]	0.59
抗变弹性模量（MPa）	6970~11 264	8820	6.23[**]	1.53
顺纹抗压强度（MPa）	34.3~42.9	38.3	7.28[**]	0.78
冲击韧性（kJ·m^{-2}）	28.1~44.5	35.9	2.46[*]	0.88

注：引自姜笑梅等，2002。* 为 0.05 显著性水准；** 为 0.01 显著性水准。

美国针对扭叶松（*Pinus contorta*）当地种源与迁移种源开展了不同海拔间栽培对比试验，对4年生苗木高生长及其冻害情况进行回归分析（图8-1）。结果表明：海拔1200m的种源向高海拔移动250m（ΔE=+250m），4年生苗高预期可增加11%，同时冻害增加7%；海拔1500m的种源向高海拔移动相同的250m（ΔE=+250 m），则4年生苗高预期可增加18%，同时冻害增加13%。因此，种源选择需要权衡生长量及其抗性的平衡，在提高林分稳定性的同时提高生产力。

（2）种源试验方法

种源试验是种源选择的基础，分为全分布区种源试验（range-wide provenance trial）和局部分布区种源试验（partial range provenance trial）。其中，全分布区种源试验是覆盖该树种分布范围内进行采种，目的是确定种源之间变异的大小、地理变异规

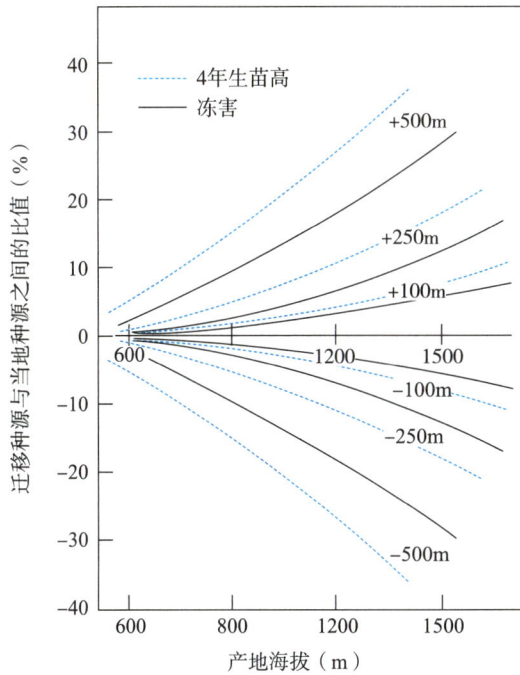

图 8-1　不同海拔下欧洲扭叶松种源 4 年生苗高及冻害情况变异（Rehfeldt，1983）

律和地理变异模式。这个阶段的结果可以初步确定有发展前途的若干种源及其适宜地区。在全分布区种源试验的基础上，进行局部分布区种源试验，目的是对前一阶段试验中表现较好的种源做进一步栽培试验比较，并为不同的立地条件寻找最适宜的种源。局部分布区种源试验供试种源数量一般较少，但试验小区一般较大。全分布区种源试验和局部分布区种源试验的区别见表8-2。

表 8-2　种源试验方法的比较

类别	全分布区种源试验	局部分布区种源试验
目的	确定分布区内种源变异规律和模式	为栽培地区选择最适宜的种源
供试种源	较多，覆盖该树种分布范围内	较少，基于全分布区种源试验选择参试种源
试验期	较短，1/4~1/2轮伐期	较长，1/2轮伐期
试验小区	较小	较大

种源试验的主要技术环节　确定试验规模，确定采种点，选择采种林分，确定采种母树和采种，田间对比试验，优良种源选择等。

试验规模与采种点的确定　全分布区种源试验主要根据生态因子、纬度、海拔等地理指标的变化梯度，或山脉、水系等全分布区定点采集种源，选择少量有代表性的立地环境，采用较小面积的试验小区，较多重复的试验设计，对大量参试种源进行初步筛选的种源试验方法。对分布区较小的树种，可用20~30个种源作为试验对象；而对于分布区广的树种，用50~100个种源，试验期限1/4~1/2轮伐期。采种点要求全面且具代表性，常采用网格法、主要生态因子法、主分量分析法等。欧洲赤松和欧洲云杉分布区的地形变化较简单，又呈连续状态，所以对这两个树种种源试验时常采用网格法。国内外也有按主要生态因子（如降水量），纬度和海拔等地理指标的变化梯度，或沿山脉或水系定点采种的。我国地形变化复杂，气候因素变化剧烈，加上树种通常呈不连续分布，按以上方法定点采样并不一定适宜，因此，杉木、油松种源试验采用了主分量分析法。

局部分布区种源试验一般根据全分布区种源试验的结果，选择表现较好的种源，或在与试验地区生态因子相似区域选择供试种源。即从已证明种子遗传品质优良的一些地区，加密设点采样，进行种源试验，以寻找具有最好种质资源的地段或林分。我国对毛白杨在全分布区采集的材料进行繁殖，初步测定之后从中选择出500个无性系分两批在10省（自治区）进行栽植试验，这样资源丰富，增加选择机会，对后期工作的开展十分有利。但因参与试验的系号多、重复少，对遗传增益的估算较困难。在此基础上，进一步筛选出生长排名靠前的34个无性系，增加小区株数、重复数及其造林面积，并进行多点布点试验，为造林地点选择出优良无性系。

采种林分要求 全分布区种源试验采种林分的地理起源清楚，尽量用天然林；林分的组成和结构要尽量一致，混交林中目的树种的比例高，树龄差异较小；有适宜的密度，避免从孤立木或仅有几株树的地点采种；采种林分处于结实盛期；生产力较高，周围无低劣林分和近缘树种；采种林分面积较大；采样时是选择优良林分还是中等林分，要根据树种具体情况确定，原则是所选林分要有代表性。

选择采种树 采种树的要求能代表采种林分状况，在采种林分中，采种树的株数不应少于10株，以多为好；采种树在林分内的分布要分散，间距至少大于5倍树高；从采种树的生长状况考虑，可以随机抽取采种树、选取平均木，也可以选用优势木，但是在同一试验和重复试验中，各种源的采种树类型必须统一。每批种子都应加挂标签，防止混淆，同时做好记录以及绘制采种点位置图等。

苗圃试验 苗圃试验的主要任务是：为造林试验提供苗木；研究不同种源苗期性状差异；研究树种性状早-晚期相关等。选择土壤、光照、排水等条件相对一致的苗圃地，及时整地；分种源进行发芽试验，确定播种量；采用随机完全区组设计，重复4~6次；播种后立即设置标牌，绘制平面图；注意灌水、除草等。

造林试验 造林试验的目的是了解不同种源对不同气候土壤条件的适应性、稳定性及其生产潜力。造林试验点的立地条件应具有代表性，且是该树种的主要造林区，其试验结果可直接指导生产；要有科学的田间试验设计，造林与管理措施要一致等。造林试验可以分为短期试验、中期试验和长期试验。短期试验适用于调查林分的存活率，物候，早期生长速度，早期对病虫害及气候因素（如霜冻）的抗性等。中期试验由定植到1/3~1/2轮伐期，适于调查树高生长、早期的直径和胸高断面积、对病虫害的抗性、干形、冠幅、根系、木材的工艺性能（心材比例、纤维长度）等。长期试验超过1/2轮伐期，主要了解产量，同时能了解只有长期内才会发生的病虫及气象危害的抗性。此外，还可提供开花结实特性、成熟期树形、木材性能、根系、抗风能力等方面的基础信息。造林试验重复3~5次。

如果供试树种的地理变异规律事先已有所了解，在广泛采样的同时，对有希望的产区进行密度较大的采种工作，这样可以使试验成果及时应用到生产中。但是，对于多数树种，很难在一次试验中掌握其地理变异规律及其地理变异模式，因此，同一树种的种源试验往往需要重复。通过种源试验，在对各种源适应性和经济性状分析对比基础上，评价和筛选优良种源。优良种源的应用途径主要有：将优良种源的优良林分改建成母树林；在优良种源区进行选优，建立无性系种子园（clonal seed orchard）；选择优树，建立优良无性系采穗圃等。

8.1.3　林木优树选择

在相同立地条件下，生长量、材性、干形、适应性、抗逆性等远远超过周围同种、同龄的林木单株称为优树（superior tree），又称正号树（plus tree）。优树选择是根据选种目的，在适宜的林分内按一定标准评选优树的过程，简称选优。其中，根据目标性状指标初步筛选出的优良待选树木称为候选树（candidate plus tree）；作为对比标准的仅次于候选树的周围若干株同种树木称为对比树（comparison tree，check tree），也称对比木、优势木；通过遗传测定，确认遗传品质卓越的优树称为精选树（elite tree）。

优树选择往往在一个育种区甚至全分布范围内进行，其目的和作用主要包括：筛选生长量、材性、干形、适应性、抗逆性等表现突出的优树，用于生产群体建设，为当地林业生产提供良种；建立初代选择群体，为初代育种群体构建以及持续遗传改良提供优良原始材料；建立种质资源库，保存优异种质资源，防止因良种栽培而导致优异种质遗传多样性丧失等。

（1）优树标准和选优林分要求

①优树的标准　优树标准因树种生物学特性、选种目的、地区资源状况等而异。用材树种优树选择的主要指标包括生长量、干形、材性、抗逆性、结实量等。其中，生长量标准一般是与同等条件下的对比树相比较确定的。形质标准主要考虑对木材品质有影响的指标，或有利于提高产量和反映树木长势的形态特征。用材树种选优要求：树干通直、圆满、阔叶树应注重单主干性；树冠较窄，幅度不超过树高的1/4~1/3，最好是尖塔形、圆锥形、长卵形；树干自然整枝良好，枝下高不小于树干总高的1/3，侧枝较细；树皮较薄，裂纹通直，无扭曲；木材比重、管胞长度、晚材率等；树木健壮，无严重病虫害；尽可能选择已开花、结实的单株。

②选优林分的要求　选优林分的选择是否得当，直接关系中选优树的质量。由于同龄纯人工林的林龄相同，株行距一致，没有非选择树种的干扰，且可免除林龄查对与校正的环节，优树和对比树的比较结果较为可靠，因此，最理想的选优林分是产地清楚、经济性状已充分表现的同龄纯人工林。当没有理想的选择林分时，即使是异龄混交天然林或散生的"四旁"绿化林木也是可以选优的。

③确定选择林分时应考虑的条件　林分产地应清楚，要与优树应用地区的自然生态条件相适应；林分生长优良，立地条件具有代表性；避免在经过负向选择或疏伐林分中进行优树选择；具有适宜的树龄，一般在1/3轮伐期以上；具有适宜的郁闭度和林

分面积，如林分过小，应控制选择优树的数量；选优林分应为实生起源，变异丰富，有利于选择。

（2）材积评定

优树选择的程序包括明确选优任务；初步拟定调查方法和优树标准；确定选优路线；林分踏查并确定选优林分；确定候选树，即在进行实测验证前挑选符合优树标准的林木；材积和形质指标实测与评定；综合评定复选等。根据比较对象不同，材积评定常用的有优势木对比法、小标准地法、绝对值评选法三种方法。

①优势木对比法　以确定的候选树为中心，在立地条件相对一致的10~25m半径范围内（多于30株树），选出仅次于候选树的3~5株优势木作为对比木；实测候选树和对比木的树高、胸径、1/2树高直径、树龄等；如候选树的生长量包括树高、胸径、材积等指标超过规定标准，即可入选。优势木对比法在人工林和树龄较为一致的天然林中广泛采用。当选择是在异龄林中进行时，不同年龄的树木无可比性，相差树龄必须经过校正后才能进行比较。具体可按生长过程表或按下式进行校正。

校正值=候选树或优势树材积—（年生长量×相差树龄）

优势木对比法选优时，候选树和作为对比的优势木生长差异决定选优效果，有时不一定能反映出候选树的真正优势，特别是在自然林分中，这种情况可能更突出。此外，在干形变化大的情况下，计算单株材积等会有很大的出入，因此，优势木的形质指标也应该与候选树基本一致，尤其是树干形数应基本一致。由于不同树种、相同树种不同立地条件、不同年龄阶段，其生长量标准有所不同，需要根据实际情况选择对比木等。例如，在樟子松的优树选择中，将3株优势木法与5株优势木法进行比较（表8-3），其胸径、树高、材积三者平均变幅和变异系数以3株优势木法为最小，5株优势木法次之，因此用3株优势木法选择优树效果好（王奉吉等，1999）。

表8-3　樟子松优树选择方法比较

统计量	胸径（%）		树高（%）		材积（%）	
	3株	5株	3株	5株	3株	5株
平均数	114	125	106	108	136	164
变幅	97~140	102~162	96~117	97~122	93~203	103~263
标准差	10.4	13.4	6.7	6.8	27.9	39.6
变异系数（%）	9.1	10.7	6.3	6.3	20.5	24.1

注：引自王奉吉等，1999。

②小标准地法　以候选树为中心选定一块标准地，实测标准地内所有同类树种植株的树高、胸径、1/2树高直径、树龄等，计算平均材积，将候选树与标准地对比木的生长量进行比较，如符合规定标准即可入选。标准常因选择地区资源的多少，优树的需求数量，所用对比树的数目而要做相应的调整。如在资源少、所需优树多、对比木少等情况下，超过对比木均值的比值都要相应降低。对材质或抗逆性特别优异的林木生长指标也可适当降低。标准地越大，测量的株数越多，则标准地平均木越接近于林

分的平均木，计算结果也较可靠，但工作量越大。一般适用于同龄纯林，以测量30~50株为宜。在实际的优树选择中，优势木对比法的标准与小标准地法的标准有所差异，如在华北落叶松的优树选择中，将小标准地对比法的标准确定为优树的胸径、树高、材积分别超过标准地平均值的150%、105%、250%（张源润等，2000）。

③绝对值评选法　根据树种一定树龄时林分的平均生长指标，确定选优立地条件下优树的树高、胸径或年生长量最低标准，如候选树符合规定标准即可入选。适用于各种林分，尤其是在异龄天然林和混交林缺乏选优树种的同龄树木，或候选树周围都是被压木或大树，以及候选树所处的立地条件与周围树木有显著差异时，采用绝对值评选法可以收到较好的效果。在胡杨（*Populus euphratica*）研究中，采用的三因子法（即年均树高、年平均胸径和胸高形数三项生长指标）属于绝对值评选法的一种，其评分标准见表8-4。按照表中的评分标准，计算每株优树的得分，进而评定优树等级：Ⅰ级（>90分）、Ⅱ级（80~89分）、Ⅲ级（70~79分）、Ⅳ级（60~69分）、Ⅴ级（<60分）（孙雪新等，1993）。

表 8-4　胡杨优树选择评分标准

胸径年平均生长量（cm）		得分	树高年平均生长量（cm）		得分	形数	得分
人工林	天然林		人工林	天然林			
>2.1	>1.0	50	>130	>60	30	>0.40	20
2.0~2.1	0.8~0.9	45	121~130	50~55	25	0.39~0.40	17
1.8~1.9	0.6~0.7	40	111~120	40~45	20	0.37~0.38	14
1.6~1.7	0.4~0.5	35	101~110	30~35	15	0.35~0.36	11
<1.6	<0.3	30	<101	<30	<10	<0.35	7

注：引自孙雪新等，1993。

（3）形质评定

一般情况下，选优不仅仅只涉及材积等生长性状，同时还涉及树形、材质以及抗性等形质性状。由于有些形质性状难以直接测量，往往先选定一种简单易行的性状评定方法，明确衡量的指标，然后根据各指标的变动幅度划分出不同的级别，并给出相应的分值和取舍标准。在选优中通过对候选树的测量或观察结果，判别优树所属级别。如欧洲赤松优树选择中将侧枝粗细划分为7级，即很粗、粗、稍粗、中等、稍细、细、很细。分枝角划分为5级，即80°~90°、70°~80°、60°~70°、50°~60°、50°以下等级。木材相对密度划分为7级，即极大，111.5%以上；很大，107.5%~111.4%；大，103.5%~107.4%；中，96.5%~103.4%；小，92.5%~96.4%；很小，88.5%~92.4%；极小，88.4%以下。加勒比松（*Pinus caribaea*）等树干通直度的方法是以树干基部6m段的通直情况进行评分，该方法制定的依据是：树干基部6m段的利用价值最高，有利用价值的最短通直原木长度为2m；越接近基部，原木价值越高，按6位数评分，位数由左至右分别表示由基部向顶梢每递增1m树干段的通直情况，1m长树干段通直评为1，2m段通直评为22，3m段通直评为333，依此类推，对于6m段以上部分，可用优于、劣于或相似于基干加以评定。在选优时一般只对候选树进行形质评定，形质性状由选优小组现场目测、讨论，形质指标不合格者，一般不进行生长指标的测定。

（4）综合评选

林木生长周期长，采用针对单一性状的顺序选择法选优所需时间较长，而优树选择属于多性状选择。因此，一般情况下，选优大多会涉及多种目的性状，候选树只有多个性状都符合要求时才能入选。对多种目的性状的选择时，应根据育种对象、目的性状特点以及育种目标，选用不同的综合选择方法，包括选择指数法、综合评分法、独立淘汰法，以及主分量分析法、聚类分析法等。

①选择指数法　是林木选优工作中最常采用的方法。即按各性状的相对重要性分别赋予一定的加权系数，测定各树木各性状数值乘加权系数后积加的选择指数择优录取。有些不便度量的性状（如树干通直度、抗病性等）可根据群体内的变异情况拟订分级标准，分别赋予一定的级值，统计时用级值乘加权系数等。例如，对河北杨优树选择时，拟提高木材产量为主要目标给予较大的权重，年平均材积生长量（0.3）、年平均胸径生长量（0.2）、年平均树高生长量（0.1），以及形质指标树干形率（0.15）、冠幅/胸径（0.075）、分枝角度（0.075）、树干通直度（0.1），同时将生长量指标与优树年龄及优树生长相关的气象因子、海拔等因素也考虑，利用模糊综合评价方法进行评选，对来自5省35县的119株优树进行评判，77株作为初选优树，再依据入选率、入选标准，最终59株优树入选（李周岐等，1996）。

②综合评分法　对于多目的性状，每个性状按不同度量值赋予不同分数，然后将各分数相加进行排序，按一定的入选率进行评选。如红椎（*Castanopsis hystrix*）优树选择时，对冠高比、冠幅、干形、分枝角度、侧枝粗细5个形质性状采用综合评分法，评分标准见表8-5。结合生长量指标，确定各林龄红椎优树形质指标评价入选标准为：10年生优树形质综合得分应达到7.5分，15年生优树形质综合得分应达到7.5分，22年生优树形质综合得分应达到6.5分，29年生优树形质综合得分应达到6.5分，34年生优树形质综合得分应达到7.5分（刘光金等，2014）。

表 8-5　红椎形质指标评分标准

冠高比	冠幅（m）	干形	分枝角度（°）	侧枝粗细	赋分
0~0.25	0~5	通直	0~30	细小	2.0
0.25~0.50	5~8	微弯	30~60	中等	1.5
0.50~0.75	8~12	较弯	60~90	粗大	0.5

注：引自刘光金等，2014。

对目的性状也可以依据统计变量进行赋分评选，例如，以油用毛梾（*Cornus walteri*）为目标初选优树45株，再确定受年龄影响较小、相对稳定的性状作为选优性状，包括单序果数、结果枝率、果实百粒干质量、果实含油率、种子百粒质量、冠高比、冠形指数、果实成熟一致性和抗病虫害能力9个性状，利用这些性状的均值、标准差和极差建立毛梾优树综合评分法，从候选优树中选出毛梾优树21株（李善文等，2014）。

　　此外，对优树子代还可采用育种值进行赋分评选。如20年生油松子代测定林20个家系评选时（表8-6），考虑树高、胸径、材积、结实量和干形，利用各性状的方差剖分估算家系遗传力，推算各家系不同性状的育种值，然后按育种值大小分别排序，每个性状排列第1位赋予20分，第2位赋予19分，依此类推，最后一位1分，然后将每一家系各性状得分值加起来排序，30109、30114、83-307、8201、NS-10和NS-08前六位家系综合表现较好（刘永红等，2006）。

表 8-6　油松优良家系性状得分排序

家系号	树高		胸径		材积		结实量		干形		总计得分	排序
	育种值	得分	育种值	得分	育种值	得分	育种值	得分	育种值	得分		
30109	7.633	19	13.120	20	0.0559	20	1.635	17	1.794	18	94	1
30114	7.415	15	11.843	15	0.0450	16	1.657	18	1.790	17	81	2
83-307	7.626	18	12.758	19	0.0542	19	1.694	20	1.649	3	79	3
8201	7.364	14	11.861	16	0.0443	14	1.588	16	1.773	16	76	4
NS-10	7.661	20	11.608	11	0.0445	15	1.471	9	1.808	19	74	5
NS-08	7.483	17	12.404	18	0.0494	18	1.551	13	1.631	2	68	6
LT-01	7.464	16	11.636	13	0.0435	12	1.416	5	1.826	20	66	7
L-MSL	7.285	11	12.083	17	0.0456	17	1.564	15	1.655	4	64	8
NS-04	7.328	13	11.775	14	0.0436	13	1.527	10	1.732	11	61	9
30415	7.230	9	11.180	8	0.0395	8	1.560	14	1.758	14	53	10
TC-01	7.099	8	11.619	12	0.0408	10	1.539	12	1.726	10	52	11
TC-18	7.076	6	11.414	9	0.0396	9	1.434	6	1.737	12	42	12
8404	6.912	3	10.709	4	0.0340	3	1.664	19	1.723	9	38	13
TC-25	7.085	7	10.808	6	0.0357	6	1.410	3	1.761	15	37	14
30110	7.236	10	11.091	7	0.0385	7	1.410	3	1.719	8	35	15
TC-24	7.287	12	11.515	10	0.0411	11	1.323	1	1.619	1	35	16
TC-23	7.030	4	10.754	5	0.0351	4	1.536	11	1.684	5	29	17
TC-14	6.781	1	10.485	1	0.0326	1	1.446	7	1.755	13	23	18
30413	7.064	5	10.699	3	0.0351	5	1.410	3	1.714	7	23	19
30412	6.896	2	10.668	2	0.0337	2	1.465	8	1.702	6	20	20

注：引自刘永红等，2006。

　　③独立淘汰法　独立淘汰法是选优常用的方法。主要是将每个性状规定一个最低标准，只要有一个性状不够标准即不能入选。如美洲黑杨×欧美杨（*Populus euramericana*）F₁无性系选择时，对平均材积和相应木材密度确定一个最低标准（本例中为平均值）（图8-2）。在分别超过平均材积和平均密度的右上方，是生长较快且具有较高木材密度值的无性系，材积和密度两个指标分别超过均值的无性系为410、187、1317、1388、200、194、447、491和139等9个无性系（管兰华等，2005）。

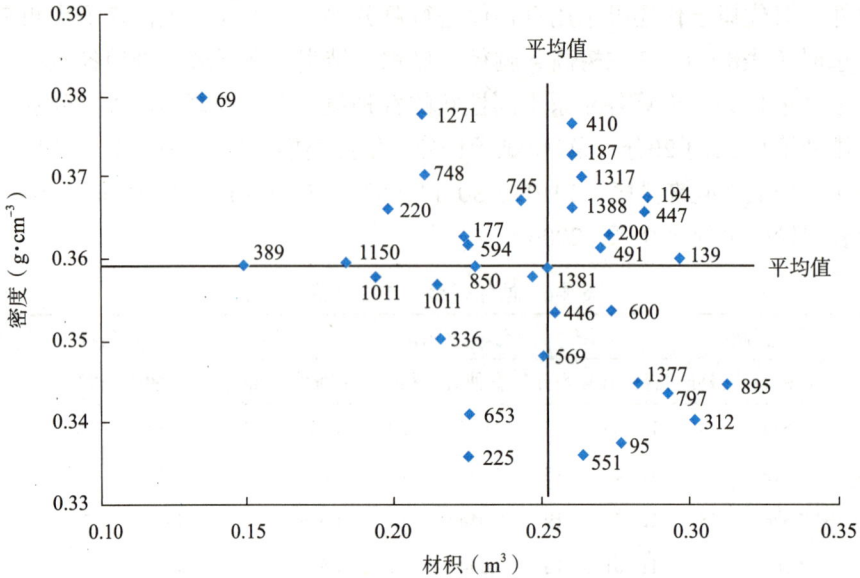

图 8-2　基于独立淘汰法材积与密度的联合选择（管兰华等，2005）

如尾叶桉（*Eucalyptus urophylla*）×细叶桉（*E. tereticornis*）木材密度与生长的联合选择研究中，对基于10株尾叶桉与10株细叶桉不完全析因交配产生的56个杂交组合的7.5年生试验林，采用独立淘汰法进行材积和木材密度的联合选择，以对照无性系最大单株的材积（0.2732m³）和最高单株的木材密度（0.441 g·cm⁻³）为最低标准进行评选，材积和木材密度均达到标准的入选，评选出17株杂种单株（陈升侃等，2018）。

8.2　林木引种

8.2.1　引种的相关概念及意义

（1）引种的相关概念

一般将一个地区的树种分为乡土树种（native tree species）和外来树种（exotis tree species），其中乡土树种或称为本地种（indigenous tree species），是指历史上自然分布或土生土长的原产树种；而外来树种是指相对于乡土树种而言，在自然分布区之外引种栽培、繁衍的树种。因此，所谓林木引种（introduction of exotic tree species）是指树种被引到自然分布区以外的地区种植，通过对其生长特性和环境适应性的全面评价，为引种地选择有应用前景新种质的方法，包括简单引种和驯化引种。

引种是人为将一种林木种植到其自然分布区以外的活动，实际上是外来基因资源的收集和利用。有时可以直接引进利用外来树种甚至优良品种，即简单引种。大多数情况下，因引种改变了树种生境而产生了适应问题，还需要采取一定的栽培或育种等驯化措施才能实现引种目标。所谓驯化（domestication）是指通过一定措施，使外来树种适应本地环境，或使本地野生种适应栽培条件的人为干预过程。而驯化引种就是采取有效措施使外来树种适应引入地环境的过程。引种往往与选择育种或杂交育种相结合进行，如引进优良种源以及遗传多样性丰富的优良家系或无性系，或者引进花粉杂交育种等。

（2）引种的意义

引种是扩展树种资源和选育优良林木品种的基本措施之一，是一条"多、快、好、省"的育种途径。我国近100年来先后引进木本植物1000多种，栽培面积达$800 \times 10^4 hm^2$，占人工林总面积1/4以上。其中，来自北美洲树种占75%，澳大利亚树种占17.5%，日本树种占3.8%。筛选并推广了20多个重要外来树种，如桉树、湿地松、火炬松、加勒比松、日本落叶松、木麻黄、刺槐、美洲黑杨、欧美杨、橡胶树（*Hevea brasiliensis*）、黑荆树（*Acacia mearnsii*）等。这些外来树种的引种，对于促进我国木材等林产品的生产、保护环境及绿化美化等产生了重要作用。引种具有以下重要作用和意义。

①直接选择利用异地现有的品种资源，具有简单易行、迅速见效的特点　例如，20世纪70年代，王明麻等开展南方型美洲黑杨引种试验，选育出'I-214'等一系列适合我国黄淮、江淮，以及长江中下游流域推广种植的美洲黑杨新品种，带动了当地木材加工利用产业。80年代张绮纹等从意大利杨树研究所引进欧美杨'107''108'等优良品种，至今仍然被广泛应用。

②引入育种资源并持续遗传改良，不断提高产量、改进品质、增强抗逆性，是推进良种化进程的重要手段　例如，新西兰、澳大利亚、智利、阿根廷等国从美国加州引进辐射松（*Pinus radiata*），在长纤维造纸和速生性等遗传改良方面取得很好效果，轮伐期缩短1/3到1/2。

③增加植物产品资源种类　引种可增加外来树种，丰富树种种类。如橡胶树原产地为南美洲，目前，全球橡胶树种植面积总计约$1330 \times 10^4 hm^2$，其中亚洲约$1200 \times 10^4 hm^2$，约占全球橡胶树种植面积90%，橡胶树引种到东南亚，成为当地的经济支柱。我国栽培总面积$116 \times 10^4 hm^2$，每公顷产量1075kg。

④引进本地缺乏的种质资源，为培育新品种提供育种材料　引种的作用不仅在于所引进的品种直接用于生产，更重要的是充实育种的物质基础和丰富遗传资源，为培育新品种提供育种材料。例如，美洲栗（*Castanea dentata*）不抗栗疫病，中国的板栗对栗疫病具有特殊的抗性，美国引入中国板栗杂交，挽救了美国的板栗产业等。

⑤改变引入地的产业与经济结构，提高引入地的经济和科技水平　例如，新西兰引种辐射松并推动其遗传改良，目前其林分蓄积量平均$207m^3 \cdot hm^{-2}$，较好的林分30年生蓄积量达$600m^3 \cdot hm^{-2}$，用占国土面积6%的人工林提供97%的木材。智利南方沿海贫薄的酸性红壤不宜作物生长，却有利于辐射松生长。19世纪末引进辐射松，现有人工林的80%为辐射松，成材期仅需24年，为原产地美国的1/3，出口收入占国民生产总值的7%。

（3）引种成功的标准

林木树体高大、寿命长、周年露地栽培，生境复杂甚至严酷，引种风险性大。只有具备如下条件时，才表明林木引种已经取得成功。包括：适应当地的环境条件，不需要特殊保护措施可正常生长；原有经济价值不降低；能够用固有的繁殖方式进行繁殖；没有明显或致命的病虫害；育成家系或无性系品种等。

8.2.2 林木引种需要考虑的因素

（1）树种的遗传学基础

引种是树木在其基因型适应范围内的迁移。这种适应范围受到树种遗传基础的严格制约，一般而言，分布范围广的、遗传多样性丰富的、杂合程度高的、表现出对不同环境条件具有适应性的树种利于引种。

（2）引种地的生态环境条件

在林木引种时，应根据气候地理区划，在属于相同生态地区的范围内引种，即使两地距离遥远，仍容易获得成功。同时也要看到特定时间、条件下主导生态因子的决定性作用。而引入种的历史生态条件可能为引种增加成功的机会。因此，引种时应考虑生态环境条件，包括气温、日照、降水和湿度、土壤条件、风等生态因子。

①气温　温度是影响引种成败的重要主导因子之一。首先应考虑临界温度，即树种能忍受的最低或最高温度的极限。除绝对温度外，低温持续的时间、降温和升温速度等也具有较大影响，如毛白杨没有经过正常低温休眠时间，即使具备生长发育的外部条件也不能正常生长，表现为发芽不整齐、花芽不发育或脱落等。

②日照　日照对引种的影响包括昼夜交替的光周期、日照强度和日照时数。光周期影响树种的生长和生殖，在南树北移时，生长季日照加长，生长期延长，影响封顶和木质化，降低抗寒能力；北树南引时，日照长度缩短，封顶提前，缩短生长期。

③降水和湿度　包括降水量、降水的四季分布、空气湿度等。雪松（*Cedrus deodara*）、水杉（*Metasequoia glyptostroboides*）等一些南方植物引种到西北，如单纯依赖自然降水则很难成功。广东引进原产热带、亚热带夏雨型的加勒比松、湿地松生长良好；而引种冬雨型的辐射松、海岸松（*Pinus pinaster*）则生长不良。

④土壤条件　包括土壤的理化性质、含盐量、肥力状况、pH值、地下水位、土壤微生物等。如松树、沙冬青（*Ammopiptanthus mongolicus*）等树种与土壤中的某些真菌形成共生关系。除沙棘（*Hippophae rhamnoides*）、胡杨、柽柳（*Tamarix chinensis*）、沙枣（*Elaeagnus angustifolia*）等耐盐植物外，大多树种不能在含盐量超过0.2%的土壤中正常生长。

⑤风　对于一些植物引种也有限制作用。例如，橡胶树引种，其原产地巴西高温高湿无风，引种广东、海南等地后，其他条件相似，但风折等危害严重。

引种应综合分析原产地与拟引种地的各种生态因素的差异以及这种差异是否在拟引种植物能适应的范围。上述的气温、日照、降水和湿度、土壤条件、风等各种生态因子总是综合地作用于植物，但也要看到各生态因子并不是对植物起同等重要的作用，在一定的时间、地点条件下，或在植物生长发育的某一阶段，在综合生态因子中，总是有某一生态因子起主导的决定作用。因此，植物的引种更要注意原产地和引种地综合生态因子和主导生态因子的比较和分析。

（3）历史生态环境

植物适应性的大小，不仅与目前分布区的生态条件有关，而且与其系统发育历史上所经历的生态条件有关，植物历史生态条件越复杂，则适应的潜能和范围可能越大。

一般将最后一次冰川期以前的自然分布范围称为历史分布区。有些植物的现实分布区并不一定是它们的最适宜分布范围，引种到新的地区后，反而表现更为突出。如水杉现实分布区仅限于湖北、四川交界处，但根据化石研究，第四纪冰川期来临前，北美、西欧、日本等地均有水杉生长，因此推断水杉应具有较广泛的适应能力，引种证明了这种推断。在引种时应研究植物的历史分布，水杉引种到北美后在生长、材质等方面表现并不亚于原产地。苏联学者曾把非洲干旱地区的云杉引种到温湿的克里木盆地，生态条件各趋一端，但是生长量超过原产地。

8.2.3　林木引种程序与注意事项

（1）引种的一般程序

进行引种驯化工作，首先应确定引种目标，开展调查研究，制订引种计划，提出引种对象与引种地区。然后通过各种途径进行引种驯化，收集材料，育苗繁殖，并对引种植物的生物学特性进行观察研究，了解其适应性及有关的栽培技术措施等，最后总结评价，从而进行新品种推广。

①选择引种材料　植物种类繁多，性状各异，引种驯化前，首先根据育种目标了解树种的分布范围及其遗传多样性水平；分析引种的主导生态因子，判断引入材料是否具备适应引入地生态条件的可能性；结合当地自然、经济条件和现有品种存在的问题，有目的、有计划地从国内外引进外来树种的优良种源或优良家系。

②材料的收集和登记　一般简单引种可用营养繁殖材料，而驯化引种多选用具有复杂遗传基础并能产生丰富变异来源的种子作为引种材料。具体采取交换、购买、赠送或考察收集等多种基因资源收集方式，引进适宜种源、品种或类型。繁殖材料的类型很多，可以是有性繁殖的种子，无性繁殖的接穗（scion）、插穗、球根、块根、块茎，也可以是完整的植株或试管苗。收集的材料必须详细登记编号，包括名称、来源、材料种类、数量、寄送单位和人员、收到日期及收到后采取的处理措施等。如引进的材料为杂交种，还应将其亲本名称登记清楚。为便于日后查对，避免混乱，对收到的每种材料，只要地方不同，或收到的时间不同，都要分别编号。

③种苗检疫　在引种中，必须对新引进的材料进行严格检疫，并设置检疫圃隔离种植，避免随引种传入有害生物，如病虫害、杂草等。种苗如果带有病虫害，特别是本地区所没有的病虫害，有可能造成不可挽回的损失。如榆树荷兰病（*Ceratocystis ulmi*）约在1920年从亚洲传入欧洲，造成西欧大量榆树病死，现已传播到中欧和美国。云杉卷叶蛾（*Choristoneura fumiferana*）由引种云杉而传入美国，危害林分面积达 $5100 \times 10^4 hm^2$ ；舞毒蛾（*Lymantria dispar*）是美国最严重的森林害虫之一，19世纪由欧洲传入美国的，1981年危害林分面积已达 $360 \times 10^4 hm^2$ 。美国白蛾（*Hyphantria cunea*）自1979年在我国辽东首次发现后，目前已经扩散到华北和华东部分地区形成灾害。因此，不让病源或虫源进入引种地区，是引种工作中必须重视的问题。

④引种栽培试验　新引进树种的品种在推广之前，必须先进行引种试验，以确定其优劣和适应性，这是引种驯化的中心环节。试验时应当以当地具有代表性的优良品

种作为对照。一般分三个阶段，首先进行多地段、小规模的种源试验，以考察树种不同生态型在引入地的适应情况；其次进行品种对比试验，以进一步考察适宜种源的经济性状以及生物学特性等；最后在此基础上开展区域试验，确定外来树种的推广范围等。通过种源试验可以了解植物不同种源在引入地区的适应情况，以便从中选出适应性强的种源进一步开展引种驯化试验。种源试验中，要注意选择引进地区有代表性的多种地段栽培各种源，以便了解各种源适宜的环境条件，对引进的植物材料在相对不同环境条件下进行全面鉴定。对初步鉴定符合要求的种源，则应选留足够的种苗，以供进一步进行品种比较试验。对于个别优异的植株，可进行选择，以供进一步育种试验采用。将通过观察鉴定表现优良的种源参加试验区较大，有重复的品种比较试验，进一步开展更精确的鉴定。

⑤区域试验和栽培试验　要保证引种成功需要将少数地区进行品种试验取得的初步成果，在更广的范围和更多的试验点上进行栽培试验。区域试验是指通过统一规范的要求，在树种可能适生区进行的品种丰产性、适应性、抗逆性等对比试验。区域试验是在完成或基本完成品种比较试验的条件下开始的，是评价品种是否有推广价值的基础，也是确定适于引进林木品种推广范围的重要依据。如果当地存在同类树种，引种区域试验需要以主栽品种为对照，主要观测的项目包括：a.产量和品质等生物学性状；b.物候期；c.抗性特点，包括抗病虫害、抗寒、抗旱、抗涝等；d.适应的环境条件等。此外，通过区域试验证明具有引种价值的树种，还必须经过生产栽培试验，保证适地适品种栽培，使引种成果效益最大化。

（2）引种中应注意的事项

就丰富某个地区造林树种而言，引种能达到其他育种措施所达不到的目的，且所需人力、物力、时间较少，是一种有效的育种途径。在林业实践中已积累了引种成功的经验和失败的教训，可资借鉴。盲目引种会给生产造成较大损失，从正反两个方面考虑，引种中应注意的事项包括：①应坚持"积极慎重"的原则，少量试引、多点试验、全面鉴定、逐步推广的程序。②根据引进树种的生物学习性与特点，结合选择育种、杂交育种等育种技术进行引种。如选择优良种源、品种、类型的种子或穗条；通过引进花粉与当地树种杂交改变种性，间接实现外来树种基因资源的利用等；甚至建设育种群体，推动轮回选择等。③注意栽培技术在引种中的作用，如培土御寒、施加生长调节剂或土壤微生物、选择适宜砧木（rootstock）嫁接、控制水肥等。④注意避免因引种不当而破坏当地生态平衡。

8.3　林木种质资源收集与保存

无论是通过选择育种，还是通过引种，所选育的优良品种可有效满足当前林业生产需要，但并不是树种资源利用的终点。通过选择或引种收集、保存大量的种质资源，形成目标性状遗传品质优异、遗传多样性丰富的初代选择群体，可以为树种的高世代遗传改良奠定基础。

8.3.1　林木种质资源的概念及意义

（1）种质资源的概念

种质资源（germplasm resources）又称基因资源（gene resources）、遗传资源（genetic resources），是指生物能将其特定的遗传信息传递给后代并实现性状表达的遗传物质总称。携带遗传物质的载体可以是群体、个体，也可以是部分器官、组织、细胞，甚至个别染色体以及DNA片段。而选育林木优良品种工作中可能利用的一切繁殖材料称为育种资源（breeding resources），包括本地育种资源、外地育种资源和人工创育的育种资源，涉及栽培种、野生种和杂交种等，又可区分为原始材料和备用资源，是良种选育工作的物质基础。其中选育某个品种时被直接利用的遗传材料称为原始材料。

（2）林木种质资源的意义

农作物和果树等植物的栽培历史证明，现有的品种大都起源于野生植物。而当代的一些作物育种之所以能取得突破性进展，往往都与某种育种资源的重大发现有直接关系。丰富的种质资源对于林木良种选育以及其遗传多样性维持具有重要意义。

首先，丰富的种质资源是保证树种延续的物质基础。由于采伐、农垦、火灾、栖息地退化，以及环境污染和气候变化等影响，一些树种遗传多样性流失严重。尤其是利用价值高、良种使用率高、栽培化程度高的树种，遗传基础窄化更为突出，甚至会因环境突发性灾变导致毁灭性后果，而保证相关树种延续也只能从储备丰富的种质资源入手才能得到有效解决。其次，丰富的种质资源是林木可持续改良的必要条件。由于某一育种往往是选定少数几个经济性状为改良目标，持续改良会导致品种组成的育种群体遗传基础窄化，同祖率提高，如果没有丰富的育种资源作后盾，多世代育种会受到限制，而要保证林木遗传改良的持续效果，必须准备丰富的种质资源群体。最后，丰富的种质资源是新育种目标实现的有效保障。19世纪末美国栗疫病大发生，正是由于引入中国板栗才使病害得到有效控制。此外，随着科学的进步、人类需求的转变以及全球气候变化影响等，一些暂时无用的基因资源也有可能会意想不到地转变为有用甚至急需，丰富的种质资源是满足未来社会需求的有效保障。

8.3.2　林木种质资源调查与收集

（1）种质资源的类别

在实际工作中，往往按基因资源的来源或人类是否施加遗传改良措施等进行归类，一般可分为本地种质资源、外地种质资源，以及野生种质资源和人工创育的种质资源等。

本地种质资源指当地起源，或已经适应当地自然和栽培条件，并能正常繁衍后代的树种、群体、品种或个体等遗传材料。包含人工栽培和尚处于自然生长状态两类，均经过自然条件的长期作用和选择，甚至经过人为选择的影响，对当地自然条件适应最强，育种价值最大。如我国的毛白杨、油松、水杉、杜仲等。

外地种质资源指从国外或其他地区引入的繁殖材料。从外地种质资源中选择引进的原始材料，适应性可能不如当地育种资源，但由于它们种类众多，一些引进资源在适当地区可能具有突出表现，或具有特殊的经济价值及利用潜力。如我国从国外引进的桉树、刺槐、法国梧桐、橡胶树等。

野生种质资源主要指尚未被人类驯化利用的树种和变异类型。种质资源处于野生状态，多具有高度的适应性，由于排除了人为的不良影响，一些优良的变异得以保存。但一般经济性状表现较差，品质低劣，产量低而不稳定，常作为抗性育种或特殊基因利用的杂交亲本。我国林木种质资源较为丰富，但生产中利用的较少，大多处于野生状态，野生种质资源丰富。

人工创育的种质资源指应用杂交、诱变乃至基因工程等方法所获得的一些类型或品种。虽然这些基因资源不一定能直接应用于生产，但由于其在某种经济性状上已经得到一定程度的遗传改良，且起源和利用条件较清楚，是多目标、可持续遗传改良的理想材料，应该珍惜并优先选用。

（2）种质资源的调查

种质资源调查的目的主要是为了摸清家底，为基因资源保护与利用提供依据；同时期望能发现一些有经济价值的新类型。林木基因资源调查主要包括地区条件调查、林木概况调查、资源调查、图表与标本制作、资料整理与总结等。

①地区条件调查　包括社会经济状况和自然条件两个方面，其中自然条件包括地形、地貌、气候、土壤、植被等。

②林木概况调查　包括分布范围、栽培历史、种类和品种、繁殖方法、栽培管理特点、产品利用情况，以及生产中存在的问题和对品种改良的要求等。

③资源调查　包括来源、分布特点及栽培等资源储备状况；生长特性、开花结果习性、物候、抗病性、抗旱性、抗寒性等生物学特性；株型、枝条、叶、花、果实、种子等形态特征；产量、品质、用途、贮运性、经济效益等经济性状。

④图表与标本制作　按要求进行生长测量与登记，并制作枝、叶、花、果标本，根据需要进行绘图、照相，以及对一些生化成分或品质性状进行分析鉴定等。

⑤资料整理与总结　对上述调查资料进行整理、总结，如发现遗漏应予以补充，及时形成技术报告，绘制资源分布图等。

（3）种质资源的收集

种质资源工作的基本内容包括收集、保护、研究和利用，它们是相互联系的几个环节。其中，收集和保护是林木种质资源工作的中心，是实现利用的基础。一般根据收集的目的和要求，确定收集的对象、类别和数量，及时按一定的技术标准收集有性或无性繁殖材料，包括苗木、种子、枝条和花粉等。其中最普遍且重要的收集材料仍是种子，主要原因是：①种子体积小，一粒种子就是一个基因型，能提供丰富的遗传变异，可以满足基因收集的多样性目的。②种子能较好地反映原始群体的遗传组成，即群体遗传结构。③对于无性繁殖困难的多数针叶树来说，只能种子繁殖。④用种子和插条相比，种子易贮藏、运输、操作，是多快好省的保存材料。当然，对于限定要保存基因型目的的保存材料，最好用枝条等体细胞材料，如杨树、柳树、柳杉等树种，可采用扦插、嫁接、组培等手段繁殖。

收集的材料除了用作杂交亲本的树种外，还应该收集亲本近缘树种和亲本起源的杂种，收集后定植于收集圃或基因库中，以保存作为可能的备用资源。具体收集方法可通过组织专业队伍进行实地勘察收集，也可以委托国内外各有关林业科研院所、林业院校、种子生产和经营单位、林场等单位协助收集或进行交换。对收集的材料要做好记录，包括名称、来源、生境条件、生物学特性和经济价值等，为保存和利用提供较完整的基础材料。

在一个育种计划中，遗传增益是通过增加目的基因的频率实现的，种质资源收集也是一个选择育种的过程，因此，符合当前和将来育种目标的各类遗传材料是优先收集对象。结合育种计划收集时应注意以下几个方面：在树种全分布区内的不同环境梯度中收集遗传材料；种质资源收集可与优树选择、种源试验等结合进行，收集种内多种遗传变异层次的材料；由于树种中心分布区变异丰富，在人力物力有限时，应特别给予重视；注意收集同一树种的栽培种和野生种；收集高产、抗逆性强的特殊类型；收集有价值的古树、大树等。

8.3.3　林木种质资源保存和评价

（1）种质资源的保存

林木基因资源保存的主要目的是建设初代选择群体，为可持续遗传改良提供充足的资源储备，防止基因丢失以及物种绝灭。种质资源保存工作不仅要注意收集材料的样本数量，还要考虑保护它们的生活力和遗传特征，可分为原地保存、异地保存及其离体保存。

①原地保存（*in situ* conservation）　原地保存是指不改变保护对象生境的保存形式，即保护对象在自然界生境内的保存，如种源保存是其主要形式，主要有保护天然林分，或从分散单株或片林上采种或采条育苗，于原环境或林分附近营造种质资源保存林等。原地保存强调的是原环境或原生境下的保存，至于一定是否属于就地保存或非就地保存并不重要。在完成种源试验后，发现某一优良种源有重大经济价值，这时可划定种源保护区进行保存。这类保存是对一个群体全部性状基因及其等位变异的收集与保存。由于是处于同一生态环境中种质资源保存，保存群体与原始群体间的遗传结构基本相同，也称为静态保存。从遗传学角度来看，保存林分面积大，则保存的基因组分多，效果好；但面积大，投入也相应增加。其保存的基本原则是：a.保存足够的遗传多样性，使种质资源群体可以充分发挥其遗传潜力。一般认为数千株已能包含所需的基因组分。b.要注意对极端环境和边缘群体的保护。因为在极端环境和边缘群体中，其基因频率可能不同于主要群体的基因频率，可能产生具有特殊潜在价值的变种或生态型。

②异地保存（*ex situ* conservation）　异地保存是将遗传资源迁移到其原生境以外地区的保护形式。在人为条件下把保存对象收集并带到其生境之外的地方进行保存，即用保存对象的繁殖材料在其他适宜地点营建新的林分。种质资源库、珍稀濒危动植物保护中心、树木园、植物园等均具有异境保存基因库的功能，是栽培植物保护的主

要形式。异地保存目前最广泛采用的形式是选择保存（selective conservation），即结合选择育种或引种专门收集优树或优良家系建设种质资源库进行保存，也可以结合种源试验林、无性系对比试验林以及种子园建设等进行保存。选择保存的目的在于完成初代选择群体建设，从而为初代育种群体构建准备优良的亲本材料。由于异地保存的自然环境发生了变化，这种保存必然逃不脱新环境选择压的作用，需要注意按种子区划进行收集、保存。例如，朱之悌等于20世纪80年代初从全国10省（自治区）100县收集毛白杨优树1047株，分别在山东冠县和山西朔州市等地建立种质资源保存库保存，2020年鉴定分别保存469株和183株，且两地现存毛白杨并无重复基因型，说明林木种质资源分区域收集、保存和利用的必要性。

③**离体保存**（*in vitro* conservation） 或称为设施保存（facility preservation），是指采用低温密封或超低温保存树种的种子、花粉、枝条、根、地下茎、组织或细胞等。与原境保存、异境保存相比，离体保存可节省土地，但不利于林木性状的观察、研究。由于受条件限制，加之有的离体材料不耐贮藏，其保存重点只限于重要育种材料和珍稀濒危树种等。

（2）种质资源研究和评价

育种资源保存的目的主要在于利用。为了保证种质资源充分可持续利用，种质资源基础研究和经济性状评价是十分必要的。主要包括以下几个方面：①形态特征，弄清种质资源的育种学和栽培学地位，澄清同名异品种、同品种异名等。②细胞学特征，包括叶、茎和花果等形态解剖观察，核型分析，染色体数量和结构变异，以及染色体行为等。③物候期，包括萌芽、开花、结果的时期及习性等。④开花、授粉和结实习性，包括始花树龄、花器构造、自交不亲和、生殖周期、传（授）粉方式、花粉产量和寿命、杂交可授期、结实特性等。⑤栽培性状，包括速生性、丰产性、稳产性等目标性状表现，及其与立地、土壤肥力、水分以及管理的互作等。⑥生理生化特点，如抗寒、抗旱性以及抗病虫害能力。⑦繁殖技术，包括实生和无性繁殖技术研究。⑧种内性状变异规律和地理变异模式的研究。种质资源评价工作可结合引种、种源试验、子代测定和无性系测定等进行。

8.3.4　林木种质资源的育种利用

除了针对濒危树种的单纯种质资源收集与保存外，大多数造林树种的种质资源收集与保存都是结合育种利用进行的（朱之悌，2006）。种质资源是育种成功的物质基础，也是多世代持续遗传改良的根本保障。无论是乡土树种，还是引种，遗传改良的第一步都是选择育种，以及基于选择育种的种质资源收集。在此基础上开展林木种质资源的可持续育种利用。

（1）初代选择群体及育种群体构建

构建遗传品质不断提高且遗传基础不断拓展的选择群体和育种群体，是可持续育种的根本（康向阳，2019）。无论是启动本地乡土树种遗传改良计划，还是引进外地树种并开展良种选育，首先都需要针对每一个树种育种计划的基本群体开展种源选择与优树选择，完成相关树种种质资源收集与保存工作，形成第一个育种周期的初代选择群体。有了种质资源丰富、遗传品质优良的初代选择群体，才能构建一个高水平的初代育种群体，为该树种可持续遗传改良奠定资源基础。

（2）直接利用优良种源、家系以及无性系

对于具有重要经济价值和性状优良的林木种质资源，可直接利用各层次变异，其中，对于种源间变异可通过种源试验选择优良种源直接利用；或者在优良种源内针对林分间的变异选择优良林分，将优良种源的优良林分改建成母树林采种利用；或者在一定育种区内选择优良单株，并通过建立种子园或采穗圃等方式进行直接利用。例如，我国福建省林木种苗总站在马尾松优良种源区内选择优良林分通过去劣疏伐改建为母树林，疏伐强度23%~67%，并采取除草、松土、施肥等措施，在短期内可以提供遗传品质优良的种子，遗传增益达10%（李玉科等，1992）。

（3）作为远缘杂交、多倍体育种等非常规育种原始材料

可利用各类种质资源，通过人工创造变异的方法，根据不同目的进行种质创新，包括远缘杂交、多倍性育种等途径，获得新品种、新类型和新材料。例如，朱之悌等（1995）利用毛白杨种质资源库内能产生$2n$花粉的雄株——'鲁毛50'等给毛新杨授粉杂交，选育出著名的三倍体毛白杨新品种。

思考题

1. 简述林木选择育种及其意义，以及人工选择与自然选择的关系。
2. 简述种源试验的意义及其对生产的作用。
3. 试述种源试验的主要技术环节及其注意事项。
4. 简述优树选择的目的和作用。
5. 优树选择时确定选优林分应考虑哪些因素？
6. 试比较优树选择材积评定的主要方法及其优缺点。
7. 简述林木引种的意义以及引种成功的标准。
8. 在选择引进外来树种时主要应考虑哪些因素？
9. 试述种质资源意义及其类别。
10. 林木种质资源保存的形式有哪些？
11. 如何理解林木种质资源收集、保存与利用之间的关系？
12. 为什么说选择育种是遗传改良的第一步？

第**9**章

林木杂交育种

$\quad$ **杂**交育种是林木种质创新、目标性状组配，尤其是目标性状有利等位变异聚合的重要方法。一般在基于一般配合力轮回选择提高目标性状有利基因频率的基础上，进一步通过高特殊配合力亲本选配实现杂种优势高效利用。本章针对林木杂交育种的特点，围绕林木杂种优势利用的三条主要途径，就杂交方式、杂交亲本选配、花粉收集保存、授粉杂交等人工杂交技术，以及克服远缘杂交不亲和的方法等进行了详细介绍。

9.1　杂交与杂种优势

9.1.1　杂交的概念及类型

$\quad$ 杂交（hybridization）是指不同基因型个体之间交配并产生后代的过程。一般把由生殖细胞相互融合而获得性细胞杂种的过程称为有性杂交（sexual hybridization），而通过体细胞融合获得体细胞杂种的过程则称为体细胞杂交（somatic hybridization），本章所说的杂交特指有性杂交。在植物杂交中，我们将供应花粉的植株叫做父本，用雄性符号"♂"表示；将接受花粉、发育成果实和种子的植株叫做母本，用雌性符号"♀"表示；亲本双方均可用字母"P"（即parental generation的缩写）表示，"×"表示有性杂交。一般将母本写在前面，父本写在后面。杂交获得的后代称为杂种后代，简称杂种，用字母"F"（即filial generation的缩写）表示，杂交后代的世代数用阿拉伯数字表示，例如杂交一代简写为F_1、杂交二代简写为F_2，依此类推。

$\quad$ 按照杂交亲本双方亲缘关系的远近，杂交可大体分为种内杂交、种间杂交和属间杂交。其中，种间、属间甚至科间的交配称为远缘杂交（distant hybridization）；而种内个体间的交配称为近缘杂交（inbreeding），近交中亲缘关系最近的是自交（selfing），为同一个体或同一无性系的个体间的交配。具体到林木中，杂交通常是指不同树种或同一树种不同种源、家系、无性系的交配。回交也是一种近交方式，是指杂种后代与其两个亲本之一再次交配的过程，被用来连续回交的亲本称为轮回亲本（recurrent parent）。在育种工作中，常利用回交来加强杂种个体中某一亲本的性状表现。

9.1.2　杂种优势的概念与类型

有性杂交是创造遗传变异的有效手段，通过基因重组可获得杂种优势。所谓杂种优势（heterosis或hybrid vigor）是指杂种后代在一种或多种性状上优于遗传背景存在差异的双亲的现象，如生长势、生活力、繁殖力、抗逆性、产量和品质等。

杂种优势主要表现在以下育种目标性状：①营养型。杂种营养体发育旺盛，但其生存和繁殖能力并未提高，这类杂种优势又称杂种旺势。②生殖型。杂种生殖器官发育旺盛，主要应用于以果实和种子为主要生产目的的植物，如坐果率、千粒重等。③适应型。杂种后代对外界不良环境适应能力增强，生存能力提高，如抗逆性。

根据杂种后代的主要遗传表现，杂种优势一般可以分为以下三种类型：①综合双亲优良性状，指杂交获得同时具有双亲优良性状的杂种后代。②产生新的性状，指由于基因相互作用产生具有新性状的杂种后代。③产生超亲性状，指由于加性基因累加效应产生某个或某几个数量性状表现超过亲本的杂种后代。

9.1.3　杂种优势的度量

为了便于研究和利用杂种优势，需要对杂种优势的强弱进行测定，为亲本选择提供依据。杂种优势的度量一般可以通过计算配合力来估计。配合力（combining ability）是指亲本某一性状在不同交配后代中表现的相对差异，包括一般配合力和特殊配合力。

一般配合力（general combining ability，GCA）　是在一个交配群体中，某个亲本的若干交配组合子代平均值距交配群体子代总平均值的离差。一般认为是由基因的加性效应作用的结果，相当于亲本育种值的1/2，是可以遗传固定的。因此可以基于一般配合力估测育种值，为一般配合力的两倍。加倍的原因是亲本对子代仅贡献了一半的基因，另一半的基因来自交配群体的异性亲本成员。

特殊配合力（specific combining ability，SCA）　是指两个特定亲本系所组配的杂交种的产量水平，是在一个交配群体中，某个交配组合的子代平均值距交配群体子代总平均值及双亲一般配合力的离差。特殊配合力是由基因的非加性效应，即显性和上位作用的结果；特殊配合力仅能反映特定交配组合中父母本的互作效应，其本身不能说明亲本的优劣，且不能遗传。

此外，实际应用中也可以采取相对简便的方法来度量，比较常用的有中亲优势法、超亲优势法、超标优势法等。

中亲优势法（H_M）是以某个性状双亲平均值（P_M）为标准的计算方法，指杂交种（F_1）的产量或某一数量性状平均值与双亲（P_1与P_2）同一性状平均值（M_P）差数的比率。当平均优势等于零时，即F_1等于P_M时，杂种优势等于零；当平均优势大于零时，即F_1大于P_M时为正向优势；当平均优势小于零时，即F_1小于P_M时为负向优势。有些性状要求正向优势，如株高、抗逆性等；有些性状要求负向优势，如早花等。计算公式如下：

$$H_M = (F_1 - P_M) / P_M \times 100\%$$

超亲优势法（H_S）是以双亲中最优亲本的表型值（P_S）为标准的计算方法，指杂交种（F_1）的产量或某一数量性状平均值与最优亲本（P_S）同一性状平均值差数的比率。计算公式如下：

$$H_S = (F_1 - P_s) / P_s \times 100\%$$

对照优势法（H_C），也称为超标优势，指杂交种（F_1）的产量或某一数量性状平均值与当地推广品种（CK）同一性状平均值差数的比率。计算公式如下：

$$H_C = (F_1 - CK) / CK \times 100\%$$

在评估杂种优势时，有以下几个方面的问题需要特别注意：

①杂种优势现象的形成及其表现在不同种属、不同品系，甚至不同种源之间是存在差异的，且并非所有杂交子代都会产生杂种优势。

②异花授粉植物的杂交子代更容易产生杂种优势，且比自花授粉植物的杂种优势程度要高。通常情况下，双亲基因型纯合度高、遗传背景差异大，其杂交子代更容易产生杂种优势，但相对地，双亲间产生生殖隔离的概率也会增加。

③不能离开具体性状谈杂种优势，控制不同性状杂种优势的主效应都会有所不同。

④杂种优势与环境有关，同一杂种子代在某一环境下表现出杂种优势，在另一环境下可能无杂种优势。但是，一般在同样不良的环境条件下，杂种比其双亲具有更强的适应能力。

⑤杂种优势主要表现在杂交F_1代，随着世代的增加，杂种优势可能不断衰减，这种现象被称为近交衰退（inbreeding depression）。因此，杂交种利用时，生产上需要年年制种。

⑥杂种优势具有时间属性，往往只能在其发育的某个阶段表现出来。例如，火炬松×长叶松的杂种在苗期比亲本都高，然而移栽后亲本火炬松的生长往往超过杂种，而40年后另一亲本长叶松可能生长量最大。

9.1.4　杂种优势的遗传学基础

杂种优势现今已经被广泛利用到林木等植物育种中，但其遗传机理至今仍未被完全解析清楚。目前对杂种优势的解释主要有三个经典的遗传学假说，即显性假说（dominance hypothesis）、超显性假说（overdominance hypothesis）和上位性假说（epistasis hypothesis）等。其中，"显性假说"与"超显性假说"都是基于单基因理论，"显性假说"强调有利显性基因对杂种优势的贡献，"超显性假说"强调基因的杂合性和相互作用，"上位性假说"基于微效多基因理论，强调不同等位基因间的互作以及遗传背景对杂种优势的贡献。

（1）显性假说

显性假说认为，多数显性基因（dominant gene）对个体有利，相对地隐性基因（recessive gene）对个体不利，杂交使双亲中一方的显性基因掩盖了另一方的隐性基因，使得F₁代中具有比亲本更多的显性基因组合，从而表现出杂种优势。显性假说强调互补（complementation）作用，因此又被称为显性互补假说。依据该假说的理论，杂种优势并不取决于杂合性本身，而是源于尽可能多的优势等位基因（superior allele）的聚集。根据显性假说的理论，近交衰退（inbreeding depression）是由自交或近交造成不利隐性等位基因的不断积累所导致。

目前，显性假说主要存在两方面争议。首先，异源多倍体的强杂种优势。在多倍体育种中，通常异源多倍体（$ABCD$）会表现出比同源多倍体（$AABB$）更强的杂种优势，这种现象表示杂种优势的程度与个体中异质基因的数量成正比。按照显性假说，从$AABB$到$ABCD$，只有每次变换的基因型都优于已经存在的基因型，才会使基因型整体效应增大，然而这种概率是极低的。其次，多倍体的近交衰退。近交衰退是源于不利基因在后代个体中的纯合，这种纯合的速率越快，群体衰退就越明显。理论上，一个同源四倍体在一次自交后，每一个位点获得纯合的比例应该远小于二倍体，从而表现出较轻程度的近交衰退。然而，实际观察到的却是多倍体的近交衰退程度丝毫不比二倍体低，甚至在一些物种中，多倍体的衰退速度更快。

（2）超显性假说

超显性假说由Shull（1908）提出，又称等位基因异质结合假说。与显性假说相比，超显性假说不考虑等位基因间的显隐性关系，更加强调杂合体本身所具有的特点，将杂种优势归结于杂合性本身以及在多个位点上的等位基因间的相互作用。杂合等位基因间的互作效应大于纯合等位基因间的互作效应，使得杂合体（heterozygote）A_1A_2比纯合体（homozygote）A_1A_1或A_2A_2更具优势。但这种超显性也可能是基因连锁导致的假超显性（pseudo-overdominance）造成的。

超显性假说完全排除了事实上存在的、决定性状的等位基因间显隐性的差别，无法解释有些杂种相对于其纯合亲本并没有优势表现，甚至不如亲本；同时，也无法解释在一些高度纯合的物种中，现代自交系比几十年前开发的高度杂合的杂种表现得更好的现象。

（3）上位性假说

随着数量遗传学研究的不断深入，人类逐渐认识到植物很多性状，比如产量、生产力等性状都是复杂的、多基因控制的数量性状，上位性效应逐渐被重视起来。上位性假说认为一个基因对性状的影响会受到其他一个或多个基因的影响，亲本非等位基因之间的互作使得杂种一代某一性状的表现超过双亲（Richey，1942）。其主要强调杂种优势的形成源于两个或多个位点上的非等位基因间的相互作用，杂交增加了群体的杂合度，使杂种表现出优势。该假说认为一对基因的表现受到另一对非等位基因的作用，即非等位基因间表现为抑制或遮掩的上位性作用；基因间普遍存在上位性效应，包括加性基因之间、加性与显性基因之间以及显性基因之间；重复基因只有在亲本上位时表现出杂种优势，杂交增加了群体的杂合度，起抑制作用的上位基因频率增加，使杂种表现出优势。而显性互补假说则两种情况都可以。然而，单凭上位性假说依然难以全面解释杂种优势的遗传机制。

（4）基因网络调节系统

20世纪90年代后，随着分子标记、基因芯片和测序技术的出现，以及分子生物学、表观遗传学的发展，有关杂种优势的分子机理取得了重要进展。Omholt等（2000）通过构建数学模型分析认为，显性效应、超显性效应和上位性现象都是复杂的基因网络调节系统，杂种一代整个基因调控网络的等位基因成员的最佳配合决定杂种优势表现。Birchler（2010）提出剂量依赖的基因平衡假说，认为杂种优势受到多亚基蛋白复合体的调控，与亲本相比，杂交种的决定因子或调控基因表现出更优的化学剂量平衡。Goff（2011）的统一理论进一步阐释了杂交种中蛋白质合成和代谢的效率更高，杂交种能够减少不稳定或低效蛋白质的产生，从而节省能量用于生长。Cheng等（2018）提出了基因通路效率平衡模型，解释了异源多倍体中杂种优势与亚基因组优势的关系，认为杂种优势是多个基因网络表现的一种平衡，每个遗传网络中具有多个控制性状的基因，其中任何一个基因都可能是限制杂种优势的关键步骤。当前，"杂种优势是一多基因控制的复杂数量性状"已基本成为共识。

研究表明，育种目标性状由多个基因模块决定，每个基因模块包含众多结构基因及其调控因子，其中一些关键基因在杂种优势形成中发挥重要作用。在植物中，杂种优势关键基因陆续被鉴定出来（Paril et al.，2024），比如番茄产量性状相关基因*SFT*，玉米产量相关基因*ACO2*、*ZAR1*，水稻产量相关基因*DEP1*、*GHd7/8*、*IPA1*，拟南芥生长和抗病性状相关基因*CCA1*、*LHY*等，这些基因参与了胁迫响应、生物钟调节、植物激素调控、光合作用等关键生物学过程，以显性效应或超显性效应影响相关性状的杂种优势表现。

植物杂种优势不能完全由一个甚至几个遗传水平的假说来解释，DNA甲基化、小RNA、组蛋白修饰等表观遗传因素也参与了植物杂种优势的形成。杂种优势基因调控网络的解码仍然面临巨大挑战。

9.2　林木杂交育种及其利用

9.2.1　林木杂交育种及其特点

杂交几乎存在于所有植物群组及许多林木分类群中，但是杂交不等于杂交育种，因为并非所有杂种都表现优良，需要进一步选择。杂交育种（cross breeding）是指通过两个遗传性状不同的个体之间进行有性杂交获得杂种，并进一步对杂种进行选择、鉴定，从而选育出优良品种的过程。

与作物杂交育种不同，林木杂交育种有以下几个特点：①选择遗传结构相似的地理种源内个体杂交时，初代杂种无性系选择利用的改良效果是不显著的，其原因在于树木异交特性决定其自然群体就是一个大的杂交场，人工杂交亲本群体的大小以及对杂交后代的选择强度均显著低于从自然群体选优；而推动基于轮回选择的多世代育种则具有显著的改良效果，因为通过少数优良基因型相互交配繁殖，可以提高目标性状相关有利基因频率以及基因加性效应。②远缘杂交或种内非同一种子区的个体杂交时，杂交子代可能无法适应其亲本的最适生长条件，而必须通过区域试验为杂种后代选择适宜的生态位，即最佳造林地点。③林木生长达到成熟所需的时间和空间远远大于一年生作物，即每次种植后的主伐周期时间比较长，因此，对造林树种的品种和适应性等要求相对更高。④林木世代较长，加之大部分树种都是异花授粉，要像作物一样建立并维持纯系品种是非常困难的。⑤森林大都生长在复杂多变的生境之中，对于主伐周期比较长的造林树种而言，保证杂交后代具有一定的遗传多样性有利于人工林群体应对复杂多变的造林环境。基于以上原因，杂交育种是林木中十分重要的育种方式。

9.2.2　林木杂种优势利用

杂交育种是林木种质创新、目标性状组配的根本途径。其中，轮回选择是林木多世代育种的核心策略，基于一定交配设计的不同亲本杂交，可以综合利用不同种质的优良特性，实现不同目标性状相关基因的聚合以及同一目标性状相关基因正向等位变异频率的提高。而在基于一般配合力轮回选择提高目标性状有利基因频率的基础上，可在育种的每个世代进一步通过高特殊配合力亲本选配实现杂种优势利用，包括选择种内亲本群体杂交、选择具有杂种优势的种间亲本的远缘杂交，以及远缘杂交后转育非轮回亲本某优良性状的回交以及多交等。林木杂种优势利用主要表现在以下三个方面。

（1）基于轮回选择的种内杂交，选育遗传增益逐代提高的林木品种

林木育种的目标性状多属于数量性状，主要利用基因加性效应，只有持续推动育种群体建设及相关交配设计、杂交、测定和选择工作才是最为有效的途径，因此，林木多世代育种主要采用在作物和动物育种中成效显著的轮回选择育种策略。在一个种子区内，种内杂种优势的利用也正是基于一般配合力轮回选择为核心的多世代育种的基础上实现的，即由前一个世代产生的基本群体选优建立选择群体，进而由选择群体构建育种群体，育种群体亲本间通过一定的交配设计产生新的子代测定群体，即下一世代基本群体；在此基础上进一步选优建立新的世代育种群体等，如此有计划地选择构建育种群体，选配一般配合力高的亲本进行种内杂交，从而在轮回选择中不断清除目标性状负向等位变异，提高目标性状有利基因正向等位变异频率。具体实施时，可以基于单一育种群体进行轮回选择，主要利用基因加性效应，当前通过种子园制种利用的一些林木育种多属于这种类型，如辐射松、火炬松等树种基于轮回选择的遗传改良已经进入第3轮甚至第4轮，遗传增益均在35%以上。还可以构建轮回选择目标性状不同的育种群体，如构建母本群和父本群，在推动母本群和父本群内轮回选择的每个育种世代，选配特殊配合力高的亲本杂交，实现基因加性效应和非加性效应的综合利用（图9-1）。现代玉米育种就是采取这种杂种优势利用模式（Cooper Mark et al.，2014）。

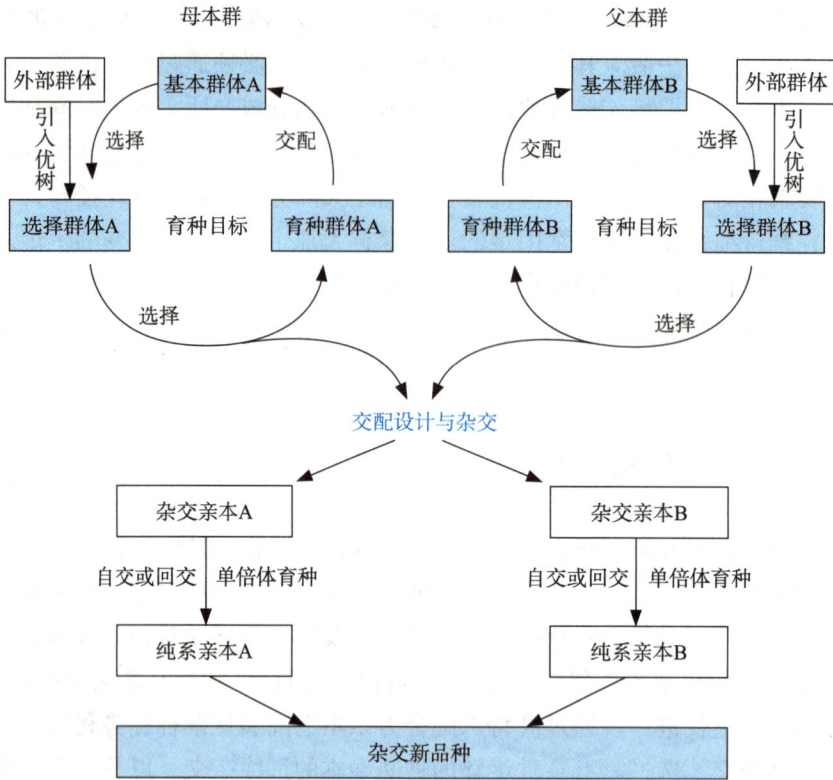

图 9-1　杂种优势利用的基本育种模式

（2）通过远缘杂交或种内地理类型杂交，选育杂种优势突出的杂交品种

有的种内地理变异类型间或树种间杂交，子代具有杂种优势，因此可以开展地理远缘的种内杂交或种间杂交，选育杂种优势突出的杂交品种。种内地理变异类型间杂交，主要为杂交双亲的中间地区选育适生品种。而种间杂交最早源于天然杂交后代的观察，如我国最早引种栽培的加拿大杨（*Populus canadensis*）就是美洲黑杨和欧洲黑杨的天然杂交种。一些因时空差异而导致生殖隔离的树种杂交可产生突出的杂种优势，如欧洲黑杨和美洲黑杨杂交品种，巨桉与尾叶桉杂交品种等。而具有杂交优势的树种在构建育种群体的基础上推动轮回选择，在每个育种世代选配特殊配合力高的亲本杂交，可以获得表现更为优异的杂交品种，如澳大利亚昆士兰的湿加松遗传改良、意大利杨树研究所的欧美杨遗传改良（详见本章9.5）。

（3）通过远缘杂交，实现两个或两个以上物种的优良性状综合利用

除了利用杂种优势以外，通过杂交还可以把两个或者两个以上物种的优良性状聚合到一个新的品种内，以解决生产应用中的特殊问题，如抗逆性改良、材性改良等，主要方法包括多交聚合、回交转育等。其中，多交可以聚合不同亲本的优良性状，如朱之悌等选育的'蒙树2号杨'的母本为毛新杨，父本为银灰杨，综合了毛白杨速生、新疆杨窄冠以及新疆杨和银灰杨的抗旱、耐寒等优良特性。而回交转育是引入优良性状的有效方法，其实质是以能提供某种优良性状有利基因的亲本作为非轮回亲本，先与轮回亲本杂交，再通过回交转育，不断增加轮回亲本的遗传比重，从而实现将有利

基因引入轮回亲本中的目的。美国板栗因栗疫病暴发而几近灭绝，正是利用抗栗疫病强的中国板栗杂交，杂交子代再与美国板栗回交转育，最终选育出了具有一定抗栗疫病能力的美国板栗新品种。

9.2.3 杂交方式

在杂交育种中，为了得到预期的育种效果，常常会根据树种特性选择不同的杂交方式进行杂交。所谓杂交方式就是在杂交育种中参与杂交的亲本的数目及其次序，包括单交、复合杂交、回交、多父本混合杂交等。

（1）单交

最常见的是选配两个亲本进行一次杂交。简称单交（single cross），可用A×B表示。单杂交时，两个亲本可以互为父母本，即A×B或B×A，如前者称为正交，则后者称为反交。如毛白杨与银白杨杂交，如果毛白杨为母本，银白杨为父本称为正交，则银白杨为母本，毛白杨为父本称为反交。在细胞质不参与遗传的情况下，正交和反交杂种后代表现应该是一致的；如果细胞质参与遗传，杂种性状更倾向母本。在育种工作中，通常利用花期较晚，优良性状多的乡土树种作为母本。此外，还应根据杂交亲本花粉生活力、胚败育等情况，确定两个亲本中的哪个做母本或父本。

（2）复合杂交

当一次杂交不能达到育种目标时，还可以采用复合杂交的方式。复合杂交（multiple cross）是指在三个或三个以上亲本之间进行杂交。复合杂交的优势集中多个亲本的优点，拓宽杂种的遗传基础。其目的是创造具有遗传基础宽、变异幅度大的后代群体，从中选育目标性状更优良的杂交品种。根据第二次杂交使用的亲本遗传组成，可分为三交、双杂交、四交等。

①三交　指两个种杂交后，再与另外一个种杂交的方式。该方式涉及三个亲本，一般先配成单交，然后根据单交品种的缺点再选配另一亲本进行杂交。例如，'南林杨'就属于三交品种，首先以河北杨为母本与毛白杨杂交获得河毛杨杂种，再用优良杂种与响叶杨（*Populus adenopoda*）杂交，选育出'南林杨'新品种。

②双杂交　指四个树种先配成两个单交杂种，然后再用两个单交种进行杂交的杂交方式。（A×B）×（C×D），如（毛白杨×新疆杨）×（银白杨×山杨）。

③四交　指将带有特定目标基因的四个不同亲本通过三次杂交，逐步使所有亲本的目标基因汇集到一个杂种群体之中的一种复合杂交方式。如[（毛白杨×新疆杨）×大齿杨]×山杨。

（3）回交

一个品种多种目标性状表现优良，但存在一个明显的短板性状，此时可采用杂交与回交相结合的育种方法解决。所谓回交（backcross）是指两个亲本产生的杂种F_1代再与亲本之一杂交的杂交方式。用作回交的亲本称为轮回亲本，只参加一次杂交的亲本称为非轮回亲本，或称为供体。应用多次回交方法育成新品种的过程称为回交育种。回交育种可以将一个目标性状突出的树种优良基因通过杂交、再回交转育到优良栽培品种基因组之中，从而选育出既保持原有品种优良特性，又具有新优良性状的杂交新品种。根据遗传学理论和实践，随着回交代数增加，后代的轮回亲本性状逐代加强。例如，毛白杨前期生长较慢，存在蹲苗现象，朱之悌利用毛新杨为母本与毛白杨回交，通过染色体替换选育出一批早期生长迅速的短周期毛白杨杂交品种。如刚松×火炬松的F_1代生长优于母本，但是抗寒性不如母本，通过F_1与母本回交，提高了F_2代的抗寒性。

（4）多父本混合杂交

多父本混合授粉主要用于配合力测定，此外，为了加大杂交后代的遗传变异幅度，提高杂交受精和选择效率等，也经常使用。所谓多父本混合杂交是指选择一个以上的父本，把它们的花粉混合后，授给一个母本的杂交方式。例如，美国佛罗里达森林遗传研究协作组（CFGRP）的湿地松第二代育种计划中，其精选育种群体的构建主要采取30个父本的混合花粉交配设计和不连续交配设计相结合的互补型交配设计，依据材料的不同层次采取不同的交配、选择和测试强度，可节约土地和测试时间，在短期内最大限度地提高遗传增益。

9.2.4　杂交亲本的选配及其原则

亲本选配是指从入选亲本群体中选择两个亲本做杂交，这里涉及合理搭配和交配设计的问题。正确选择和选配亲本是杂交工作成功的关键，关系到杂种后代是否易于定向培育，是否能较多地选出符合育种目标要求的后代。在杂交育种过程中，应立足于树种的育种基础，遵循以下原则进行亲本选配。

（1）根据杂交亲本的育性和亲和性选配

这是杂交最基本的条件。只有亲本育性好且双亲具有杂交亲和性或称杂交可配性，才能获得大量的可供选择的杂交后代，实现大群体、强选择育种。所谓杂交可配性是指杂交取得有生命力的杂种种子的概率。一般种内不同种源、品种间杂交可配性高，即使分布区相距远、花期不一致，实行控制授粉也能杂交；而种间、属间杂交因亲缘关系远，可配性低，杂交大多难成功。具体杂交时可通过预备试验研究确定，也可以借鉴前人的研究经验选配亲本。研究表明，杨属黑杨派与青杨派杂交容易；白杨派与黑杨派，以及胡杨派与其他各派杂交都困难。松属杂交，红松、白皮松、华山松等单维管束松亚属种间杂交，可配性较高；油松、火炬松、马尾松、樟子松、黑松、黄山松、湿地松、云南松等双维管束松亚属种间杂交，情况不一，其中油松、云南松、马尾松杂交较为容易。落叶松属种间杂交可得杂种，其中欧洲落叶松、长白落叶松（_Larix olgensis_）、兴安落叶松与日本落叶松的正反交，兴安落叶松×长白落叶松等，都有明显的杂种优势等。

（2）在轮回选择的基础上选配杂交亲本

根据育种目标选优构建高水平的初代育种群体，在此基础上基于一定的交配设计开展杂交和二代基本群体建设，通过子代测定和选择，构建二代育种群体；依此类推，建设更高世代的基本群体和育种群体。而在育种的每个世代中，如果树种只能种子繁殖，可以基于前向选择从子代测定林中选优建立高世代种子园制种，也可以基于后向选择从育种群体中选择一般配合力高的亲本重建种子园制种利用；如果树种可以无性繁殖，可以基于后向选择从育种群体中选择特殊配合力最高的亲本杂交，选择最优良的杂种优株通过无性系制种利用。同理，具有杂种优势的两个树种杂交时，各自在轮回选择的基础上选配杂交亲本杂交效果更为突出。

（3）选择差异较大的地理类型或亲缘关系较远的树种为亲本

这类亲本杂交，遗传基础比较丰富，能达到性状互补的目的，还常常会出现一些超亲优势。杨树育种经验表明，用两个高纬度起源的种在中纬度地区培育不出生长期长的速生类型；两个低纬度起源的种在中纬度地区不能培育出适时封顶、适时木质化的类型；而用低纬度的种与高纬度的种杂交，在中纬度地区可能形成最适应的速生类型。例如，朱之悌为了提高毛白杨的抗寒性，选用高纬度的大齿杨为父本与之杂交，选育出适合西北、东北生长的毛大杨新品种。

（4）选择目标性状互补的材料做亲本

亲本双方的优缺点能够互补，亲本优良性状突出，容易达到育种目标。如湿地松树干通直圆满、林相整齐、抗风能力强、耐水湿，而加勒比松生长快、木材均匀一致，但抗风力差、树干扭曲、变异大。这两个树种的F_1杂交子代具有明显的杂种优势，在所有立地上的生长速率、木材纸浆产量、抗寒能力和木材品质均优于母本湿地松；树干通直度、抗风能力、抗寒能力、木材密度和强度等均优于父本加勒比松，商品材积比亲本高30%以上。又如，小叶杨、胡杨均为三北地区乡土树种，抗旱耐寒，其中小叶杨易扦插繁殖，胡杨扦插繁殖困难、耐盐碱，用小叶杨和胡杨杂交可选育出耐盐碱、易扦插的小胡杨。

（5）基于交配设计选择配合力高的亲本组合

亲本表现好，F_1的表现不一定好；而F_1表现好，双亲表现并不一定是最好的。首先应根据一般配合力选择亲本，但由于一般配合力高的亲本不一定能产生优势的杂种，因此需要在此基础上进一步根据特殊配合力选配杂交组合。例如，澳大利亚总结过去湿加松的育种经验，发现不同树种、种源、家系和无性系之间的杂种生长表现差异极显著，表明湿地松与加勒比松杂交具有杂种优势，可在种源选择的基础上通过一定的交配设计选择特殊配合力高的优良亲本，建立杂交种子园制种利用。

（6）根据亲本遗传力大小进行亲本选配

了解已知的各树种重要性状的遗传参数，将有助于合理选配亲本组合。例如，小叶杨的抗旱性、耐寒性和钻天杨的窄冠形状遗传力较高，如果以培育抗旱、耐寒、窄冠为育种目标，则可考虑将两个树种作为杂交亲本。徐纬英用小叶杨和钻天杨杂交，选育出著名的抗旱、耐寒杂交品种'群众杨'。

（7）根据正反交可配性进行亲本选配

在林木杂交试验中，经常看到杂交组合正反交结果不同的现象。例如，榆属植物杂交时，毛榆×榔榆能产生杂种，但反交却失败了。欧洲白榆×榔榆杂交未成功，但反交能产生种子。杨属植物切枝水培杂交时，胡杨×青杨难以获得种子，而青杨×胡杨可获得种子。

（8）选择纯系材料为亲本

杂种优势的理论表明，等位基因杂合状态优于任何一种纯合状态，纯系亲本杂交可以获得最多的杂合位点，杂种优势利用更为充分。作物育种成功经验表明，在轮回选择和亲本选配的基础上创制纯系亲本再杂交，更有利于杂种优势充分利用。常规的纯系选育需要通过连续6~8代的自交或回交才可以将目标性状的基因位点纯合化。然而，林木大多是异交，且存在自交不亲和现象，世代交替缓慢，育种周期长，很难通过常规育种实现纯系选育。单倍体诱导是一种实现杂交亲本快速纯化的非常规育种技术。通过花药或花粉以及雌配子离体培养，以及诱导孤雌生殖、单倍体发生相关基因遗传转化等措施可以获得单倍体植株，再通过染色体组加倍技术（如秋水仙碱处理），使植株恢复正常染色体数，可以快速获得纯合的DH系（doubled haploid），可使纯系选育年限缩短至最少1年。因此，基于单倍体纯系创制并应用于杂交育种的过程，又称为单倍体育种（haploid breeding），主要包括单倍体的产生、单倍体的鉴定、单倍体加倍产生DH系和DH系育种等几个主要步骤，其中单倍体诱导是核心环节。尽管杨树等树种的单倍体诱导已经取得成功，而且作物DH系诱导和利用也可以提供良好的借鉴，但异交树种有害基因纯合而影响纯系亲本生长发育和可育性等问题，应该是林木单倍体纯系建立和应用需要面对的难题。

9.3 人工杂交技术

9.3.1 树木开花生物学

植物开花授粉与杂交育种紧密相关。在杂交前须了解杂交亲本树种的开花生物学特性，包括始花树龄、花的构造、开花物候、传粉授粉方式等。

（1）始花树龄

树木的始花树龄取决于它的遗传基因和环境条件。在不同树种中，甚至同树种不同个体的始花年龄有明显差别；在不同的环境条件下，包括纬度、海拔、温度、水分、光照等，其始花年龄也有显著差异。例如，在温暖的气候和充足的光照环境中生活的树木贮藏养分充足，可提早开花。树木的始花树龄往往有如下规律：孤立木较林木早，贫瘠干旱土地上的较肥沃湿润土地上的早，分布区南部的较北部的早，嫁接树较实生树早等。一般而言，杨树7~10年；油松5~7年；杏（*Armeniaca vulgaris*）、梅（*Prunus mume*）、枣（*Zizyphus jujuba*）2~7年。

（2）花的构造

根据树木花器官构造可分为两种类型，即两性花和单性花。两性花是指同一朵花中同时具有雌蕊和雄蕊，即雌雄同花，如刺槐、榆树、泡桐、桉树、楸树等。单性花则有两种情况，一种是雌、雄花分别着生在不同单株上，有雌株和雄株之分，即雌雄异株，如杨、柳、银杏、水曲柳等；另一种是雌、雄花彼此独立地着生于同一单株上，即雌雄同株异花，如松、侧柏、落叶松、杉木、柳杉等。花器官构造不同，杂交育种采取的技术对策不同，需要有针对性地制订杂交技术方案。

（3）开花物候

树种的开花物候特征包括始花期、终花期、散粉期、授粉期（可授期）、花期持续期等，其中准确掌握杂交亲本雄花的散粉期和雌花的可授期是杂交成功的重要基础。开花物候特征受树种、种源、个体或无性系的遗传因素影响，同时还受到当年的气象因素、单株所处小环境以及花在树冠内着生方位等各种环境因素影响。如辽宁兴城油松种子园49个无性系的授粉期差异达7~8天，散粉期差异最大有5~6天。而通过连续6年对河南卢氏油松种子园无性系球花的散粉期和可授期观察发现，年度间有效积温差异导致散粉期和可授期最多相差11天和8天。

除远缘杂交不亲和以外，杂交亲本双方的花期不遇也是阻碍杂交成功的重要原因之一。可以通过人工干预的方式进行花期调整。例如，为了使杨树、柳树等树种提前开花，可以切下花枝，温室水培，控制湿度和光照。为了推迟开花，可以在阴暗低温的环境下进行水培。但这种方式对花期相差不长的树种有效，如果两个亲本树种花期相差很远，只能通过贮藏花粉再杂交的方法解决。

（4）传（授）粉方式

树木的传粉方式有风媒和虫媒两种。林木树种大部分为风媒传粉，花被不完全或完全没有，柱头分叉多，便于接受花粉。松科树种的花粉粒具有气囊，便于漂浮于空气中。此类树种一般多在放叶前或在放叶的同时开花。花粉的传播与气温、湿度和风速等环境条件有关。虫媒花通常具有美丽的花冠，且散发香味、分泌蜜汁招引昆虫传播。有些虫媒树种，如柳树、椴树、油茶等也可借助风力传粉。

（5）授粉习性

授粉习性主要指林木在长期自然进化过程中形成的授粉特性。植物授粉是从花粉落在柱头上开始，经过黏附、水合、萌发，花粉管生长，直至到达胚珠完成受精作用的过程，包括自花授粉、异花授粉等。自花授粉指同一朵花、同一植株不同的花之间，以及同一无性系的不同单株间的授粉；反之则为异花授粉。树木大多为异花授粉，如自花授粉多表现不育或子代不正常。

为什么树木主要保持异花授粉？现代遗传学告诉我们，近交可引起隐性有害基因的纯合，导致近交衰退，因此树木在进化过程中产生了适应异花授粉机制。其中，雌雄异株类型主要靠性别分化保证其异花授粉，如杨树、柳树、杜仲、白蜡、圆柏、银杏等。而雌雄蕊异熟是指雌雄同株同花或异花植物中雌、雄蕊不同时期成熟的现象，包含雌花先熟和雄花先熟2种类型。雌雄异熟植物在有花植物中并不多见，仅在少量科属中发现，其中胡桃科、槭树科、樟科等。在雌雄异熟植物中，同一株植株的雌雄花开放时间完全错开，可有效避免自交，如青钱柳（*Cyclocarya paliurus*）。也有的植物雌雄花开放时间存在一定的重叠，如粗皮山核桃（*Carya ovata*）和毡毛山核桃（*C. tomentosa*）的雌雄花期重叠率达50%。蜡梅为了避免自花传粉进化出的一种很巧妙的传粉机制，雌蕊先成熟，柱头接受蜜蜂从别的花上带来的花粉，完成受精。

许多雌雄同花树种能产生具有正常功能且同期成熟的雌雄配子，但在自花授粉时不能产生子代的现象，被称为自交不亲和性（self-incompatibility，SI）。自交不亲和性在植物界中广泛分布，超过60%的被子植物都有这种特性，涉及大约320多个科。其中，配子体型自交不亲和性（gametophytic self-incompatibility，GSI）指花粉在柱头上萌发后可侵入柱头，并能在花柱组织中延伸一段，此后受到抑制，即自主性的不亲和性。不亲和性完全取决于花粉的不亲和基因与花柱的不亲和基因是否相同，多见于蔷薇科（Rosaceae）、茄科（Solanaceae）、罂粟科（Papaveraceae）、车前草科（Plantaginaceae）、禾本科（Poaceae）、鸭跖草科（Commelinaceae）、毛茛科（Ranunculaceae）等。孢子体型自交不亲和性（sporophytic self-incompatibility，SSI）指花粉落在柱头上不能正常萌发，或萌发后在柱头乳突细胞上缠绕而无法侵入柱头，是一种非自主性的不亲和。不亲和性受花粉赖以生长发育的孢子体的基因型所制约，多见于某些菊科（Compositae）、十字花科（Brassicaceae）和报春花科（Primulaceae）植物。总体来讲，GSI比SSI更常见。利用自交不亲和系做母本杂交，既避免了去雄操作，省时省工，又可以通过远缘杂交获得杂种优势。

（6）生殖周期

不同树种的生殖周期有长有短，掌握树种的生殖周期特点，有利于落实杂交育种年度重点工作。杨树、桉树、杜仲、核桃、落叶松等树种当年开花、当年种子成熟；油茶、香榧（*Torreya grandis*）、油松、黑松等树种当年开花、翌年种子成熟。

9.3.2 花粉技术

（1）花粉采集

杂交要求两个亲本的花期一致，如存在花期不遇或异地杂交问题，可采取以下措施：需要利用物候差异采集花粉；提前一年采集花粉储藏备用；提前培养植物材料，或提前切取花枝于室内水培收集。杨树等可在自然散粉前10～15天采条水培，云杉、松、冷杉、雪松等花芽发育至散粉过程长的针叶树种，可分别在自然界散粉前第8周、第4周、第4周和第3周采取花枝水培。

为了保证人工杂交授粉工作的正常进行，必须准确掌握花粉的采集时间，确保在雌花的可授期内提供足够的花粉。通常来讲，雄花越接近成熟，花粉的采集越容易，授粉效果也越好。花粉收集方法大致可分为三种。①摘花收集。虫媒花或风媒花中花小、花粉量小，且花粉易飞散或不便于上树收集的，如松、杉、榆、油茶、白蜡等树种可采用此方法。②刷取花粉收集。有些树种花序发育不同步，散粉延续期较长，或材料较少，需要尽可能全部收集的，可隔一定时间用毛笔刷取花序上即将飞散的花粉，如杨、柳等。③蜜蜂采集。一些虫媒花利用蜜蜂采集花粉。

（2）花粉贮藏

花粉是植物种质保存及杂交育种的重要材料，但在自然条件下，花粉很容易丧失活力。若采集的花粉短期内不进行杂交授粉工作，需要通过合理贮藏花粉来保持花粉活力。尤其是杂交亲本花期不遇或远距离杂交时，花粉贮藏技术可以很好地解决杂交的时空限制问题。如杉木的花期比柳杉晚1个月，可以使用前一年贮藏的花粉做杂交。

花粉保持活力的时间因树种而异。有些树种的花粉在自然条件下数天就失去萌发能力，而有些树种的花粉在适当的温度和干燥条件下可以保存数年。花粉活力除了受本身遗传特性影响以外，还受温度、相对湿度、贮藏介质以及光照等环境因素影响。低温、干燥、黑暗有利于花粉贮藏，在某些情况下还可以抽真空贮藏。这些处理可降低呼吸作用和酶的活性，能明显地抑制花粉代谢过程。目前的花粉贮藏方式主要有以下两种。

①干燥贮藏　一般干燥处理可以延长花粉贮藏时间，如桉树花粉在常温室内正常空气湿度下活力只能保持3~5天，而在室温干燥下贮藏可达35天。此外，不同树种的花粉储存需要采用不同的干燥剂创造不同的相对湿度。如硅胶干燥的相对湿度为5%；无水氯化钙的相对湿度为32%；还可以利用不同浓度的硫酸创造适合不同花粉贮藏的相对湿度（表9-1）。

表 9-1　干燥器内温度 0℃时硫酸浓度与相对湿度的关系

硫酸浓度（%）	95.0	63.1	54.3	49.4	42.1	34.8	29.4	17.8
相对湿度（%）	0	10	25	35	50	65	70	90

②低温干燥贮藏　将干燥处理花粉置于冰箱中低温（0~5℃）保存，是比较简便、经济的花粉保存方法，一般可保持花粉活力几周到半年左右。将温度降到-20~-15℃冷冻贮藏花粉的效果更好。如东北红豆杉（*Taxus cuspidata*）花粉在冰箱内-10℃贮藏时，与3℃贮藏相比，有效期延长1个月以上。此外，还可以在-80℃（超低温冰箱）到-196℃（液氮）下超低温保存。鹅掌楸、雪松、扁柏、落叶松等数十种木本植物花粉采用超低温保存取得了较好的效果，但其操作相对复杂，可以用来保存花粉活力比较容易丧失的树种，如杨树等。而花粉比较容易贮藏的树种则可以采用操作相对简单的低温干燥贮藏法，如针叶树等。

（3）花粉活力鉴定

花粉生活力是指花粉具有存活、生长、萌发和发育的能力。在人工授粉前，通常要对收集的花粉，特别是长期贮存或从异地寄来的花粉，进行生活力测定，以评估花粉萌发能力，保证杂交成功率。花粉活力鉴定方法主要有下面几种。

①活体授粉法　是将花粉直接授在母本或同种植物雌蕊柱头上观察花粉是否能够萌发的方法。授粉后一定时间内采集雌蕊柱头，经过固定、解离、染色等操作，在显微镜下观察。若看到花粉管伸入柱头组织，即证明花粉具有生活力。由于萌发的花粉通过花粉管锚定在柱头上，而没有萌发的花粉经过固定、解离、染色等处理会被漂洗掉，因此难以统计花粉萌发率。而对于与单倍性花粉相比具有巨大性的2n花粉而言，可以利用花粉形态差异测定2n花粉的相对萌发率或可比萌发率（图9-2；康向阳等，1997）。

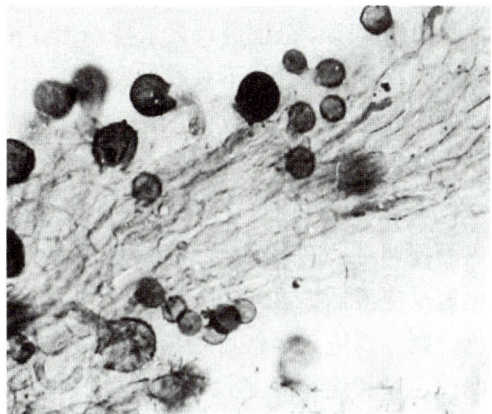

图 9-2　银腺杨 2n 花粉和单倍性正常花粉在毛新杨雌蕊柱头上萌发

②**染色法**　是通过不同试剂染色进行花粉活力鉴定的方法。TTC法是植物的花粉活力鉴定应用较为普遍的方法，其原理是当TTC进入细胞后，可被呼吸代谢中的还原酶所还原，由无色的氧化型变为红色的还原型，由此来判断花粉的活力。此外，还有联苯胺法、荧光染色法（FCR）、碘–碘化钾法、p–苯二胺法、醋酸洋红法等。但各种染色法均存在稳定性差、估计值受染色时间影响等问题。

③**培养基法**　是将花粉样本在液体或固体培养基上进行离体萌发试验，在显微镜下观察花粉萌发情况的方法。该方法可以直观区分有活力的花粉以及死亡或缺乏活力的花粉，且可以统计花粉萌发率。但人工创造的环境毕竟不能等同于雌蕊柱头，有的树种难以找到适合的培养条件。

9.3.3　雌花可授期判定

杂交可授期是雌蕊柱头能够接受花粉并协同花粉萌发和发育的时间段，其中最利于授粉和花粉萌发的时间段称为最佳授粉时期。明确可授期可以大幅度提高杂交的成功率。一般杂交可授期不是一个时间点，而是一个生长发育的时间段，短则几小时，多则几天。杂交可授期的判断方法有以下几种。

（1）形态观察法

通过观察雌（球）花发育状态直接判别杂交可授期的方法。杨树雌花具有可授性时，其柱头从花序中显露出来，并且在柱头表面有黏液分泌；当雌蕊柱头开裂角度达到180°左右，并且柱头表面有大量分泌物时，柱头为最佳授粉期。油松雌球花珠鳞逐渐开张，雌花呈红色，多近球形，进入可授期；直至雌球花珠鳞全部展开，从侧面可见花轴，花色转深，此时为最佳授粉期；随后珠鳞增厚，珠鳞和苞片间隙由部分闭合转至全部闭合，雌球花呈紫红色，可授期结束。此外，可以通过观察周围雄株的散粉情况与雌蕊开花时间和杂交可授期的相关性进行判别。

（2）花粉萌发观察法

通过定期授粉观察雌蕊柱头上花粉萌发情况判别杂交可授期的方法。选取不同发育阶段的雌蕊，分别进行人工授粉，在授粉后2~5h取下柱头，利用苯胺蓝荧光染色的方法，在荧光显微镜下观察花粉是否大量萌发以及花粉管的伸长情况，进而判断雌蕊的最佳可授期。该方法所得结果较为清晰准确，但需要特定的仪器设备，且时间较长。

（3）染色法

采集雌蕊并通过观察试剂处理后的变化判别杂交可授期的方法。根据植物柱头进入可授期时，其表面会产生多种酶和特异蛋白，将待测的雌蕊柱头浸入联苯胺–过氧化氢反应液后，在解剖显微镜下如观察到柱头表面有大量气泡产生，且柱头呈现蓝色，则雌蕊进入最佳可授期（图9-3）。联苯胺具有很强的毒性，需要注意操作安全。此外，过氧化物酶–酯酶试纸法检测时，如柱头进入最佳可授期，滴加试纸溶液柱头变为蓝色。苏丹Ⅲ染色法会观察到进入最佳可授期的雌蕊柱头表面有大量的红色油脂滴。

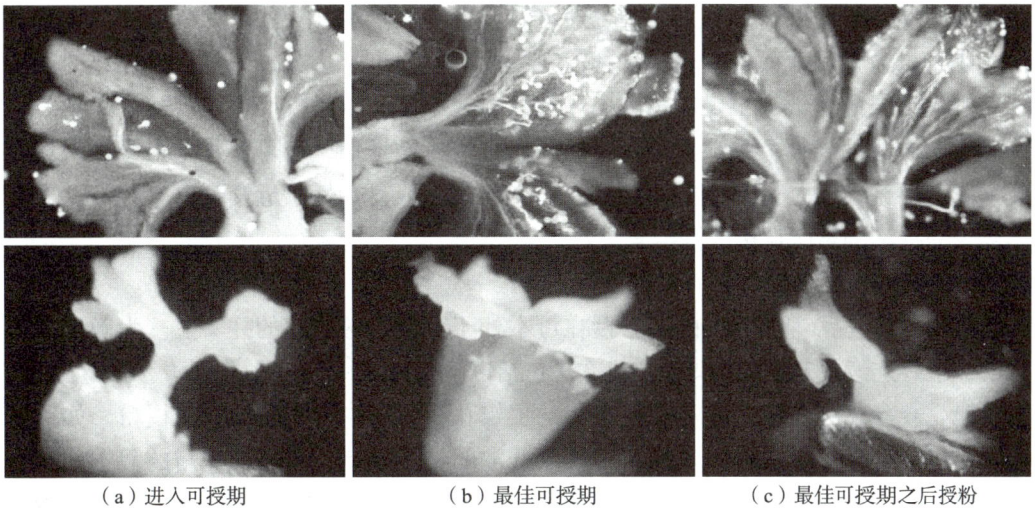

（a）进入可授期　　　　　　　（b）最佳可授期　　　　　（c）最佳可授期之后授粉

图 9-3　响叶杨最佳授粉时期（苯胺蓝染色和雌蕊柱头形态观察）

9.3.4　控制授粉技术

传统的控制授粉方式主要包括去雄、隔离、授粉 3 个步骤，又称三步授粉法。具体操作方法如下。

（1）去雄

此步骤只针对两性花树种，在杂交前去除雄蕊，以免自花授粉；雌雄异株或同株异花的树种只需套袋隔离，不需要去雄处理。去雄一般在花粉成熟前进行，最适当的时期是花朵张开，花蕾呈现未成熟青绿色的时候。但对于刺槐这类开花前就已散粉的树种，则应在花朵没有完全开放前就去雄。去雄时用镊子或尖头剪刀小心剔除雄蕊，操作时要仔细、彻底，不要损伤雄蕊，更不能刺破花药（图 9-4）。完成一个亲本的去雄后，应用酒精对工具进行消毒以杀死沾染的花粉，再进行下一个亲本的去雄。

（2）隔离

为防止其他花粉污染，在去雄后需尽快对雌花套袋隔离。雌雄异株和雌雄同株异

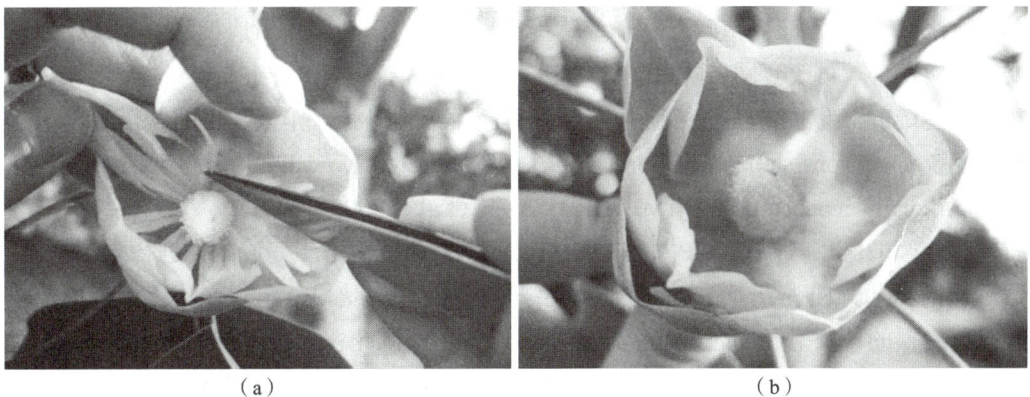

（a）　　　　　　　　　　　　　　　　　（b）

图 9-4　植物两性花去雄过程（a）及去雄后（b）

191

花树种则应在雄花散粉期到来之前，对雌花进行套袋隔离。为使雌蕊有良好的发育条件，隔离袋应选用薄而透明、坚韧的材料制成，能防水、透光、透气。风媒花树种可选用羊皮纸或硫酸纸，虫媒花树种可用细纱布或细麻布，透气又便于观察。隔离袋最好扎在木质化的老枝上并扎紧袋口，以免风折或机械损伤，也可防止昆虫或外来花粉侵入。需要说明的是，如已知树种具有自交不亲和或目标性状近交衰退等特性，甚至不需要去雄和隔离而直接进行杂交。

（3）授粉

授粉就是将父本花药中的花粉授在母本处于可授期的雌花的柱头上。为确保授粉成功，最好连续授2~3次。具体授粉方法包括以下几种。

对花授粉法　对于一些花朵比较大的虫媒花，可采取父本花朵直接授粉。如猕猴桃，在上午8:00~12:00，采集当天早晨刚开放的父本雄花，用去掉花瓣的父本花药轻轻在雌花柱头上涂抹，让花粉自然落在雌蕊柱头上，每朵雄花可授7~8朵雌花。授粉后，立即在着生授粉雌花的枝条上挂牌标记，并作记录。橡胶树杂交时，选择雌蕊刚刚成熟、颜色鲜艳，但尚未开放的雌花，用小镊子将雌花的花瓣从一边撕开一个缝隙，剥去采集的父本雄花花被并将其整个塞入雌花内部使之与雌花柱头充分接触，并利用刺破橡胶树树皮产生的乳胶将雌花的花被相互黏在一起，防止外来花粉的侵入。

点授粉法　用毛笔、海绵球、棉球、泡沫塑料头等细软物蘸取父本花粉涂抹于母本雌蕊柱头上进行授粉的方法。如花粉稀少，可将铅笔的橡皮头削尖蘸取父本花粉点授。授粉时动作要轻，注意不要碰伤柱头，影响授粉效果。更换授粉的父本系统前，须用70%（体积分数）酒精消毒授粉用具、手指等，以免发生花粉污染。

授粉器授粉法　将花粉，或花粉和滑石粉按1:4的比例混合装入授粉器中，向正在开放的花喷授。不同杂交组合的授粉应更换授粉器，防止花粉污染。授粉1~3天后，柱头开始变干，雌蕊柱头或雌球花的胚珠变色，萎缩，证明授粉良好。如仍膨大、湿润，说明授粉不好，应重新授粉。

放蜂授粉法　对于枣树等花朵较小、难以操作的虫媒花树种，为减少人工授粉的劳动强度，可将花期一致的父母本定植在一起，在开花后放蜂授粉。一些学者在枣树、刺槐等树种杂交育种中采取了放蜂授粉法，杂交效果显著。

授粉后，必须在授粉雌花的枝条上挂牌标记，并做好记录。正常情况下，授粉3~10天后，柱头因已受精而干枯，雌球花珠鳞增厚、闭合，这时应拆除隔离袋，以免妨碍果实发育，可改套网袋防虫、鸟危害。

在传统的三步授粉法的基础上，为了节省杂交时间和工作量，也陆续衍生出了一步控制授粉法（one step pollination，OSP）（Williams et al., 1999）、人工诱导雌蕊先熟法（artificially induced protogyny，AIP）（Assis et al., 2005）等方法，尤其在桉树上获得了比较好的应用效果。OSP方法是将去雄、隔离和授粉一步完成，先进行人工去雄，然后切割一部分柱头或者在柱头上画十字开口，使柱头受损，出现伤流，将亲本花粉轻涂到受损的柱头上，同时进行套袋隔离，以防止外源花粉入侵。AIP方法则采用化学药物诱导雌蕊先熟，再用OSP处理完成控制授粉，可省去人工去雄过程。

根据树种物候期长短等特性的差异，树木授粉的方法又可分为树上授粉和室内切枝授粉。大部分树木，尤其是松、杉、落叶松等开花结实过程长的树种，均采用树上授粉的方式。种子成熟期短的树种，像杨树、柳树、榆树等，从开花到成熟仅需要1~2个月，可以切枝水培后，在室内进行控制授粉。室内切枝杂交（cutting cross）包括前期的花枝采集和修剪、花枝水培管理，杂交过程中的去雄、套袋、授粉，以及授粉后的果实发育管理、种子收获等若干过程。相比之下，室内切枝杂交操作过程较多，但要比树上杂交更方便，通过控制室内温度和调节枝条进入温室的时间，可以一定程度上克服亲本的花期不遇，便于隔离和操作管理，也可减少晚霜、风雨等不利的环境因素影响。

9.3.5　杂种苗培育与遗传测定

（1）种子采摘与杂种苗培育

杂种育苗原则上与常规育苗相同。但由于杂种种子数量少，育苗工作应特别仔细。

就杨树而言，当蒴果大部分裂开后将果序与袋子一同取下，记录好采集时间，按采集时间的早晚分批处理，挑出种子，置于干燥器内保存。杨树种子保存时间不能太长，否则种子会很快失去活力。在准备播种前，将播种土壤进行高温灭菌后装盆浸水，上面用细筛筛上一层约1cm厚的扎根土，将种子点播于花盆内，做好标记，用塑料布封口保湿，种子在温室中3天左右即可发芽，每天渗灌或喷灌，保持土壤湿润，待小苗长到5cm左右时移栽到营养钵内，此后采取一般的苗木管理即可。

杜仲杂种苗培育。北京地区10月上旬时，就需要用防虫网或纱布将杜仲果枝包裹起来收集种子，防止自然脱落损失。待树叶完全脱落后按组合收集种子、低温干燥储藏。翌年3月将种子与湿河沙按1∶10的比例混合进行沙培催芽。每3天翻动1次，让沙藏湿度均匀、温度恒定。当种子萌发并有胚根露出时进行播种育苗。

油松、火炬松等松树宜采用高床或营养钵育苗，播种前先用0.5%高锰酸钾溶液对种子消毒处理3min左右，然后将种子捞出冲洗干净，倒入50℃温水浸泡24h，次日换水继续浸泡24h，捞出种子晾干即可播种。覆土厚度对出苗率影响较大，用细筛筛土覆盖为好，或用河沙覆盖，厚度以盖住种子为宜，不可超过1cm。此后采取渗灌，防止土壤板结影响出苗，并注意猝倒病防治。

杂种种群越大，选择达到育种目标杂种的可能性也越大。因此，在杂种育苗的培育中应注意以下几点：第一，要采取有效的育苗措施，以生产更多杂种苗；第二，要保证培育条件的一致性，只有条件一致，才有可能进行客观的评定和选择；第三，要注意及时做好挂牌、观测、登记等工作，防止混淆。

（2）杂种的测定和选择

杂交产生的子代，个体间有遗传差异，只有通过选择才有可能把具有优良遗传基础的个体挑选出来。选择应贯穿于杂交育种的全过程。从杂种萌发到品种试验，都要对繁殖材料进行不断地观测、鉴别，并根据育种目标进行选择和淘汰。

杂种选择的时期不一，可以在苗期进行，也可以在幼龄时或成龄后选择。耐寒、耐旱和抗病虫害能力在苗期或幼龄期一般能够表现出来，短轮伐期速生树种在这个时期鉴定生长性状也有一定的把握。

不同树种因繁殖方式不同，选择和鉴定的程序也有所不同。以无性繁殖为主的树种，收获种子育苗并开展苗期测定，经超级苗选择、优良杂种无性系繁殖和无性系对比试验，选择并扩繁优良杂种无性系进入区域化造林测定，最后选育出优良杂种无性系进行林木良种审定。以种子繁殖为主的树种，在一定种子区内，基于育种群体自由授粉或控制授粉杂交，收获种子育苗并开展子代测定，从子代测定林选优构建下一代育种群体，同时精选优株建立生产群体种子园。

9.4 远缘杂交障碍及其克服方法

远缘杂交可以利用远缘种质的优良性状、拓宽种内遗传资源、扩大基因库，弥补近缘杂交的局限性，实现目标性状相关有利基因聚合，是林木优良性状组配、种质创新的重要途径。生殖隔离（reproductive isolation）是物种在长期进化中形成的由遗传机制所控制的种群间杂交障碍形式。由于各物种间存在不同程度的生殖隔离，因此远缘杂交通常可能发生杂交障碍。

9.4.1 远缘杂交障碍的表现

成功的远缘杂交依赖于传粉受精过程中一系列成功的事件，从花粉粒的附着、萌发、花粉管的生长、双受精的完成，到合子、胚乳的发育等，任何一个环节发生障碍，都会直接导致杂交失败。与生物体自身相关的远缘杂交障碍主要包括杂交不亲和（incompatibility）、胚败育（abortion）或杂种不育（sterility）。一般分为受精前障碍（pre-fertilization barriers）或合子前障碍（prezygotic barriers）和受精后障碍（post-fertilization barriers）或合子后障碍（postzygotic barriers）。

（1）受精前障碍

广义上说，受精前障碍主要体现在亲本可育性和杂交亲和性两个方面，这里所讲的受精前障碍主要指杂交不亲和性。远缘杂交不亲和主要体现在花粉与柱头的互作上，具体可分三类：第一类是父本的花粉在母本柱头上不能萌发或只萌发极少一部分。第二类主要是花粉在母本柱头上虽能萌发，但花粉管生长异常或在柱头内沉积大量的胼胝质阻止花粉管向前伸长。白杨派×青杨派或黑杨派杂交的不亲和组合中可观察到花粉管在柱头表面呈扭曲状，不能进入柱头或花粉管在柱头接触处出现胼胝质沉积。第三类是花粉管虽能进入子房，到达胚囊，但它释放的精细胞不能和卵细胞融合形成杂种合子，从而出现受精失败、延迟受精，或只有卵核或极核发生单受精等异常现象。在胡杨×小叶杨杂交中一些花粉管能进入柱头并生长正常，但花粉管进入子房腔时胚囊尚未成熟，花粉管在子房内滞留过久而枯萎死亡。

（2）受精后障碍

受精后障碍主要分为胚败育和杂种不育两类。一方面，在远缘杂交中经常会有影响种子发育的异常现象发生，主要表现为受精后的合子不分裂或原胚发育异常或早期停止；胚乳发育不正常，在发育过程中提早降解；或虽然杂种胚可以发育成种子，但后者却不能正常发芽等。胚败育是杨树派间杂交中的一种比较常见的杂交障碍。另一方面，远缘亲本雌雄配子融合过程中，常常会出现减数分裂中染色体配对和分离失败，或染色体重排时出现倒位、易位等染色体结构变异，导致育性降低或高度不育。

9.4.2　克服远缘杂交障碍的方法

（1）克服受精前障碍的方法

克服远缘杂交受精前障碍的方法包括亲本选配法、桥梁亲本法、蒙导花粉法、混合授粉法、重复授粉法，以及切割柱头、提前或延迟授粉、涂抹父本柱头提取液、化学或物理法处理柱头等方法，其中常用的方法如下。

①亲本选配法　选择杂交亲本时，需要考虑远缘杂交的可配性，不同的杂交组合间差别较大。以自交不亲和的物种作父本而以自交亲和的物种做母本进行杂交，其结实率相对较高；以染色体倍性较高或染色体数较多的物种做母本，而以花粉渗透压较大、氧化酶活性强的物种做父本进行杂交，其成功的概率也较大。同时，正反交的杂交可配性差别也很大，如黑杨派、青杨派为母本，白杨派为父本杂交容易；但以白杨派为母本，则杂交困难。

②桥梁亲本法　当A和B两个种杂交有困难，而二者都与C之间杂交正常时，可用A与C先行杂交，然后将其杂交后代与B再进行杂交，便可能获得具A与B遗传物质的杂种，其中C即为桥梁亲本，这种通过桥梁亲本克服杂交不亲和性的方法称为"桥梁亲本法（bridge-parent）"，是植物克服远缘杂交不亲和的重要方法，在林木育种中亦有成功应用。如黑杨派与白杨派亲缘关系较远，直接杂交很难成功。用白杨派或黑杨派的派内种间杂种做亲本，再与另一派进行杂交容易获得成功。张金凤等（2000）以黑杨与青杨的杂种作为中介亲本，再与白杨进行杂交，亲和性明显高于黑白杨直接杂交。

③蒙导花粉法（mentor pollen）　用已被杀死的亲和花粉混合在不亲和的花粉中给雌蕊授粉，利用亲和花粉释放出的花粉壁蛋白蒙骗柱头的识别反应，从而使不亲和花粉借此识别物质在柱头上萌发完成授精的一种措施。例如，李琳等（1998）通过高温处理使新疆杨花粉失去生活力，按1∶1的比例与旱柳新鲜花粉混合，分两次给河北杨授粉，获得32粒种子，出苗19株，最后成苗2株，未加新疆杨花粉的对照杂交组合没有获得种子。杂种具有叶片窄短；树皮灰褐色、干型低矮、枝条悬垂等杂合性状。

④混合授粉法　在选定的父本花粉中，掺入少量其他品种，甚至包括母本的花粉，授于母本柱头上，是果树远缘杂交中常用的方法。此方法可能是由于不同花粉的相互影响，改变了授粉的生理环境，解除母本柱头上分泌的有碍异种花粉萌发的特殊物质的影响，有助于花粉萌发以及花粉管迅速顺利穿过花柱组织。例如，以小叶杨为母本，以钻天杨和旱柳混合花粉为父本，成功地选育出速生、耐旱和耐盐碱的'群众杨'杂种。用'赤峰杨'为母本，以钻天杨和青杨的混合花粉为父本，杂交选育出速生、耐旱、耐寒和抗病的'昭林6号'。

⑤重复授粉法　母本柱头的发育状态对杂交成功率的影响很大。为了确保在正确

的发育时期给母本柱头授粉，可以在多个不同的发育时期进行重复授粉，以增加遇到最有利受精条件的概率，提高结实率。北美枫香（*Liquidambar styraciflua*）与枫香（*L. formosana*）远缘杂交时，通常需要在雌蕊柱头可授期内每隔2~3天授粉1次，重复授粉3次以上，以提高结实率。

（2）克服受精后障碍的方法

①幼胚拯救克服胚败育　幼胚拯救（embryo rescue）也称胚抢救，是将授粉后发育早期的子房、胚珠或胚放置于培养基上离体培养，克服杂种败育（abortion），最终获得杂种苗的方法。胚的发育时期是胚抢救的关键因素。这种方法被广泛用于杨树、柳树、油茶等树种的育种工作中。其中，由于黑杨派树种的种子成熟期相对较长，在室内切枝水培杂交时，常由于营养不足或处理损伤等问题，出现葫果失水干缩、果穗脱落以及杂种胚早期败育等现象，胚抢救可以保证黑杨派间杂交获得足够的杂种后代。以青冈柳（*Salix viminalis*）为母本，以银白杨和欧洲山杨为父本进行属间杂交，同样是通过胚抢救的方式克服了属间远缘杂交障碍，最终成功获得杨柳属间杂种苗。

②染色体加倍克服杂种不育　远缘杂交往往会导致杂种子代同源染色体无法正常联会，形成不平衡配子。染色体加倍可以克服染色体组不平衡引起的杂种不育（hybrid sterility）。对于亲缘关系较远的二倍体杂种，在种子发芽的初期或苗期，用秋水仙碱液处理适宜时间，能使体细胞染色体数加倍，获得异源四倍体（即双二倍体）。双二倍体在减数分裂过程中，每个染色体都有相应的同源染色体一般可以正常配对联会，产生具有二重染色体组的有生活力配子，从而提高受精结实率。在酸樱桃（*Prunus culgaris*）和甜樱桃（*P. avium*）等多个树种的种间杂交中都有成功的报道。

③反复回交提高杂种可育性　杂种植株在有丝分裂时所产生的雌、雄配子并不是完全无效的，少数配子是可育的，因此利用这些配子与亲本之一进行回交可以提高结实率。例如，美国通过多次的种间杂交及回交，获得了李杏杂种。

除了上述通过有性方式克服远缘杂交障碍以外，体细胞杂交、DNA重组、离子束介导等细胞工程、基因工程技术的快速发展都从多个角度为林木远缘杂交提供了更多可能。

9.5　林木杂交育种典型案例

需要注意的是，所有树种不同育种区的基于轮回选择的多世代遗传改良均属于种内杂交，持续推动种内多世代遗传改良可以取得良好的育种效果，相关案例比比皆是。而对于具有杂种优势的两个树种，在推动种内轮回选择的基础上，进一步基于一定的交配设计开展种间杂交利用，可以获得更高的遗传增益。典型的远缘杂交育种案例如湿加松杂交育种和欧美杨杂交育种。

9.5.1　澳大利亚湿加松杂交育种

湿加松具有突出的杂种优势，是湿地松和加勒比松洪都拉斯种源的杂交子代。湿地松树干通直、抗风力强和耐渍水，而洪都拉斯加勒比松生长快、分枝习性好、木材均匀一致。二者杂交 F_1 代在所有立地的生长速率、木材和纸浆产量、抗旱能力、分枝习性和木材品质均优于其母本湿地松；而树干通直度、抗风能力、耐水渍能力、抗寒能力、木材密度和强度也均优于其父本洪都拉斯加勒比松，商品材的材积生长与亲本相比提高30%以上。

澳大利亚昆士兰采用全同胞轮回选择策略进行湿地松和加勒比松的种间杂交育种（图9-5；Nikles，1993）。该策略包括制种和测试亲本杂交，反向选择最佳亲本，然后在每个物种的选定亲本中分别进行种内杂交，形成下一代亲本，再次进行杂交测试和选择。其杂交育种主要按以下杂交育种和杂种利用程序进行：分别对湿地松和加勒比松不同种源的基本群体进行评价，经中度前向选择后，选出200个家系作为初代育种群体。下一步改良程序分种内改良和种间杂交育种两个部分开展：一方面，分别对湿地松和加勒比松初代育种群体进行种内遗传改良，通过育种群体内杂交子代测定后，经后向选择，选出第二代育种群体，依此类推，不断重复上一轮次的育种工作，实现两

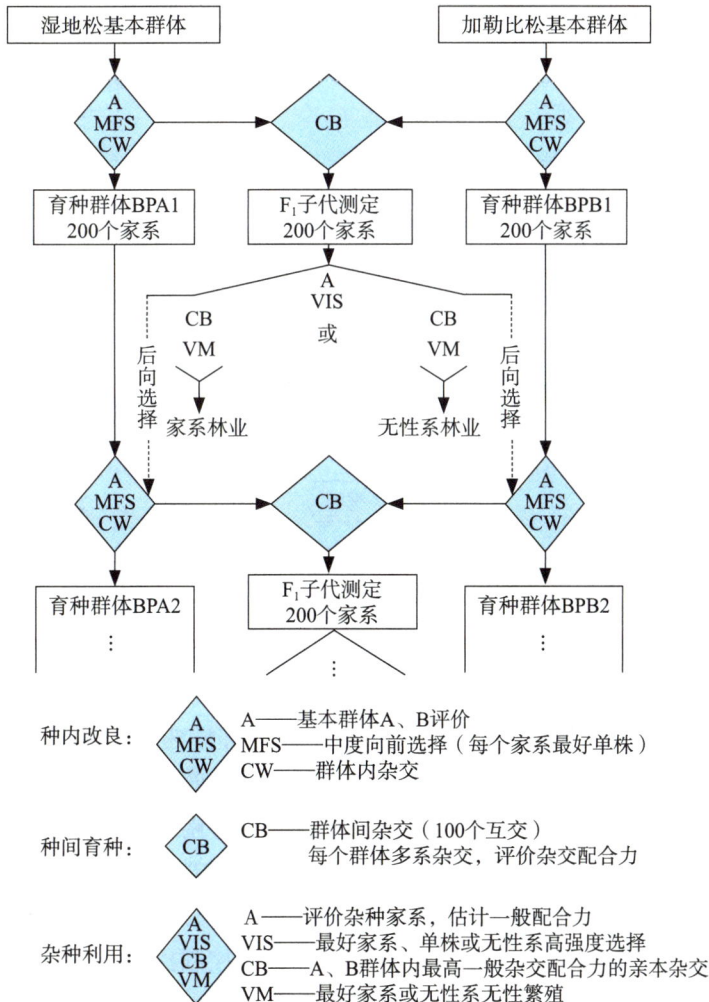

图 9-5　澳大利亚湿加松杂交育种程序（改自 Nikles，1993；何克军，1996）

个树种的种内育种循环提升。另一方面，为了利用湿地松和加勒比松的种间杂种优势，在两个树种的每一个育种世代中选出100个家系进行种间杂交，对F_1代的200个家系进行子代测定，通过后向选择在每一个亲本种内选出新的入选树木进入下一代育种群体，用于改良下一代种间杂种；同时，选择一般配合力最高的优良家系组合，进行亲本控制授粉生产种子，或将杂交子代无性系化用于造林生产。

9.5.2　意大利欧美杨杂交育种

意大利在杨树育种中重视育种群体的改良和交配设计工作，制定的以轮回选择为核心的欧美杨遗传改良程序是多群体杂交育种策略的范例（图9-6）。

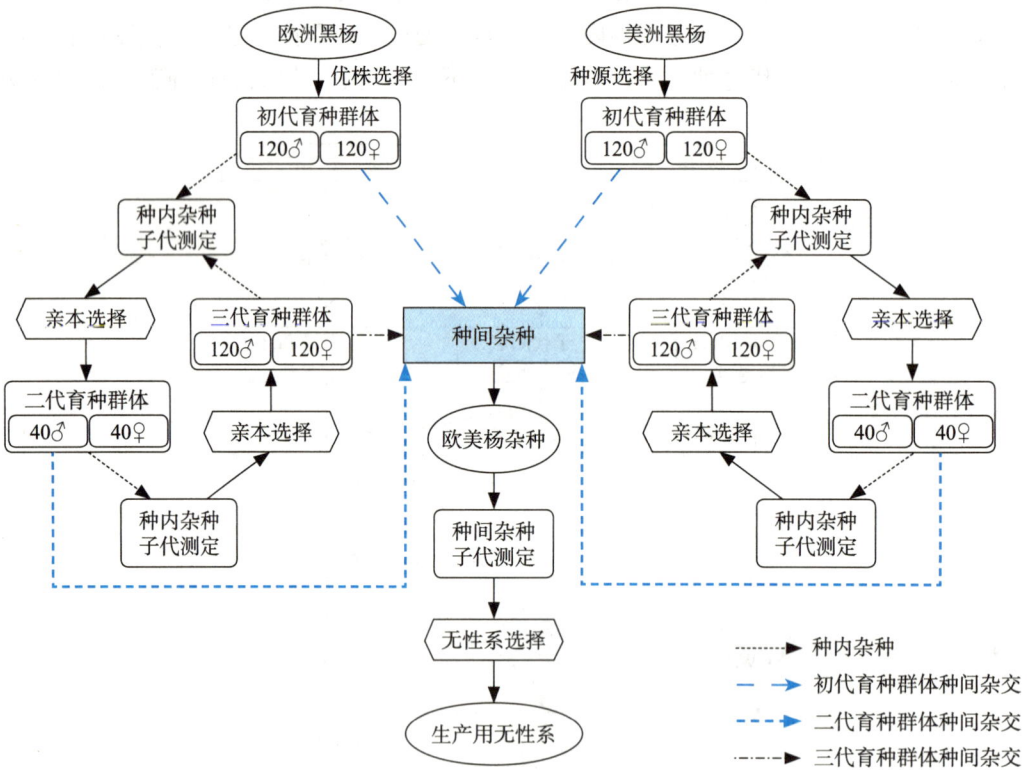

图 9-6　意大利欧美杨育种程序

意大利育种工作者一方面收集、引进意大利本土和欧洲其他国家的优异黑杨资源，经过优株选择，构建了由120株雌株和120株雄株组成的欧洲黑杨初代育种群体。另一方面，系统地从北美引进不同种源的美洲黑杨，特别是南方种源的卡罗林杨，经过种源选择，最终也由雌雄各120株组成的美洲黑杨初代育种群体。下一步的改良计划分为两条线开展，为种内轮回选择和种间配合力选择，其中，单个树种的育种群体改良是分别在欧洲黑杨和美洲黑杨育种群体内进行种内人工控制授粉杂交，通过杂交子代测定，从测定林中选出雌雄各40株组成二代育种群体，此为第一个育种循环（轮次）；在二代育种群体的基础上，重复上一轮次的工作，同样通过种内杂交、子代遗传力和杂种优势测定，选出雌雄各120株作为三代育种群体；如此循环往复，不断提升育种世代或轮次，改良育种群体。同时，在每一育种世代，以美洲黑杨为母本、欧洲黑杨为父本开展种间杂交，选育优良欧美杨杂种，经无性系对比试验，选择杂种优势突出的单株组成生产群体，无性系化后用于林业生产。基于这个育种程序，意大利先后培育出了一系列适合不同栽培目标的优良无性系，包括时至今日在我国仍广为应用的欧美杨'107''108'等品种。

通过以上案例可以看到，澳大利亚湿加松和意大利欧美杨育种策略的成功之处在于把亲本的改良放在杂交育种的优先位置上，改变了长期以来把F_1代的选择作为杂交育种的主体，每次育种都从零开始的做法，利用多群体、多世代改良提高杂交育种的预见性和效率，从而使育种过程系统化、多世代化。

思考题

1. 什么是林木杂交育种？林木杂交育种有哪些特点？

2. 林木杂种优势有哪些表现？如何利用林木杂种优势？

3. 为什么说轮回选择是目前林木多世代育种的核心策略？如何实现杂种优势的利用？

4. 杂交是否等同于杂交育种？二者有何异同？

5. 杂交方式如何应用？其理由何在？试从遗传学角度加以讨论。

6. 杂交亲本选配应的原则有哪些？

7. 林木DH系利用的瓶颈问题是什么？从遗传学角度分析其解决路径。

8. 远缘杂交障碍有哪些表现？针对不同的表现，分别有哪些克服方法？

9. 花粉和杂交技术中包括哪些内容？其中的技术关键是什么？

10. 试述室内杂交和室外杂交的异同，各适用于哪些树种？

11. 提高杂交可配性有哪些方法？

12. 树种繁殖方式不同，在鉴定、选择和推广等做法上有何异同？

13. 试选择一个实例阐述杂交育种程序。

第10章
林木多倍体育种

多倍体育种可充分利用植物多倍体的细胞和器官巨大性、配子高度败育性、新陈代谢旺盛以及环境适应性强等特点，特别适合于较易进行无性繁殖的木本植物的遗传改良，在材用、药用、胶用、果用等经济林木新品种选育方面已有广泛应用。本章主要介绍林木多倍体的特点及应用、多倍体的产生途径、人工诱导林木多倍体及其鉴定的技术方法，并以毛白杨和桑树三倍体品种选育为例，介绍了多倍体新品种的选育过程及品种特性，以加深对林木多倍体育种的认识。

10.1 林木多倍体育种及其应用

多倍体育种属于染色体工程范畴，是非常规育种的一种。由于林木生长周期长、杂合性高，许多树种都能无性繁殖，可避免因多倍体育性降低而造成的繁殖困难问题，而林木的多年生习性又可以保证品种一旦育成就可以长期持续利用等。因此，相比于农作物，林木多倍体育种有着其独特的优势和应用价值。

10.1.1 林木多倍体育种的概念

林木多倍体育种（polyploid breeding of trees）是指通过一定的技术途径创造多倍性变异并选育林木多倍体新品种的过程，包括林木多倍体的诱导、鉴定、扩繁、测试以及品种认证等。其中多倍体诱导是多倍体育种的基础和关键。而针对轮回选择及配合力选择获得的优良亲本开展多倍体诱导和良种选育，可以获得更好的育种效果。

植物多倍体最早发现于1901年，荷兰遗传学家Hugo de Vries在月见草中发现了巨型月见草（*Oenothera gigas*）的存在，经证实其体细胞染色体数目为28条，即四倍体。由此，染色体倍性变异便逐渐引起人们的关注。1935年，瑞典植物学家Hermann Nilsson-Ehle在瑞典利洛（Lillö）半岛发现了一株叶片巨大、生长迅速、抗虫性强的三倍体巨型欧洲山杨，开启了林木倍性育种的大门。由于林木多倍体的天然发生频率极低，且不易被发现，育种学家们非常重视多倍体的人工诱导，开发了多种多倍体诱导技术，实现了林木多倍体种质的人工创制，极大地推动了林木倍性育种的发展。

10.1.2　林木多倍体的特点与应用

多倍体通常具有细胞和营养器官巨大、配子高度败育、新陈代谢旺盛以及环境适应性增强等特点，利用这些特点进行林木育种，往往可以实现多目标性状的遗传改良，在材用、药用、胶用、果用等经济林木新品种选育领域具有广阔的应用前景。

（1）巨大性

多倍体植物最显著的特征就是细胞和器官的巨大性，主要表现在根、茎、叶、花和果实的形态和大小等。多倍体的巨大性特征有利于显著改良植物的营养生长。北京林业大学培育的'三毛杨1号'（*Populus* 'Sanmaoyang 1'）等系列三倍体毛白杨品种长枝叶巨大，叶片宽度可达53cm，速生性明显（图10-1）。德国选育的欧洲山杨×美洲山杨（*P. tremuloides*）杂种三倍体'Astria'的树高和胸径生长分别比二倍体对照高出22%和25%。天然六倍体北美红杉（*Sequoia sempervirens*）树高可达120m，胸径可达10m。三倍体灌木柳（*Salix*）每年每公顷可产出茎干生物量干重超过16t，显著高于二倍体和四倍体，适合于培育生物质能源林。三倍体尾叶桉的叶片表现出明显的巨大性，株高、地径等性状也显著优于其二倍体同胞（图10-2）。多倍体细胞的巨大性也有助于改善林木的木材品质。研究发现，5年生三倍体白杨杂种'北林雄株1号'纤维细胞平均长0.854mm，材积生长为103.35m³·hm⁻²，综纤维素含量为85.90%，木质素含量为17.42%，各项木材品质指标均显著优于对照毛白杨二倍体品种'1319'。增大的木纤维长度，使得单位材积的纤维细胞数减少、细胞表面积减小，木质素含量降低而纤维素含量则相应提高。因此，多倍体育种不但可以使材积生长提速，而且在木材材性改良

图 10-1　河北晋州 8 年生三倍体
（左）毛白杨测定林

图 10-2　林地中三倍体尾叶桉（右）与二倍体（左）的植株对比

201

方面也有明显效果，适宜纤维材等短周期工业用材新品种选育。

（2）高度败育

多倍体植株由于染色体组的增加，往往导致其减数分裂过程同源染色体联会配对和分离紊乱，造成配子高度败育。利用多倍体所表现出的高度败育性，是选育无籽品种的重要途径。北京林业大学培育的三倍体鲜食枣品种'京林一号枣'（*Ziziphus* 'Jinglin 1'）无核仁，平均单果重24.08g，最大果重29.80g，大小整齐，可食率96.2%，抗裂果，品质优良。西南大学利用多倍体植物高度败育的特性培育出了'无核国玉''华玉无核1号'等三倍体枇杷（*Eriobotrya japonica*）新品种，果实比普通品种大，且没有种核，推广价值巨大（图10-3）。以异源四倍体体细胞杂种"Zj"与二倍体'玉环柚'杂交获得的三倍体新品种'浙玉1号'柚具有无籽、不裂果、自然贮藏期长等优点。因此，多倍体育种可以应用于大果、无核等经济林新品种选育。

图 10-3　三倍体枇杷新品种'华玉无核 1 号'（西南大学梁国鲁教授课题组提供）

（3）代谢旺盛

多倍体基因组倍增，基因表达形成剂量效应，使得林木的一些生理生化过程加强，新陈代谢旺盛，某些次生代谢成分的含量也相应提高。研究报道，同龄四倍体橡胶树的产胶量比其二倍体细胞型提高34%；三倍体橡胶树品种'云研77-2'和'云研77-4'的4年平均产胶量分别是优良品种'GT1'的165.3%和143.1%。三倍体漆树（*Toxicodendron vernicifluum*）品种'大红袍'生长迅速，漆汁道多，割漆时间长，产漆量是二倍体品种'高八尺'的1~2倍，且生漆质量上乘。三倍体桑树（*Morus alba*）新品种'鲁插1号'与二倍体品种相比，产叶量提高18.21%，且叶片品质好、粗蛋白含量高，万蚕收茧量提高6.5%。四倍体白桦的光合作用强于二倍体，其全天最大净光合速率较二倍体提高了24.81%，光饱和点、光补偿点和羧化效率较二倍体分别提高了9.41%、20.00%和25.19%。三倍体杜仲不仅生长迅速、叶片巨大（图10-4），而且叶片桃叶珊瑚苷和绿原酸京尼平苷酸含量均超出二倍体良种'秦仲1号'50%以上。因此，多倍体育种在利用药效成分、粗蛋白、橡胶等代谢产物的经济树种遗传改良方面具有价值。

图 10-4　杜仲二倍体（左）和三倍体（右）的生长对比

（4）环境适应性增强

多倍体植物往往还具有较强的生活力和环境适应性，在应对病虫危害、干旱及低温等生物和非生物胁迫方面具有优势。作为物种形成和进化的推动力之一，自然界多倍化事件的发生往往伴随着极端的环境变化，多倍体植株大多也出现在高海拔、高纬度以及北极、沙漠等气候环境变化剧烈的地区，表明多倍体植株对不利自然条件的适应能力强于二倍体。基于广泛空间数据结合成千上万物种的多倍体系统进化分析也发现，多倍体植物的出现频率呈现出明显的随纬度升高而增加的趋势，而且气候条件，尤其是温度可能对多倍体分布的影响最大（Rice et al.，2019）。育种实践表明，三倍体山杨杂种'Astria'比较耐干旱瘠薄，且抗锈病能力较强（Baumeister，1980）。橡胶树三倍体品种'云研77-2'和'云研77-4'相比于主栽品种'GT1'，具有更强的抗寒性。三倍体青黑杨杂种[（*P. pseudo-simonii × P. nigra*'Zheyin3#'）×（*P. × beijingensis*）]在干旱胁迫下相对电解质渗出率和丙二醛含量更低，相对含水量和游离脯氨酸含量以及抗氧化能力更高，证明三倍体较二倍体具有更强的抗逆性。因此，多倍体育种在林木抗性育种和困难立地品种选育方面也具有较好的应用潜力。

10.2　林木多倍体的产生途径

理论上，一切具有分裂潜力的细胞均可被施加处理诱导染色体加倍，包括植物的种子、胚、顶端分生组织、愈伤组织、原生质体、体细胞胚以及配子、合子细胞等，可以归类为有性多倍化（sexual polyploidization）和无性多倍化（asexual polyploidization）两条技术途径。这两条技术途径在育种实践中均有广泛应用，在林木多倍体种质创新中发挥了重要作用。

10.2.1　有性多倍化途径

有性多倍化是指利用亲本形成的未减数2*n*配子，通过有性杂交形成多倍体的过程。所谓2n配子是指拥有体细胞染色体数目的配子，既可以是2n雄配子，也可以是2n雌配子。其中，若亲本一方提供2n配子，则可称为单向有性多倍化（unilateral sexual polyploidization）；若亲本双方均提供2n配子，则称为双向有性多倍化（bilateral sexual polyploidization）。通过有性多倍化的育种过程可实现倍性优势和杂种优势的综合利用，在当前林木多倍体育种研究中受到广泛重视。

当一树种中存在可育的不同倍性体时，利用不同倍性体杂交是获取新的异源或同源多倍体最为简捷而有效的途径。Nilsson–Ehle（1938）最早用三倍体与二倍体欧洲山杨杂交，获得了一些三倍体、四倍体和混倍体植株。利用三倍体与二倍体杂交之所以能够获得多倍体，是由于三倍体不规则的减数分裂可以产生少量不同倍性可育配子的缘故。通过不同倍性体间杂交，成功获得多倍体的树种有杨树、桑树、桦木、刺槐、枸杞等。Einspahr等（1984）、Weisgerber等（1980）利用四倍体欧洲山杨与美洲山杨杂交获得了异源三倍体山杨，为杨树纸浆材新品种选育做出了贡献。目前，有关研究多限于群体中存在天然多倍体或已经获得人工多倍体的树种，这主要是因为树木生长周期长，即使多倍体诱导成功，还要等待开花结实，需时较长。况且这种多倍体还必须具有较好的育性，在与另一亲本交配时应表现出较高的配合力等，否则或不能取得杂交后代，或虽有子代但无优势。

由于外界环境和遗传因素的共同影响，很多植物能产生天然的2n配子，因此人工筛选并利用天然2n配子杂交可实现多倍体材料的创制。天然2n配子形成有多种细胞学机制，根据其发生的时期，可分为无孢子生殖、前减数分裂失调、减数第Ⅰ次分裂核复原、减数第Ⅱ次分裂核复原以及减数分裂后核复原等。利用这些不同来源的2n配子杂交均可以获得多倍体。北京林业大学朱之悌等（1995）利用毛白杨天然2n花粉与毛新杨、银腺杨杂交，最终获得了27株生长、材质俱优的异源三倍体，这些三倍体已经得到大面积推广。但天然2n配子的发生具有偶然性和不稳定性，且发生频率较低，因此其利用也受到限制。

人工诱导配子染色体加倍是林木多倍体诱导最快捷的途径。从功能大孢子发育到成熟胚囊需经历三次有丝分裂，针对胚囊施加理化处理同样可以获得2n雌配子。Johnsson（1940）最早采用秋水仙碱处理欧洲山杨、美洲山杨雄花枝，取得了一些2n花粉，然后给雌花授粉，均得到了三倍体植株。此后在欧洲山杨、美洲山杨、美洲黑杨、香脂杨、银白杨、毛新杨、银腺杨、橡胶树、桑树等树种中，通过秋水仙碱或高温诱导花粉、大孢子、胚囊染色体加倍，并与正常异性配子杂交，得到了三倍体等多倍体植株。但不同途径形成的2n配子传递的亲本杂合度存在差异，如无孢子生殖形成的2n配子通常可以保留亲本100%的杂合度；通过抑制减数第Ⅰ次分裂染色体分离而形成的2n配子，理论上可传递80%的亲本杂合度给子代，而抑制减数第Ⅱ次分裂染色体分离形成的2n配子，则理论上仅可传递40%的亲本杂合度（Mendiburu and Peloquin，1977）。不同来源2n配子的这种不同的亲本杂合度传递能力，在制定多倍体育种策略时应予以考虑。

10.2.2　无性多倍化途径

无性多倍化不涉及2n配子参与的有性过程，而是通过体细胞染色体加倍（somatic chromosome doubling）、胚乳培养（endosperm culture）或原生质体融合（protoplast fusion）等方式获得多倍体。其中，体细胞染色体加倍是通过抑制有丝分裂过程姊妹染色单体分离或阻止胞质分裂而实现的，是人类最早获取多倍体的途径。由于大多数体细胞染色体加倍研究的对象为多细胞材料，往往染色体加倍处理最终获得的大多是混倍体或嵌合体，影响了倍性优势的发挥。诱导不定芽或体细胞胚的原基细胞染色体加倍，是保证体细胞染色体加倍成功的关键。

在大多数被子植物中，一个精核与两个极核融合完成双受精过程，从而产生三倍性的胚乳，因此通过某一树种的胚乳培养也可以获得三倍体植株。1973年，Srivastava首次由罗氏核实木的成熟胚乳培养中获得了三倍体胚乳再生植株。此后胚乳培养研究进展迅速，林木胚乳培养主要集中在猕猴桃、枸杞、枣等经济树种，取得了三倍体苗木。然而，由于胚乳愈伤组织继代培养中往往会产生染色体变异，使再生植株多为非整倍体（aneuploid）或混倍体，这是目前胚乳培养的主要问题。

原生质体融合，也称为细胞融合（cell fusion），该技术建立在植物原生质体游离与再生的基础之上，不经有性杂交，而通过化学或物理处理的方式使原生质体发生融合，从而形成多倍体。可以说细胞融合是克服植物远缘杂交障碍、创造多倍体的又一条新途径。1960年，Cocking发明了用酶去除植物细胞壁获得原生质体的方法，为植物细胞杂交奠定了基础。此后，随着原生质体化学融合和电融合技术的发展，已有近百种种内、种间和属间原生质体融合获得了再生植株，甚至可以实现体细胞和配子细胞融合与再生。林木中的细胞融合主要集中于杨树等树种，有关研究仍处于试验探讨阶段。

10.3　林木多倍体的诱导方法

由于自然环境变化剧烈而频繁，自然界林木天然多倍体广泛存在。迄今已在杨树、柳树、榆树、桑树、漆树、橡胶树、枣树、银杏、落叶松、欧洲云杉、北美红杉、柳杉、日本扁柏（*Chamaecyparis obtusa*）、北美乔柏（*Thuja plicata*）、欧洲水青冈（*Fagus sylvatica*）、合欢（*Albizia julibrissin*）等树种中发现天然多倍体的存在。然而，多倍体的天然发生频率仍然很低，且不易鉴定，而且一些天然多倍体虽然具有较强的适应性，但是经济性状可能并不突出。从品种选育的角度来考虑，为了增加选择强度，提升经济性状的遗传表现，加强人工诱导多倍体的研究是十分必要的。诱导染色体加倍的方法主要包括基于化学诱变剂的化学诱导法和基于物理因素处理的物理诱导法。

10.3.1　化学诱导法

化学诱导法是指采用化学诱变剂处理具有分生特性的植物器官、组织甚至细胞，从而诱导细胞核染色体加倍形成多倍体的方法。

1937年，Blakeslee和Avery以曼陀罗为材料，证实秋水仙碱能有效诱导植物多倍体且诱导效果良好。目前，常见的化学诱变剂除秋水仙碱外，还有氟乐灵（trifluralin）、安磺灵（oryzalin）、萘嵌戊烷（$C_{12}H_{10}$）、咖啡因（caffeine）、赤霉素及笑气（N_2O）等。其中，秋水仙碱是公认效果较好的多倍体诱变剂，属于一种生物碱，化学式为$C_{22}H_{25}NO_6$，最初从百合科植物秋水仙（*Colchicum autumnale*）中提取得来，为淡黄色结晶性粉末，见光易分解。秋水仙碱具有破坏纺锤体、抑制有丝分裂的作用，同时对人体也具有较强的毒性，高剂量摄入可能导致发热、呕吐、腹泻、腹疼和肾衰竭等症状，严重可致人死亡，使用时需注意防护。氟乐灵、安磺灵等是商品化的除草剂，具有阻止植物微管聚合的作用，在多倍体诱导研究中也有较广泛的应用，通常施用的浓度低于秋水仙碱，为100μm量级。

在育种实践中，化学诱变剂多配制为溶液或胶体等施用处理，故常采用注射法、浸渍法、喷雾法、涂布法、药剂–培养基法等方法处理诱变材料。

①注射法　指用微量注射器将一定浓度的化学诱变剂溶液直接注射到待处理的植物部位，以诱导细胞染色体加倍的处理方法。杨树等树木花粉染色体加倍可采用注射法，即用微量注射器将秋水仙碱溶液从花芽顶端注入花芽内，每天处理3~4次，每次注入至药液溢出花芽为止，每次处理间隔为5~7h。值得注意的是，注射法处理除了诱变剂的作用外，也会对植物组织或器官造成机械损伤，如果待处理的组织或器官较小，则注射法的适用性有限。

②浸渍法　指用一定浓度的化学诱变剂溶液浸渍萌发的种子、幼苗、茎尖、花芽等，以诱导细胞染色体加倍的处理方法。利用秋水仙碱溶液处理树木种子时，通常使用浓度为2~20mmol·L^{-1}，持续处理12~120h不等。

③喷雾法　指用喷雾器将配制好的化学诱变剂溶液喷洒到需处理的分生组织部位，以诱导细胞染色体加倍的处理方法。由于水溶剂易蒸发，导致诱变剂的浓度变化过快，采用喷雾法处理时往往需要连续多次喷施。

④涂布法　指将配制好的含一定浓度化学诱变剂的羊毛脂软膏或凡士林等涂抹在生长点等分生组织部位进行处理，以诱导细胞染色体加倍的处理方法。为取得较好的诱导效果，涂布法所包含的化学诱变剂浓度通常要高于直接溶液处理的浓度。

⑤药剂–培养基法　指将待处理材料接种到含一定浓度化学诱变剂的培养基上进行培养的处理方法。这种方法多适用于无菌条件下对离体器官、愈伤组织或细胞的诱变处理。处理强度因材料而异，通常秋水仙碱处理浓度为0.1~10mmol·L^{-1}，处理时间为24~96h。

此外，笑气以高压气体形式施加处理，通常在密封舱内以300~1000kPa的压强诱变处理材料，处理时长在24~72h。

化学诱变剂的处理强度是影响多倍体诱导效果的重要因素，因处理的材料、方法以及持续时间和环境温度等不同而不同。一般而言，采用注射或浸渍处理时，诱变剂浓度宜较低，处理持续时间不宜太长；而采取涂布或喷雾等方法时，诱变剂浓度可稍高。

处理时的环境温度一般以15~25℃为宜。温度过高和过低均不利于多倍体诱导。低于10℃时，细胞分裂受到抑制，从而影响化学药剂的作用效果；大于25℃，药剂对细胞的毒害作用加剧，导致细胞活力降低，甚至发生细胞裂解等。

10.3.2　物理诱导法

除化学诱变剂外，温度激变、机械创伤、电离和非电离辐射等物理因素，也可能诱发细胞染色体加倍形成多倍体。利用物理因素处理植物材料诱导细胞发生染色体加倍的方法称为物理诱导法。

由于物种生物学特性差异，一些植物对秋水仙碱等化学诱变剂较为敏感，处理后因化学试剂毒害作用而难以取得理想效果，此时选择物理诱变剂处理诱导染色体加倍可能效果更佳。与化学诱导法相比，物理诱导法，尤其是施加温度激变处理，对人体无毒害，便于操作，且诱变作用发生快，其中以高温处理的诱导效果较好。1989年，苏联学者Mashkina等曾报道采用38～40℃的高温处理花粉母细胞减数分裂处于前期Ⅰ的香脂杨（*Populus balsamifera*）、美洲黑杨、银白杨及银白杨和欧洲山杨杂种等雄花枝1.5～2h，得到了最高94.4%的2n花粉，并利用2n花粉杂交，获得了银白杨三倍体植株。

温度激变处理方法可以是高温处理、低温处理，也可以是高低温交替处理。比较适宜的高温处理范围为38～45℃，低温处理范围为0～4℃。处理时间因植物材料和处理温度而异，一般高温处理时长在2～8h，低温处理时长为12～72h。

施加高温处理往往依赖一定的仪器装置。对于类似于杨树、柳树、榆树等可以切枝水培、种子成熟期短的树种，或可通过盆栽种植的小灌木，可置于恒温培养箱中施加高温处理诱发染色体加倍；而对于如杜仲、橡胶树、桉树等种子成熟期长、难以离体切枝水培的树种，则可以采用"树木非离体枝芽加热处理装置"（发明专利ZL200610113448.X，图10-5）直接到树上进行非离体高温处理诱导染色体加倍。

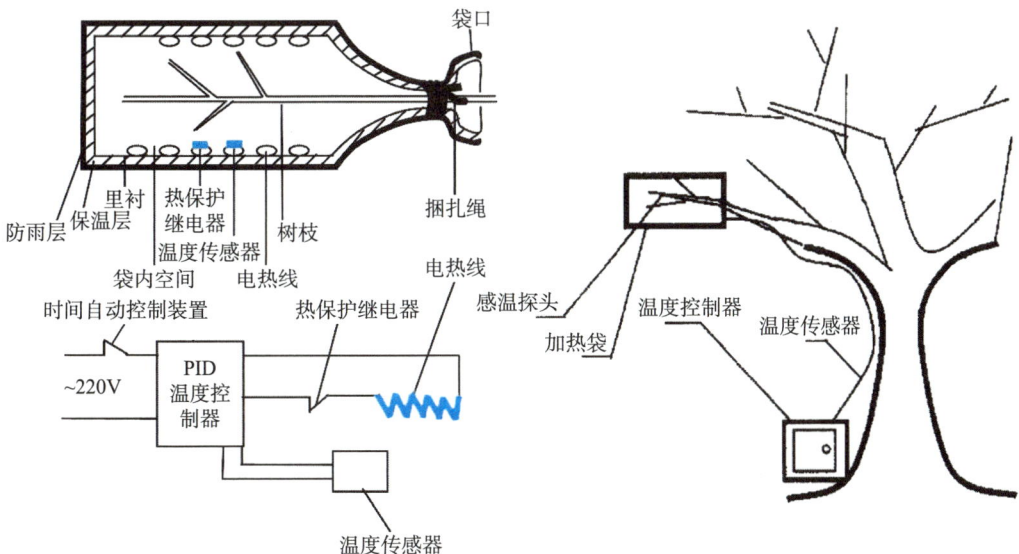

图 10-5　"树木非离体枝芽加热处理装置"结构及应用示意

10.4 林木多倍体诱导技术

10.4.1 林木配子染色体加倍技术

（1）花粉染色体加倍技术

花粉染色体加倍技术是指利用化学诱变剂或物理因素处理雄花，诱导形成$2n$花粉，并以$2n$花粉授粉杂交，从而收获多倍体子代的技术，属于有性多倍化途径。$2n$花粉在形状、大小等方面变异明显，易于观察，有关人工诱导树木花粉染色体加倍的研究较早且多。随着对花粉染色体加倍机制的研究不断深入，$2n$花粉诱导技术逐渐趋于成熟。诱导花粉染色体加倍技术要点如下所述。

①有效的处理时期　在有效处理时期施加处理诱导花粉染色体加倍能取得事半功倍的效果。秋水仙碱等化学诱变剂诱导杨树花粉染色体加倍的最佳处理时期为减数分裂细线末期–粗线期（康向阳等，1999）；高温处理诱导杨树花粉染色体加倍的最佳处理时期为减数分裂终变期–中期Ⅰ（康向阳等，2000），实施处理可以获得80%以上的$2n$花粉（图10-6）。因此，在开展花粉染色体加倍研究时，应及时监测花粉母细胞减数分裂进程。实际操作中，由于花芽内小孢子母细胞减数分裂过程的不同步性，通常以占比较大的减数分裂时期作为该花芽的代表性时期。

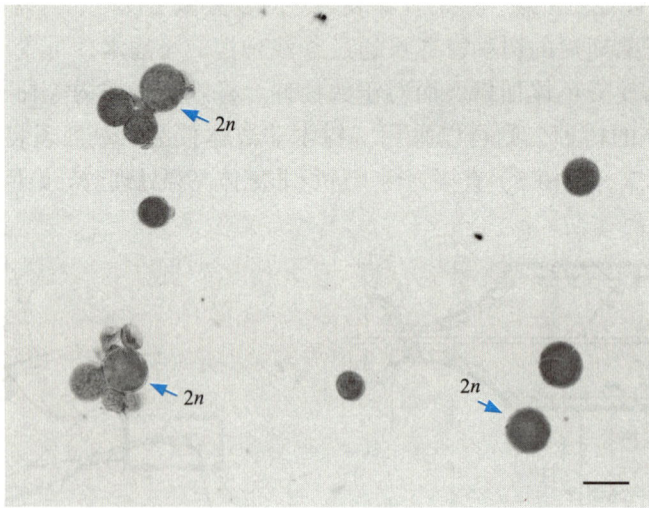

图 10-6　秋水仙碱注射处理诱导'通辽杨'$2n$花粉（标尺 =50μm）

②适宜的处理强度　花粉染色体加倍的处理强度因植物种类、处理方式等而异，处理强度不足则诱导效果不佳，处理强度过大可能由于毒害/伤害作用而导致花芽死亡。一般而言，杨树等树木切枝水培条件下，施加秋水仙碱溶液浸渍法或注射法处理诱导花粉染色体加倍的浓度为0.1%~0.5%，浸渍处理时间可以为24~36h，注射处理通常为3~7次，每次间隔3~4h；施加高温处理诱导花粉染色体加倍的适宜处理温度为38℃，处理时间为2h。对于杜仲等难以切枝水培的树种，施加高温处理诱导花粉染色体加倍

的适宜处理温度为46℃，处理时间为4h。

然而，2n花粉普遍存在萌发迟缓、萌发异常而产生的受精竞争力差等问题，严重影响了以2n花粉授粉选育多倍体的效果，难以获得可供选择的育种群体。为此，育种学家们提出了利用自交亲和性差异、过筛、密度沉降、⁶⁰Co γ射线辐射甚至显微挑选结合离体授粉等一系列提高2n花粉比率或增强其竞争力的方法，在一定程度上有效提高了多倍体诱导效率。其中，康向阳等（2000）采用⁶⁰Co γ射线辐射处理人工诱导的白杨杂种2n花粉，证明单倍性花粉的敏感性约为2n花粉的2倍，经辐射处理，2n花粉的可比萌发率有所提高，并利用辐射2n花粉进行授粉，三倍体诱导率达到3.8%。

（2）雌配子染色体加倍技术

雌配子染色体加倍技术是指利用化学诱变剂或物理因素处理雌花，诱导形成2n雌配子，经杂交后产生多倍体子代的技术，同样属于有性多倍化途径。利用2n雌配子杂交可避免单倍性配子竞争的问题，理论上染色体加倍产生的2n雌配子受精后可100%产生三倍体。因此，有关2n雌配子的人工诱导日益受到重视。由于雌配子深埋于胚珠中，需借助石蜡切片等技术才能观察其发育进程，难于即时判别染色体加倍有效处理时期，因此，如何实现染色体加倍有效处理时期即时判别，是实现人工诱导2n雌配子选育林木三倍体的技术关键。

依据植物生殖发育规律，被子植物雌配子形成过程包括两个阶段，即大孢子发生阶段和雌配子体（胚囊）发育阶段。其中，大孢子发生以大孢子母细胞经历减数分裂而形成单倍性大孢子为特征。在减数第Ⅰ次分裂过程或减数第Ⅱ次分裂过程施加多倍体诱变剂处理，均可能导致2n大孢子的形成，进而经历正常的雌配子体发育过程形成2n雌配子。而如果减数分裂过程正常，单倍性功能大孢子进入雌配子体发育阶段，根据发育模式的不同，将经历至少1轮核分裂过程形成成熟雌配子体。在胚囊发育过程中施加多倍体诱变剂处理，同样可以诱导2n雌配子的形成。因此，2n雌配子的诱导途径可细分为大孢子染色体加倍（megaspore chromosome doubling）和胚囊染色体加倍（embryo sac chromosome doubling）（图10-7）。

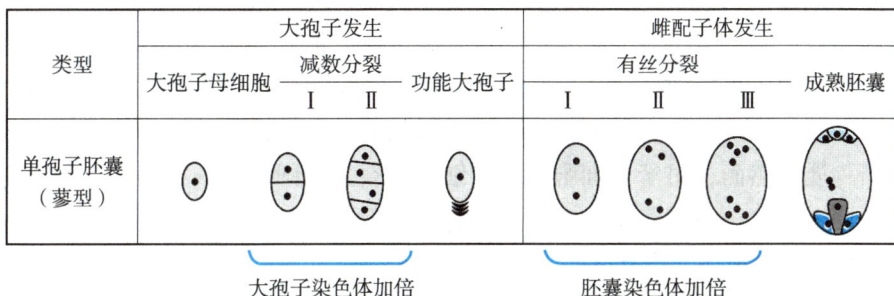

图 10-7　雌配子染色体加倍的技术策略

与花粉染色体加倍相似，秋水仙碱处理诱导大孢子染色体加倍的有效处理时期也是减数分裂粗线期，高温处理诱导大孢子染色体加倍的有效处理时期为粗线期–双线期。大孢子染色体加倍的关键是准确、即时、无损地判断出大孢子母细胞的减数分裂时期。一方面，可以借助同一树种雌、雄配子发育进程的时序相关性，利用便于观察的雄配子发育时期来判别雌配子发育时期。研究发现，毛新杨、银腺杨的小孢子处于单核靠边期时，置于相同生长与培养条件下相同树种雌花芽大孢子母细胞正好发育到减数分裂粗线期（李艳华等，2005），此时用0.5%秋水仙碱溶液处理雌花芽，获得了最高达16.7%的三倍体诱导率（Li et al.，2008）。这种方法同样适用于金柑（*Fortunella japonica*）、杜仲、桉树、橡胶树等树种，只是由于这些树种的诱导处理均处于室外，环境条件变化较大，雌花发育及大孢子母细胞减数分裂发育均存在较强的不同步性，导致其三倍体诱导率略低，分别为5.87%、5.74%、6.25%和9.09%。另一方面，也可以借助雌花的发育状态作为判别大孢子发生进程的依据。Wang等（2012）将'哲引3号杨'（*Populus* 'Zheyin3#'）雌花芽根据形态特征分为5个不同的发育阶段，分别施加高温处理，共获得了三倍体146株，其中以雌花芽芽鳞张开、花序微露时的花芽发育阶段处理效果最好，此时大部分大孢子母细胞处于减数分裂粗线期–双线期，适时施加44℃高温处理5h，三倍体得率可达60%。

胚囊染色体加倍也是一条选育林木多倍体的有效途径。以银腺杨为母本、毛白杨为父本，对授粉后一定时间内处于胚囊发育过程的雌花序施加秋水仙碱处理，其中授粉后24~36h施加秋水仙碱溶液处理获得了三倍体植株，最高处理组合的三倍体得率高达57.1%（康向阳等，2004）。胚囊染色体加倍的关键也在于其发育时期的即时判别。以杨树为例，由于其胚囊发育过程几乎都在授粉后开始，因此可以在掌握雌蕊柱头最佳可授期的基础上，以授粉时间作为起始参照点，对胚囊发育时期进行判断，适时施加理化处理诱导胚囊染色体加倍。如利用秋水仙碱诱导'哲引3号杨'胚囊染色体加倍的有效处理时期为授粉后54~66h，以0.5%秋水仙碱溶液浸泡处理雌花序18h，三倍体诱导率达到66.7%；利用高温诱导胚囊染色体加倍的有效处理时期为授粉后66~72h，以44℃高温处理雌花序2h，三倍体诱导率达到40%。目前，胚囊染色体加倍技术已拓展到响叶杨、小钻杨（*P. simonii* × *P. nigra* var. *italica*）、杜仲、白桦等树种。

10.4.2　林木体细胞染色体加倍技术

体细胞染色体加倍技术是指利用化学诱变剂或物理因素处理植物种子、顶芽、不定芽、愈伤组织等分生组织细胞，从而诱发染色体加倍获得多倍体的技术，属于无性多倍化途径。由于机械损伤、环境刺激等因素的影响，体细胞染色体加倍在自然界时有发生，是天然多倍体的重要来源，表明也可以通过人工诱导体细胞染色体加倍创制多倍体新种质。然而，由于多细胞组织内细胞分裂的不同步性，很难做到使所有的细胞染色体同时加倍，最终获得的大多是嵌合体。因此，避免嵌合体的产生成为体细胞染色体加倍途径所关注的焦点。

不定芽（adventitious bud）被认为是单细胞起源（Broertjes and van Harten，1985）。在离体培养条件下，施加秋水仙碱等诱变剂对叶片、茎段、叶柄等再生过程中诱发的不定芽原基进行处理，可以诱导单细胞染色体加倍，是获得多倍体的一条较为理想的途径。在进行叶片不定芽加倍研究时，首先需要筛选出适宜的叶片不定芽分化培养基，并要注意预培养时间、秋水仙碱浓度及处理持续时间的合理搭配。根据物种和基因型的差异，各条件也有所不同，需要经过试验加以探索。其中，能否在适宜的不定芽原基细胞发生后第一次有丝分裂时期施加处理，是影响诱导效率以及是否产生嵌合体的关键。Xu等（2018）发现，当杨树叶片切口处愈伤组织开始发育时施加30mg·L^{-1}秋水仙碱处理3天诱导不定芽染色体加倍，不同基因型可获得5.4%~10.3%的四倍体诱导率，且不产生嵌合体；而当叶片切口处愈伤开始进入快速生长期时处理，则会诱导产生嵌合体。此外，王君等（2021）发明了一种利用杨树插穗切面不定芽再生过程中施加化学处理诱导多倍体的方法，即在杨树插穗愈伤形成过程中施加0.025%~0.05%秋水仙碱溶液处理24~36h，可获得42.9%的多倍体诱导率。该方法不需要组培无菌操作，多倍体诱导效果好，值得研究和应用。

合子（zygote）作为一类特殊的体细胞，于受精后以单细胞形式短暂存在，对其适时进行染色体加倍处理，能形成大量基因型不同的四倍体，是人工诱导四倍体植株的最理想选择。合子染色体加倍需注意以下几点：①合子第一次有丝分裂时机把握。被子植物合子形成后通常要经历一个休眠期才能进入有丝分裂，这一休眠期因植物种类而异，在数小时至几天不等，有些植物的合子甚至需要休眠数月之久。显然，准确掌握合子第一次有丝分裂时期对于人工诱导合子染色体加倍选育植物四倍体的成功尤为关键。在杨树中，子房内种毛发育与合子发育间存在一定的对应关系，可以利用种毛发育状态为参照，当子房内种毛开始包裹胚珠基部和中部，但尚未完全覆盖胚珠时，恰是合子进行第一次有丝分裂时期，提示育种者施加理化处理诱导合子染色体加倍（王君等，2010）。②处理方法的选择。温度激变等物理处理方法和秋水仙碱溶液等化学处理方法均适用于合子染色体加倍。对于杨树而言，合子发育时期，由于子房膨大，子房壁增厚，子房内种毛发育使得子房室充满空气，秋水仙碱渗透困难，而高温传导迅速，可很快捕捉到有效处理时期，因此，高温处理往往效果更佳。③处理强度。相比于配子染色体加倍过程，合子细胞通常表现出更强的耐受外界刺激能力。施加秋水仙碱处理诱导杨树合子染色体加倍的适宜浓度为0.3%~0.5%，持续处理时间为24~48h；施加高温处理的适宜温度为38~44℃，持续处理时间为2~6h。

针对体细胞染色体加倍产生的嵌合体问题，还有一种解决方案便是对产生的嵌合体材料进行纯化，分离出多倍体。例如，Liu等（2020）利用不定芽原基单细胞起源的原理，提出了基于叶片不定芽分化的嵌合体纯化技术，在无菌条件下对小青杨×钻天杨种子进行秋水仙碱处理后，获得了一定数量的二、四倍嵌合体种质，并通过筛选到的叶片不定芽诱导广谱培养基对嵌合体进行了纯化，分离获得了5个基因型的四倍体种质。问题是该方法需要经过加倍、组培纯化、倍性鉴定等环节，不如直接通过诱导不定芽染色体加倍更为简捷。

10.5　林木多倍体的鉴定

林木多倍体除染色体数目的增加外，还往往伴随着细胞体积、植株形态以及生理生化特性等方面的显著变化。基于这些特点，目前已发展出形态学鉴定法、染色体计数法、流式细胞术检测法、分子标记剂量鉴定法等多倍体鉴定方法。

10.5.1 形态学鉴定法

形态学鉴定法主要是利用多倍体细胞和植株巨大性等特点，从形态上对叶片、花等器官大小，气孔、花粉等细胞大小或者叶片的锯齿形态以及气孔保卫细胞内叶绿体的数量等进行比较，从而初步判定待鉴定植株是否为多倍体植株的方法。例如，三倍体枇杷与二倍体植株相比，表现出树体高大、叶色浓绿、茸毛长而密、叶缘缺刻明显、花器官增大等特征。三倍体'银中杨'（*Populus alba* × *P. berolinensis* 'Yinzhong'）的叶背茸毛密度高于其同源六倍体，而六倍体的叶肉细胞平均直径更大、叶绿体数量更多。

然而，由于林木基因组杂合性强，其表型变异受到倍性效应和基因型效应等因素的多重影响，性状变异规律较为复杂。对来源于天然2n花粉杂交的11株白杨杂种三倍体叶片形态的测量表明，虽然大多数白杨杂种三倍体叶片表现出巨大性，但也存在三倍体小于二倍体的情况。'哲引3号杨' × '北京杨'杂种三倍体苗期长枝叶片的气孔总体大于二倍体，密度总体小于二倍体，但是不同倍性间气孔性状的变化范围也存在很多重叠区域（图10-8），即便同时综合气孔密度和气孔大小两个参数进行评测，也有

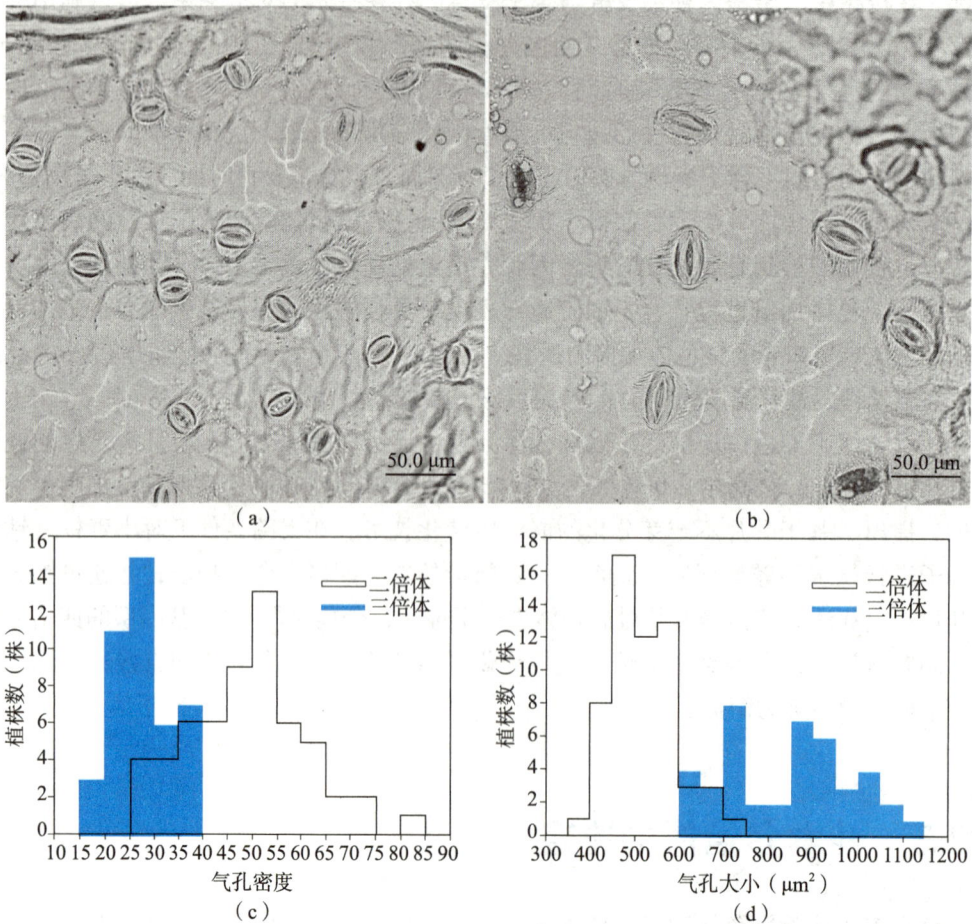

图 10-8 '哲引 3 号杨' × '北京杨'杂种三倍体苗期长枝叶叶片的气孔性状变异（王君，2009）

注：（a）二倍体植株气孔密度和气孔大小；（b）三倍体植株气孔密度和气孔大小；（c）二倍体与三倍体植株气孔密度频率分布；（d）二倍体与三倍体植株气孔大小频率分布。

14%的植株不能准确鉴定倍性水平（王君，2009）。显然，利用形态学特征并不能十分准确地完成植物倍性水平的鉴定，但是其作为一种对大量待鉴定材料进行初步筛选的方法仍非常有效。

10.5.2　染色体计数法

染色体计数法指制备细胞染色体样品，直接对染色体进行计数，从而判断植株倍性水平的方法，是最为可靠的多倍体鉴定方法。用于染色体计数的材料可以是花粉母细胞，制备减数分裂终变期和中期I染色体进行观察较为简单，通常利用醋酸洋红染色液对花粉母细胞进行压片观察即可，待测材料需要具有雄花并进行正常的减数分裂。然而，由于多倍体鉴定主要针对诱变获得的幼苗，很少有人选择等到变异体长成大树后再利用花粉母细胞染色体计数法进行倍性检测，因此，也可以选择茎尖、根尖、愈伤组织等分生组织区的体细胞作为检测对象。

体细胞染色体计数常用的方法为酸解压片法和去壁低渗法。其中，酸解压片法是利用盐酸对植物分生组织材料进行酸解软化，蒸馏水洗涤后以改良卡宝品红等染液染色，并在盖玻片下轻敲和压制使细胞分散，从而观察中期分裂相以实现染色体计数的方法。去壁低渗法是利用纤维素酶和果胶酶混合液处理植物分生组织细胞，并在低渗溶液（如0.075mol·L^{-1}氯化钾）处理下促使染色体分散，制备染色体玻片并在火焰上微烤以获得良好的中期分裂相，实现染色体计数的方法。该方法对技术水平要求较高，其通过酶解去除了细胞壁的限制，克服了酸解压片法细胞难以压平、染色体不能位于同一水平面上且易发生染色体重叠等缺点，提高了染色体的分散程度和平整性，同时还通过低渗、火焰的作用，消除了浓厚细胞质对染色体的遮掩作用，可以更为真实地展示染色体数目和形态特征（图10-9）。

10.5.3　流式细胞术检测法

流式细胞术检测法指利用流式细胞仪对待鉴定植物细胞核DNA含量进行估测，与已知倍性水平的对照进行比较，从而判定倍性水平的方法。流式细胞术检测法检测速度快、可靠性高，适合大量样品的规模化检测。在制样方法得当的情况下，甚至还能准确判定非整倍性染色体数目变异（图10-10），是当前倍性检测研究中最常用的方法。

流式细胞术检测倍性需注意以下几个方面：①取样。用于流式细胞术分析的材料以较幼嫩的组织为宜，通常采集完全展开的幼嫩叶片。②细胞核的分离。目前，应用较广泛的核分离方法均是在Galbraith等（1983）的方法基础上建立起来的，利用锋利刀片在适当的缓冲液内剁切少量的新鲜植物组织，并进一步利用40μm尼龙筛过滤，从而达到分离细胞核的目的。整个过程宜在低温条件或冰上操作，可以有效保持细胞核的活性并防止氧化。③细胞核的染色。依据流式细胞仪内配置的荧光激发模块的不同，选择采用碘化丙啶（propidium iodide，PI）或4',6-二脒基-2-苯基吲哚

（4',6-diamidino-2-phenylindole，DAPI）等荧光染料染色后即可进行上机检测。其中，如采用PI进行染色，需配套加入50μg·mL^{-1} RNA酶处理30min，以消除RNA染色荧光的干扰。

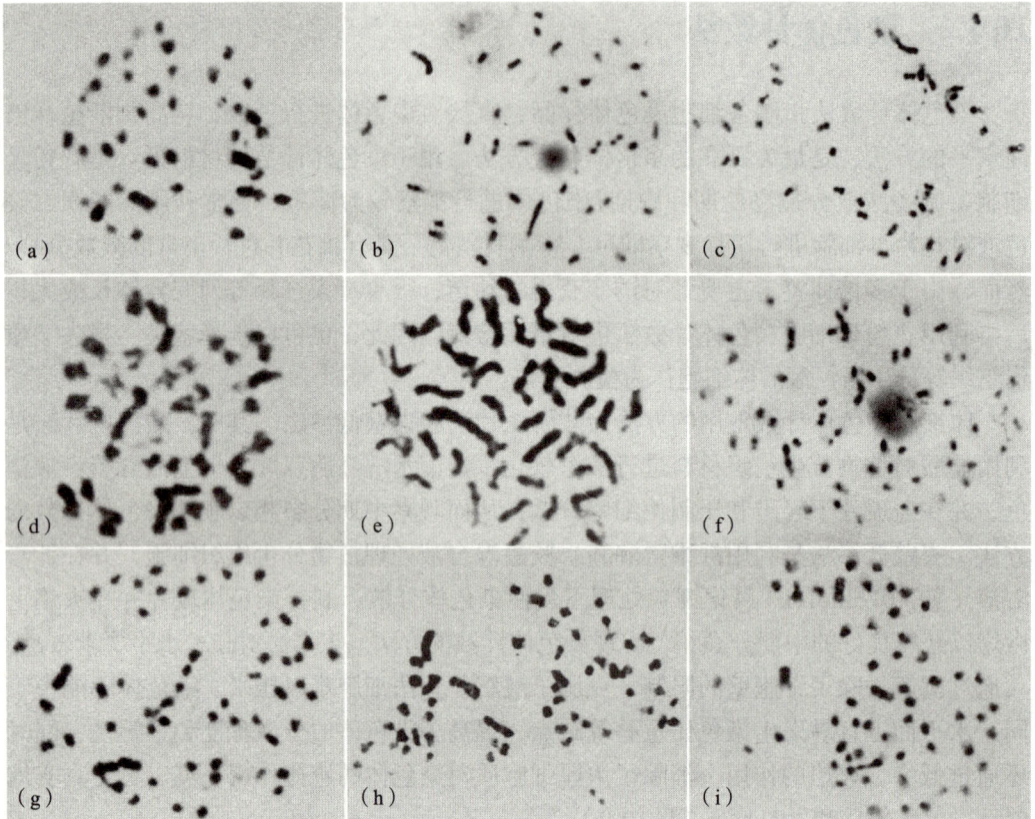

图 10-9　杨树染色体形态（康向阳和王君，2010）

注：（a）–（e）.毛白杨（a、b）、银白杨（c）、新疆杨（d）、河北杨（e）的染色体形态与数目（2n=2X=38）；（f）–（i）毛白杨天然三倍体 B381、B382、B383、B385 染色体数（2n=3X=57）。

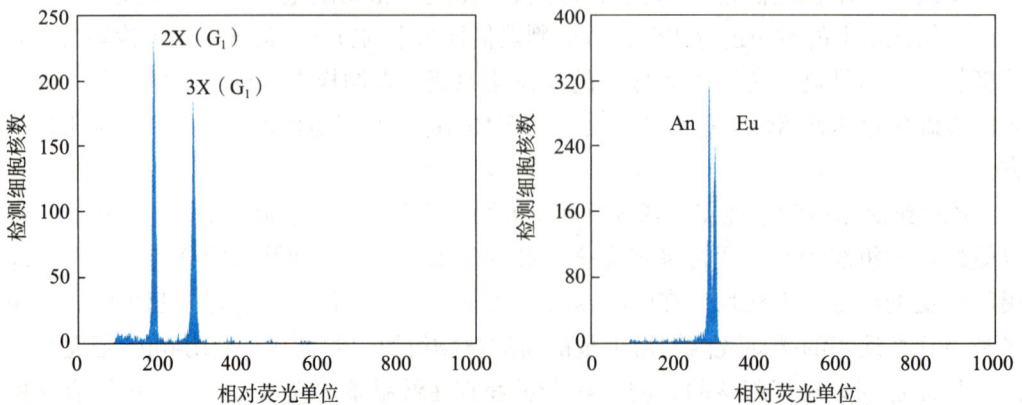

图 10-10　不同倍性水平样品以及非整倍体的流式细胞分析（Doležel et al.，2007）

注：2X 指二倍体；3X 指三倍体；An 指非整倍体；Eu 指整倍体。

10.5.4　分子标记剂量鉴定法

分子标记剂量鉴定法指利用分子标记技术，通过分析待测样品与参照样品同一标记位点的剂量水平，从而判断待测样品倍性水平的方法。SSR等共显性分子标记技术常用于鉴定倍性水平。对于二倍体而言，理论上纯合位点X/X显示为1个DNA分子片段，杂合位点X/Y显示为2个大小不同的DNA分子片段，而三倍体则可能为$X/X/X$、$X/X/Y$或$X/Y/Z$等多种形式，那么通过分析单拷贝标记位点的等位变异情况，结合毛细管荧光电泳各条带荧光信号强度与倍性关系的分析，则可推测出待鉴定植株的倍性水平。若在杂交群体中，进一步结合父母本的等位变异情况和标记位点的连锁群信息，甚至可以准确检测单条染色体的数目和结构变异，以及子代中双亲染色体的组成。

此外，利用双亲的纯合SNP位点对子代进行分析，理论上，对于杂种二倍体和四倍体而言，双亲等位位点的剂量比率为1∶1，而对于三倍体而言，亲本的SNP位点等位剂量比率为1∶2或者2∶1，因此，通过比较双亲的SNP位点等位剂量比率也可进行倍性水平，甚至染色体结构变异的分析。

10.6　林木多倍体育种程序与应用实例

随着多倍体品种的市场价值日益受到认可，多倍体育种技术研发受到重视，多倍体诱导效率有所提高，为实现"大群体，强选择"的林木多倍体育种策略奠定了基础。在林木多倍体育种实践中，应在明确育种目标的前提下，有效地利用已有的遗传育种理论和技术，充分发挥现有种质资源条件，加强人工诱导三倍体的选育工作，在选育过程中采取苗期选择、分别鉴定、区别利用的选育程序，推动林木多倍体品种的选育及其产业化进程。

10.6.1　林木多倍体育种程序

在林木多倍体育种实践中，可首先对收集的某树种野生种质资源进行倍性水平鉴定，筛选可能存在的天然多倍体种质，进一步扩繁、测试和选择。同时，应重视林木多倍体人工诱导工作，提高多倍体育种效率。可在子代测定基础上，选择优良亲本材料，综合运用人工诱导有性多倍化（花粉染色体加倍、雌配子染色体加倍、四倍体杂交等）和无性多倍化技术（体细胞染色体加倍、细胞融合、胚乳培养等）途径，创制三倍体或四倍体等多倍体新种质，经苗期测试，选择目标性状表现优良的多倍体进行无性繁殖，系统开展无性系测定、区域试验，选育多倍体新品种和良种（图10-11）。

10.6.2　林木多倍体育种应用实例

近年，在杨树、刺槐、桑树、橡胶树、油茶、柑橘、枣树、猕猴桃、柿树、枇杷、

细胞融合、胚乳培养

A树种或杂种 ─体细胞加倍→ 四倍体　　四倍体 ←体细胞加倍─ B树种或杂种

花粉染色体加倍

2n花粉高产雄株

雌配子加倍

2n配子♀或♂　　2n配子♀或♂

2n雌配子植株

雌配子加倍

花粉染色体加倍

单倍性配子♀♂　　单倍性配子♀♂

2n花粉　　　　　　　　　　　2n花粉

三倍体或四倍体与二倍体杂种混合后代群体

↓ 超级苗选择

从二年生杂种倍性混合后代群体中选择出的超级苗

倍性鉴定 ──→ 二倍体

三倍体或四倍体

优良杂种多倍体无性系测定、区域化试验及品种推广

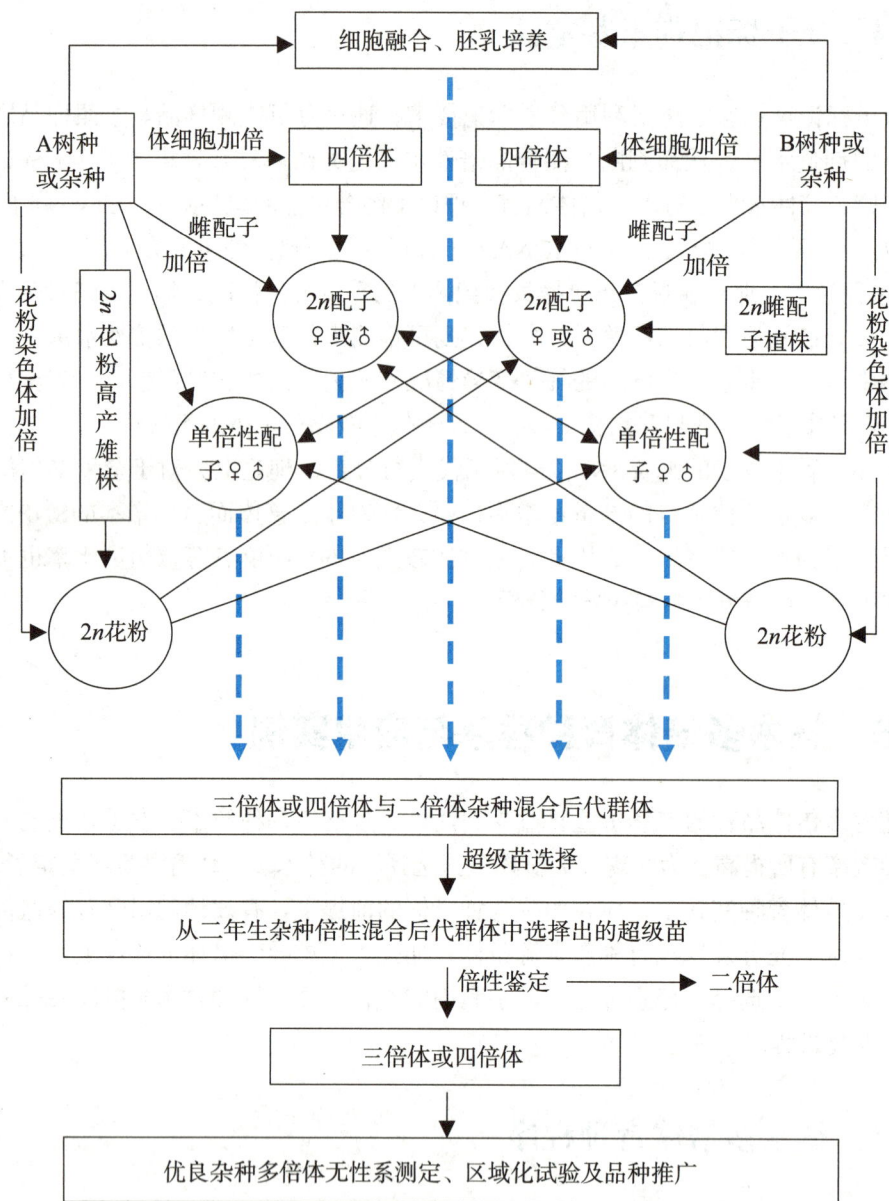

图10-11　林木多倍体诱导途径及选育程序

枸杞等很多树种中均成功选育出系列多倍体品种，深受市场欢迎。本书以2个近年选育的杨树和桑树三倍体品种作为实例，介绍人工诱导林木多倍体品种选育过程。

（1）白杨杂种三倍体新品种'北林雄株1号'的选育

杨树是我国重要的造林树种，在用材林、防护林建设和"四旁"绿化等方面发挥了巨大的作用，有效保障了国家生态安全和木材安全。北京林业大学朱之悌院士团队培育的"三毛杨"系列毛白杨三倍体新品种生长迅速，木材品质优良，有效缩短了轮伐期，是优良的纸浆材品种。然而，这些品种也面临着木材密度较低、冠幅较大、抗风折能力差的问题，因此，进一步加强遗传改良，选育木材基本密度大、树形美观、

生长量大的白杨三倍体新品种仍十分必要。

　　为实现上述育种目标，选用树干通直、侧枝细、冠形适中的毛新杨和银腺杨分别作为杂交亲本，首先利用秋水仙碱注射处理法建立了毛新杨、银腺杨花粉染色体加倍技术体系，在小孢子母细胞减数分裂粗线期时施加0.5%秋水仙碱注射处理3~5次，可获得80%左右的2n花粉得率（康向阳，1999）；利用不同倍性花粉对^{60}Coγ射线辐射的敏感性差异，可有效克服2n花粉授粉后萌发迟缓的问题，提高2n花粉参与受精的竞争能力（康向阳等，2000）；以经辐射处理后的毛新杨、银腺杨2n花粉分别与母本银腺杨、毛新杨授粉杂交，共收获3865粒种子，播种培育后存苗1311株；采用体细胞染色体计数法对这些杂种苗进行倍性检测，共获得16株白杨杂种三倍体新种质。其中，银腺杨×毛新杨杂种三倍体12株，毛新杨×银腺杨杂种三倍体4株。进一步经苗期测定以及多点区域栽培试验，选育出毛新杨×银腺杨杂种三倍体新品种'北林雄株1号'。

　　'北林雄株1号'（2n=3X=57）具有雄株不飞絮、生长迅速、树干通直、侧枝细、树形美观、纤维长、抗风能力强等特性（图10-12），5年生时，木材基本密度达到0.3555g·cm^{-3} ± 0.0020g·cm^{-3}，比'三毛杨3号'高8.3%，与对照二倍体毛白杨无性系1319（0.3616g·cm^{-3} ± 0.0165g·cm^{-3}）相当；材积生长量、纤维长度、综纤维含量平均为88.5m^3·hm^{-2}、0.854mm、85.90%；比对照二倍体毛白杨无性系1319平均高出168%、26.0%、3.8%；木质素含量平均为17.42%，比对照平均低28.7%。于2014年通过国家林木良种审定（国S-SC-PB-006-2014），主要适宜于气候相对干燥的河北、

图 10-12　三倍体杨树新品种'北林雄株 1 号'

北京、山西中南部、山东西北部以及河南北部等平原和河谷川地栽培，是城乡绿化和用材林建设的优良杨树新品种，也是当前治理杨树飞絮问题的适宜替换品种。

（2）三倍体桑树品种'嘉陵20号'的选育

良种是蚕桑丝绸业的重要生产资料，是提高桑树产量、叶质，获取蚕茧丰收的物质基础。三倍体桑品种通常具有产叶量高、叶质优、抗性强、营养生长旺盛、经济性状好的特点，因此，三倍体育种是国内外公认的培育桑树优良品种的重要手段。

1990年，西南农业大学（现为西南大学）选用优良二倍体桑品种'桐乡青'（$2n=2X=28$）为材料，采用0.2%的秋水仙碱溶液，滴液处理1株6年树龄的'桐乡青'壮树萌动冬芽，诱导获得了1个四倍体（$2n=4X=56$）的新梢。当年12月下旬，采集四倍体枝条中部的冬芽嫁接扩繁为13株，并定名为'西庆4号'。之后，逐年采用摘芯技术促使其分枝，1993年4月上旬，'西庆4号'均开出了雄花。

进而基于四倍体杂交开展桑树三倍体育种研究。根据育种目标，选择优良二倍体桑品种'7920'作母本。该品种系湖南省蚕桑科学研究所选育，树形高大、枝条直立紧凑、发芽期较早、发芽率高、发条数多、生长势旺、产叶量高、抗逆性强，但叶质欠佳。父本为人工诱导的四倍体桑'西庆4号'。该育种材料枝条粗直、发芽率中等、叶形大而厚、叶色深绿、产叶量高、叶质优，且抗桑褐斑病和桑萎缩病等。杂交后共收集杂交桑种2573粒，播种后获得1269株F_1代苗木。利用酸解去壁低渗法对F_1代苗木进行染色体倍性鉴定，从中获得了3个人工三倍体新桑株系（$2n=3X=42$），分别编号为93–a、93–b、93–c。这些株系在品种对比试验中表现优异，1996年将93–a定名为'嘉陵20号'。1996年，'嘉陵20号'参加四川省第五批桑树品种区域试验，1998年，参加重庆市第一批桑树品种区域试验，与国家指定对照品种'湖桑32号'相比，经济性状优势明显，已通过重庆市农作物品种审定委员会和四川省农作物品种审定委员会的审定（余茂德等，2004）。

'嘉陵20号'品种发芽早、发芽率高、枝条数多、枝条直立而粗长，一个年生长期枝条可长至4m以上，叶大、叶肉肥厚，叶色深绿，夏、秋桑叶硬化迟（图10-13）。在

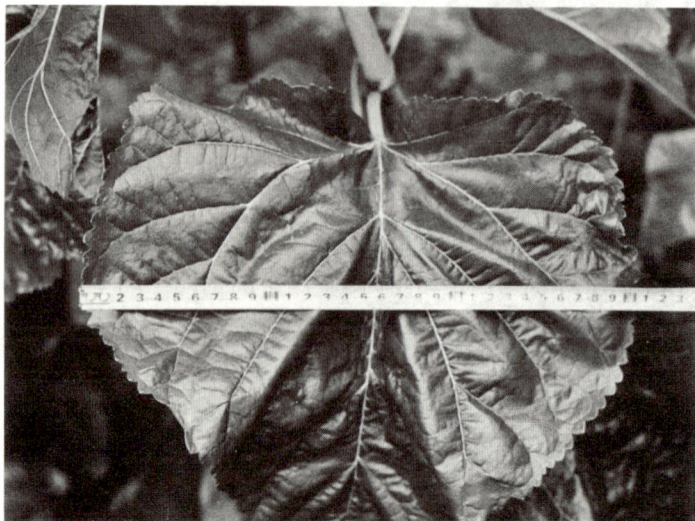

图10-13　三倍体桑品种'嘉陵20号'叶片巨大

育成地重庆栽培，发芽期为3月上旬，发芽率达85%，生殖不育，营养生长旺盛，桑叶（干物）蛋白含量高达28%以上，较对照高4.14个百分点。在长江中下游地区栽培，发芽期为3月中下旬，比其他主要推广品种略晚3~5天。每公顷产桑叶量比国家指定对照品种'湖桑32号'增产38.68%，产叶量可达37 500~45 000kg，比一般桑树品种增产1倍以上。养蚕成绩比'湖桑32号'高8%以上。抗旱性、抗桑细菌性黑枯病均优于对照。'嘉陵20号'可在我国西南部地区、长江流域、黄河中下游等适合桑树分布的范围内进行密植桑园和间作桑园栽植，特别适宜在土质、肥水条件较好的坝区、浅丘地区推广。

思考题

1. 什么是多倍体育种？多倍体有哪些特点？

2. 林木多倍体的应用领域有哪些？试举例说明。

3. 有性多倍化和无性多倍化的差别是什么？

4. 自然界很多植物都存在天然多倍体，但是并非都形成了品种，如何辩证看待该问题？

5. 诱导染色体加倍的化学和物理诱变剂有哪些？为什么理化诱导配子染色体加倍的有效处理时期存在差异？

6. 秋水仙碱是最常用的化学诱变剂，试述使用秋水仙碱进行多倍体诱变处理时要注意的关键问题。

7. 使用温度激变处理诱导多倍体与化学诱导方法相比有哪些优点？

8. 林木多倍体诱导途径有哪些？分别简述其技术要点。

9. 如何克服体细胞染色体加倍容易产生嵌合体的问题？

10. 林木多倍体鉴定的方法有哪些？分别有什么优缺点？

11. 对于一个缺乏研究基础的新树种而言，如何更加高效地开展多倍体育种？

12. 对于一个有一定育种基础的树种而言，如何将倍性育种整合进其遗传改良策略之中？

第11章

林木分子设计育种

　　林木分子设计育种是未来林木生物种业的必然发展方向，是基于分子生物学、遗传学和生物信息学等多学科交叉的现代育种技术。通过解析林木基因组信息，明确与优良经济或生态性状相关的功能基因及其表达调控网络，依据这些信息进行亲本选配或者通过基因编辑技术直接对目标基因进行定向改造，实现对目标性状（如生长速率、抗逆性、木材品质等）的精准改良和优化，提高育种效率，缩短育种周期，为林业生产提供优质的种质资源。本章主要介绍了分子设计育种的概念与程序，包括全基因组设计育种原理、分子设计育种程序、林木转基因育种和林木基因编辑育种。同时，也指出了在实际应用中需要重视的问题，如受体材料的改良水平、性状形成的遗传基础、再生和转化体系的建立、适时遗传转化以及生物安全问题等。

11.1　分子设计育种的概念与程序

11.1.1　分子设计育种的概念

　　生物育种技术的发展可概括为四个阶段：原始驯化选育阶段（"育种1.0"）、传统育种阶段（"育种2.0"）、分子育种阶段（"育种3.0"）和分子设计育种或智能化育种（"育种4.0"）。2018年，"育种4.0"的概念被首次提出，核心目标是建立"基因组智能设计育种"体系（Wallace et al., 2018）。可以说分子设计育种（molecular design breeding）是一种未来可期的，基于遗传学、分子生物学和生物信息学等多学科交叉并与育种技术有机结合，通过最佳育种方案设计，高效精准地培育新品种的现代生物育种技术。

　　从广义上讲，林木分子设计育种是指围绕育种目标，在全基因组测序基础上，构建基于基因型、转录组、蛋白组、代谢组、生长环境与表型组间的关联模型，对林木基因、生长、发育及其对外界环境反应行为等进行评价和预测，基于育种程序各要素构建品种基因组设计蓝图，通过优化最佳亲本组合、杂交和选择、转基因或基因编辑等育种技术聚合目标性状相关基因正向等位变异，进而实现高效精准育种的新品种选育过程。广义分子设计育种是理想品种实现的有效路径。

　　狭义的分子设计育种则更侧重于利用分子标记辅助选择和转基因或基因编辑技术，定向改良已有林木良种或优异种质"短板性状"的新品种选育过程。狭义的分子设计育种强调的是从分子层面对特定性状的选择和操作，以及通过这些操作实现对林木育种目标的精确控制。需要注意的是，要想达到实用化的目标，狭义的分子设计育种的前提是必须在已有良种基础上对短板性状进行改良。想通过修改少数基因全面改造野生或普通种质，一步实现良种化是不现实的。在现阶段，林木分子设计育种更多指的是狭义的分子设计育种。

　　分子设计育种并不是对传统育种与前期分子育种技术的完全抛弃，而是基于基因组与生物信息学、大数据与人工智能、基因编辑与合成生物学等多学科技术应用，将海量的生物信息大数据与所有可用的常规育种数据等进行整合、筛选、优化，实现智能、高效、精准亲本选配和品种选育。这一策略的核心目的是最大限度缩短育种周期与提升育种效率，如对于多基因的聚合，可以基于分子设计选配具有不同等位变异的亲本；或针对良种短板性状，采用转基因或基因编辑加以改良等。总体而言，分子设计育种是育种从常规育种技术向精准亲本选配和定点改良技术的转变，从而实现高效精准育种。

11.1.2　全基因组设计育种原理

　　林木分子设计育种的核心目标是精确而充分地促进多世代遗传改良进程中的基因加性效应累积，以及当代基因非加性效应的充分利用。随着大部分人工林树种全基因组测序及其基因注释的完成，其重要性状遗传变异规律及其调控网络解析取得显著进展。林木育种中的关键基因及其调控网络的"模块化"特征为精准高效聚合多个优良性状提供了可能。理想品种复杂性状可以分解为更小的、可操作的单元或模块，通过田间试验和分子分析，评价不同模块的表现，针对每个模块进行改良和优化。根据计算机辅助育种决策，将不同的优化模块按照特定的育种目标，通过杂交或其他分子技术组合在一起，形成具有理想性状组合的新品种。通过模块化设计育种和多基因遗传叠加，育种者可以更加灵活地设计和改良品种，满足市场的多样化需求。随着林木分子基础研究的快速发展，模块化育种有望在未来的林木改良中发挥更加重要的作用。如某树种中已知抗病位点A、材性位点B、适应性位点C由不同基因控制，不同单倍型对性状的贡献存在差异。对大量不同种质进行反复抗病、材性与适应性检测非常烦琐耗时，利用分子标记对基因型的直接选择，不仅可以鉴定个体携带的基因，还可以目标明确地、准确地将控制不同性状的多个基因进行聚合，获得具有理想基因型的优良品种（图11-1）。

　　由于林木育种关注的性状多为多基因控制的数量性状，目标性状形成的决定基因正向等位变异通常分散在不同的基因型中。虽然通过轮回选择，可以尽可能地聚合目标性状所有的正向等位变异，消除负向等位变异，但在优质、高产、抗逆等数量性状的联合选择中，存在着一些复杂的遗传现象，如"互斥效应"和"连锁累赘"会对育种目标实现造成一定困难。所谓互斥效应指两个或多个数量性状位点之间存在的拮抗作用。如当某个位点对某一性状有正向效应时，它可能会对其他性状产生负向效应，如一个增加产量的位点的选择可能会降低林木的抗病性等。连锁累赘指紧密连锁的两个或多个控制不同性状的基因座在遗传选择过程中的连带效应，如某个正向效应位点与另一个有负向效应的位点紧密连锁，在选择过程中这两个位点会一起被选中或淘汰，导致其中一个性状的改良总会以牺牲另一个性状为代价。此时，可以基于全基因组选择技术，根据基因组估计育种值（genomic estimated breeding value，GEBV）进行个体早期预测，在选择有利性状的同时考虑到其他相关性状，从而克服基因互斥效应影响，实现多性状的平衡选择；也可以通过基因编辑抑制、沉默甚至删除不利性状相关基因，从而解除基因互斥效应或连锁累赘。

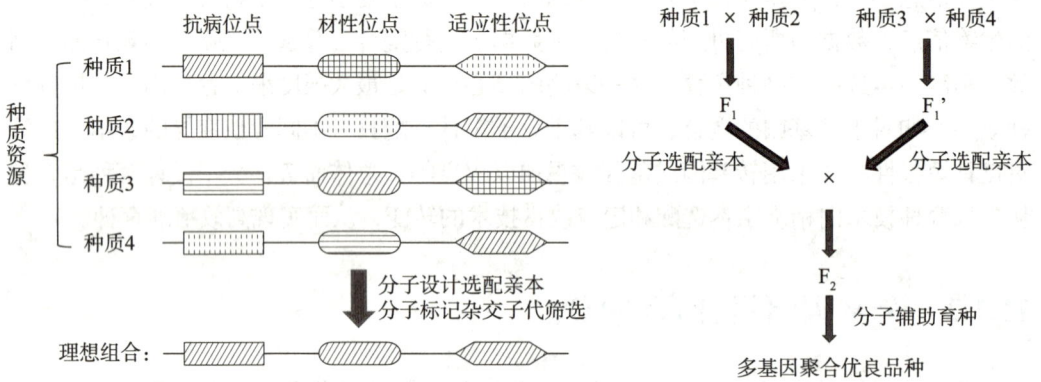

图 11-1　以高世代育种群体为基础的基因组设计

11.1.3　分子设计育种程序

分子设计育种旨在通过分子手段精准改良林木的遗传特性。具体来说，分子设计育种首先需要收集和分析与物种遗传、生理、生化、栽培、生物统计等相关的大量数据，然后利用这些数据进行模型构建和模拟，预测不同基因组合可能对育种性状的影响。接着，根据这些预测结果，在计算机上设计出最佳的育种方案，包括选择哪些基因或基因组合，以及如何将它们应用到育种实际。最后，根据这些设计方案，进行实际的育种试验，并根据试验结果对设计方案进行优化和调整。总的来说，分子设计育种是一种高度依赖计算机技术和生物技术的育种方法，从而通过更精确、更高效的方式，选育出具有优良性状的林木品种。

分子设计育种是一个涉及多个步骤的复杂过程，并不局限于分子生物技术，同样也依赖于传统育种技术，通常涉及的技术环节包括以下方面内容。

（1）目标性状的确定

任何育种计划都需要首先明确育种的目标。这需要根据市场需求、生态要求和遗传改良潜力等因素，确定需要改良的林木性状，如生长速度、木材质量、抗病性、耐旱性或适应性等。确定目标性状后，就可以针对性地解析影响这些性状的遗传因素。

（2）种质资源遗传测定与评估

基于初代选择群体以及不同世代育种群体及其子代测定林等谱系关系清晰的种质资源，围绕速生、抗病虫害、耐盐碱、适应极端气候等目标性状，进行详细的生长、形态、生理、抗性等表型组信息测量和记录，并建立数据库；利用分子生物学手段对这些种质进行遗传评估，以了解种质的遗传结构、优良性状的遗传基础以及潜在的不利因素，为后续育种工作提供基础数据。

（3）基因组资源与分子标记开发

构建目标树种的参考基因组是分子设计育种的基础。尤其是解析群体内多个代表性个体的泛基因组信息，掌握不同种质资源群体目标性状相关基因等位变异规律，为聚合基因正向等位变异奠定基础。同时，基于这些遗传信息，开发能够代表特定基因或基因组的分子标记，用于后续的关联分析、连锁分析以及数量性状位点定位等，可以大幅度提升基因定位和选择效率，有助于精准定位影响目标性状的关键基因和基因型选择。

（4）遗传效应评估与模型构建

基于多组学信息采集、处理、存储以及大数据整合与智能分析技术方法，构建基因型-表型预测模型，通过数量性状基因座定位与全基因组关联分析，分析基因型变异（如SNPs）与表型性状之间的关联，确定影响目标性状的关键基因或基因组区域，为后续的育种方案设计提供重要依据。

（5）基因功能验证

基于多组学数据，开展目标性状基因模块及其基因表达调控网络研究，分析候选基因在不同组织、发育阶段以及应对环境胁迫时的表达模式，了解其潜在的功能调控网络；进而通过转基因技术、基因敲除或编辑等手段，验证这些基因是否确实与目标性状相关。结合分子标记与已知功能基因，可以开发更准确的分子标记辅助育种工具，如育种芯片等，用于快速筛选和选择具有理想基因型的个体。

（6）育种方案设计与实施

基于上述研究结果，利用计算机预测出具有理想性状的林木基因型，并根据预测模型结果设计出最高效的育种方案，将设计好的基因型通过传统育种方法或者遗传操作技术导入到林木中。如果涉及复杂数量性状，通常通过分子辅助选择携带多个优良性状基因型的亲本，设计最优杂交组合以实现优良性状聚合。设计育种方案时，需要综合考虑遗传背景、性状调控机制、杂交优势等因素，以确保育种工作的顺利进行。

（7）新种质的选择与评估

利用分子标记辅助选择（MAS），在幼苗期即对重要性状相关基因进行检测，提前筛选出优良单株，降低传统表型选择的成本和时间消耗。同时密切关注新种质生长发育情况，在不同的环境和条件下进行田间测试，评估育种材料的性能和适应性。这有助于验证分子育种的结果，并为育种策略的调整提供依据。

（8）育种目标性状的持续改良

通过对育种后代进行性状评价和遗传分析，整合最新的基础生物学研究进展，对基因型与表型模型进行优化调整，促进分子设计与多世代的轮回选择育种的有机结合，不断提升林木分子设计育种水平，不断增强我国林木种业的整体竞争力和可持续发展能力。

11.2 林木转基因育种

11.2.1 转基因育种基本程序

林木基因工程（genetic engineering）是一种重要的分子育种技术，它包括将特定的外源基因分离和克隆，利用载体或其他物理、化学方法将这些基因导入植物受体细胞，并整合到受体细胞的染色体上。目的是使目的基因在植物受体中得到表达，从而改变植物的性状，如抗病性、抗逆境能力、提高营养价值等。自1983年人类成功创制世界上首例转基因烟草以来，转基因技术在植物育种进程中发挥了巨大推动作用，也在全球范围内获得了广泛应用，截至2024年，全球有27个国家种植了转基因作物，转基因作物种植总面积已超过$2 \times 10^8 hm^2$。在全球范围内，转基因棉花与大豆所占面积均已超过两者总种植面积的70%。

转基因育种程序通常包括以下几个关键步骤。

（1）目标基因的克隆

首先，需要确定与育种目标性状（如抗虫、抗病、抗旱等）相关的基因，并将这些基因从供体生物体中克隆出来。如在商业化种植转基因作物中，应用最广泛的是抗除草剂基因和抗虫基因。

（2）载体构建

将克隆出的基因插入到适当的载体（质粒）中，构建转基因载体。传统克隆技术通常使用限制性内切酶分别对基因与载体进行切割，再利用DNA连接酶进行连接。现在更常用的是无缝克隆技术（Gibson assembly），能够在单一步骤中将多个DNA片段无缝连接起来，形成完整的DNA分子。其基本原理为：将适当浓度的DNA核酸外切酶、DNA聚合酶、DNA连接酶置于同一个反应中；设计并制备好各个DNA片段，确保它们两端有短的互补重叠序列（通常为20~25bp）；核酸外切酶从5′端开始降解非互补的单链DNA，暴露出每个片段3′端的重叠区域，DNA聚合酶在互补区域利用另一段DNA序列互补序列延伸DNA链，填补由外切酶暴露出来的缺口，耐热DNA连接酶连接已配对且缺口已被填补的DNA片段。在恒定温度（如50℃）条件下，这些酶协同工作，使得各片段通过重叠区的互补配对、缺口填充和连接，最终形成一个连续的双链DNA分子。无缝克隆简化了传统克隆过程中多次酶切、连接及转化的烦琐步骤，特别适用于构建复杂的遗传元件或基因组设计。

（3）遗传转化

将构建好的转基因载体导入具有短板性状的林木良种受体材料细胞中，利用细胞全能性再生获得转基因植株。遗传转化方法有多种，其中应用最广泛的包括根癌农杆菌（*Agrobacterium tumefaciens*）介导的转化、发根根瘤菌（*Rhizobium rhizogenes*）介导的转化、基因枪介导的转化等。天然农杆菌中存在一种Ti（tumor inducing）质粒，相应地，发根根瘤菌中存在一种Ri（root inducing）质粒，Ti/Ri质粒中包含一段可以被转移到受体细胞中并整合到基因组中的序列，被称为转移DNA片段（T–DNA）。T–DNA

的转移特性仅依赖于两端各25bp的边界元件（LB与RB），因此中间序列可人为替换成目标基因，利用农杆菌将目标基因转移到受体基因组中。现在从不同物种中已经筛选鉴定到大量工程菌株，因此基因转化已经不存在技术障碍，但从转化细胞再生为完整的转基因植株，对于许多林木树种来说仍面临严峻挑战。发根根瘤菌可以在非组织培养条件下，在体外高效诱导转基因毛状根，继而通过根萌芽产生转基因植株。对于根萌蘖能力较强的树种，或同时转化芽再生关键调控因子促进芽再生，发根根瘤菌介导的转基因技术是一种方便快捷的方法。

（4）转基因植株的筛选与鉴定

转化后，需要通过转基因载体上携带的筛选标记来筛选出成功整合外源基因的植物细胞或再生植株。应用最广泛的筛选标记有抗生素抗性基因、荧光蛋白、可染色的GUS蛋白、显色的RUBY系统等（He et al.，2020）。通过分子生物学技术，如PCR、Southern杂交等，确认外源基因是否正确整合到受体基因组中；通过高通量测序技术，可快速确定外源基因在基因组中的精确插入位置。对转基因植株进行表型性状分析，验证外源基因是否在植物中得到正确表达，并观察是否表现出预期的性状改良。

（5）田间试验与商业化

在获得转基因林木释放许可后，通过田间试验，进一步验证转基因林木的生物学功能，如抗病性、抗虫性等。对转基因林木进行生态安全性评估，确保其对环境和人类健康没有不良影响。经过上述步骤验证的转基因林木，可申请品种审定，获得种植许可后，方可进行商业化种植和销售。转基因林木商业化后，还需要进行持续的监管和监测，以确保其长期安全性和有效性。

11.2.2　转基因技术的林木育种应用

1986年，抗除草剂转基因杨树的创制标志着林木转基因育种技术的诞生。迄今为止，至少有200多个转基因林木进行田间试验，其中绝大多数为杨树、桉树和松树。然而，成功应用于大规模林业生产的转基因林木仍然有限，其中有部分原因是对转基因技术严格的监管，但更重要的是林木遗传背景复杂、与环境的互作漫长而复杂，外源基因的稳定性与长期有效性存在风险。如生长速度与抗逆性间存在复杂的平衡关系，超表达单个赤霉素合成基因（*GA20ox*）的转基因杨树在温室中生长速度比对照高50%以上，但在大田中生长表现却完全不如野生型；高选择压力下的害虫会发生抗性协同进化，该进化过程通常比林木生长周期要短得多，可能会导致转抗虫基因林木的抗性相对减弱或失去作用。另外，许多林木遗传转化效率具有高度基因型依赖性，生长表现优良的主栽品种可能存在转化困难问题，难以对其短板性状进行有针对性改良。虽然可以通过转基因技术赋予普通个体很强的抗病性，但其生长表现不佳的品种也很难被市场接受。其中，抗病毒与抗除草剂转基因育种在生产实践中具有较大的应用潜力。

番木瓜环斑病毒（papaya ringspot virus，PRSV）是番木瓜（*Carica papaya*）生产中的世界性病害，依靠嫁接与蚜虫传播，传播能力极强，植株受到侵染后，无法进行有效治疗，化学杀菌剂不能有效控制其蔓延。自20世纪40年代起，PRSV导致番木瓜产量和品质大幅下降，对番木瓜产业造成了巨大的经济损失。由于番木瓜栽培品种中缺乏有效抗病基因资源，传统的杂交育种等方法难以培育出抗病品种，这促使科学家们探索利用新兴的生物技术来解决这个问题。随着基因工程技术的发展，特别是20世纪90年代发现在植物中表达病毒外壳蛋白（CP）或复制酶（RP）会使转基因植物获得对病毒的抗性，为转基因抗病毒番木瓜的研发奠定了基础。这两种策略目前已经成为成熟的植物抗病毒基因工程策略，在多种抗病毒育种中得到应用，其中表达过量的外壳蛋白可以通过抑制病毒脱壳及通过自组装能力包裹释放的病毒核酸使其无法进行复制，而表达切除活性中心的不稳定复制酶会干扰正常复制酶复合体的功能，从而使用转基因植株具有抗性。1998年，夏威夷大学将PRSV编码的外壳蛋白基因转入番木瓜主栽品种中，成功培育出'Rainbow'等既高产又抗病毒的转基因品种，并在同年投入商业化生产。然而该品种对我国华南地区以及泰国等亚洲国家的PRSV优势株系并不具有抗性。2006年，华南农业大学将我国华南地区PRSV优势株系YS的复制酶基因转入番木瓜植株，培育出高抗的转基因品种'华农1号'，实现了大规模种植，产生了极大的经济、社会和环境效益。由于PRSV的毁灭性暴发，市面上现在出售的大部分番木瓜都是抗病转基因品种，表明转基因技术在增强植物抗病性方面具有巨大潜力和实际效益。

桉树作为一种重要的速生人工林树种，培育过程高度集约化，在其抚育管理过程中，杂草管理是一个关键环节。尤其在营林后前两年，桉树幼苗对杂草的强烈竞争十分敏感，控制与不控制杂草条件下幼苗高生长可相差5倍。使用除草剂可以大幅度降低人工成本，但高效的广谱除草剂往往是非选择性的，能有效杀死田间杂草的也会对桉树幼苗产生致命毒害。在桉树人工林经营中应用最广泛的除草剂草铵膦（glufosinate ammonium）的活性成分为膦丝菌素（phosphinothricin，PPT），它通过与植物体内谷氨酰胺合成酶结合并抑制其活性来发挥除草作用。谷氨酰胺合成酶对于植物生长至关重要，因为它参与氨的解毒过程以及氨基酸的合成。Bar基因编码一种膦丝菌素乙酰转移酶，通过N-乙酰化传递对广谱除草剂膦丝菌素进行无毒化修饰，因此，过表达Bar基因可以使草铵膦失活。转Bar基因桉树于2021年在巴西已获得商业化许可，并计划通过优良亲本杂交将该基因向育种群体渗入，以大规模在生产中应用。

11.3　林木基因编辑育种

11.3.1　基因编辑技术基本原理与程序

基因编辑（gene editing）是指对生物体基因组进行精确修改的分子技术，可以精确地在特定的位置上添加、删除或替换DNA序列，从而改变受体遗传信息及其表型特征。目前，基因编辑技术主要有三种，分别为1996年发明的ZFNs（zinc-finger nuclease）系统、2010年发明的TALENs（transcription activator-like effector nuclease）系统、2012年发明的CRISPR/Cas（clustered regulatory interspersed short palindromic repeat）系统（Gaj et al.，2013）。其中，CRISPR系统凭借操作简单、成本较低、极佳的可拓展性等巨大优势，该技术一经发明便迅速风靡全球，目前已经成为基因编辑领域的主流技术。

根据CRISPR/Cas系统结构和功能的不同，可以分为六种主要类型（type I-VI），其中Ⅱ型核酸内切酶Cas9与Ⅴ型核酸内切酶Cas12及它们的变体在基因编辑中应用最为广泛。Cas蛋白并不能独立对DNA进行切割，而需要gRNA（guide RNA）将其引导到特定DNA序列位置，Cas-gRNA复合体依赖gRNA与靶位点DNA单链的互补配对并识别正确的PAM（protospacer adjacent motif）序列才能发挥完整功能，这些条件也保证了其在体内不发生随机性的脱靶剪切。3~4个特异性碱基组成的PAM元件对Cas的DNA切割功能是必需的，不同Cas蛋白对PAM序列的偏好性不同，如Cas9识别的PAM为NGG（N = G，C，A，T），而Cas12a识别TTTV（V = G，C，A）。在准确定位到编辑位点后，Cas核酸酶会催化DNA切割，生成双链DNA断裂（DSB），在断裂修复过程中，可以引入各种不同的碱基编辑。随着研究的深入，后续人工开发了许多Cas蛋白变体，如丧失DNA切割活性或具有更高DNA切割效率、具有更高保真性、拓宽了PAM靶向范围等各类Cas变体，使得基因编辑效率、精确性与多功能性得到不断提升。

基因编辑的基本原理是依赖经过改造的核酸酶在受体基因组中特定位置产生位点特异性双链断裂（double-strand breaks，DSBs），诱导生物体通过非同源末端连接（non-homologous end joining，NHEJ）或同源重组来修复DSB，在修复中实现基因删除、沉默、序列替换、单碱基修改、表观遗传修饰等目标。其中，主要CRISPR/Cas技术工具如下。

基于DSB的基因编辑器　包括基因删除技术，即在删除序列首尾各引入一个DSB，在修复过程中便有一定概率引发整个片段的删除；有限的序列替换能力，即在替换序列首尾各引入一个DSB，并同时提供切口两端同源互补序列模板，在修复过程中便有一定概率将模板序列引入替换序列位置。

碱基编辑器　将具有单链DNA切口活性的Cas9变体（Cas9-nickase）和核苷酸修饰酶进行融合，可以使单链缺口处单个核苷酸直接转化为另一种，而无须产生双链断裂，如融合胞嘧啶脱氨酶-尿嘧啶糖基化酶抑制子，便可将靶位点处C（胞嘧啶）的氨基去除，转变成U（尿嘧啶），在DNA复制过程中，U会自发地被T替代，从而实现单碱基C→T的精确修改。此方法特别适用于引入特定的点突变，从而实现精确的基因校正或引入终止密码子以实现精确的基因敲除。

先导编辑器　将Cas9核酸酶和反转录酶（RT）融合，并且改造了向导RNA（pegRNA），使其既能够将编辑蛋白引导到目标位点，又含有模板序列。在Cas9切割目标位点之后，逆转录酶以pegRNA作为模板进行逆转录，然后将合成的DNA直接聚合到切口的DNA链上，从而实现基因的精确编辑。先导编辑能够在目标DNA序列上直接进行插入、删除、替换等几乎所有的类型编辑操作，并且不需要产生DNA双链断裂，从而降低了潜在的脱靶效应和细胞毒性。

转录调控编辑器　将完全丧失DNA切割能力的dCas9与转录激活或抑制蛋白结构域融合，靶向基因启动子，便可以实现在不改变基因序列的基础上对基因转录进行调控。

RNA编辑器　Ⅵ型核酸内切酶Cas13是一类特殊的Cas蛋白，可以靶向RNA并进行切割。基于相同的原理，DNA水平编辑相应技术很快拓展到了RNA领域。如降解RNA，或在催化失活后与腺苷脱氨酶融合，用于转录本的碱基编辑。RNA编辑并不永久性地改变DNA序列，因此更具可控性，可以在特定时空调控基因的转录。

表观修饰编辑器　在dCas蛋白上融合表观修饰元件，如DNA甲基化转移酶、组蛋白甲基化转移酶、组蛋白乙酰化酶等，便可实现对特定基因位置的靶向染色质修饰，实现基于表现遗传的基因表达调控。

基因组三维结构编辑器　将dCas蛋白上融合表达中介蛋白，在细胞亚结构空间蛋白上整合上亲和受体，便可实现将靶位点附近DNA链牵引至新的细胞核位置，实现基因组在三维空间上的重组织。

林木基因编辑育种通常包含以下几个关键步骤。

确定目标基因及其编辑靶位点　根据育种目标选择一个或多个目的基因。这些基因通常与期望育种性状相关，如抗病性、耐逆境、高产等。利用生物信息学工具，如CRISPR Design工具，确定目的基因上的特定核苷酸序列作为编辑的靶位点。靶位点的选择应遵循一定的规则，理想靶位点应位于基因的关键功能区域，如启动子、编码区或调控元件，以确保编辑后能产生预期效应。

设计识别靶位点的gRNA　由于不同的Cas蛋白识别PAM序列存在差异，因此可以根据靶位点序列选择合适的编辑系统（如Cas9或Cas12a及其相关突变体），并设计对应的gRNA。在设计gRNA时，需要确保其特异性，以减少潜在的脱靶效应。目前有多种在线工具和软件可以帮助设计gRNA，这些工具可以帮助预测gRNA的效率和特异性。

构建基因编辑载体　将设计的gRNA序列插入到适当的植物基因表达载体中，同时还需要包含CRISPR-Cas系统的其他组分，如Cas9核酸酶的编码基因。这些载体的骨架与基因工程载体相同，通常具有植物细胞转化所需的元件，如启动子、终止子、选择标记基因等。为了提高编辑效率，Cas核酸酶两端一般均融合表达强核定位信号肽，gRNA表达盒一般使用强表达的小核仁RNA启动子如U6与U3等启动。一个载体上可以串联多个gRNA，以同时靶向多个位点。

gRNA活性快速检测　由于基因编辑系统的递送目前仍然是难度最大的技术环节，因此，在将基因编辑载体递送进植物细胞之前，通常需要对多个靶位点gRNA进行编辑活性的检测，以筛选最高效位点。这可以通过体外实验或细胞培养实验来完成，以验证gRNA和Cas9蛋白的结合能力和编辑效果。可以使用商业化的CRISPR/Cas系统试剂盒或原生质体瞬时转化等在体外或体内进行编辑活性的初步检测，以确保它们能够有效地编辑目标DNA序列。对于积累大量经验的模式物种来说，这一步骤有时可省略。

将基因编辑系统递送至具有再生能力的植物细胞　将基因编辑系统（载体/Cas蛋白/gRNA等）递送到具有再生能力的植物细胞是基因编辑育种的关键步骤。递送方法包括农杆菌转化、基因枪、纳米材料介导的递送等，根据植物再生途径与流程选择合适的方法。递送后，需要筛选出成功整合了编辑系统的植物细胞，并诱导这些细胞再生成完整的植株。

对得到的基因组编辑植株进行筛选、鉴定　通过PCR扩增、基因测序或高通量测序等方法，对再生植株的基因组进行分析，确认目标基因是否按照预期进行了编辑。

对筛选出的植株进行表型观察和性状评估，确保编辑后的植株具有预期的改良性状。将表现出理想性状的基因编辑植株进行繁育，以确保编辑后的性状可以稳定遗传。在此基础上，进一步改良和品种选育，最终获得满足市场需求的优良品种。

以上是植物基因编辑育种的基本步骤，每个步骤都需要精细的操作和严谨的验证，以确保基因编辑的效果和安全性。与基于DNA重组技术的转基因操作相比，基因编辑育种应用空间更广，效率也更高。与转基因技术必须在林木基因组内保留外源DNA不同，CRISPR/Cas系统本身可以是瞬时表达或外源直接递送的，在基因编辑完成后不需要继续保留该工具，因此可以产生无任何外源遗传物质保留的遗传修饰系。因为CRISPR/Cas系统不需要稳定整合到基因组中便可以发挥作用，这也使基因编辑林木的创制比转基因林木更容易实现。传统转基因技术通常依赖组织培养通过再生途径获得转基因植株，而具备高效再生体系的林木物种仍然是少数，这也是转基因技术在林木育种中应用面临的最大技术障碍。但CRISPR/Cas工具除了通过传统再生途径获得遗传修饰植株外，也可以通过近年来新发展的纳米载体、病毒载体，以及农杆菌与基因枪等对成熟种子、顶芽分生组织、花粉等进行瞬时转化，使许多再生困难植物基因编辑育种成为可能。基因编辑育种技术的不断完善与实践应用，拓展了植物育种研究领域的边界，正在引发一场新的育种革命（Zhu et al.，2020）。

11.3.2　基因编辑技术的林木育种应用

与传统杂交育种、诱变育种、转基因育种相比，基因编辑育种可以同时编辑多套染色体全部等位基因位点，因此不需要经过多代基因分离与筛选过程，在第一代便可获得可稳定遗传纯合系，可将育种周期缩短一半以上。

基因编辑技术在植物育种中表现出巨大的应用前景，尤其是多基因编辑策略可以避免单基因敲除策略的缺点，更有效地实现性状调控。如研究人员使用多基因编辑技术，针对21个木质素合成重要基因，成功生成了174个不同基因编辑水平的毛果杨品系，包括同时编辑3~6个基因的品系，创制了自然界中不存在的遗传多样性。在温室中种植6个月后，一些编辑后的品系木质素含量最高减少了49%，碳水化合物与木质素的比率（C/L比率）最高增加了28%。结果显示单基因编辑的品系木质素含量降低并不明显，而同时对4~6个基因进行编辑的品系显著降低了木质素含量（Sulis et al.，2023），表明利用基因编辑技术进行多基因同时改造在分子设计育种中可以发挥更大的优势。

此外，研究者以84K杨为材料，鉴定到*PagHyPRP1*基因是杨树干旱和盐胁迫反应的潜在负调节因子，并利用优化的CRISPR/Cas9系统对该基因进行了多位点基因组编辑，获得了5种基因型突变体。研究发现不同突变类型（纯合、等位基因突变、嵌合突变）基因编辑的杨树抗旱、耐盐能力均得到有效提高（Zhang et al.，2023），为针对基因组杂合度高等林木自身特点的基因编辑新策略建立提供了新思路。

需要强调的是，与基因工程育种一样，要想在林业生产中获得大规模应用，基因编辑育种的前提同样是要在良种的基础上进一步改良，因此要与常规育种紧密结合。目前基因编辑技术在林木中的应用仍十分有限，其中重要原因在于林木中尚缺乏确切的优良靶标，相关技术体系也需要进一步完善，林木重要性状遗传调控机制的解析将成为林木基因编辑育种发展的基础。随着多组学技术的飞速发展，越来越多的林木性状决定基因功能被解析，可以预见，基因编辑技术必将极大促进林木育种的发展。

11.4　林木分子设计育种需重视的问题

　　林木分子设计育种作为现代生物育种技术，在推动林木品种改良和林业可持续发展方面展现出了巨大潜力。然而，要充分发挥其效用，真正提升育种效率，需重视以下几个关键问题。

（1）受体材料的改良水平高低决定分子设计育种的应用效果

　　如前所述，林木分子设计育种实用化的前提，是要在良种的基础上进一步改良短板性状，或通过转基因或基因编辑技术改良亲本，进而通过常规杂交育种等技术选育杂种优势突出的品种。尤其是针对良种短板性状的改良，受体材料的改良水平直接影响分子设计育种效果。优良的受体材料应具备良好的遗传背景和生产性能，如生长速度快、适应性强、抗病虫害等。这些特性为分子设计育种提供了坚实的基础，使得转基因或基因编辑实现的性状改良能够在优良的遗传背景下得到更好的表现。

　　常规育种和分子设计育种有机结合具有相得益彰的效果。如美国玉米育种经历了5个阶段，即1938年以前的开放授粉的农家品种阶段，平均每公顷产量1650kg左右，遗传进展不明显；1938—1968年的随机亲本三交或双杂交的自交系品种阶段，平均每公顷产量逐渐提升至4950kg；1968—1990年的基于配合力选择的F_1杂交品种阶段，平均每公顷产量逐渐提升至7350kg左右；1990—2000的基于亲本群轮回选择的F_1杂交品种阶段，平均每公顷产量提升至8700kg左右；2000年至今的杂交育种与分子育种结合阶段，即持续推动亲本群轮回选择，并以最优亲本组合选育的F_1杂交品种的亲本为受体获得的抗虫和除草剂转基因品种，平均每公顷产量提升至10950kg左右。2021年转基因玉米覆盖率达到93%，对草地贪夜蛾（*Spodoptera frugiperda*）的防治效果可达95%以上，平均增产10%左右，且可大幅减少防虫和除草成本。显然，只有在常规育种的基础上开展基因工程育种，才能充分发挥分子育种的技术优势。

（2）明确性状形成的遗传基础是分子设计育种突破的关键

　　分子设计育种的核心在于理解和操纵性状形成的遗传基础。林木的性状形成通常受多基因控制，且与环境因素相互作用。分子设计育种的成功在很大程度上取决于对这些性状遗传基础的深入理解。通过基因定位、关联分析和功能验证等研究，识别出与目标性状相关的基因，明确控制目标性状的关键基因和调控网络，理解这些基因如何影响性状的表现，是实现分子设计育种突破的关键。有时必须同时针对多个基因同时进行调控才能获得理想表型，如前所述，单基因编辑无法有效降低杨树木质素含量，同时对4~6个基因进行编辑的品系，才显著降低了木质素含量（Sulis et al.，2023）。需要注意的是，林木性状的形成不仅受基因控制，大多数还受到环境因素的影响，在分子设计育种中还必须充分考虑基因与环境的互作效应，以提高性状改良的准确性和稳定性。

（3）再生和转化体系建立是保证分子设计育种成功的基础

再生和转化体系是实现基因编辑和基因工程的重要手段。在林木分子设计育种中，建立高效、稳定的再生和转化体系至关重要（图11-2）。需要根据不同林木品种的特点，通过优化培养条件、选择合适的转化方法（如农杆菌转化、基因枪等），可以提高基因编辑和基因工程的效率。一个成熟的再生和转化体系能够为分子设计育种提供可靠的技术支持。

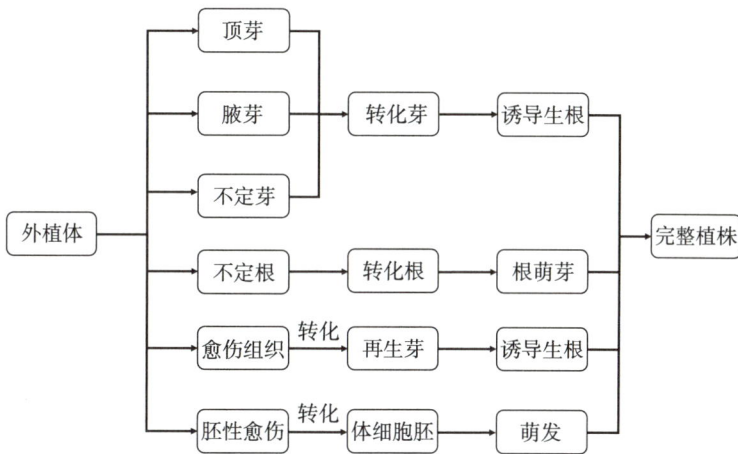

图 11-2　林木不同遗传转化及植株再生途径

（4）适时遗传转化是提高分子设计育种效率的关键

林木遗传转化效率低且不稳定的原因可能在于不同物种、同物种内不同基因型、同基因型不同外植体（explant），以及外植体不同发育时期的转化率存在较大差异，即不同遗传转化的受体材料细胞发育状态差异性所致。在林木生长周期中选择最合适的时期进行遗传转化，可以显著提高编辑效率和转化植株的生存率。适时转化意味着需要深入了解林木生长发育的生理机制，选择细胞分裂活跃、易于接受外源DNA的阶段进行操作，以最小的干预获得最大的遗传改变效果。理论上无论是基于同源重组修复，还是非同源末端链接修复，实现T-DNA插入受体基因组，染色质处于完全解螺旋状态的叶芽原基细胞分裂S期应该是遗传转化的最佳窗口期。研究表明，遗传转化效率与离体培养材料细胞发育阶段显著相关，S期细胞占比最大或相关基因表达最高时为遗传转化窗口期，可以通过流式细胞仪检测、EdU染色实验，*CDKB1;2*等相关基因表达情况，以及外植体细胞核形态变化等，作为遗传转化适宜处理时期的判别指标。如杨树叶片以分化培养第3天时的遗传转化率最高，可达86.6%，茎段以分化培养第4天时的遗传转化率最高，可达77.8%（Xia et al.，2023）。

（5）分子设计育种的生物安全问题——林木抗病虫转基因的协同进化

林木分子设计育种，特别是转基因技术，可能会带来生物安全问题。例如，抗病虫、抗除草剂等转基因林木可能会对生态系统造成影响，因影响非靶标生物而改变生态平衡等。同时，需要关注转基因林木与病虫害之间的协同进化出现抗性问题。即使采取开发多基因抗性策略、设置生态隔离带、建立缓冲区或避难所等措施，可以起到一定的延缓或防止抗性的产生问题，但因林木栽培周期长，而抗病虫转基因并不能做到100%抑制或致死，生态风险大而收益低。因此，在分子设计育种过程中，需要进行严格的风险评估和生态影响评价，确保新品种的安全性和可持续性。

同时，分子设计育种还必须遵守相关的法律法规和伦理标准。这包括转基因生物的安全管理、环境释放的审批流程以及与公众的透明沟通。确保育种活动在合法和伦理的框架内进行，提高公众对分子设计育种技术的认识，有助于新品种的社会认可与顺利推广和应用。

思考题

1. 分子设计育种与传统育种相比有哪些优势和局限性？

2. 解释"育种4.0"的概念，并讨论其在林木育种中的应用前景。

3. 描述分子设计育种中全基因组选择技术的原理及其在改良多基因控制性状中的作用。

4. 林木分子设计育种中如何通过模块化设计聚合多个优良性状？

5. 转基因育种在林木改良中的应用现状和面临的挑战是什么？

6. 林木转基因育种的基本程序包括哪些步骤？

7. 请描述林木分子设计育种中需要重视的问题。

8. 基因编辑技术的基本原理是什么？它在林木育种中的应用有哪些？

9. 林木分子设计育种中如何评估和处理基因互斥效应和连锁累赘问题？

10. 在林木分子设计育种中，如何平衡遗传增益与生物安全风险？

第12章
林木遗传测定

遗传测定是通过田间试验分析对子代或无性系做出的遗传评价。遗传测定与交配、选择相互配合，贯穿于整个育种周期，是遗传改良的核心工作。本章重点介绍了遗传测定及其功能，交配设计及其应用，林木田间设计的特点及其控制措施，测定林建设、管理以及相关遗传参数估算方法等，并简要介绍了林木遗传测定的数据分析与软件应用等。

12.1 遗传测定及其功能

12.1.1 遗传测定的概念

遗传测定（genetic test）是指对选育材料进行田间对比试验，并根据它们的性状表现做出的遗传评价。表型优良的母树并不一定产生优异的子代或无性系，其优异程度也不一定与亲本表现型相关；选择的优树，采用不同交配设计（mating design）和选择强度，其子代表现或改良的效果有明显的不同。根据表型选择出来的优树以及通过杂交产生的子代，其遗传品质是否优良，亲本的优良性状能否传递给子代，传递能力有多大等问题都需要通过遗传测定来解答。同时，由于林木多年生且栽培环境条件复杂，需要特别重视遗传测定的环境控制。只有基于环境控制试验将决定表型的遗传效应剖分出来，才能准确评价育种效果。因此，遗传测定是遗传改良的核心工作。

在林木遗传育种中，遗传测定主要是为了确定地理变异模式，评价种源、优树选择效果，构建育种群体，以及为不同立地选择最佳种源、家系或无性系等。因此，根据其主要目的可以分为种源试验、子代测定、无性系对比试验、区域试验和栽培试验等。遗传测定试验主要在田间进行，部分性状测定试验也可以在温室内完成。

12.1.2　遗传测定的功能

遗传测定有以下4个方面的功能（White，1987）。

（1）确定遗传构成，了解一个群体的数量遗传组分

遗传构成（genetic architecture）指性状的变异量、遗传控制及性状间的遗传关系。确定育种周期内一个或多个群体的遗传构成是遗传测定的一项重要功能。该功能的主要目的是估算群体水平的参数估计值而不是树木个体水平的性状值大小。包括以下几种。

①种源和种子产地差异的重要性和遗传变异模式；

②单个被测量性状的表型（σ_P^2）和遗传（σ_G^2或σ_A^2）变异量；

③性状遗传力（h^2或H^2）的估计值，包括种源遗传力、家系遗传力、单株遗传力以及无性系的重复力等；

④种植区内基因型与环境相互作用的大小（r_B）；

⑤每个被测量性状的年龄间遗传相关，也叫做幼成相关（$r_{A:年龄1,\ 年龄2}$）；

⑥成对性状的遗传相关（$r_{A:性状1,\ 性状2}$）。

（2）进行子代测定，评价一个群体内特定亲本的育种值

子代测定的目标是根据子代的表现估计亲本的相对遗传值。假设有一个由300株优树组成的第一世代选择群体，由于这些优树是依据它们的表型选出的，因此只有通过子代测定才能评价这些入选树木的相对遗传进展，即每个世代平均育种值的变化。该子代测定林可以由300个自由授粉家系组成，在考虑重复、随机等原则的前提下以一定的田间试验设计方法在适宜区域内进行多地点栽植。对子代测定林的性状表现进行统计，子代表现一贯良好的优树一定有优良的育种值，因而可以确定该优树在育种群体和繁殖群体内都是选择的重点对象。所以，子代测定的目的是对一组亲本进行排序。该排序在育种周期的几个阶段都很有用，而且排序越精确则每个阶段的遗传增益越大，这是因为精度越高越能代表亲本是按照它们的真实育种值排序的，受到环境变异的影响很小。每个阶段既包括使用子代数据对亲本进行排序并重新选择最佳亲本的后向选择，也包括从家系内选择树木优良子代个体的前向选择。

（3）建立一个基本群体，推动高世代遗传改良

育种群体内优良亲本的相互交配过程中，由于发生了有性重组，会产生新的遗传变异，从而提高决定目标性状的正向等位变异基因频率。将交配后得到的子代按家系栽植进行子代测定，形成下一世代的基本群体。在适宜林龄采用配合选择从子代测定林的最优家系中选择最优个体，形成下一世代的选择群体和育种群体。前面提及的确定遗传构成和子代测定两项功能的目的分别是提供群体水平的参数估计值和进行亲本排序，而本功能的目的是提供遗传材料，从而可以进行前向选择，成功构建育种值逐代提高的育种群体。理想的基本群体应具有两个基本特点：第一，有足够的遗传多样性从而能够产生许多不同的家系；第二，这些家系间没有亲缘关系（即没有共同亲本）。这样就能够通过前向选择最大限度地选出没有亲缘关系的入选树木，构成下一世代育种群体。前向选择过程一般采用配合选择，包括两个环节：选择最优家系，然后从最优家系中选择最优个体。也有极少数情况下入选个体来自非最优家系，而是根据其亲本的育种值选出的。有的树木改良工作中同一系列的遗传测定林既用于亲本排序，又用于形成进行前向选择的基本群体，有的则将这两项功能区分开。

（4）量化现实增益，评价树木改良所取得的遗传进展

评价某个林木育种项目的某一世代遗传增益时，涉及对不同遗传改良水平的材料进行田间测定，包括改良材料及其对照品种。该项功能的目的是提供遗传信息，即比较两个或多个遗传单位的平均值。这些遗传单位可以是育种周期中的各种群体，也可以是改良品种。现实增益测定（realized gain test）也称为产量试验（yield trial），通常，其交配设计和田间设计会尽可能模拟生产性人工林的遗传和立地条件，从而保证增益估计值可用于后期生产中采伐周期制定和经济效益分析等。所以，该测定具有以下特点：

①测定材料的遗传组成与生产用品种相近；

②一般会包含上一改良世代的生产群体种子或无性系作为对照；

③田间设计中要模拟生产性大规模种植的人工林栽培条件；

④测定周期长，需要半个到整个轮伐期。

现实增益测定的结果适用于测定林营建时生产上使用的品种，从这个意义上讲，现实增益测定本质上是回溯性的。在得到试验结果时，这些品种可能已被更好的品种所取代。尽管如此，以产量为目标的栽培试验仍然具有重要的功能，因为它能证实根据数量遗传学理论所预测的遗传增益，并能提供单位面积的增益估计值。

12.2　交配设计

为了解被测树木的遗传品质，根据试验具体要求和工作条件，对亲本的交配组合所做的安排，称为交配设计。即交配设计明确指定亲本如何相互交配产生用于栽植的子代。交配设计主要分成两类：不完全谱系设计（incomplete pedigree design）和完全谱系设计（complete pedigree design），接下来将分别介绍。在每种交配设计中，将依据前述的遗传测定功能的实现情况来介绍它们各自的优缺点，其中，大多数交配设计都能有效估计现实增益，因此不专门针对该功能进行论述。

12.2.1　不完全谱系设计

（1）无谱系控制设计

无谱系控制设计是指不进行谱系控制，允许群体内亲本间相互交配，并且从整个群体内混合采种。采种方法可以是从所有入选优树的所有结实分株上采集种子混合；也可以是从所有无性系上分别采集种子后，将来自每个亲本的种子等量混合，以保证每个母本有同等的代表性等。但这两种情况下所有的谱系信息都丧失掉了。

无谱系控制交配设计常用于现实增益试验中比较不同群体的平均值。假设有一个含200株优树的选择群体，选择其中最好的20株建设生产群体，用于生产良种种子。从上述选择群体和生产群体中分别混合采集种子，用于比较生产群体的遗传增益。对于

这一目的而言，了解个体的亲本并不重要，只知道它来自哪个群体就可以了。

混合采种的无谱系控制经常应用于一年生作物，在简单轮回混合选择方案中用于形成下一世代基本群体（Allard，1960）。在该交配设计中，育种群体的成员相互随机交配，种子混合后用于子代测定，形成下一世代基本群体，进而根据表型从中选出高世代的育种群体，并不需要知道被选中个体的亲本。这一过程在每一世代重复进行：混合选择、入选树木间随机交配、非谱系化子代测定形成高世代基本群体。这种交配设计简单、花费少，而且对具有中等到较高遗传率的性状在长期内有效。实际上，无谱系控制本质上与天然更新的森林经营中实施正向选择的结果是一致的，如留种母树法和去劣疏伐法等。但是，由于每一世代只能获得很小的增益，且不能进行谱系控制，可能导致高世代的入选树木出现近交衰退，所以不适用于高强度树木改良。

（2）自由授粉设计

自由授粉（open pollinated，OP）设计是指群体内亲本自由交配后，从母树上采集种子，分亲本单独保存，作为OP家系栽植。由于子代只知母本，不知父本，属于谱系不完全清楚的交配设计。如果育种群体包括200株优树，那么所有亲本的子代测定就要包括200个自由授粉家系。通常把这种测定称为半同胞测定或单亲测定。但是，这种说法并不确切，因为半同胞（HS）应指仅具有一个共同亲本的子代，而自由授粉中，不仅含半同胞子代，还含自交子代和有共同双亲的子代，即全同胞子代。因此，OP家系可能与HS家系不同（Namkoong，1966b；Squillace，1974；Sorensen and White，1988；White，1996）。自由授粉交配设计能否成功实现遗传测定的四种功能（确定遗传结构、子代测定、建立基本群体和量化现实增益），取决于OP家系与HS家系的近似程度。设想一种极端情况，如某一OP家系内存在遭受严重近交衰退的自花授粉子代，那么与含有较少自交子代的家系相比，这个家系的表现必然不佳。显然，自由授粉交配设计的测定结果是有很大偏差的，这既影响到群体水平的参数估计值（例如使遗传率估计值增大）也影响到亲本排序。研究发现，从虫媒授粉树种的散生树木和风媒授粉树种的孤立木上采集OP种子测定时，这种偏差非常普遍（Hodge et al.，1996）。

第4章中介绍过，一个亲本的育种值为其HS子代的真实平均值的两倍，而加性方差是真实育种值的方差。因此，当OP家系与HS家系相近似时，该家系对亲本的育种值的预测以及对遗传力（h^2）、基因型与环境互作（r_B）、幼成相关（$r_{A:年龄1,年龄2}$）、成对性状的遗传相关（$r_{A:性状1,性状2}$）等含有加性方差和协方差的几种类型的遗传参数的估计就更为有效。有许多实例证明OP家系能够有效地用于确定遗传构成和子代测定（van Buijtenen and Burdon，1990；Huber et al.，1992）。但是需要注意的是，对群体水平参数的精确估计至少需要100个以上的OP家系，且OP设计不能提供非加性类型的方差或协方差的估计值。

OP设计具有组合少、不需要人工控制授粉等特点，因而成本低、效率高，常用于林木改良的初级阶段。但是，由于OP子代的父本可能有较大的差别，一般配合力估计值会产生偏差；同时，花粉组成会因树冠方位不同、年份不同而有差异，导致采种部位或采种年份不同而子代也常出现差异。此外，从同一林分或种子园中取得的自由授粉种子，因有亲缘关系，不宜用于下一世代的育种群体。

（3）多系授粉设计

多系授粉设计（polycross design）也称混合花粉（pollen mix，PM）设计或多父本设计（polymix design）。利用人工控制授粉的方法，在雌花进入可授期前套袋隔离，从群体大量父本上收集花粉、充分混合后，在可授期进行授粉。与OP设计相比，PM设计的优势在于，一个PM家系中的树木更接近一个半同胞家系。当使用大量父本的混合花粉时（最好是使用25~50个父本，且这些父本彼此之间、父本与母本之间没有亲缘关系），不存在自交和生殖偏差，只有少数父本参与的差异受精也减到最少；而且，当对所有母本使用相同的父本混合花粉进行授粉，子代测定中得到的母本排序比较精确，因为通过数据统计能够排除潜在偏差。事实上，从估计遗传参数和预测亲本育种值的角度，PM设计不逊色于任何一种交配设计（van Buijtenen and Burdon，1990；Huber et al.，1992）。但是，与OP设计一样，群体水平参数的精确估计至少需要100个以上的PM家系，且PM家系不能提供非加性类型的遗传方差的估计值。与OP设计相比，PM设计的主要缺点是实施控制授粉造成的相关成本的增加，如进行花粉收集、多次对母本树木进行套袋、授粉、去袋等工作。但PM设计也比大多数完全谱系设计成本低。利用PM设计创造基本群体具有与OP设计同样的限制，即仅知道从PM家系选出的每株入选树木一半的谱系。因此，在希望保持完全谱系控制的林木遗传改良中，鲜有使用PM家系的实例。然而，现代分子标记技术能够较为容易地为PM设计中的子代鉴定其父本，因此，将PM设计与分子标记相结合具有良好的应用前景（Lambeth et al.，2001）。

12.2.2　完全谱系设计

完全谱系交配设计通过人工控制授粉得到子代种子，培育实生苗，每个子代个体都有明确的母本和父本信息，因而能够获得全同胞（FS）家系，保持了栽植的所有子代的完全谱系关系。具体包括以下几种方法：

（1）单对交配设计

单对交配（single-pair mating）设计是一个亲本只与群体中的另一个亲本交配，而不再与其他亲本交配。操作上，首先将亲本分成两组（母本组和父本组），然后成对进行交配，因此每个亲本只使用一次。当亲本数量N=20个时，有10个交配组合，可以得到10个全同胞家系。这种设计能用最少数量的交配组合生产最大数量的没有亲缘关系的子代，这也是该设计最大的优点。如使200个没有亲缘关系的亲本进行单对交配设计，能够得到100个没有亲缘关系的家系。从每一个家系中选出一株优树，那么将会得到100株没有亲缘关系的优树，这也是完全谱系交配设计方法所能产生的最大数目。当把这些家系按照适宜的田间设计进行栽植时，能够提供所测定的全同胞家系的精确排序。但是，由于单对交配设计中每个亲本只交配一次，无法估算双亲的育种值和特殊配合力。同样地，对于全同胞家系中的个体来说，无法确定其双亲中的哪一个对其表现的贡献更大，这使得该设计也无法实现子代测定这一功能。比较理想的做法是，先做亲本一般配合力测定，再用已证明遗传上优良的亲本进行单对交配，生产供下一世代选择的基本群体。这样做能够有效减少工作量，但同时也会使评定时间增加了一个世代。

（2）析因交配设计

把亲本分为两组，然后进行所有可能的交配组合，就是析因交配（factorial mating）设计。该设计有许多类型，常见的如：①正方形析因交配，把所有亲本分成相等的两组，每个亲本与另外一组的所有亲本进行交配，如图12-1所示；②测交系设计（tester design），从一个性别组成员中选出少数几个作为测定者（即测交系）与另一性别组的所有成员交配，如图12-2所示。测交系一般为父本，根据Zobel和Talbert（1984）对火炬松的研究结果，认为测交亲本有4~6个就足够了。

母本

父本	1	2	3	4	5	6	7	8	9	10
A	×	×	×	×	×	×	×	×	×	×
B	×	×	×	×	×	×	×	×	×	×
C	×	×	×	×	×	×	×	×	×	×
D	×	×	×	×	×	×	×	×	×	×
E	×	×	×	×	×	×	×	×	×	×
F	×	×	×	×	×	×	×	×	×	×
G	×	×	×	×	×	×	×	×	×	×
H	×	×	×	×	×	×	×	×	×	×
I	×	×	×	×	×	×	×	×	×	×
J	×	×	×	×	×	×	×	×	×	×

图 12-1　正方形析因交配设计

母本

父本	1	2	3	4	5	6	7	8	9	10	11	12	13	14	15
A	×	×	×	×	×	×	×	×	×	×	×	×	×	×	×
B	×	×	×	×	×	×	×	×	×	×	×	×	×	×	×
C	×	×	×	×	×	×	×	×	×	×	×	×	×	×	×
D	×	×	×	×	×	×	×	×	×	×	×	×	×	×	×
E	×	×	×	×	×	×	×	×	×	×	×	×	×	×	×

图 12-2　测交系设计

亲本量大时，正方形析因交配设计比测交系设计需要更多的交配组合。如当N=200个亲本时，正方形析因交配设计的交配组合数为10 000个；而采用5个测交父本的情况下，测交系设计的交配组合数为975个。由于雌雄异株树种的父本和母本自然地分为两组，所以析因交配设计特别适用于雌雄异株树种。当亲本量足够大时，各种类型的析因交配设计在遗传结构研究中都非常有效。析因交配设计能够获得母本和父本各自的加性方差估计值，亲本多的那一组的估计值更精确（如图12-2所示的测交系设计中的母本组）。

析因交配设计可以实现子代测定功能。其中，测交系设计特别适用于对大量亲本进行排序。例如，在新西兰的辐射松育种中，用5个母本测交系分别与200多株新入选优树交配，产生了近1000个全同胞家系，建立子代测定林并完成对入选优树的评价和排序（Jayawickrama et al.，1997）。需要说明的是，在析因交配设计中，由于每一组亲本只与另一组不同的亲本进行交配，母本组和父本组间不存在遗传上的关联。因此，母本排序不能直接与父本排序结果相比较。

析因交配设计还可用于建立基本群体。但是必须特别注意的是，只有正方形析因交配设计能够产生最大数目的没有亲缘关系的家系，从而使选择群体内的遗传多样性最大；而测交系设计则不能实现该功能，因为在该设计中无亲缘关系家系的数量是测交系的数量，该数量往往很少（如图12-2中是父本的数目，仅有5个）。

（3）巢式交配设计

巢式交配（nested mating）设计也称为分级交配（hierarchical mating）设计，该设计中将亲本分为不同性别的两组且两组间是有层级关系的，位于上层组的每个亲本与下层的从属于该组的每个亲本交配，而位于下层组的每个亲本只能与其所属的那一个亲本交配（图12-3）。在林木杂交环节中，采集花粉往往要比授粉操作简单，因此通常趋向于采用更多的父本和相对较少的母本，所以常常把母本作为上层组，把父本作为下层组，使父本从属于母本。如图12-3所示，有16个父本，但只有4个母本。通常把上层组的每个亲本的交配组合数叫做巢的大小，一般为2至8，如图12-3所示的巢为4。巢式设计的优点在于能够以较少的交配组合完成对许多亲本的相互交配。如图12-3中，对于巢为4的情况下，当亲本数N=20时有16个交配组合。类似地，当N=200个时，巢为40的情况下，也仅有160个交配组合。

图 12-3　巢式交配设计

巢式交配设计在树木遗传改良中应用很少，因为其在实现遗传测定的各个功能中总是有诸多缺陷。在确定遗传结构时，上层组的亲本平均值间的差异性可以用于加性方差估计值，进而得到遗传率的估计值；而下层组亲本平均值间的差异性同时包括加性和非加性方差因此无法用于遗传参数的估算。在子代测定中，巢式交配设计的缺陷在于：下层组的每个亲本只参与一次交配，形成1个全同胞家系，因此不能精确估测该组亲本的育种值；而上层组的每个亲本分别与不同的亲本进行交配，也不能精确估测该组亲本的育种值。而在建立基本群体时，巢式交配设计的用途也有限，因为每个共同亲本只交配一次，与一个表现突出的亲本交配的概率很小，使得前向选择的期望遗传增益减少；而且无亲缘关系的家系数目没有最大化，而是被限制为上层组的亲本的数目并取决于巢的大小，使得遗传多样性比其他交配设计低。

（4）双列交配设计

完全双列（full diallel）交配设计是每个亲本既用作母本又用作父本的交配，也就是说每个亲本与包括其自己在内的所有其他亲本进行交配，因此包括了所有可能的交配组合。这种设计最为精密和综合，同时成本也最高。该交配设计可以细分为三种交配组合类型（图12-4），其中，第一类是对角线上的组合，即自交，为图中标记为"☆"的组合；第二类是对角线右上半部分中的交配组合，即图中标记为"×"的组合；第三类是对角线左下半部分中的交配组合，即图中标记为"○"的组合。第二类和第三类互为正反交，如左下半部分的A×B与右上半部分的B×A。按照完全双列交配设计所得到的交配组合数是所有完全谱系交配设计中最多的。如有N个亲本，需要作N^2个交配组合，当$N=20$和$N=200$时，分别有400和40 000个交配组合，这使完全双列交配设计实施起来非常困难。一般来说，当亲本数量较少，尤其是为了研究自交和正反交效应时，可以采用这种设计。

半双列（half diallel）交配设计与完全双列交配设计相类似，只是不包括自交和反交，于是只产生图12-4中标记"×"（或者"○"）所在的交配组合，从而使得交配组合数减少了一半多。但是，工作量仍然很大。例如：N个亲本，半双列有$(N^2-N)/2=N(N-1)/2$个交配组合，当$N=20$和$N=200$时，分别有190和19 900个交配组合。使用半双列交配的前提是忽略该树种的正反交效应，即认为一对亲本中无论哪个作为母本都不影响其子代表现。

为了改进完全双列和半双列交配设计中工作量大的缺点，可采用部分双列（partial diallel）交配，从半双列交配设计中选择一部分实施交配。部分双列交配设计形式多样，其中应用最多的是循环交配设计（circular mating design）。该设计中要求沿着对角线以外的斜线向右下方进行指定亲本的两两交配组合（图12-5），使得每个亲本参与的交配组合数相等。这样能够大大减少交配组合总数。而具体操作中指定哪些交配组合

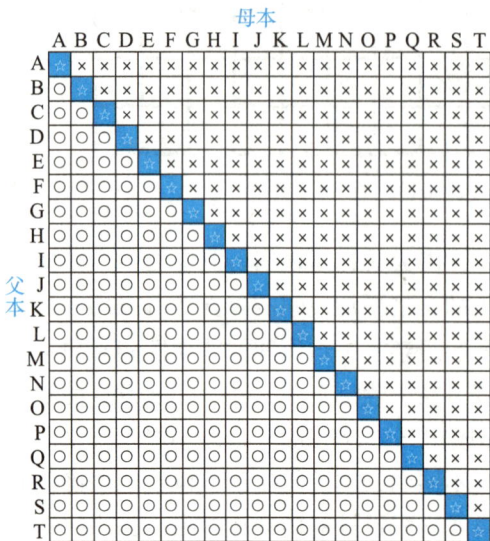

图 12-4　双列交配设计示意

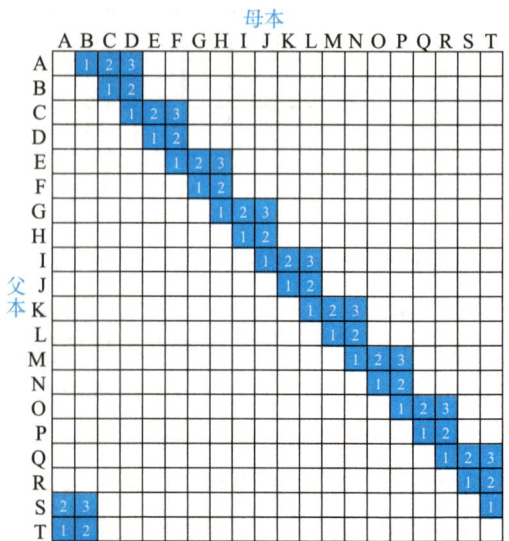

图 12-5　循环交配设计示意

是有很大灵活性的，因此对于给定数目的亲本，通过该设计给出的交配组合数也不是一定的。每个亲本参与的交配次数越多，将来利用交配子代估计群体水平的遗传参数和预测育种值的精度就越高，但是同时工作量也越大。如果设计中指定的所有交配都能成功，那么每个亲本进行4次或者5次交配（如图12-5中是5次）能够达到最佳效果。

　　总的来说，如果不考虑全同胞子代家系种植和管理中的一系列问题，完全双列和半双列交配设计是能够实现遗传测定所有功能的最有效的交配设计。但是，事实上，完全双列和半双列交配仅适用于亲本数量很少的情况，对于大多数树种来说，亲本超过20个就几乎无法完成了。实际工作中，以循环交配设计为代表的部分双列交配能够实现遗传测定的全部功能，是效果最好的双列交配设计。前述的每个亲本进行5次交配组合的循环交配设计能够做到：①使得亲本间直接比较；②创造并获得全同胞家系；③提供遗传参数和亲本育种值的精确估计值；④建立基本群体，提供最大数目的没有亲缘关系的家系和良好的选择增益潜力。

（5）不连续交配设计

不连续（disconnected）交配设计是将亲本分为几个亚组，交配只在同一亚组内的亲本间进行。该设计的特点在于：①能够减少交配组合总数，从而降低遗传测定的成本；②禁止不同组内的亲本间相互交配，利于控制近交。前面讨论的所有交配设计都能够以不连续的亲本组进行，只需先对亲本分组，然后在一个组内的亲本间以原有的交配设计方式实施即可。如不连续的析因交配设计、不连续的半双列交配设计等。其中不连续的半双列（disconnected half diallel）交配设计最为常见。例如，将20个亲本划分成4组，每组有5个亲本。每组内进行半双列交配设计，可

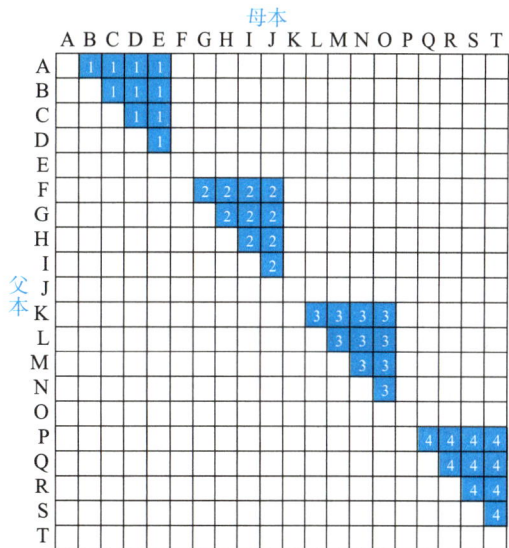

图 12-6　不连续的半双列交配设计

以得到分别标记为1、2、3、4的四组半双列交配，每组有10个交配组合，共40个交配组合，如图12-6所示。当亲本量足够大并得到全同胞家系时，不连续交配设计对于确定遗传结构和建立基本群体非常有效。但是，在子代测定中，由于亲本被分成不同的组，得到的是每个组内亲本的排序，因此，如果目标是对育种群体内的所有亲本统一进行排序，那么该交配设计就达不到预期效果了。

12.3　田间设计

　　遗传测定是一个完整的过程，采用适宜的交配设计得到子代实生苗或采用无性繁殖方法得到无性系分株后，遗传测定的下一步工作就是在苗圃、温室和田间条件下进

行田间测定试验。通过田间观测，取得子代家系或无性系的性状表现数据进行统计分析，估算遗传参数，鉴别遗传与环境效应，评价选择效果等。

12.3.1　林木田间设计的特点

由于林木个体大、所占空间多，寿命长，随着冠幅的增加，彼此之间竞争严重；且多栽植于山地条件，地形复杂，环境条件难以控制一致，易产生试验误差，布置试验难度大。因此，符合期望的林木田间试验应具有以下特点。

①典型性　试验场地和试验材料要具有代表性，使得试验结果能够在生产上推广。

②精确性　遗传测定材料来源清楚，试验数据可靠，试验结果可信。

③重演性　试验结果能够经得起重复和检验，其他人用同样的材料在相似的条件下能够得到相似的结果。

④坚韧性　在遭受一定程度的自然或人为的局部破坏之后，依然能够进行试验分析。

12.3.2　提高试验精确性的主要措施

在田间设计中要遵循试验设计的基本原则，也称为Fisher三原则，即设置重复、随机化和局部控制。

（1）设置重复

所谓重复是基本试验的重复进行，即将一个处理安排于多个单元进行试验。由于试验误差是客观存在的，无法完全消除，设置重复能够减少误差和正确地估计试验误差。如果每个试验只有一个观测值，就无法计算差异，也就无法估计误差的大小。同时，由于土壤肥力、水分、小气候等环境条件的影响，一个观测值往往不能精确地反映测定的效果，只有用多次重复的平均值才能代表测定的真实效果而避免偶然性影响。例如，不同年份采集的同一个种源或优树的种子，遗传品质也不会完全相同，只有通过重复才能充分反映被测对象的遗传特性。

（2）随机化

随机化是指被测对象试验材料的分配和试验的次序都是随机地确定的。统计方法要求观测值（或误差）是独立分布的随机变量，随机化是满足此条件的有效措施。在遗传测定中，各个区组的排列及区组内各个小区的排列都应该实现随机化，而不能按一定顺序或者试验人员的主观意愿进行排列。

（3）局部控制

遗传测定试验中，试验地的地形和土壤条件等往往存在着差异，要把整个试验布置在环境条件相同的地段是比较困难的。局部控制是指将整个试验地按照地形、土壤等条件的一致程度划分成若干个试验区组，同一区组内，环境条件基本一致，而不同区组间允许存在差异。

12.3.3　常用的试验设计

试验设计方法有多种。现将林木遗传测定中常用的试验设计方法及其优缺点简介如下。

（1）随机完全区组设计

随机完全区组设计（completely randomized block design，CRBD）是在试验地内划分若干个面积相等的区组，区组数量等同于试验重复数；每个区组内划分若干个面积相等的小区，小区数目等同于试验处理数，即试验中要测定的家系或无性系的数量（如有对照，视作处理）。在每个区组内把全部处理随机地安排在每个小区内。随机完全区组设计通过划分区组能够有效消除环境条件对试验结果的干扰，精度高，田间排列和统计分析简单易行，且能提供无偏、精确的遗传参数估计值，因此是最常用的试验设计。但是，该设计要求试验处理数目不宜过多。当供试的家系或无性系数目太多时，小区数目增多，区组面积加大，同一区组内很难保证环境条件一致，从而造成各个试验处理在不同的条件下比较，试验误差大，结果不可靠。另外，该设计不宜用于存在着两个方向上的环境差异的试验地。因为随机完全区组设计要求区组内条件基本一致，统计分析时只能鉴别出区组间的差异而不能分辨出区组内的差异，如果试验地内存在着两个方向上的差异，将无法划分区组。

（2）平衡不完全区组设计

当供试家系或无性系多时，一个区组内无法容纳全部处理而只能安排部分处理，采取平衡不完全区组设计（balanced incomplete block design，BIBD）更为合理有效。这种设计是将试验地划分为若干区组，区组内试验条件基本一致，每一个处理在每个区组中只出现一次，并且保证任意两个家系在同一区组中出现的次数相等。在整个试验中，各个处理的重复次数相等，而且任意两个处理出现在同一区组的次数也相等，因而任意两个处理之间的比较是平等的。具体的田间布置可以借助"平衡不完全区组设计表"实现。平衡不完全区组设计的缺点在于以增加试验区组数、扩大试验规模为代价换取区组数的减少，但其精度却低于随机完全区组设计；同时，该设计灵活性也较差。

（3）拉丁方设计

当试验场地内土壤肥力存在两个方向上的差异时，采用随机完全区组设计难以保证区组内条件基本一致，在此情况下可以考虑采用拉丁方设计（latin square design）。所谓拉丁方设计就是在两个方向上规划区组，实行双重局部控制，消除非试验因素的干扰。其基本要求是每一处理在每一行和每一列都出现一次而且仅有一次，即处理数、行数、列数和重复数均相等。拉丁方设计是田间试验设计中精度最高的一种方法，统计分析也较简单。其主要的缺点就是限制性强，需要整块试验场地，故缺乏灵活性。一般情况下适合安排5~9个处理的单因子试验，多用于精度要求高的试验。

（4）裂区设计

裂区设计（split-plot design）的基本设计思想是：先把每一重复划分为若干主区，然后将试验的主处理安排在这些主区内，最后在每一主区内再划分若干副区（即裂区），安排副处理。如有必要，可以在裂区下再划分裂区，但该试验设计一般只用于

2或3种处理。需要注意的是，裂区设计也是区组设计的一种，其区组数量等同于重复数。裂区设计的主要优点是可以安排多因子试验，而且至少可以保证其中的一个因子试验精度较高；在其实施中也较经济，便于田间操作。它的缺点主要是主区局部控制较差，因而主处理的试验精度较低。

12.4 试验林营建与观测

12.4.1 试验林的类型及其作用

（1）子代测定林

利用交配设计产生的种子实生苗营建的试验林。主要目的：其一，根据子代表型可以估计亲本的育种值，对亲本进行排序，作为后向选择的依据；其二，根据子代个体表现，选择出优良子代个体，进行前向选择，构建育种值逐代提高的育种群体。

（2）种源试验林

为了进行种源选择，把来自各种源的种子实生苗或者无性繁殖产生的扦插苗种在一起所营建的试验林。主要作用是确定性状的变异量及性状间的遗传关系，研究种源与环境条件的关系、性状与生态因子的相关、树种地理变异模式等，还可以为进一步的选择和杂交育种等提供原始材料和遗传参数。

（3）家系对比试验林

采用优良的全同胞家系或半同胞家系的种子苗营建的对比试验林。主要作用是对入选家系进行排序，为造林地点选择最好的家系品种。目前，在林业生产中有一些利用优良家系的实例，如采用辐射松、火炬松、落叶松、欧洲云杉等树种的优良家系建立采穗圃，嫩枝扦插育苗造林等。为保证适地适家系利用，开展家系对比试验是十分必要的。

（4）无性系对比试验林

利用优树经无性繁殖产生的植株所营建的试验林。主要作用是对入选无性系进行排序，用于评价、选择最好的无性系。该试验一般是为开展区域试验精选材料，如入选优良无性系较少时，也可以与区域试验合并进行。

（5）区域试验林

通过在不同地区进行多点联合试验，评价参试品种的适应性和丰产性，为确定其适生范围和推广地区所营建的试验林。单系品种利用时，其与栽培环境往往存在显著的交互作用，需要试验不同品种在不同栽培环境的丰产性，为不同的品种选择最佳栽培地点。尤其是育种中选用了育种区之外的亲本材料或远缘亲本时，还需要为入选品种确定其适生范围和推广地区。因此，区域试验是相关品种通过良种审定的必要条件。

（6）栽培试验林

与来自母树林或种子园的种子苗不同，由于无性系或家系品种遗传基础狭窄，在大规模造林应用之前，一般需要进行一定规模的栽培试验，测定和评价基因型与栽培条件的互作效应，包括栽培密度和田间管理措施等，实现良种与良法配套，发挥品种的最大遗传潜力，同时作为品种推广的示范林等。该类型的试验林在田间设计中要尽可能选用与将来造林地类似的立地条件，以获得可靠的结果。

12.4.2　试验林营建与管理

（1）试验地的选择

选定的测定地点要有代表性。考虑到试验结果的推广应用，试验地应具有试验材料将来推广地区的典型气候、典型地势、典型土壤肥力和理化性状、典型的地下水位等。试验如果在山区进行，试验地一般应设在同一坡向上，坡度也应基本一致。试验地一旦选定，要求较长时间内不变，因此，试验地还要容易保护且便于管理。

（2）小区的大小与形状

小区是测定材料所组成的最小试验单元。小区可分为单株小区、少株小区及多株小区3种。单株小区指每小区只栽植1株苗木；少株小区指每个小区栽植2~10株；多株小区指每小区栽植10株以上，如10~100株，甚至100株以上。如某测定试验中，每个家系有40株苗木，设置4次重复，则每个家系由10株苗木构成一个家系试验小区，属于少株小区。同一小区树木彼此相邻地栽在一起，少株小区一般为单行或2~3行作为一个小区；多株小区多呈长方形或正方形排列，小区四周的树木通常作为边行，调查时，仅测量中间的部分树木。在试验布置时采用哪种小区，要综合试验材料性质、数量及试验地条件而定。如试验材料为无性系，试验地地势较平坦、一致，栽植管理措施较为完备，则可采用单株小区，以提高试验效率。在改良的初级阶段或短期试验中，多采用少株小区；在优良材料的推广阶段，多采用多株小区，这样与生产上的实际情况更为接近。同时应考虑今后良种造林状况，如造林时采用混栽模式，可采用单株小区，若采用成片单一树种栽培，则宜采用较大的家系小区。小区形状对小区平均值（试验材料的排序）影响不大，但对遗传方差、遗传增益有影响。如单株小区或单行小区，随着树木长大、树冠的扩大，竞争激烈，会使遗传方差与竞争导致的方差相混淆，夸大了遗传增益。所以，在试验林营建时，应综合考虑这些问题。

（3）小区的排列和重复数

小区的排列方法有许多种，在林木改良试验中最常见的是随机完全区组设计。有时因处理数较多，而采用平衡不完全区组设计。也有把种源与种源内家系这两个因素联合测定时采用裂区设计等。关于小区在这些试验设计中的具体排列方法，可参考有关试验设计书籍。

小区的重复次数，主要取决于试验地的土壤等环境条件的差异程度与试验要求的精度。同时考虑试验材料情况与试验地面积等因素。林木遗传测定中，若土壤差异不大，随机完全区组设计需4~6次重复；若土壤差异较大，也可安排8~10次重复。从统计学观点看，方差分析时误差项的自由度最好不小于12，否则F_a值很大，难于检验出处理项的显著性。如果事先了解了试验的变异系数，则可根据精度所要求的标准误，计算出所需要的重复次数。

（4）设置对照小区

对照小区又称标准区，是与试验处理作比较的标准，用以鉴定测定材料的优劣。同时，利用对照可矫正和估计试验地的差异。所以，对照的选定应讲究科学，要求有可比性，否则会影响遗传测定结果的评价。如优树自由授粉子代测定，应选择选优林分的一般种子或是选优林分所在地区同性质林分混合种子作对照；无性系测定中，应采用当地常用的无性系作对照等。

（5）设置保护行

靠近试验地外侧的植株，通风透光条件好，长势旺，有明显的边际效应。为了减少边际效应所引起的误差，同时也为了防止人畜破坏践踏，营造测定林时，应在试验地周围栽植一定宽度的苗木，称为保护行。保护行要与试验林的树种相同，采取与试验林相同的株行距及管理措施，区组或小区之间一般不设保护行。

（6）测定林管护与档案建立

林木遗传测定属长期性试验，试验林的管护工作任务特别艰巨。为了获得试验的正确结果，达到试验目的，造林后要加强测定林的管护工作，包括幼林的抚育管理，及时除掉杂灌、杂草，防止牲畜、野生动物破坏，人为毁坏，以及病虫害防治和火灾防范等工作。造林后，对死亡的植株要及时补植。

试验林定植后，应及时绘制定植图，在试验林各处理间设立明显的标桩，并绘制配置图，完善规范各种记录，建立档案。记录的内容应包括：①试验材料来源，如子代测定林，应说明亲本、制种方式、种子处理过程等；无性系对比林，应说明穗条来源，采集方法。②育苗过程。③造林地立地条件。④试验设计。⑤对照来源等。

12.4.3　试验观测及其要求

遗传测定中，往往根据改良目标确定观测性状和指标。主要观测性状有：①树高、胸径（地径）、材积、根系等生长性状；②主干通直度、圆满度、树皮厚度、分枝角度、侧枝粗度、节疤大小、自然整枝状况等形态指标；③抗病虫害、抗旱、抗寒、抗盐碱等抗逆性指标；④木材密度、纹理通直度、早材和晚材比率、纤维和管胞长度等木材性状；⑤果实产量和品质等结果性状；⑥树胶、树脂等次生代谢产物的产量和品质。试验观测年限以能正确评定性状为度。如用材树种生长性状最终评定的年限一般为慢生树种不少于1/4轮伐期；速生树种不少于1/3轮伐期；短周期定向培育树种不少于一个生长周期。在试验期间，每隔3~5年要做阶段总结。

12.5　遗传参数估算

遗传测定的关键在于对试验结果进行合理分析和解释。这里仅简要介绍最基本的遗传测定试验分析方法，对于更为复杂的交配设计和田间试验设计的遗传分析方法，可参阅有关数量遗传学、试验设计、数理统计等书籍。

12.5.1　数据转换

在遗传测定的数据统计分析中，经常需要运用方差分析的方法。通过方差分析可以把试验的总变异剖析为不同来源的变异，把遗传变异分量与环境变异分量分开，在某些条件下，还可分解出它们之间的交互作用分量。在方差分析中，对试验误差有以下基本要求：

①独立性，即试验误差互相独立；

②无偏性，即试验误差的均值都为0；

③等方差，即试验误差的方差都是σ^2；

④正态性，即试验误差均遵从正态分布。

在遗传测定试验中，只要设置合理，一般来说，独立性是可以满足的，各次试验之间没有互相联系即可；无偏性也容易满足，因为误差有正有负，正负相当。但是等方差和正态性这两个条件在很多情况下不能满足。这种情况下，应将原始数据进行转换，使其成为另外一套数据，满足正态、等方差条件后再做方差分析。常用的数据转化方法有以下3种。

（1）反正弦转换

主要针对服从二项分布的数据，如试验结果是以百分数表示的数据，需要采用该方法进行数据变换，转换的方法是原数据开方后求其反正弦，即$x'_{ij}=\sin^{-1}\sqrt{x_{ij}}$，转换后的数值是以度为单位的角度。

（2）平方根转换

服从泊松分布的数据可采用该方法，将原数据开平方根，即$x'_{ij}=\sqrt{x_{ij}}$，如果观测值小，甚至有零出现，则可用$x'_{ij}=\sqrt{x_{ij}+1}$转换。

（3）对数转换

对于服从对数正态分布的数据，将原始数据转换为其对数值，即$x'_{ij}=\log x_{ij}$，如果数据有零，且数据均不大于10，则可用$x'_{ij}=\log(x_{ij}+1)$。

12.5.2　种源试验遗传参数估算

第8章介绍了种源选择和种源试验，实践证明，种源选择是林木遗传改良的有效途径。种源试验的方法已经规范化，其技术重点是采种点的选择，从各个种源采来种子进行育苗和造林时，都要按田间试验设计的要求布置。试验完成后，在各个不同的试验点选择各自最适的种源。种源选择响应R_p的计算公式：

$$R_p = Sh_p^2 \tag{12-1}$$

则种源遗传增益：

$$\Delta G = Sh_p^2 / X_P \tag{12-2}$$

式中，S为选择差；h_p^2为种源遗传力；X_P为种源群体总平均值。

以下举例说明种源试验中种源遗传力、种源选择差、种源遗传增益的估算。

【例12-1】用随机完全区组设计在某地点进行某树种种源试验，有10个种源，设置3个区组，测量8年生树高，假设数据见表12-1，方差分析结果见表12-2。以排名前3的种源作为入选种源，估算种源遗传增益。

表 12-1 种源试验树高数据

种源编号	苗高（m）			种源和（m）	种源平均（m）
	区组Ⅰ	区组Ⅱ	区组Ⅲ		
1	5.2	5	5.2	15.4	5.13
2	5.9	6.5	6.2	18.6	6.20
3	6.8	5.8	5.6	18.2	6.07
4	4.3	5	5.3	14.6	4.87
5	5.4	5.5	5.3	16.2	5.40
6	5.6	5.8	7.0	18.4	6.13
7	5.2	5.0	4.8	15.0	5.00
8	4.5	4.3	4.6	13.4	4.47
9	4.6	4.1	5.2	13.9	4.63
10	4.2	5.0	4.9	14.1	4.70
区组和	51.7	52.0	54.1	总和=157.8	总平均（X_P）=5.26

表 12-2 种源试验树高方差分析

变异来源	自由度df	平方和SS	均方MS	F	$F_{0.01}$
区组间	2	0.34	0.17		
种源间	9	11.67	1.30	6.84**	3.60
机误	18	3.5	0.19		
总计	29	147.3			

** 为 0.01 显著性水准。

根据方差分析表，种源间差异极显著，$F=6.84$，则种源遗传力：
$$h_p^2=1-1/F=1-0.15=0.85$$
由表12-1，前3名种源为2、3、6号，中选无性系平均值：
$$X_S=（6.20+6.07+6.13）\div3=6.13$$
选择差：$S=X_p-X_s=6.13-5.26=0.87$
遗传增益：$\Delta G=Sh_p^2/X_p=（0.87\times0.85）\div5.26=0.14$
即中选的3个种源子代8年生时将比现有群体平均值（$X_p=5.26$）增加14.0%，达到6.00m。

12.5.3 无性系对比试验遗传参数估算

在无性系测定林的对比试验中，对具体性状，如树高、胸径、材积、形率等进行观测记录后，对数据进行整理统计，通过方差分析，可以了解供试无性系间的遗传差异是否显著，为无性系选择提供依据。同时，这种选择所带来的遗传增益就不能用我们所熟悉的遗传力来计算，因为在无性繁殖过程中没有上下代之间的关系，而遗传力恰恰是联系上下代的桥梁。在这种情况下，就应该使用重复力了。若用 ΔG 表示无性系选择所带来的遗传增益，用 S 表示中选无性系平均值与原来群体平均值的离差即选择差，用 R 表示无性系重复力，则：

$$\Delta G = SR / X_P \tag{12-3}$$

从统计学角度讲，重复力是同一无性系内不同分株之间的组内相关系数。对其进行估算时，一般采取方差分析法，用组间方差（σ_b^2）和总方差（$\sigma_w^2 + \sigma_b^2$）的比值（R）来近似估计。即：

$$R = \frac{\sigma_b^2}{\sigma_b^2 + \dfrac{\sigma_w^2}{k}} = \frac{MS_b - MS_w}{MS_b} = 1 - \frac{1}{F} \tag{12-4}$$

对 n 个无性系作对比试验，每个无性系含 k 个分株，对试验结果进行方差分析，结果见表12-3。

表 12-3　无性系性状对比试验方差分析

变异来源	自由度 df	平方和 SS	均方 MS	F	期望均方 EMS
无性系间	$n-1$	SS_b	$MS_b = SS_b / (n-1)$	MS_b / MS_w	$\sigma_w^2 + k\sigma_b^2$
无性系内	$n(k-1)$	SS_w	$MS_w = SS_w / n(k-1)$		σ_w^2
总计	$kn-1$	SS_T			

根据表12-3，计算得到 F 值，接下来，代入重复率计算公式，即可求出 R。

【例12-2】采用随机完全区组设计进行某种杨树8个无性系的对比试验，设置3个区组，5年生时测量树高，方差分析结果见表12-4，各无性系的平均高见表12-5。如果选择前4名无性系用于造林，试估算5年时树高的遗传增益有多少？

表 12-4　杨树无性系测验方差分析

变异来源	自由度 df	平方和 SS	均方 MS	F	$F_{0.01}$
区组间	2	2.05	1.03	0.36	
无性系间	7	105.3	15.05	5.28**	4.28
机误	14	39.95	2.85		
总计	23	147.30			

** 为 0.01 显著性水准。

表 12-5　某杨树 8 个无性系 5 年生时平均高

无性系号	1	2	3	4	5	6	7	8	总平均（X_p）
平均高（m）	16.2	10.4	11.0	13.5	15.2	9.8	11.9	12.3	12.54

根据表12-4，无性系间差异极显著，$F=5.28$，则无性系重复力 R：

$$R = 1 - \frac{1}{F} = 1 - \frac{1}{5.28} = 0.81$$

由表12-5，前4名无性系为1、5、4、8号，中选无性系平均值为：
$$X_s=（16.2+15.2+13.5+12.3）÷4=14.30$$
选择差：$S=X_s–X_p=14.30–12.54=1.76$

遗传增益：$\Delta G=SR/X_P=1.76×0.81÷12.54=0.114$

即中选的4个无性系5年生时将比现有群体平均值（$X_p=12.54$）增加11.4%，达到13.97m。

12.5.4　子代测定遗传参数估算

（1）自由授粉交配设计

前文提到过，自由授粉交配设计通常被称为半同胞测定，虽然这种说法并不确切，但在对其结果进行遗传估算时也常将其当作半同胞测定进行，在此举例说明具体方法。例如，用随机完全区组设计进行自由授粉交配设计，设有b个区组，f个家系，n株小区，则试验共有fbn个数据。其方差分析见表12-6。

表 12-6　随机完全区组设计的自由授粉子代遗传测定方差分析表

变异来源	自由度df	均方MS	F	期望均方EMS
区组	$b-1$	MS_b		
家系	$f-1$	MS_f	MS_f/MS_{bf}	$\sigma_e^2+n\sigma_{bf}^2+nb\sigma_f^2$
家系×区组	$（b-1）（f-1）$	MS_{bf}	MS_{bf}/MS_e	$\sigma_e^2+n\sigma_{bf}^2$
机误	$bf（n-1）$	MS_e		σ_e^2
总计	$fbn-1$			

表中σ_e^2、σ_f^2分别代表小区内方差、家系方差，σ_{bf}^2代表家系与区组的互作方差。表中家系均方由小区内植株个体间变异、区组与家系的互作变异及家系变异所组成。σ_e^2分量直接用小区内林木个体间的均方MS_e来估计，σ_{bf}^2与σ_f^2可由MS_e和MS_{bf}按下列公式计算。

$$\sigma_{bf}^2=\frac{MS_{bf}-MS_e}{n}=\frac{\sigma_e^2+n\sigma_{bf}^2-\sigma_e^2}{n} \qquad （12-5）$$

$$\sigma_f^2=\frac{MS_f-MS_{bf}}{nb}=\frac{(\sigma_e^2+n\sigma_{bf}^2+nb\sigma_f^2)-(\sigma_e^2+n\sigma_{bf}^2)}{nb} \qquad （12-6）$$

家系遗传力：

$$H^2=\frac{\sigma_f{}^2}{\sigma_{bf}{}^2/b+\sigma_e{}^2/nb}=1-\frac{1}{F_f} \qquad （12-7）$$

由于半同胞子代基因型值（G）是亲本育种值（A）的一半，根据方差性质可得：

$$\sigma_f^2=\frac{1}{4}\sigma_A^2 \qquad （12-8）$$

则表型方差：

$$\sigma_p^2=\sigma_e^2+\sigma_{bf}^2+\sigma_f^2 \qquad （12-9）$$

单株遗传力:

$$h^2 = \frac{\sigma_A^2}{\sigma_p^2} = \frac{4\sigma_f^2}{\sigma_e^2 + \sigma_{bf}^2 + \sigma_f^2} = \frac{4\left(MS_f - MS_{bf}\right)}{MS_f + (b-1)MS_{bf} + b(n-1)MS_e} \tag{12-10}$$

【例12-3】油松5个家系的半同胞子代测验,采用随机完全区组田间设计,安排10个区组,4株小区。观测结果方差分析见表12-7。估算油松半同胞家系及单株遗传力。

表 12-7　油松 4 株小区半同胞测验方差分析

变异来源	自由度df	平方和SS	均方MS	F	期望均方EMS
区组间	9	45	5		
家系间	4	72	18	4.5**	$\sigma_e^2 + 4\sigma_{fb}^2 + 40\sigma_f^2$
家系×区组	36	144	4	2.0**	$\sigma_e^2 + 4\sigma_{fb}^2$
机误	150	300	2		σ_e^2
总计	199	561			

** 为 0.01 显著性水准。

将方差分析结果代入公式,得:

家系遗传力:

$$H^2 = 1 - \frac{1}{F} = 1 - \frac{1}{4.5} = 0.78$$

单株遗传力:

$$h^2 = \frac{4\left(MS_f - MS_{bf}\right)}{MS_f + (b-1)MS_{bf} + b(n-1)MS_e} = \frac{4(18-4)}{18 + 9\times4 + 30\times2} = 0.49$$

（2）析因交配设计

测交系设计等析因交配设计能够得到全同胞子代,在对其结果进行遗传估算时也是典型的全同胞测定分析方法。

例如,某林木子代测定中有m个父本,f个母本,采用随机完全区组设计,b个区组,对某性状进行观察后的方差分析表见表12-8。

表 12-8　测交系交配子代随机完全区组设计的遗传测定方差分析

变异来源	自由度df	均方MS	期望均方EMS	
			固定模型	随机模型
区组	$b-1$	MS_b		
父本一般配合力	$m-1$	MS_m	$\sigma_e^2 + bf\sigma_m^2$	$\sigma_e^2 + b\sigma_{mf}^2 + bf\sigma_m^2$
母本一般配合力	$f-1$	MS_f	$\sigma_e^2 + bm\sigma_f^2$	$\sigma_e^2 + b\sigma_{mf}^2 + bm\sigma_f^2$
特殊配合力	$(m-1)(f-1)$	MS_{mf}	$\sigma_e^2 + b\sigma_{mf}^2$	$\sigma_e^2 + b\sigma_{mf}^2$
机误	$(mf-1)(b-1)$	MS_e	σ_e^2	σ_e^2
总计	$mfb-1$			

表中σ_e^2、σ_m^2、σ_f^2分别为机误、父本方差、母本方差，σ_{mf}^2代表父本与母本的互作方差。在方差分析表中，期望均方有固定模式和随机模式两种。如果研究的目的在于比较供试亲本的配合力以及选择最佳杂交组合，其结果只涉及试验材料本身，可以认为所估计的效应值是一个固定的常数，所以采用固定模型。如果供试材料是从群体中随机抽取的样本，用于对总体的遗传参数进行估计，则应采用随机模型。表中变异来源的父本和母本分别用于估计父本一般配合力和母本一般配合力，父本×母本用来估计特殊配合力。

线性统计模型如下：

$$X_{ijk} = \mu + g_i + g_j + s_{ij} + b_k + \varepsilon_{ijk} \tag{12-11}$$

式中，X_{ijk}为第i个父本与第j个母本交配后代在第k个区组的小区平均值；μ为试验总的平均值；g_i和g_j分别为第i个父本和第j个母本的一般配合力；s_{ij}为第i个父本和第j个母本交配组合的特殊配合力；b_k为第k个区组的效应；ε_{ijk}为随机误差。

方差分析若一般配合力和特殊配合力方差均显著，则可根据固定模型估算亲本的一般配合力和特殊配合力效应值。

一般配合力效应可直接按下式估算

父本一般配合力：

$$g_{i\cdot} = \overline{x}_{i\cdot} - \overline{x}_{\cdot\cdot} \tag{12-12}$$

母本一般配合力：

$$g_{\cdot j} = \overline{x}_{\cdot j} - \overline{x}_{\cdot\cdot} \tag{12-13}$$

特殊配合力效应可按下式估算：

$$s_{ij} = x_{ij} - \overline{x}_{\cdot\cdot} - g_{i\cdot} - g_{\cdot j} \tag{12-14}$$

根据随机模型估算群体的遗传力，分析可按下列步骤进行。

父本：

$$\sigma_m^2 = \frac{MS_m - MS_{mf}}{bf}; \quad \sigma_m^2 = \frac{1}{4}\sigma_a^2; \quad \sigma_a^2 = 4\sigma_m^2 \tag{12-15}$$

母本：

$$\sigma_f^2 = \frac{MS_f - MS_{mf}}{bm}; \quad \sigma_f^2 = \frac{1}{4}\sigma_a^2; \quad \sigma_a^2 = 4\sigma_f^2 \tag{12-16}$$

父母本互作的方差：

$$\sigma_{mf}^2 = \frac{MS_{mf} - MS_e}{b}; \quad \sigma_{mf}^2 = \frac{1}{4}\sigma_d^2; \quad \sigma_d^2 = 4\sigma_{mf}^2 \tag{12-17}$$

狭义遗传力：

$$h_n^2 = \frac{2(\sigma_m^2 + \sigma_f^2)}{\sigma_m^2 + \sigma_f^2 + \sigma_{mf}^2 + \sigma_e^2} \tag{12-18}$$

广义遗传力：

$$H_b^2 = \frac{2(\sigma_m^2 + \sigma_f^2) + 4\sigma_{mf}^2}{\sigma_m^2 + \sigma_f^2 + \sigma_{mf}^2 + \sigma_e^2} \tag{12-19}$$

【例12-4】假定某林木测交试验有3个父本（$m=3$）与8个母本（$f=8$）进行交配，产生24个杂交组合，按随机完全区组设计布置田间试验，3个区组（$b=3$），3年生苗高小区平均值列入表12-9。

表 12-9　林木测交系杂交试验苗高生长量

父本	重复	母本								$X_{i..}$
		1	2	3	4	5	6	7	8	
A	I	145	145	146	149	133	119	133	130	3304
	II	142	140	159	150	124	132	133	134	
	III	166	155	141	161	138	93	118	118	
	$X_{ij.}$	453	440	446	460	395	344	384	382	
	$\overline{X}_{ij.}$	151.00	146.67	148.67	153.33	131.67	114.67	128.00	127.33	
B	I	157	135	155	144	131	126	131	137	3206
	II	156	159	148	162	118	117	119	112	
	III	148	111	128	165	143	108	73	123	
	$X_{ij.}$	461	405	431	471	392	351	323	372	
	$\overline{X}_{ij.}$	153.67	135.00	143.67	157.00	130.67	117.00	107.67	124.00	
C	I	138	146	141	129	129	127	129	129	3204
	II	131	152	140	128	139	136	131	124	
	III	148	128	151	133	86	143	143	123	
	$X_{ij.}$	417	426	432	390	354	406	403	376	
	$\overline{X}_{ij.}$	139.00	142.00	144.00	130.00	118.00	135.33	134.33	125.33	
$X_{.j.}$		1331	1271	1309	1321	1141	1101	1110	1130	$X_{...}=9714$

分析可按下列步骤进行。

第一步　计算各差异来源离差平方和。

$$C = \frac{X_{...}^2}{mfb} = \frac{9714^2}{3 \times 8 \times 3} = 1\,310\,580.5$$

总和：

$$SS_T = \sum\sum\sum X_{ijk}^2 - C = (145^2 + 145^2 + \cdots + 123^2) - 1\,310\,580.5 = 21\,167.5$$

区组间：

$$SS_b = \frac{\sum X_{..k}^2}{mf} - C = \frac{3284^2 + 3286^2 + 3144^2}{3 \times 8} - 1\,310\,580.5 = 552.33$$

父本：

$$SS_m = \frac{1}{fb}\sum X_{i..}^2 - C = \frac{1}{8 \times 3}(3304^2 + 3206^2 + 3204^2) - 1\,310\,580.5 = 272.33$$

母本：

$$SS_f = \frac{1}{mb}\sum X_{.j.}^2 - C = \frac{1}{3 \times 3}(1331^2 + 1271^2 + \cdots + 1130^2) - 1\,310\,580.5 = 8153.50$$

组合间：

$$SS_s = \frac{1}{b}\sum X_{ij.}^2 - C = \frac{1}{3}(453^2 + 440^2 + \cdots + 376^2) - 1\,310\,580.5 = 12\,358.83$$

特殊配合力：

$$SS_{f\times m} = SS_S - SS_f - SS_m = 3933.03$$

机误：

$$SS_e = SS_T - SS_b - SS_S = 8256.34$$

第二步 方差分析。结果列入表12-10。

表 12-10 测交系交配子代随机完全区组设计的遗传测定方差分析

变异来源	自由度df	平方和SS	均方MS	F值 固定模型	F值 随机模型
区组	2	552.33			
父本一般配合力	2	272.33	136.17	0.76	0.48
母本一般配合力	7	8153.50	1164.79	6.49**	4.15*
特殊配合力	14	3933.03	280.93	1.57	1.57
机误	46	8256.34	179.49		

注：** 为 0.01 显著性水准，* 为 0.05 显著性水准。

从表12-10中可以看到，按两种模型检验，父本一般配合力和特殊配合力都没有达到显著水平，只有母本一般配合力达到了显著水平，说明母本对苗高影响最大。为此有必要对母本一般配合力效应作进一步估计。

第三步 估算配合力。首先计算各杂交组合平均值（表12-11）。

表 12-11 各交配组合苗高平均值

父本	母本 1	2	3	4	5	6	7	8	父本平均值$\overline{X}_{i.}$
A	151.00	146.67	148.67	153.33	131.67	114.67	128.00	127.33	137.67
B	153.67	135.00	143.67	157.00	130.67	117.00	107.67	124.00	133.59
C	139.00	142.00	144.00	130.00	118.00	135.33	134.33	125.33	133.50
母本平均值$\overline{X}_{.j}$	147.89	141.22	145.45	146.78	126.78	122.33	123.33	125.55	

一般配合力的估算方法如下：

$$g_i = \overline{X}_{i.} - \overline{X}_{..}\ ;\quad g_j = \overline{X}_{.j} - \overline{X}_{..}$$

例如，计算1号母本和A号父本的一般配合力时，有：

$$g_1 = 147.89 - 134.92 = 12.97$$

$$g_A = 137.67 - 134.92 = 2.75$$

按照同样方法可计算其他亲本的一般配合力。

特殊配合力计算如下：

$$s_{ij} = X_{ij} - \overline{X}_{..} - g_i - g_j$$

例如，计算1×A交配组合的特殊配合力时，有：

$$s_{ij} = 151.00 - 134.92 - 2.75 - 12.97 = 0.36$$

按照同样的方法可计算出其他交配组合特殊配合力。

第四步 估算遗传参数。

根据随机模型期望均方与均方的关系，可对下列变量进行估算。

$$\sigma_m^2 = \frac{MS_m - MS_{mf}}{fb} = \frac{136.17 - 280.93}{8 \times 3} = -6.03$$

$$\sigma_f^2 = \frac{MS_f - MS_{mf}}{mb} = \frac{1164.79 - 280.93}{3 \times 3} = 98.21$$

$$\sigma_{mf}^2 = \frac{MS_{mf} - MS_e}{b} = \frac{280.93 - 179.49}{3} = 33.81$$

$$\sigma_e^2 = MS_e = 179.49$$

据此，估算下列遗传参数。

单株遗传力：

$$h^2 = \frac{2(\sigma_m^2 + \sigma_f^2)}{\sigma_m^2 + \sigma_f^2 + \sigma_{mf}^2 + \sigma_e^2}$$

$$= \frac{2(-6.03 + 98.21)}{-6.03 + 98.21 + 33.81 + 179.49} = 0.60$$

母本家系遗传力：

$$h_f^2 = 1 - \frac{1}{F_f} = 1 - \frac{MS_{mf}}{MS_f} = 0.76$$

一般配合力方差分量：

$$\sigma_g^2(\%) = \frac{\sigma_m^2 + \sigma_f^2}{\sigma_m^2 + \sigma_f^2 + \sigma_{mf}^2} = \frac{-6.03 + 98.21}{-6.03 + 98.21 + 33.81} = 0.73$$

特殊配合力方差分量：

$$\sigma_s^2(\%) = \frac{\sigma_{mf}^2}{\sigma_m^2 + \sigma_f^2 + \sigma_{mf}^2} = \frac{33.81}{-6.03 + 98.21 + 33.81} = 0.27$$

（3）半双列交配设计

前文提到，在该交配设计中，若有N个亲本，则会有N（N–1）/2个交配组合。以下举例说明该设计中方差分析和遗传参数估算方法。

【例12-5】对6个亲本进行半双列交配，不包括自交和反交，有15个组合，采用随机完全区组设计布置子代试验，设置3个区组（b=3），各小区树高平均值见表12-12。

表 12-12　半双列杂交试验结果

母本	区组	父本					
		1	2	3	4	5	6
1	Ⅰ		8.29	7.32	6.62	9.02	7.53
	Ⅱ		7.98	6.75	6.42	9.82	7.15
	Ⅲ		8.60	6.93	7.25	9.87	7.04
	组合总和		24.87	21.00	20.29	28.71	21.72
	组合平均		8.29	7.00	6.76	9.57	7.24
2	Ⅰ			6.76	7.21	10.42	8.38
	Ⅱ			6.44	6.87	9.87	7.22
	Ⅲ			7.24	7.16	9.81	7.12
	组合总和			20.44	21.24	30.10	22.72
	组合平均			6.81	7.08	10.03	7.57
3	Ⅰ				5.92	7.53	6.81
	Ⅱ				6.58	7.11	6.49
	Ⅲ				5.78	7.08	6.56
	组合总和				18.28	21.72	19.86
	组合平均				6.09	7.24	6.62
4	Ⅰ					7.86	5.92
	Ⅱ					7.59	6.71
	Ⅲ					7.59	6.65
	组合总和					23.04	19.28
	组合平均					7.68	6.43
5	Ⅰ						8.58
	Ⅱ						8.16
	Ⅲ						8.55
	组合总和						25.29
	组合平均						8.43
	$X_{i\cdot\cdot}$	116.59	119.37	101.30	102.13	128.86	108.87

注：Ⅰ=114.17，Ⅱ=111.16，Ⅲ=113.23，总和 $X_{\cdots}$=338.56。

第一步　离差平方和的计算。

校正值：

$$C = \frac{X_{\cdots}^2}{ab} = \frac{338.56^2}{15 \times 3} = 2547.17$$

总和：

$$SS_T = \sum X_{ijk}^2 - C = 8.29^2 + 7.32^2 + \cdots + 8.55^2 - C = 57.13$$

区组：

$$SS_b = \frac{\sum X_{\cdot\cdot k}^2}{a} - C = \frac{1}{15}(114.17^2 + 111.16^2 + 113.23^2) - C = 0.32$$

一般配合力：

$$SS_g = \frac{1}{b(p-2)}\sum X_{i..}^2 - \frac{4}{bp(p-2)}X_{...}^2$$

$$= \frac{1}{3\times 4}(116.59^2 + 119.37^2 + \cdots + 108.87^2) - \frac{4}{3\times 6\times 4}\times 338.56^2 = 48.08$$

特殊配合力：

$$SS_s = \frac{1}{b}\sum_{i<j}\sum X_{ij.}^2 - \frac{1}{b(p-2)}\sum X_{.j.}^2 + \frac{2}{b(p-1)(p-2)}X_{...}^2$$

$$= \frac{1}{3}(24.87^2 + 21.00^2 + \cdots + 25.29^2) - \frac{1}{3\times 4}(116.59^2 + 119.37^2 + \cdots +$$

$$108.87^2) + \frac{2}{3\times 5\times 4}\times 338.56^2 = 5.02$$

机误：

$$SS_e = SS_T - SS_b - SS_g - SS_s = 3.71$$

第二步 方差分析。

方差分析结果列入表12-13。

表 12-13 方差分析结果

变异来源	自由度df	平方和SS	均方MS	F值	期望均方（随机模型）
区组	$b-1=2$	0.32	$MS_b=0.6$		
一般配合力	$p-1=5$	48.08	$MS_g=9.62$	74.00**	$\sigma_e^2 + b\sigma_s^2 + b(p-2)\sigma_g^2$
特殊配合力	$p(p-3)/2=9$	5.02	$MS_s=0.56$	4.31**	$\sigma_e^2 + b\sigma_s^2$
试验误差	$(a-1)(b-1)=28$	3.71	$MS_e=0.13$		σ_e^2

注：** 为 0.01 显著性水准。

第三步 遗传参数估算。

$$\sigma_g^2 = \frac{1}{b(p-2)}(MS_g - MS_s) = 0.76$$

$$\sigma_s^2 = \frac{1}{b}(MS_s - MS_e) = 0.14$$

两种配合力的相对重要性比较如下：

一般配合力：

$$\frac{\sigma_g^2}{\sigma_g^2 + \sigma_s^2} = 84.4\%$$

特殊配合力：

$$\frac{\sigma_s^2}{\sigma_g^2 + \sigma_s^2} = 15.6\%$$

由此可见，在本例中，一般配合力是主要的。

列出杂交组合平均值（表12-14）。表中，反交值由正交值给出。

表 12-14　各杂交组合平均值

	1	2	3	4	5	6	$X_{i.}$
1		8.29	7.00	6.76	9.57	7.24	38.86
2			6.81	7.08	10.03	7.57	39.78
3				6.09	7.24	6.62	33.76
4					7.68	6.43	34.04
5						8.43	42.95
6							36.29
							$2X_{..}=225.68$

一般配合力效应值计算如下：

$$g = \frac{1}{p(p-2)}(pX_{i.} - 2X_{..})$$

例如，

$$g_1 = \frac{1}{24}(6 \times 38.86 - 225.68) = 0.31$$

其他各亲本的一般配合力效应值均按此方法计算。

特殊配合力效应值计算如下：

$$s = X_{ij} - \frac{1}{p-2}(X_{i.} + X_{.j}) - \frac{2}{(p-1)(p-2)}X_{..}$$

例如，

$$s_{1\times2} = 8.29 - \frac{1}{4}(38.86 + 39.78) + \frac{2}{5 \times 4} \times 112.84 = -0.09$$

其他亲本组合特殊配合力效应值均按此方法计算。

12.5.5　遗传与环境交互作用

遗传与环境的交互作用是林木育种者非常关心的问题。如果不存在交互作用，就可以将一个地点的测试结果推广到其他地点，进行无性系选择时可以根据供试无性系在各地的平均表现进行选择；如果存在交互作用，就必须进一步了解哪些无性系稳定，哪些无性系不稳定，不同无性系分别适于哪种环境条件等问题。事实上，林木遗传型与环境之间是存在交互作用的，这样，林木才能充分利用环境条件，使之适应于环境条件，占用最有利空间。图12-7表示出交互作用是否存在的情况。

图12-7（a）中无性系1和无性系2生长线平行，说明遗传与环境直接无交互作用；图12-7（b）中无性系1和无性系2的生长线存在交叉现象，无性系1在A地点生长缓慢但是在B地点生长迅速，而无性系2在A地点生长迅速但在B地点生长缓慢。说明遗传型与环境之间存在交互作用。将子代测定的数据进行遗传方差分析时，可以估算出遗传与环境的交互作用。所以，要了解遗传型与环境之间是否存在交互作用，就要在多个地点进行测定，统计数据时才能把交互作用方差与加性方差区分开来。

在林木改良计划实施中，为了充分发挥良种优势，一方面需要对遗传型（如家系、无性系等）的稳定性进行研究，测试它们对环境条件的变化是否敏感，其遗传可塑性如何，在特性研究基础上，对遗传型进行类群划分，从而在良种推广过程中做到适地

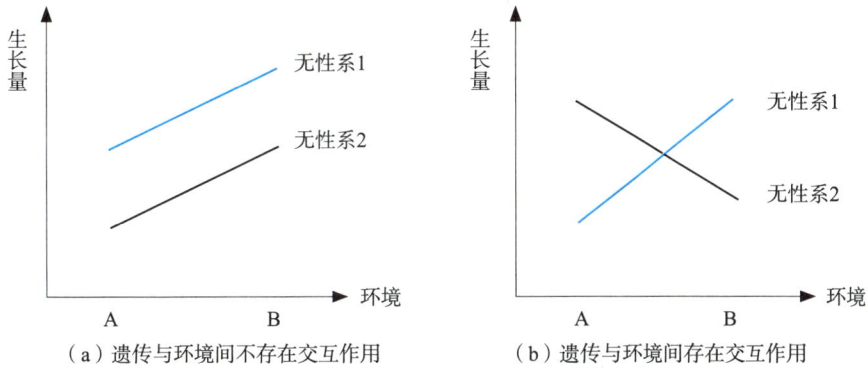

（a）遗传与环境间不存在交互作用　　　　（b）遗传与环境间存在交互作用

图 12-7　遗传与环境的交互作用

适遗传型。另一方面，对环境进行分类，按环境因子相似原则划分不同育种区，育种区内再划分育种亚区，通过这两方面的努力，使良种推广取得最大的增益。

12.6　林木遗传测定的数据分析与软件应用

遗传测定是林木育种的核心环节，大规模的试验往往会产生较大且复杂的试验数据，在处理这些数据的过程中，数学方法的应用不仅能减少环境因素带来的影响，而且能大大地提高数据处理的效率。传统的人工计算已经无法满足林木遗传改良速度的发展需求，随着计算机技术和算法的更新迭代，用于研究林木遗传测定的软件也应运而生。育种工作者通过借助高效、精确且系统的遗传计算软件不仅可以确保数据的准确性和可靠性，而且可以缩短计算周期，节省人力和物力，从而助力遗传测定计划的成功实践。

林木遗传测定数据分析内容主要包括：亲本性状的遗传方差、协方差以及遗传相关、遗传力等遗传参数，以及在此基础上计算遗传增益等参数。育种家借助多种线性统计模型对这些遗传参数进行估算，其中包括固定效应模型、随机效应模型以及混合效应模型。通常情况下，固定效应模型用于对亲本的配合力和育种值进行估算，随机效应模型用来估计遗传方差分量并计算遗传力和遗传相关系数。在线性统计模型中，固定效应和随机效应是两种不同的参数化方式，当固定效应和随机效应都包含在该模型中时，此时又称为混合模型或混合线性模型。育种家们总结了林木遗传育种的多种统计遗传模型，主要包括：半同胞子代测定遗传模型、巢式设计遗传模型、因子交配设计遗传模型、双列杂交设计遗传模型等。接下来对具体模型所用到的软件进行简介。

（1）半同胞子代测定遗传模型

该模型在家系选择过程中起着重要的作用，包括单地点和多地点的遗传统计模型。针对单地点和多地点遗传统计模型，分别有基于R语言的程序包HalfsibSS1.0和HalfsibMS，可以对平衡和非平衡数据进行遗传参数的估算。此外，用于计算半同胞遗传统计模型的软件还有很多，例如SAS软件的VARCOMP过程可以对方差分量进行计算；商业化的主流软件ASReml软件和ASReml-R软件可以计算多种模型且使用灵活；Cervus是一个广泛使用的软件，可用于遗传参数的估计，也能够进行数据可视化和统计分析；STRUCTURE是一种基于贝叶斯方法的软件，不仅可以用于种群结构的分析，而且也可以对林木半同胞子代的遗传数据进行分析；ML-Relate是一种基于最大似然方法的软件，可以对亲缘关系进行推断，包括半同胞和全同胞关系，可以用于林木半同胞子代测定的亲缘关系分析。

（2）巢式设计

又称A/B或B/A设计。巢式设计在动植物育种中得到广泛的应用，但由于现实中的遗传分析面对的数据往往具有不平衡的特点，因此，育种家们针对不平衡数据建立不平衡巢式设计遗传模型，并开发了相关的软件。统计软件Forstat可以对不平衡巢式设计遗传模型进行分析，SAS中的GLM、VARCOMP和MIXED等程序也可以对该模型进行分析，软件WinNCⅠ1.0不仅能对各种不平衡巢式设计遗传模型进行分析，且能得到更多的遗传参数，而且易于操作，针对性强。除此之外，利用ASReml软件基于限制性极大似然估计来估算方差分量对此模型也很实用。

（3）因子交配设计

又称AB设计、析因设计，该设计可产生众多的杂交组合群体并产生大量的数据。通用的SAS软件没有针对该模型的特定程序，当使用SAS进行计算时，需要将固定效应模型的约束条件考虑进去。2014年开发的WinNC2软件对用户比较友好，无须编写代码，但功能具有一定的局限性。ASReml软件可以针对该模型编写合适的程序对其开展相关的遗传计算，获得相应的结果。

（4）双列杂交设计

双列杂交设计常用于植物育种计划中，Griffing（1956）将双列杂交设计划分为四类并提供了一般配合力（GCA）和特殊配合力（SCA）的计算方法。育种工作者利用SAS软件开发出可用于双列杂交设计分析的程序，如DIAFIXED.SAS和DIALLEL-SAS05程序，但该软件较为复杂，且SAS只能处理特定的线性模型。此后，基于Windows界面的GSCA软件被开发，该软件的界面友好，且能直接对双列杂交设计试验数据进行分析。

思考题

1. 什么是遗传测定，遗传测定的功能是什么？

2. 什么是交配设计，交配设计有哪些种类？

3. 对比无谱系控制设计、自由授粉交配设计、多系授粉设计的优缺点。

4. 分析析因交配设计、双列交配设计、不连续交配设计的优缺点。

5. 林木田间试验设计有何特点？

6. 为了提高田间试验的精确性，主要有哪些措施？

7. 遗传测定中常用的试验设计方法有哪些？各有何优缺点？

8. 简述试验林的种类及其作用。

9. 不同种类的交配设计能够估算哪些遗传参数？如何估算？

10. 遗传与环境的交互作用如何影响林木测试结果的推广？

第13章

林木种子园和母树林制种

种子园与母树林是林木良种实生繁殖的主要形式，在推动林业生产良种化方面发挥着重要作用。本章以如何生产遗传品质高、播种品质优良的林木良种种子为主线，阐述了林木种子园制种的概念、优势以及种子园类别、种子园的规划、营建与经营管理等内容；并简要介绍了母树林的概念、意义以及母树林的建立与经营管理技术等。

13.1　种子园制种及其优势

林木良种的规模化制种是实现品种产业化利用，发挥良种效益，推动良种化进程的重要前提。所谓制种（seed production）是指大规模生产林木良种种子或其他繁殖材料的过程。由于林木生长发育周期长，且主要为异花授粉，目前尚不能采取水稻、玉米等农作物的杂交制种方式进行良种繁育，只能根据树种的生殖生物学习性以及相应的育种技术特点采取适宜的规模化繁殖方式和方法。其中，对于无性繁殖困难的树种，可通过种子园或母树林制种等进行良种种子生产和繁育。

种子园（seed orchard）是用优树无性系或优良家系按设计要求营建并实行集约经营，以生产遗传品质和播种品质优良林木种子为目的的特种人工林。1880年，荷兰人在爪哇创建了金鸡纳树的林木种子园，首次实现了以种子园生产优质林木种子的设想。20世纪初，Anderson（1906）和Oppermann（1923）分别发展了关于建立林木无性系种子园和实生种子园的思想。1934年，Larson比较系统地论述了营建林木种子园的理论，推动世界各国林木种子园建设。目前，林业发达国家一些重要树种已经进入第三、四育种世代（或轮次），而其生产群体建设也开始进入第三、四代种子园建设或制种应用阶段。

13.1.1　种子园的类别

众所周知，在林木遗传改良的每一育种世代，可以从选择群体中选择部分或全部优树建设生产群体，满足当前生产对林木良种的需求。因此，就产生了不同类别的种子园。其中，按建园的材料世代谱系关系或改良程度可分为初级种子园（first-generation orchard）、改良代种子园（advanced seed orchard）、滚动式种子园（rolling seed orchard）；按建园亲本材料的繁殖方式可分为无性系种子园和实生苗种子园；按建园亲本遗传组成可分为杂交种子园（hybridization seed orchard）和杂种种子园（hybrid seed orchard）等；而按种子园栽培环境或树体控制等技术措施定义，有设施种子园（greenhouse seed orchard）、矮化种子园（dwarfing seed orchard）等。

（1）初级种子园和改良代种子园

根据表型在天然林或未改良的人工林中选择亲本营建的种子园称为第一代种子园或初级种子园。通常是指从天然林或人工林中选择优树建立的种子园。建园繁殖材料只经过表现型选择，而未经过子代测定，遗传特性有待研究。根据子代测定结果，对初级种子园进行去劣疏伐，即可转化为第一代去劣疏伐种子园（first rogued seed orchard）。而根据子代测定结果，对初级种子园建园亲本无性系进行重新选择而再建的种子园，称为第一代改良种子园（first generation improved seed orchard）。为了强调建园亲本是经过遗传测定后再选择的材料，其遗传品质更优，比初级种子园遗传增益更高，也称为1.5代种子园（1.5-generation seed orchard）。

改良代种子园也称为高世代种子园，是指由二代及其以上育种群体优良亲本经过一定交配设计获得的谱系清楚的子代测定林中选优建立的种子园，分别称为第二代、第三代或更高世代的种子园。如从初级育种群体按一定的交配设计获得的半同胞或者全同胞子代营造的子代测定林中选优所建立的种子园称为第二代种子园。根据第二代育种群体的子代测定结果，选择优良亲本，进行去劣疏伐和重建，可以得到第二代去劣疏伐种子园或第二代改良种子园，后者又称为2.5代种子园。依此类推，可以营建更高世代的种子园。高世代及其改良种子园的遗传增益高于低世代种子园，如美国第三代火炬松种子园遗传增益比第二代种子园遗传增益高15%左右，比第一代种子园高25%左右。目前国内外大多数造林树种处于第一代种子园与第二代种子园，火炬松、湿地松、辐射松、欧洲云杉等一些重要造林树种的遗传改良进行到了第三代甚至第四代（图13-1）。

（2）无性系种子园和实生苗种子园

无性系种子园是通过营养繁殖（嫁接、扦插、组培）方式，以入选优树无性系建立的种子园，是大量生产遗传改良种子用于人工造林的最常用方法。实生苗种子园是用优树自由授粉或入选亲本之间控制授粉得到的优良家系实生苗优株所建成的种子园。

种子园发展的早期阶段，主要是采用优树嫁接建立无性系种子园。Wright（1959）等认为实生苗种子园不仅在建设成本方面低于无性系种子园，而且遗传增益也会高于疏伐的第一代无性系种子园。陈岳武等（1985）对比相同优树材料来源的杉木实生苗种子园与无性系种子园的子代测定结果证明，子代生长量没有明显的差异，两者的预估增益和子代测定后得到的现实遗传增益也基本相同。

事实上这两类种子园各有利弊，都有应用价值（表13-1）。其中，对于开花结实早的树种，可采用实生苗种子园。实生苗种子园所包含的亲本比无性系种子园多，具有更广泛的遗传基础；甚至由子代测定林改建成种子园，在一定时期能起到遗传测定

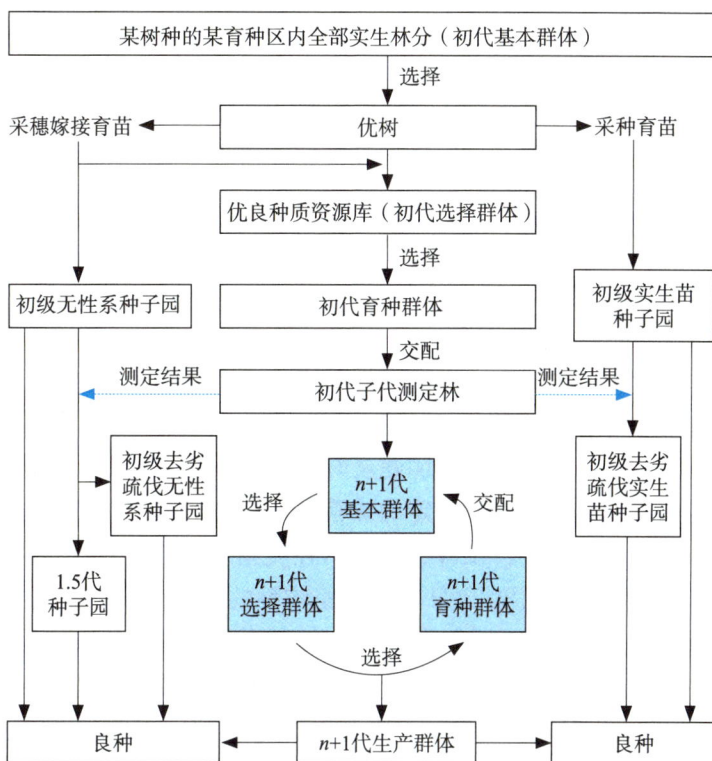

图 13-1　基于轮回选择的多世代育种及其与种子园关系示意（其中 $n \geq 1$）

表 13-1　无性系种子园与实生苗种子园的优缺点

	无性系种子园	实生苗种子园
优点	①保持优树原有的遗传品质 ②提早开花结实，较快提供良种种子 ③树体矮化，结实层较低，便于管理和采收种子 ④遗传增益较高 ⑤谱系清楚，可较有效地控制近亲繁殖	①繁殖容易，成本低，易得到大量建园所需材料 ②能与子代测定结合而建立种子园 ③遗传多样性丰富
缺点	①有些树种无性繁殖困难，繁殖成本高 ②存在位置效应与嫁接后期不亲和现象 ③遗传多样性较低 ④建园无性系数量少时自交率较高	①近亲风险性较大，特别是用自由授粉种子建立的种子园 ②有些树种结实迟，初期产量低 ③评定子代和生产种子最适条件不同，往往难于同时满足

与种子生产双重作用。如在巨桉每一个育种世代选择保留育种群体中的少部分优树建设同一世代的生产群体——种子园（Reddy and Rockwood，1989）。对于童期长、开花结实晚的树种，如红松、油松、杉木等则应采用无性系种子园。如杉木实生苗造林一般需10~15年才能开花结实，但通过已开花结实的优树上采集穗条嫁接，第二年可见雌花，第三年可以收获种子。目前绝大多数种子园都是无性系种子园，一般由平均30~200个不同的无性系亲本组成，每个亲本含有数量不等的无性系分株。

由于树木育种的世代时间长，为了在短期内取得显著的遗传增益，一些树种采取了滚动式育种策略（Borralho and Dutkowski，1998）。这种育种策略指导下的种子园建园亲本材料不拘于某个世代，而是在前期遗传改良的基础上，保留经过遗传测定证实优异的，淘汰低劣的，同时补充高世代的优良亲本材料而建立的种子园称为滚动式种子园。这样的种子园采用重叠世代所有优良材料，不断向前滚动发展，具有交配间隔时间短、投入低而见效快、遗传增益显著等优点，同时不受面积大小、世代起点、代次多少、保留时间长短等条件限制。如实施滚动育种策略40年的辐射松滚动式种子园种子的遗传增益提高25%~35%。此时的种子园无法用世代命名，可称为某一育种周期或育种轮次种子园。

（3）杂交种子园和杂种种子园

杂交种子园是采用两个或两个以上树种的优良材料营建的，以生产具有杂种优势的F_1代种子为目的的种子园。建立杂交种子园需通过杂交试验，证明有显著的杂种优势，且树种花期基本一致。杂交种子园建立时，选择一般配合力和特殊配合力较高的入园无性系，且将不同树种优株按一定的试验设计排列栽植，以降低同一树种内的授粉，提高种间杂交率。1900年，Alevis与Henry在英国发现，引入欧洲的日本落叶松和欧洲落叶松的天然杂种10年生时比日本落叶松纯种的树高生长高出18%。受此启发，1979年，黑龙江省林业科学研究所潘本立等选择10个日本落叶松和30个长白落叶松优树建立了杂交种子园，子代测定表明，3年生杂种的树高和胸径生长分别比长白落叶松种子园子代高20%和40%以上。1985年，澳大利亚昆士兰林业研究所利用湿地松与加勒比松杂交具有杂种优势且幼树只开雌花等特性，选优建立了杂交种子园，无须隔离成功获得了F_1杂种，遗传增益达到30%。

杂种种子园是用结实能力强的杂种优良家系或无性系苗木营建的，以生产具有杂种优势种子为目的的种子园。1977年，潘本立等开展了日本落叶松与兴安、长白落叶松的种间杂交；1980年，选择苗期生长较快的7个优良家系营建了F_1杂种实生苗种子园，其8年生子代测定结果表明，7个家系F_2代的平均树高比长白落叶松初级种子园良种分别高出21.6%~35.2%，比小北湖优良种源分别高出23.7%~37.5%。

（4）设施种子园

为实现诱导树木提前开花结实，控制花粉组成，提高种子遗传品质等目的，将种子园建立在环境条件可控的棚室内的种子园称为设施种子园或称环境强化种子园。20世纪40年代，育种工作者就提出了塑料温室育种计划，60年代才得以实现。首先采用不加温的塑料温室，试验结果发现，桦木2~3年开花，落叶松2~5年开花。在此基础上，在70年代芬兰、美国、加拿大、英国等国家利用塑料大棚建立设施种子园，并采取增温、提高CO_2浓度、延长光照、赤霉素处理、水分胁迫和环割或绞缢处理等技术措施，诱导桦木、云杉、铁杉、火炬松等树种提早开花结实。设施种子园特别适用于种子小、结实多的树种，如白桦，或开花结实晚的树种，如云杉。东北林业大学自1991年利用塑料大棚条件建立设施种子园，采取控制CO_2浓度、光照强度、温度、湿度，合理施复合肥和催花素，适时绞缢处理等技术措施，使得白桦开花结实周期由17~20年缩短到2~3年，5~6年即可实现大量结实。

此外，还有设施盆栽种子园、微型种子园等建园模式，这些都是根据实际需求，利用特定的树种，在特定的技术条件下建立起来的种子园，一般是为了满足科研需求，如提早开花、结实，开展杂交等。

13.1.2　种子园制种优势

（1）提供品质优良、遗传多样性丰富的林木种子

在每一育种世代的选择群体中选择部分或全部优树建设生产群体——种子园，通过种子园制种实现良种的生产应用。由于是围绕育种目标选择当代最佳材料营建种子园制种，可显著提高与育种目标方向相一致的基因频率，可以获得更高的遗传增益。同时，充分考虑建园材料的基因型数量、亲缘关系和相互位置等，可保证生产良种丰富的遗传多样性等，是推动理想森林经营的最佳选择。目前，大多针叶树种和一些无性繁殖困难的阔叶树主要采用种子园制种生产良种。欧美林业发达国家约有40个树种建立了种子园，显著提升了针叶树的良种使用率。如美国南部每年种植10亿余株火炬松，全部由种子园供种，第二代种子园供种量超过50%，其中第一代种子园遗传增益7%~12%，第二代种子园遗传增益13%~21%。瑞典欧洲赤松造林用种基本上由种子园提供，增加木材产量10%以上。我国林业生产实践也表明，种子园是林木良种生产的有效途径之一。杉木、马尾松、落叶松、油松等是我国主要造林树种。我国杉木初级（第一代）种子园平均遗传增益在10%~20%；广西第一代杉木种子园为11.7%~16.8%，1.5代种子园树高增益为19.2%~31.7%；第二代种子园平均遗传增益可提高到30%~35%。

表 13-2　部分树种种子园良种材积遗传增益

树种	材积增益（%）	材料性质	资料来源
杉木	15~25	初级无性系种子园	郑勇平等，2007
杉木	22.58	1.5代种子园	郑勇平等，2007
杉木	26.42	第二代种子园	郑勇平等，2007
欧洲黑松	32	第一代种子园	Matziris，2004
辐射松	33	第一代种子园	Wu et al.，2013
辐射松	30.8	第二代种子园	Johnson，1991
辐射松	11~17	第二代种子园	White et al.，1999
桉树	25.2	第二代种子园	Xie et al.，2017
北美短叶松	18	第一代种子园	Weng et al.，2008
北美短叶松	39.4	1.5代种子园	Weng et al.，2008
北美短叶松	35.5	第二代种子园	Weng et al.，2008
卡西亚松	11.9~24.5	初级无性系种子园	Missanjo et al.，2013

（2）提高采种工效，降低生产成本

种子园内母树集中，便于树体控制、水肥管理、激素调控、病虫鼠害防治等经营管理措施的集成应用。因此，种子园母树体较矮，结实部位低，结实层厚，方便采种。

在种子园内人工采种，可比一般降低成本60%～70%，劳动效率提高1倍左右。随着采种工具的改革，新机械的使用，种子生产成本必将进一步降低。

（3）结实较早，多且稳定

通过嫁接营建的种子园，一般使用成年母树的穗条，年龄效应明显，可实现提早结实。以红松为例，通过嫁接营建的无性系种子园，结实时间可提早10年以上。种子园管理过程中的水肥管理、修枝、病虫害防治等园艺措施的应用，一方面显著提高种子园的产量，平抑丰歉年；另一方面，种子园种子在出种率、千粒重、饱满率、发芽率等方面也具有明显优势。

（4）经济效益显著

利用种子园的种子造林，虽然需要增加种子园营建、测试等方面的成本，但由此产生的回报要远高于投入。如美国北卡罗来纳树木遗传改良协作组用初级种子园提供的种子造林，在36年中累计投资7500万美元，而由木材产量和品质提高带来的收益高达15亿美元。新西兰在过去40年中用改良繁殖材料营建的辐射松林达$50 \times 10^4 hm^2$，约占该国人工林总面积的一半，林木育种的投入产出比为1：46。使用杂种落叶松种子造林，按静态分析，其额外利润是追加投资的163.7倍；按动态分析，其额外利润的现值是追加投资的21倍以上。

13.2　种子园规划与营建

种子园规划和区划内容包括园址选择、建园规模、建园材料的数量、花粉隔离区的确定，以及优树收集区、采穗圃、子代测定区、示范区、苗圃、种子加工场地的布局等。

13.2.1　种子园的地域性与园址选择

在了解建园树种地理变异模式并验证产地间杂交的合理性之前，在同一个种子园中，至少在同一个大区中，只应包含来自相似自然生态条件的优树材料，要有明显的地域特点。种子园建园应遵循的原则：种子园生产的种子应当供给与优树原产地生态条件相似的地区，除非经过验证跨区调用种子是合理的。因此，种子园种子主要供应给与优树产地生态条件相似地区，或在试验基础上确定供种范围。应根据某一树种的种子区划、造林范围、年均种子需求量等确定一定区域内种子园的建园数量及其分布。为增加种子产量，北部种子区的树种可以转移到中、南部气候条件好的地区建园，但仍用于树种北部种子区造林。

种子园的面积大小主要取决于两个因素：一是种子园供种地区的造林任务和种子需求量；二是该树种种子园单位面积的种子产量。种子园的规模确定是按种子园供种范围的用种量、单位面积产种量确定建设规模（种子园面积=用种量/单位面积产种量）。同时要考虑种子收获的丰歉年之别，以及林业发展和种子调拨的需要。如拟建立一个在种子生产正常后每年能提供20 000亩*造林用苗的杉木种子园。杉木一般种子园正常年份种子产量5kg/亩，一般情况下苗圃播种量15kg/亩，苗圃出苗率为40 000株/亩，造林密度为2m×2m。考虑种子园具大小年现象及隔离道路设置所需面积，故扩大40%。种子生产区面积=（20 000×667/（2×2））/40 000×（1+0.4）=116.7亩。

　　园址选择直接关系到种子园建设的成败。由大地理概念可知，园址主要根据树种的生态特性和开花结实规律，参考园址的经纬度、海拔、大气候变迁情况等进行选择，一般应选择建园树种的核心适生区营建种子园，能充分发挥该树种的遗传特性；从小环境看，主要是对园址的地形、地貌和土壤等进行选择，一般选择地势平缓、地形开阔、背风向阳、山权国有、交通便利、水肥光照较好的平缓山地条件。在中心产区建设种子园可选择立地条件适中而光照充足处建园，而在其他地区建立种子园则可选择立地条件稍好、光照充足的地方建园。

13.2.2　种子园营建

（1）苗木准备

　　无性系种子园苗木理论上可以利用组织培苗、扦插苗、嫁接苗，皆能较好地保持繁殖树木的优良遗传特性。但有些树种的组织培养技术还不成熟且成本较大，一般采用嫁接苗为主。通常是把优树的枝或芽（接穗）嫁接到健壮的实生苗木（砧木）上。嫁接可在事先定植好的砧木上进行，也可以先在苗圃或温室嫁接，然后再定植嫁接苗。对嫁接成活率低的树种和地区，以先嫁接后定植为好。可避免嫁接不成功时因补接而影响干形。砧木与接穗应属同一个树种，即本砧嫁接。但在南北各地种子园中都有用不同树种嫁接的事例。如红松嫁接在樟子松上，湿地松嫁接在马尾松上。在异砧嫁接中，可见到提前开花结实，增加结实量，影响嫁接植株的干形等现象。迄今尚未见到异砧对种子遗传品质影响的报道，但从营养繁殖与接穗–砧木亲和力角度考虑，以本砧嫁接为好。

　　实生苗种子园苗木可用优树自由授粉种子或控制授粉种子，在收集种子时根据不同树种确定种子采集的最佳时间。例如，油松种子采集的最佳时间为每年的9月下旬至10月上旬，进行相关工作时应注意观察油松球果的状态，需抓住关键时期，做好采种工作。种子处理、播种、育苗过程与生产用苗相同。

（2）无性系（家系）的配置方式

　　无性系（家系）配置是营建种子园最重要的环节之一，不仅影响到种子园所获取的遗传增益，还与近交率有关，决定了种子的产量和品质。无性系（家系）配置主要遵循以下原则：①同一无性系（家系）的个体应保持最大间隔距离，尽量避免自交和近交；②避免无性系（家系）间的固定搭配，使种子园各无性系（家系）间充分随机授粉，扩大所产种子的遗传多样性；③采用的设计方式应便于施工及今后的经营管理与调查；④经过疏伐后，各个无性系（家系）的分株数量应大体相等，并且分布均匀；

---

*　1亩≈666.7m²。

⑤便于对无性系（家系）的生长和产种量等统计分析；⑥无性系（家系）排列不受种子园大小和形状的限制。关于种子园无性系（家系）配置设计，早在20世纪50年代就有研究。目前，常用的设计方式有随机设计、顺序错位排列、固定和轮换排列区组、计算机软件配置设计等方法。

①随机设计　先将种子园划分为若干小区，一个无性系（家系）单株只在一个种子园小区内随机出现一次。随机排列是不按照一定顺序或主观意愿配置无性系（家系），使各无性系（家系）在种子园小区中占据任何位置的机会均等，防止出现系统性误差。其设计缺点也是比较明显的，其一，完全采取随机排列往往会出现同一无性系（家系）单株靠得很近，需要对其做出调整，使得同一无性系（家系）的两单株分开；其二，在种子园的面积较大和无性系（家系）较多的情况下，定植、嫁接比较麻烦，不便于调查和经营管理。

②顺序错位排列　简单地将各无性系或家系按号码顺序在一个横列中依次排下去。并在接着的行列中重复这一过程，但在排另一列时错开几位，以另一号码开头（图13-2）。这种设计的优点是：适用于各种大小或不同形状的种子园；由于排列有序，嫁接、定植、分系号采种简单易行，也便于经营管理；可最大限度地分隔开同一无性系的分株植株；通过间伐或淘汰，其空隙呈有规则的分布；如已知某些无性系或家系的配合力强，配对设计容易。缺点是：由于有固定的邻居，会产生很多固定亲本的子代，减少了随机交配的概率，不利于扩大遗传基础。此外，由于不是随机排列，不利于统计学分析。

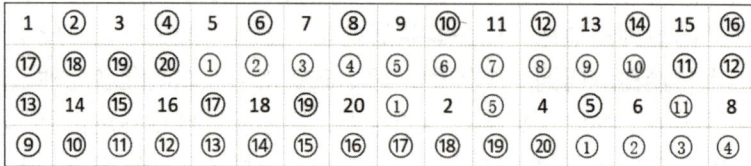

图 13-2　顺序错位排列示意（⊙表示疏伐时伐去的植株）

③固定和轮换排列区组　在同一地块（小区）内的不同重复间均采用一种排列模式者，称固定排列区组；而对这一排列模式中不同区组中的无性系（家系）排列秩序，做有系统的秩序变更时，则称为轮换排列区组。如图13-3所示，对相邻的无性系实行有限的变换。这种排列方式虽稍能改变固定邻居，但增加了施工和管理难度。

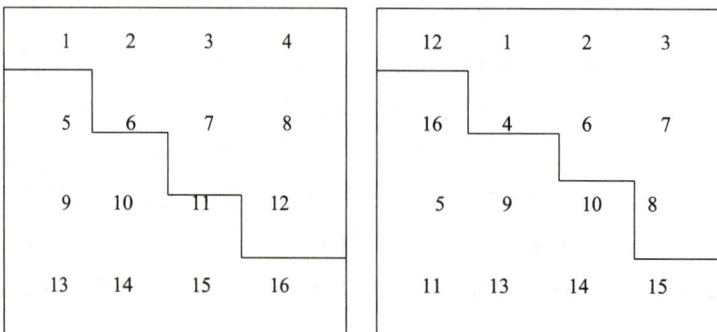

图 13-3　固定和轮换排列区组示意

④**计算机软件配置设计**　利用计算机手段配置无性系，使无性系间的固定邻居关系、同一无性系分株间的间隔距离过小问题得到解决，但由于无性系配置无规律，导致嫁接、调查、果实采收工作繁杂。1978年，Bell和Fletcher采用Fortran语言基于邻居置换法提出了COOL（computer organized orchard layouts）。COOL通过指定排除区域将选定亲本随机化，并分离亲本的分株，最小化无性系（家系）内单株间交配概率。该方法首次实现了由一组计算机指令操作得到种子园配置设计方案，且无须专门的统计和计算机知识。COOL适用于种植区域不规则、亲本分株数量不均匀以及混合果园等情况，但该方法仅适用于亲本不相关的种子园配置设计。

种子园的建园无性系数量和配置决定获得的后代种子的近交系数（inbreeding coefficient），即种子园后代同质基因或纯合子所占的百分比。无性系种子园的同株或不同分株间会发生自交，特别是建园无性系数量少时，自交率（inbreeding rate）会更高。在实生苗种子园中，自交只出现在同一株树上，而同一家系不同植株间的交配为近交。自交和近交比率过高不仅不利于后代生存，而且会降低种子园遗传增益。为了达到控制最小化自交或近交的目标，国内外众多学者基于无性系（家系）空间排列对种子园配置设计方案进行了优化，代表性设计方案如SOD（seed orchard design，SOD）计算机种子园配置设计（Vanclay，1991）优化无性系配置设计（Vanclay，1991）、无性系交错排列设计（El-Kassaby et al.，2003）及其进一步改进的复制和随机排列交错行设计（randomized，replicate，staggered clonal-row，R2SCR）（El-Kassaby et al.，2007；2014）、MI（minimum-inbreeding）种子园设计（El-Kassaby et al.，2007）及其进一步改进的EGA（extend global algorithm）种子园设计（Lstiburek et al.，2015）、基于最优邻域算法（optimum neighborhood algorithm，ONA）种子园配置设计（Chaloupkova et al.，2016）等，可在种子园建设中选用。

需要指出的是，在种子园营建和经营过程中，完全避免自交或近交是不可能的，也是没有必要的。因为种子园作为生产群体，与育种群体不同，仅利用其子代造林，并不存在因同祖率过高影响下一育种世代遗传进展问题。而且就森林资源培育和经营而言，造林时需要适当密植，以保证在幼林阶段通过竞争促进树木高生长，林分郁闭后个体竞争加剧，一些自交或近交个体或通过自然稀疏而淘汰，或在抚育过程中因表现较差而被疏伐。因此，即就经营周期较长的树种而言，种子园种子中混杂少量近交后代并不会影响森林质量。

（3）定植密度

种子园定植密度影响植株的光照条件，由此影响植株的生长发育和结实及单位面积产量。密度过稀，浪费土地，降低光能利用率，影响授粉；过密会造成园内光照不足，影响结实。种子园密度与产种量是一个动态关系，在一定密度下，随着树龄增加，前期适宜的密度，后期则过密。初植密度以多大为宜，要从不同树种开花结实的生物学特性、种子园盛果期长短、树冠发育进程、疏伐年限等方面综合考虑。栽植密度要有利于植株正常生长发育及结实，以增加单位面积种子产量；要能保证植株有足够的不同无性系或家系的充足花粉授粉，以提高种子的遗传品质和播种品质，减小种子园内自交的可能性；同时还要为去劣疏伐，淘汰劣株创造条件。因此，在设置种子园初植密度时应考虑以下因素：①速生树种的间距应大于生长缓慢的树种；②土壤肥沃地区的株行距应大于立地条件差的；③实生苗种子园的初植密度应大于无性系种子园，初级种子园密度应大于高世代种子园；④建园无性系（家系）数量多时，栽植密度可适当增大；⑤应考虑是否疏伐、疏伐的次数、强度；⑥矮化种子园的初植密度则因树种和修建强度等而异。

表 13-3　主要造林树种的种子园栽植距离及每公顷最低保留株数建议

树种	栽植距离（m）	每公顷最低保留株数（株）	树种	栽植距离（m）	每公顷最低保留株数（株）
杉木	（4~6）×（4~6）	270	华山松	（4~6）×（4~5）	240
马尾松	（4~7）×（4~6）	150	湿地松	（4~6）×（4~5）	120
油松	（4~5）×（3~5）	270	落叶松	（4~6）×（4~6）	240
樟子松	（4~5）×（3~5）	270	云杉	（3~5）×（3~5）	375
红松	（3~5）×（5~3）	270	柏木	（3~5）×（3~5）	330

13.3　种子园经营与管理

　　影响种子园制种的因素较多，不仅与建园所关注的诸多要素相关，如种子园的园址选择、建园材料的选择等，还与建园后种子园的防止花粉污染、灌溉、施肥、除草、修剪、病虫害防治等经营管理有关。

　　种子园的经营管理是一项技术性很强的工作，有许多问题还有待进一步探索。对种子园经营管理得好坏，直接影响种子的产量和品质。种子园的经营管理主要应做好以下几方面的工作。

13.3.1　种子园遗传管理

　　花粉是种子园基因流动的主要方式，通过对花粉传播进行管理，对提高授粉效率，提升种子产量与品质是必要的。外源花粉污染会严重影响林木种子园的种子遗传品质，会极大地降低通过亲本选择和无性系（家系）配置获得的遗传增益。Nagasaka对欧洲赤松种子园的外部花粉污染率研究发现，分析的胚胎中有37.8%通过外部花粉的受精。据1973年，Erikson对欧洲云杉种子园的估计，20个无性系的190个可能的交配组合中，有66个组合（35%）因亲本花期不遇，很少或从来没有产生过子代。Erickson等在1989年研究了无性系之间的距离和开花物候对花旗松种子园交配成功率的影响，经多元回归分析确认开花物候对交配系统的干扰最大，而非无性系间距离，极大地增加了外源花粉污染的概率。有研究表明，当针叶树种子园的花粉50%来自种子园外时，其获得的遗传增益会从8%降低到6%。因此，外源花粉污染是造成种子园的种子遗传品质下降的最主要的原因之一。通过辅助授粉与花粉隔离等措施的应用，可有效降低花粉污染。

（1）花粉隔离

为了降低外来花粉污染，最常用的方法是通过建立花粉隔离带，将种子园与周围同一物种的林分部分隔离减少花粉污染。过去，通常建议在种子园周围建立约 150~500m 的花粉隔离带。然而，建立花粉隔离带会大幅增加种子园所需的用地面积的大小，从而增加成本，例如，一个 10hm² 的方形种子园每边 316m，150m 的花粉隔离带将其增加到每侧 616m（316+150+150），总面积为 38hm²。

除了建立花粉隔离带，还有其他三种方式可以有效地降低花粉污染。第一，建立花粉富集区。在种子园周围种植相同树种的，经过遗传改良的最佳林分，该方式可能存在一些花粉污染。通过提高污染花粉的遗传质量，可以有效地降低劣质花粉对种子园种子遗传品质影响。第二，增加种子园内的花粉产量，降低污染花粉的重要性。为了增加种子园内花粉量，建园时可以选择遗传品质优良、花粉量大的优良无性系，也可以使用各种花粉诱导技术，如施肥、激素处理等方法，诱导种子园内花粉的产生。第三，改变种子园内树木的开花物候，促使种子园内树木的花期提前或滞后。El-Kassaby 与 Ritland，利用高空灌溉系统在冬季和春季向花旗松种子园内的树木洒水，通过蒸发冷却延缓雌雄花发育，有效地减少了花旗松种子园的花粉污染。该方法的缺点是投资大，并且需要每年实施。

（2）辅助授粉

辅助授粉（supplementary pollination）是通过人工或借助一定工具、设备来克服自然授粉中花粉量不足的缺陷，增加落在胚珠或雌蕊柱头上的花粉粒数目，提高受精和结实率，从而达到预期种子产量与品质的辅助措施，又称人工辅助授粉。辅助授粉是提高种子产量，改善种子遗传与播种品质的简捷和实用技术。当种子园花粉量不足、无性系组分不平衡、花期不遇、天气不佳时，收集优树花粉开展辅助授粉能显著提高种子产量，改善遗传品质。

常用的人工辅助授粉方法：借助风力灭火机或农用多轴旋翼无人机形成的风力扰动，使成熟花粉随气流上扬；直接摇动树体或敲击树枝促进雄花散粉；收集优树花粉，自然干燥后与滑石粉按 1∶5 比例混合后采用人工或喷粉机授粉等。具体选择何种方法，应根据建园树种的授粉机制、开花物候、花粉浓度与飞散规律，以及气候条件等具体情况而定。如油松无性系种子园中花粉浓度常随气温、湿度、风速的变化而变化，白天花粉浓度高，而夜间花粉浓度较低，水平方向上花粉分布不均匀，主要受风向的影响。因此，在散粉、授粉期若遇无风天气，应采用人工辅助授粉方法，增加雌花授粉概率。

13.3.2　种子园环境管理

（1）水肥管理

土壤水分是林木生长发育所需的关键因子之一，不仅满足林木地上部分生长发育的需求，还是一些营养元素由根部向上运输的载体。为了维持自身的正常生长开花结实，母树就必须从土壤中吸收大量的水分。因此，适当灌溉有利于树冠增大，增加结实面积，增加球果产量。

林木种子园经营周期长，长期施肥方案的确定尤为重要。结合林木自身需肥规律、土壤供肥特性、肥料效应及养分间的相互作用规律，确定氮、磷、钾最优配比和适宜施用量的配方施肥方式，是林木种子园管理的重要技术措施。2000年，胡勐鸿在甘肃省小陇山沙坝落叶松/云杉国家良种基地日本落叶松无性系种子园选择了3个结实无性系分株，采用随机试验设计，在花期前10天（春季）、球果生长期（夏季）和种子成熟期（秋季）每株施尿素2.5kg，观察不同施肥季节球果产量和抗冻害的影响，结果表明：春季施肥效果最为显著，连续8年施肥后树体抗逆性增强，散粉期比对照延长1~2天，落叶晚于不施肥处理，缩小种子大小年。

（2）密度控制

去劣疏伐是提高种子园产量与品质的主要措施之一。一般通过子代测定，结合无性系（家系）结实量，综合评定出优、中、劣无性系从而确定疏伐对象、疏伐强度、疏伐时间等。以马尾松自由授粉实生苗种子园为例，王章荣等在2000年（7~8年生）开始第1次去劣疏伐。家系内疏伐强度约40%，家系疏伐强度约10%。采用系统疏伐（systematic thinning），根据母株表型生长性状表现及郁闭度等因子，综合确定疏伐具体对象。在2004年（11~12年生）进行第二次疏伐，家系疏伐强度约30%，家系内疏伐强度约20%。在2008年（15~16年生）进行第3次去劣疏伐，家系疏伐强度30%~40%，家系内疏伐强度约20%。经过三次遗传疏伐后，种子园各区组保留家系72~84个，每个家系约45株。每公顷密度保持120~150株，株行距为8m×8m、8m×9m、10m×10m不等。从增益看，前两次疏伐的材积累积增益为56%，第3次疏伐后获得的遗传增益为35%。总体来说，经过三次疏伐获得的遗传增益较为可观。

（3）树体管理

树体结构是影响林木生长发育最重要的影响因子之一，决定了林木对光能、水分、空气、土壤养分等利用程度，反过来讲，这些外界条件因子的分布状况也在一定程度上决定树体结构。国外早在20世纪60年代就开始探索调整树体结构的管理措施，涉及的树种有欧洲云杉、西加云杉、火炬松、辐射松、花旗松和日本落叶松等。树体管理主要指对树体结构的整形修剪，其目的是在充分利用光能的基础上，调节种子园产种的质量和数量。国内外普遍采用的树体管理措施有截顶、环割、定干、疏枝、切根（根系修剪）等。这些措施对树木的生长发育、开花结实、抗逆都有一定影响。

①截顶　是指通过削减树木的顶芽来控制其高生长的一种技术。主要用于种子园早期控制母树结实冠层离地的高度，以及侧枝长短和树冠的大小，改善冠层通风透气性和光线穿透率，促进林木开花、结实。截顶的时间应该在树木的休眠期内进行，通常是在冬季和早春。截顶的高度一般在冠层高度的1/2处或稍低于1/2处下截，以确保树木仍有足够的养分积累和使得新萌枝条有一定的抵御自然力危害的能力。根据截顶处树干粗细选用合适的工具，如使用剪枝或轻型链锯截顶。建园设计时确定采用矮化经营管理的种子园，首次截顶高度因树种不同而异，一般约距地面2m高度下截为宜。

②环割　是指环绕树干剥去一定宽度树皮而控制树木生长的技术。一般采用交叉半环割方式下刀。在树干基部立地20cm以上、1m以下树木主干剥去2cm左右宽度的皮

层，以切断皮层韧皮部筛管部分养分运输通道，这样既可以保证母树正常生长，又可以使树体光合生产的营养物质暂时不能向根部传输，促进营养物质在地上部分的积累，有利于营养生长向生殖生长转变，促进花芽分化和形成，实现林木早开花多结实，并且平抑大小年，实现丰产、稳产。

③定干　是指通过修剪等方法对新建种子园进行树体管理的技术环节。包括砧木萌条控制、辅养枝选留、接穗萌生新梢优势主干选定、接穗偏冠新梢扶正和嫁接成活株的新梢辅助支撑等，统称"定干"。定干也是降低嫁接植株无效养分消耗，保证植株正常生长发育，优化结实冠层结构，提高种子产量与品质，同时降低采种难度。

④疏枝　是指去除内堂无效营养枝、疏除或回缩不结果枝等修枝技术。通过树冠疏枝透光，保障结果枝养分、水分供给，促进花芽分化、开花结实，提高良种生产力。

（4）病虫鼠害防治

病虫鼠害防治是种子园经营管理中不可忽视的一项工作，病虫鼠害不仅会造成树体衰弱，降低种子产量和质量，而且会使多年的科研工作受到影响。病虫鼠害防治手段有物理防治、化学防治和生物防治。

①物理防治　病虫害的物理防治区别于生物防治、化学防治之处，在于物理防治一般以人工机械捕杀为主。主要是根据害虫的生活习性，直接用人工或简单的器械捕杀。或者是设置保护物阻隔害虫对作物进行防护，例如光源诱杀，利用夜行昆虫的趋光性，设置光源进行诱捕。

②化学防治　是使用化学药剂（杀虫剂、杀菌剂、杀螨剂、杀鼠剂等）来防治病虫、鼠类的危害。一般采用浸种、拌种、毒饵、喷粉、喷雾和熏蒸等方法。

③生物防治　是指利用一种生物对付另外一种生物的方法。生物防治大致可以分为以虫治虫、以鸟治虫和以菌治虫三大类。它是降低害虫等有害生物种群密度的一种方法，利用了生物物种间的相互关系，以一种或一类生物抑制另一种或另一类生物。

总之，为保持种子园内的生态平衡及生物种群的多样性，不提倡大面积喷洒农药防治，而应以生物防治为主，充分发挥天敌的作用，并做好病虫鼠害灾情监测。

13.4　母树林营建与经营管理

母树林（seed production stand）是在种源试验的基础之上，选择优良种源的优良天然林或明确为优良种源的人工林，通过去劣留优疏伐改建，为生产遗传品质较好的林木种子而营建的采种林分。在实际生产中，为了应对生产中某些树种尚无种子园良种供应的问题，也可直接选择优良天然林或明确种源的人工林，去劣留优后直接作为采种林使用。鉴于此种方式未进行种源试验，因此获得的种子仅适用于当地使用。母树林营建的主要措施是疏伐或者新建，并辅以合理的土肥管理、花粉管理和病虫鼠害防治，改变母树林的遗传结构，促进保留母树的生长发育和提早开花结实，提供遗传品质有一定程度改良的种子，供育苗造林使用。

13.4.1　母树林及其意义

在造林工作的初期阶段，没有建立良种与种子区划的概念，采种比较随意，种子的遗传品质和播种品质参差不齐，且采种作业点分散，产量也不易控制。至20世纪中叶，母树林相继在丹麦、瑞典、芬兰、美国、日本、澳大利亚、苏联及欧洲其他国家得到推广，并取得好的成绩。建立和经营母树林可以有效利用已经开花结实的优良林分，具有种子优质高产、可快速提供大量优良种子以及采种方便、成本降低等优点。需要注意的是，母树林只是良种繁育的初级形式，遗传增益低，现在许多林业先进国家已逐渐为种子园所取代。我国一些遗传改良时间短而当前造林用种量大的树种，短期内种子园制种不能满足生产需要，建立和经营母树林仍是提供优良种子的一个重要途径。

母树林的营建与管理是科学用种的基础，也是良种种苗供应、提高造林绿化进度和苗木生长质量的重要保障措施之一。母树林具有以下特点：①操作技术简单，成本低，见效快，改建后即可为大量生产供应良种，林分经过人为干预能促进早结实；②种子的遗传品质有一定程度的改良，但改良水平远低于种子园；③经营管理中，便于产量调查、灾害防除和种子的采收；④种子起源清楚，便于生产单位依据种子区划调用。因此，建设主要造林树种母树林，对于保障科学用种、提升造林质量具有重要意义。

13.4.2　母树林的营建

（1）优良林分的选择

国外对优良林分的研究较早，母树林种源的调查和分类工作，始于西欧国家。英国从1951—1960年期间，对其主要造林树种进行普查工作，根据采种目的将调查过的天然林或人工林分，划分为优质、良好、普通和劣质4个类型，规定了优良林分的年龄、生长势、干形、冠形和分枝特性等，共选出优良林分182块，面积8174hm^2，并予以登记造册，作为采种林分。瑞典曾拟定了瑞典松树分类标准，它根据松树分枝、生长类型和冠形将林分分为优良、中等和不良3类林分。苏联根据松林不同郁闭度下优良木和劣势木的比例将林分划分为优质、中等和劣质3种类型。生长速率、干形、木材特性、树形、种子产量、抗虫性、抗病性是制定优树和优良林分选择常用的指标。一般选择盛果初期的中壮龄林分作为母树林。刺槐、泡桐、榆等速生树种林龄可在10~15年生左右，红松、落叶松等慢生树种林龄可在20~30年或更大些。一般人工林生长较快，可较早选定。这样的林分已开始分化，个体间差异明显，疏伐时可准确地留优去劣。母树林应尽可能选用同龄林，以免造成选择母树及经营管理上的不便。选作母树林的林分，郁闭度以0.6左右为宜，林龄较小的可达0.7。因为这种林分生长旺盛，有丰满的冠幅；而郁闭度大的林分，通风透光不良，树冠窄小，疏伐后树冠在短期内不易扩展，影响种子产量。林分组成以纯林为宜，如果只有混交林，则目的树种一般不建议少于50%。

（2）立地条件的选择

优良林分应选择海拔适宜、地势平缓、交通方便、光照充足、周围100m范围内无同树种的劣等林分或近缘种林分的地段。土壤肥力的高低，直接影响林木种子的产量和质量。为了减少不良花粉的侵入，保证种子的遗传品质不降低，在选定优良林分时，应注意隔离授粉，要求在100m以内没有同种或近缘树种的劣等林分。如果采用这种隔离办法有困难时，也可在母树外围100m以内不采种。

（3）母树林面积的确定

母树林的面积根据需要，因林制宜地确定。在确定母树林时应从种子的年需要量、供应缺种地区种子的年度计划需要量、可供作母树林的资源方面考虑。母树林以集中在一起比较适宜。因为过于分散，对于组织采种、运输和经营管理都不方便。基层林业单位，在天然林内建母树林时，最好不要小于5hm²。利用人工林改建母树林，规模可参考"13.2.2 种子园营建"进行规划。

（4）母树林的疏伐改建

母树林宜采用"均匀式"疏伐，即通过选择，去掉劣质树，保留理想的母树。首先是伐除枯立木、风折木、病虫木、被压木、非目的树木以及那些品质低劣的不良母树，以后才逐步伐除一般母树，并适当考虑距离，改善林分光照、水肥和卫生条件，促进母树生长发育，提高母树林种子产量和质量。母树林第一次疏伐强度，应使母树树冠相隔1m左右，勿使母树树冠相接，影响结实。但速生树种，立地条件好，抚育管理水平高的林分，间伐强度可大些，林龄较大而郁闭度较小的林分，间伐强度要小些。疏伐母树林，必须尽量保留优良母树。中选的母树，标记清楚，并登记入册。不能为了母树分布均匀，而将优良母树也伐掉。因此，在林分中有2~3株或3~5株优良母树互相靠近时，应当作"优良母树群"保留下来。疏伐时切勿损伤保留的母树。雌雄异株的树种，要注意保持雌雄株的适当比例，并要使雄株在母树林分中分布均匀，保证授粉充足，提高结实率。

13.4.3 母树林经营管理技术

（1）母树林保护

为充分发挥母树林的作用，必须做好保护工作。积极开展护林宣传教育，建立和健全护林组织和护林制度，加强母树林的管理。禁止乱砍滥伐和影响母树正常结实的其他活动。预防森林火灾和病虫危害。其中特别要重视森林防火工作，面积大的红松母树林区要设立瞭望塔、护林队、修筑公路和建立防火隔离带及其他防火设施。在防火季节要严加管理，严禁烧荒、上山吸烟等活动，以杜绝森林火灾的发生。

（2）疏伐

疏伐是改善和提高母树林遗传品质的重要手段，也是改善林分光照、水肥和卫生条件，促进母树生长发育，提高母树林种子产量和质量的主要措施。疏伐的目的是保留优良母树，促进保留母树的生长发育，改善林分光照，改良林分的水肥和卫生条件，促进母树提早开花结实，提高种子产量，并通过留优去劣，提高种子的遗传品质和播种品质。疏伐是以留优去劣为主要手段，以健壮的优良母树为主体，以林分郁闭度为指数，合理考虑母树间的距离，适当照顾优良母树群，疏伐的关键是确定疏伐时间和强度，以及疏伐技术的应用。

疏伐强度主要是以样地调查获取的数据为依据，以样地平均郁闭度为指数，以样地间伐试验为基础，以保留优良母树、伐除劣等母树为前提，消除林木相互间的枝条交错、重叠和紧贴现象，并适当考虑距离等多方面来确定。每次疏伐前先根据样地调查数据按树高、冠幅的数值和年生长量等，先计算出实际疏伐强度，最后综合平衡，结合林分的实际生长情况，制定出各次疏伐的实际操作强度。

疏伐可分多次进行，其次数和间隔年限视林分发育情况而定。每次疏伐强度以保留株的郁闭度不低于0.5~0.6为宜（表13-4）。疏伐后及时清理现场，保护保留株，并做好生长和生物学特性等因子的调查记载。对于雌雄异株的树种，注意保持雌雄株间的比例。经过合理疏伐，母树林的林分生长健壮，林相整齐，枝条伸展，冠幅和树冠体积大，结实层多，产量高且品质好。

表 13-4　主要造林树种母树林盛果期每公顷保留株数

树种	密度（株·hm⁻²）	树种	密度（株·hm⁻²）
兴安落叶松	400以下	云南松	200~400
长白落叶松	400以下	杉木	200~300
日本落叶松	400以下	粗枝云杉	400以下
樟子松	300以下	柳杉	200~300
红松	500以下	水曲柳	400~600
马尾松	330以下	马褂木	425以下
华山松	405以下	油松	450~675

母树林经强度疏伐后，郁闭度突然下降，林地暴露，杂草丛生，每年要除草松土2~3次。为了保持水土，减少杂草灌木繁殖，并创造母树适生环境，可以间种有改良土壤作用的绿肥，如苜蓿（*Medicago sativa*）、草木樨（*Melilotus officinalis*）和当地适宜的豆科植物等。

（3）施肥

合理施肥可以提高种子的产量和播种品质。施肥种类和分量应依林分性质、母树年龄和立地条件而异。最好是在早春新花芽开始分化以前施混合肥，秋季施磷肥，将肥料撒在树下一倍半树冠直径的范围内。在水分供应不足的地区，施肥和灌溉相配合，才能收到更好的效果。

（4）树体管理

可参考种子园树体管理开展母树林的树体管理。由于母树林树体高大，林分密度也高于种子园，作业难度较高，因此，一般只开展截顶与修枝处理即可。剪除树体下层的病害枝和枯枝，对于枝叶过度繁茂的母树还需修剪营养枝、消耗枝和重叠枝，调节母树的营养空间，合理分配母树营养。合理截顶，截顶的目的是去掉主枝，促进侧枝生长，增加有效结实面积，高生长旺盛的母树必须截顶，有利于侧枝生长，形成合理冠形，增加结实量，达到早结实多结实的目的。

（5）花粉管理

为了阻止劣质花粉进入，可在母树林周边设置隔离带减少外界花粉污染，也可以在林缘100m之内禁止采种。若母树在风力不足的情况下开花，可在雄花大量开放时人工采集并保存花粉，待雌花大量开放时，选择在无风或微风晴朗天气用弥雾喷粉机顺风向或顺地势从低向高处喷洒，可极大提高授粉率，促使母树坐果。如果树种为虫媒花，在梅雨季节影响授粉，可在花期养殖蜂箱提高母树林授粉情况和结实率。

（6）病虫鼠害防治

母树林的病虫鼠害防治的重要性与种子园是一致的。母树林的病虫鼠害防治原则与方法可参考"13.3.2 种子园环境管理"内容。

思考题

1. 什么是种子园制种？简述母树林与种子园的区别，并描述其应用场景。

2. 简述种子园制种的优势及其应用场景。

3. 种子园的规划需要注意哪些问题，并以一个树种为例说明。

4. 种子园无性系配置原则有哪些？并阐述其意义。

5. 为什么要强调种子园与母树林的地域性？请举例说明。

6. 分别从营建与管理角度，简述如何提高种子园与母树林种子播种品质和遗传品质？

7. 种子园的规模如何确定？

8. 为什么种子园与母树林的病虫鼠害防治具有重要意义？并简述其措施。

9. 以一个主要造林树种为例，简述如何完成1.5代种子园与二代种子园。

第14章
林木无性系制种

对于易于无性繁殖的树种，可采取基于采穗圃的扦插或嫁接以及组织培养等无性系制种方式进行良种繁育。与种子园制种相比，林木无性系制种能够利用基因加性效应以及显性和上位效应，可获得最大限度的遗传增益。本章节在细胞全能性、不定根（adventitious root）发生以及嫁接亲和性等无性系制种基本理论基础上，重点讨论了基于采穗圃和组培技术的两种类型无性系制种方法的关键技术问题，如无性繁殖材料的保幼复壮、采穗圃的营建与管理，以及林木扦插、嫁接、组培快繁、体胚诱导等制种技术，并就无性系造林及其存在的问题进行了讨论。

14.1 林木无性系制种及其优势

14.1.1 林木无性系制种概述

对于易于无性繁殖的树种，通过选择自然变异或人工诱变、杂交创造变异，以及无性繁殖、无性系测定、无性系选择等育种技术环节，并通过良种审定而选育出目标性状表现优良的无性系品种的过程称为林木无性系育种（clonal breeding）。用无性系品种通过无性繁殖获得的苗木营建丰产、高效人工林则称为无性系造林（clonal forestation）。而借助先进的无性繁殖技术培育和利用优良树木基因资源的社会基础产业和公益事业，包括无性系育种、繁殖、造林及利用等相关技术活动以及参与和影响的人群等即为无性系林业（clonal forestry）。在推动无性系造林和无性系林业过程中，利用扦插、嫁接、组织培养以及体细胞胚胎发生等无性系繁殖方法，大规模生产林木良种无性繁殖材料或苗木的过程称为林木无性系制种（clonal production）。

自诞生之日起，无性系林业始终以高产出、高盈利为目标，突出良种和良法配合，培育目标定向化，生产过程集约化，直接瞄准林业产业终端产品，保证整个产业链条的效益最大化。在每一个林木育种世代，可从选择群体中选择部分最优株系，通过无性系制种形式实现良种生产和无性系造林。对于可以无性繁殖且具有种间杂交优势的

A、B两个树种，其多世代育种及其与无性系制种关系如图14-1所示。无论这两个树种是从自然群体选种获得的优良无性系品种，还是基于高世代轮回选择或种间杂交获得的优良无性系品种，当通过无性系测定证明其目标性状优于当地主栽对照品种，且经过区域化试验确定适宜栽培区域后，都需要通过适宜的无性系制种技术进行规模化繁殖，才能实现其品种价值。

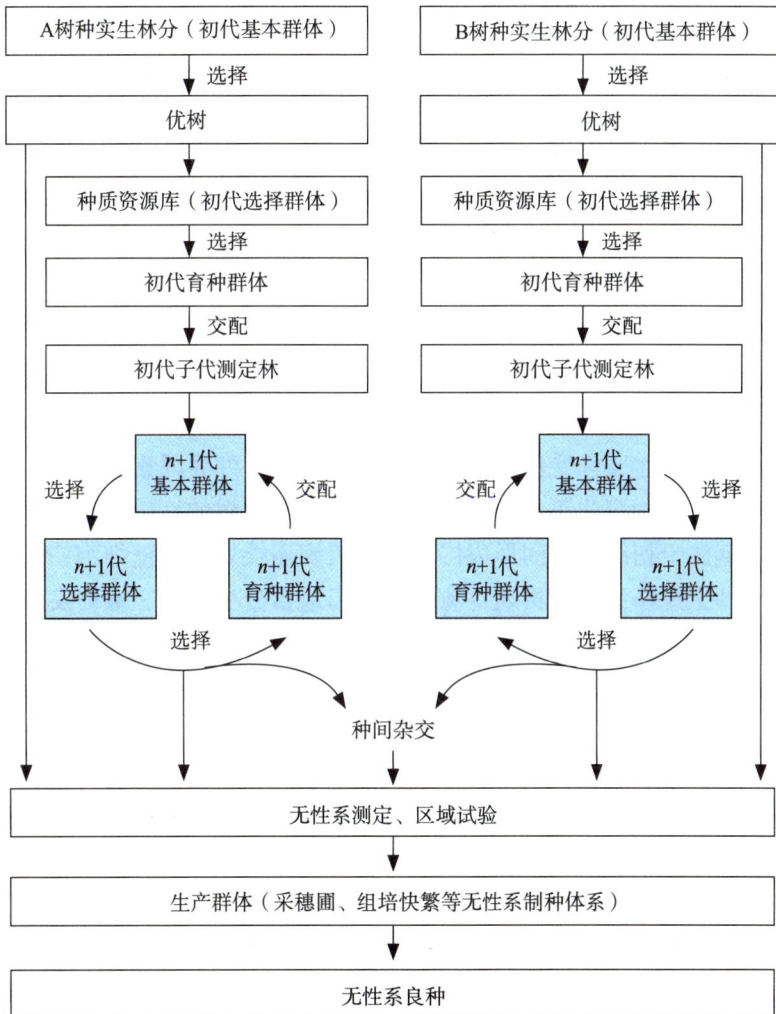

图 14-1　基于轮回选择的两树种多世代育种及其与无性系制种关系示意（其中 $n \geqslant 1$）

在林木良种的规模化生产实践中，林木无性系制种主要通过两条途径得以实现：①基于采穗圃的林木无性系制种；②基于组织培养的林木无性系制种。其中，基于采穗圃的林木无性系制种就是以不定根发生机理，或砧木与接穗间的嫁接亲和性（graft compatibility）等为基础，采取一定的技术措施，保证采穗圃的穗条产量及其遗传品质和生活力，并通过扦插或嫁接大规模繁殖林木无性系良种的过程。而基于组织培养的林木无性系制种则是以植物细胞的全能性为理论基础，利用林木良种的部分细胞、组织或器官，通过组织培养或体胚诱导技术，实现林木良种规模化繁育的过程。

14.1.2 林木无性系制种的理论基础

（1）植物细胞的全能性

细胞全能性是林木良种无性系制种的理论基础。1902年，德国著名植物生理学家Haberlandt提出了细胞全能性概念，认为任何植物细胞都具有在体外培养后脱分化并发育成完整植株的潜能。此后，White和Nobécourt（1939）首次观察到植物组织培养过程中芽和根的发生。Gautheret（1942）在组织培养过程中获得了榆树（*Ulmus pumila*）等植物幼苗。Skoog和Tsui（1948）发现腺嘌呤（adenine）可促进烟草茎外植体细胞分裂，芽和根发生取决于培养基中腺嘌呤和生长素配比。Muir等（1954）利用万寿菊（*Tagetes erecta*）愈伤组织哺育方法观察到单个细胞分裂形成小细胞团。Skoog和Miller（1957）发现激动素可有效促进外植体细胞分裂和芽再生，且高激动素/生长素比有利于诱导芽的发生，而低激动素/生长素比则利于促进根的发生。Steward等（1958）开展了胡萝卜根韧皮部细胞培养研究，发现这些根细胞逐渐失去分化细胞的结构特征，并持续分裂分化形成具有根、茎、叶等器官的完整植株。自此，细胞全能性猜想得到证实，为植物无性繁殖奠定了理论基础。

（2）林木插条不定根发生理论

不定根是由于植物器官受伤或激素、病原微生物等外界因素的刺激诱导产生，且出现在茎、叶和下胚轴等非正常位置的根系。植物不定根的发生途径有两种：一是以器官发生方式起源于初级或束间形成层与微管组织连接处的薄壁细胞；二是由插条基部的伤口先行产生愈伤组织，再通过愈伤组织形成拟分生组织，最终发育形成不定根原基（Legué et al.，2014）。根原基细胞开始分裂、功能分化，并完成以下5个步骤：建立表皮—内皮层、中柱和根冠起始细胞；起始细胞通过平周分裂形成不定根表皮、内皮层和中柱；内皮层通过平周分裂形成皮层；根冠起始细胞通过平周分裂形成柱细胞，不定根原基的穹顶状结构建成；中柱基部细胞伸长并且液泡化，皮层和根尖组织开始在插条的表皮出现。新形成的不定根与维管系统相连接，形成一个完整的有机体整体。

（3）林木嫁接亲和力理论

嫁接的成败与否取决于砧木和接穗间的亲和力，即砧木与接穗嫁接愈合及其进一步生长发育的能力。嫁接亲和力的高低主要决定于砧木与接穗内部组织结构、遗传和生理特性的相似程度（Chen et al.，2017）。一般来说，接穗与砧木亲缘关系越近，亲和力越强。同品种或同种的植株间嫁接，即本砧嫁接（homograft）的亲和力最强；不同种间嫁接，即异砧嫁接（heterograft），亲和力因树种而异。同科异属的种间嫁接，一般亲和力较小，但也有嫁接成活并在生产上广泛应用的实例，如核桃嫁接枫杨。砧木和接穗嫁接后，砧木和接穗的结合是一个非常复杂的生理过程，主要包括三步：接穗和砧木相互接触，通过果胶的排泄将破裂的细胞从伤口清除；在接穗和砧木的交界面脱分化形成愈伤组织；愈伤组织和形成层细胞分裂、功能分化，重新形成新的木质部和韧皮部，组成新的维管组织（Yin et al.，2012）。实现导管和筛管的融合沟通，发育成一个完整植株。

14.1.3 林木无性系制种的优势

与种子园等家系制种相比，基于无性系育种的无性系制种具有以下四个方面的优势。

（1）可实现加性效应与非加性效应综合利用，遗传增益高

由于有性繁殖条件下基因的分离与重组，有性后代只能继承亲本的加性效应，不能继承显性效应和上位效应，即采用种子园种子等育苗造林只能利用其子代平均值。在无性繁殖条件下，无性系为采用品种原株的离体细胞、组织或器官，在一定的条件下经有丝分裂再分化而发育成完整植株的再生群体，没有经历雌雄配子结合的有性生殖过程，不存在基因分离与重组，其遗传组成与原株完全相同，不仅继承了原株的基因加性效应，而且还继承了显性效应和上位效应等非加性效应，其遗传增益显著高于种子园等家系良种。

（2）选择当代，利用当代，可保证遗传改良成果快速应用于生产

在林木遗传改良过程中，繁殖方法的选择会直接影响育种成果的应用进程。与种子园生产的选择当代、利用子代、需要等待开花结实相比，无性系育种是选择当代、利用当代，其选育程序仅仅包括选优、无性系测定与选择、建立采穗圃等，不必等待开花结实。即使是人工创造变异，也可以根据早晚期相关选择而提前利用，具有见效快等特点。

（3）生产的苗木性状整齐一致，有利于集约栽培、管理和加工利用

由树木杂合性特点所决定，其种子繁殖不可避免地会产生遗传分化现象，后代目标性状表现参差不齐。而无性系选育获得的同一无性系具有相同的基因型和表现型，其性状表现具有更大的一致性，能够避免林分个体间的竞争差异问题，有利于株行距安排；在灌溉、施肥等方面也更有利于集约化栽培管理，可以最大限度地实现丰产；而以无性系品种为原料时，木材材性等性状稳定一致，利于纸浆等森林工业产品加工工艺的调配等。

（4）适合于所有育种技术选育的无性系品种，可有效固定杂合、不育等优良遗传变异

树木基因杂合且生殖生长周期长，一般作物固定杂种优势的制种方法难以应用。因此，对于只能种子繁殖的树种而言，由于基因分离和重组，采用远缘杂交、诱变育种、转基因或基因编辑等育种技术难以通过有性繁殖保持利用优良遗传变异；大多数多倍体往往具有不育性，导致获得的优良种质难以扩繁利用。而无性系制种不必担心基因分离或育性差等问题，可以有效固定、扩繁杂合、不育等良种并应用于生产。

选育优良品种并通过无性系制种用于规模化造林已经取得了显著的成效。其中，针叶树的无性系造林可以在家系造林的基础上平均再提高10%~25%的遗传增益，而阔叶树精选无性系造林可实现25%~50%甚至更高的遗传增益。如美国开展了小规模的火炬松、湿地松优良无性系栽培试验，遗传增益达50%以上；芬兰选育出的欧洲云杉优良无性系V49、V382、V383等37年生林分的木材产量超过600m³·hm⁻²；英国每年扦插繁殖约600万株西加云杉，其遗传增益比种子园材料高出50%；巴西大规模采用尾巨桉等优良杂种无性系造林，7年生年均生长量40~50m³·hm⁻²等。

14.2 基于采穗圃的林木无性系制种

14.2.1 林木采穗圃及其意义

采穗圃是提供林木优质无性繁殖材料的圃地。营建采穗圃的材料，有尚未经过遗传测定的，如为营建初级无性系种子园提供接穗的优树采穗圃，也有用经过遗传测定的优良品种营建的采穗圃。与果树、经济林、无性系种子园的采穗圃不同，林木良种繁殖的采穗圃是实现良种无性繁殖材料规模化制种以及苗木生产的重要技术措施，其技术重点是幼化和保幼。

20世纪30年代，意大利、法国等国家在杨树繁殖中较早采用了采穗圃技术。自70年代以来，我国已开展了杨树、桉树、杉木以及落叶松等树种的采穗圃营建与管理技术研究，积累了宝贵经验。采穗圃的优越性主要体现在以下几个方面：①采穗圃实行集约化经营，可大幅度提高繁殖系数，保证穗条的供应量；②在经营过程中采取适宜的幼化、复壮措施，可将成熟效应（cyclophysis）与位置效应（position effect）等C效应的影响降到最低程度；③采取修剪、施肥等措施，可保证穗条生长健壮、充实，粗细适中，提高无性系繁殖成活率；④采穗母树集中管理，便于病虫害防治以及穗条采收；⑤采穗圃与繁育圃距离近，可避免穗条长途运输、保管，甚至可随采随用，有利于提高繁殖成活率。

14.2.2 建圃材料的复壮

在林木无性繁殖过程中，经常会遇到同一无性系品种原有优良种性削弱的现象，称之为品种退化。无性繁殖品种退化的发生主要与不科学的无性繁殖制度下的一些非遗传因素有关，包括成熟效应、位置效应等，统称为C效应。

成熟效应是指无性繁殖材料发育阶段对无性繁殖效果的滞后影响。如扦插中采穗母树年龄越大，则发根期越长、生根率越低等。位置效应是指无性繁殖材料采集部位对无性繁殖效果的影响。如用树冠上部的枝条扦插、嫁接繁殖，会出现斜向生长、顶端优势不明显、提早开花结实等（图14-2）。在利用花果的果树和经济林中，通过短枝

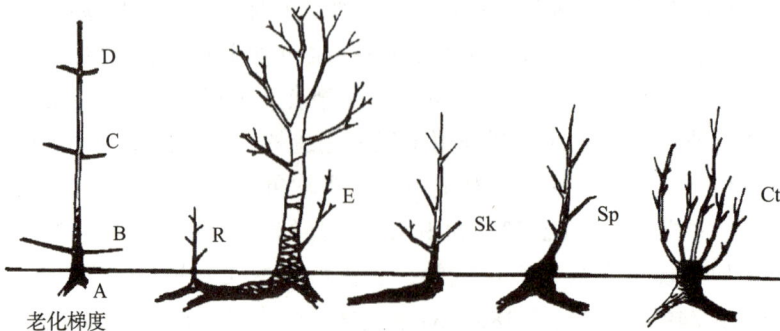

图 14-2　树木老化梯度与幼态材料获得形式（朱之悌，2002）

老化梯度：D>C>B>A。幼态材料：根蘗条（R）、干萌条（E）、埋根条（Sk）、根桩萌条（Sp）、平茬条（Ct）

嫁接利用繁殖材料的成熟效应和位置效应，加速生殖生长，促进提早开花结实。

复壮（rejuvenation）是指恢复开始出现混杂或退化品种生活力和生产能力的技术措施。无性系品种复壮主要是指针对品种退化而采取的恢复并维持树木幼龄状态的措施。对于利用营养体的良种繁殖而言，由于引起无性系繁殖材料退化的机制不同，所采取的复壮措施亦有所差异。对于病毒引起的品种退化问题，可利用病毒复制与传递的弱点进行脱毒复壮。对于由老化相关的成熟与位置效应引起的无性繁殖材料退化，可直接通过种子更新复壮，或利用林木品种的幼态组织区域进行复壮等。目前，现代林业生产实践中广泛应用的无性繁殖材料老化复壮的方法主要有以下几种。

（1）根萌条（sucker）或干基萌条法

树干基部存在处于幼年阶段的休眠芽以及不定芽，而挖根促萌可以促进根部处于幼化状态的不定芽等分化发育获得根萌条。该方法在生产上应用最为广泛。如桉树采取树干基部环割，进而利用环割愈合部位萌条扦插；山杨（*Populus davidiana*）、毛白杨通过挖根促萌或挖根段沙培促萌，再利用根出条扦插繁殖（朱之悌等，1986）；胡杨、刺槐甚至可直接插根繁殖。

（2）反复修剪法

通过强度修剪使树干维持年轻阶段的生理状态，或对老枝扦插、嫁接获得的苗木进行连续平茬，促使不定芽萌条，利用萌条作插穗，可显著提高生根率，改善生长状况。日本柳杉、辐射松、火炬松等针叶树均可采用强度修剪树干的方法获得了具有较高生根能力的穗条。我国一些地区在进行毛白杨成年优树繁殖时，曾采用短枝嫁接结合连续平茬的方法，获得了幼化的无性繁殖材料。

（3）幼砧嫁接法

通过将老龄接穗嫁接到幼龄砧木上，利用砧木幼年性的生理状态促进接穗返幼复壮，亦能收到较好的效果。如欧洲云杉、桉树等曾采用该方法改善了插条的生根状况。

（4）连续扦插法

从老龄树上采取的枝条虽然生根率较低，但对少数成活的植株再采取插条进行扦插，这样经过几轮反复扦插，可以明显地改善生根状况。例如，从80~120年生欧洲云杉大树上采条扦插生根率仅为6%，经过3轮反复扦插后，生根率可达到80%。欧洲云杉、栎树（*Quercus* spp.）、山杨以及桉树等也采用该方法进行无性繁殖材料幼化。

（5）组织培养法

植物组织培养获得的再生植株，尤其是基于叶片、非带芽茎段或不定根分化培养获得的再生植株，由于其经历了细胞重编程的脱分化过程，具有幼化复壮作用。通过该途径获得的白杨杂种三倍体'北林雄株1号'1年生组培苗，其硬枝扦插成活率可达80%。

14.2.3　林木采穗圃的营建与管理

林木采穗圃经营的核心工作是幼化控制，同时还要采取积极有效的经营管理措施，满足采穗母树的生长需求，最大限度地生产具有幼年性、一致性的无性繁殖材料。采穗圃营建应遵循以下6个基本原则。

①选择作业方便、条件优良的圃地，为优质穗条生产提供保障。采穗圃应设置在苗圃附近，以便于采穗，避免穗条长途运输影响扦插或嫁接成活率；选择土壤肥沃、光照充足、便于灌溉的圃地，从根本上为优质穗条生产提供保障。

②尽可能采用幼态的苗木作为采穗圃建设基础材料，为优质穗条生产奠定基础。林木良种采穗圃的建设可以选用来源清楚的良种实生苗、组培苗、根萌苗或嫁接插条等，按照适当的密度定植建圃，防止因使用老化、退化材料而导致采穗圃功能丧失。

③适时整形修剪，将幼化控制贯穿于采穗圃经营全过程。采穗母树的整形修剪是采穗圃营建与管理的核心工作。通过整形修剪，不但可以矮化树体，便于穗条采集，更为重要的是可以促进幼年组织区休眠芽与不定芽的萌发，保证取得大量幼化的穗条。

④加强水肥管理，保证种条质量，延长采穗圃使用寿命。采穗圃的整地应精耕细作，施足基肥。在日常管理中应注意施肥、灌溉、除草以及病虫害防治工作，保证种条健壮生长。特别是经过多年采穗后，更应该加强水肥管理，以免因地力过度消耗影响采穗母树生长，造成树势衰退，甚至不能利用。

⑤合理密植，提高单位面积的穗条产量与效益。采穗圃的定植密度因树种、整形修枝以及立地条件不同而不同。合理密植可增加单位面积穗条的产量，从而充分利用土地资源，提高经济效益。

⑥块状定植，标识清楚，避免品种或无性系混杂。无性系用块状排列定植最佳，便于管理操作。对于根蘖能力强的树种，应考虑不同无性系小区之间的隔离，以防止因串根而造成品种混杂。同时要做好记录，画好定植图，标注清楚每个品系的位置和数量，设置标牌，以免错采而造成品系混杂或混乱。

14.2.4 林木扦插繁殖

基于采穗圃提供大量的幼化良种穗条，可利用适宜的扦插技术进行良种无性系繁殖。扦插是基于细胞全能性理论，利用植物组织或器官的再生机能，由原株上切取一定规格的茎、枝条、叶、根等材料插入基质中，在适宜的外部环境条件下形成完整植株的一种繁殖方法。根据插条材料的性质，扦插可分为硬枝（冬枝）扦插、嫩枝（春枝和夏枝）、根、叶以及针叶束（短枝）扦插等。扦插繁殖具有操作简单、效率高、成本低等优点，已广泛用于林木良种规模化扩繁。

扦插繁殖的成功与否取决于插条能否正常生根。插条生根能力受遗传和环境因素的共同影响。其中，遗传因素起着主导作用。不同树种，或同一树种的不同种源、家系和无性系的扦插生根能力存在差异。采条原株的年龄、采条部位以及采条季节对扦插生根亦有一定的影响。一般来说，树龄越小，或采取树干基部萌条、根蘖苗等作插条，扦插容易成功；反之，若树龄越大，或从树冠上采条，插条生根率一般较低。硬枝插条多数于秋末树液停止流动后至初春之间采集；嫩枝插条多采用半木质化枝条。根插可于深秋采根，沙藏越冬，或春天随采随插。对于刺槐等根蘖能力极强的树种，甚至可以将根截成1~2cm根段，采用播根的方式育苗。

插条生根率高低与扦插基质，插条是否经过物理或化学处理，扦插环境温度、湿度、光照等密切相关，为了提高扦插成活率应注意以下几个方面。

（1）选择通气保湿的扦插基质

杨树、柳树、水杉等易生根树种对基质选择不甚严格，大田扦插亦能成活。但对于难生根树种而言，由于不定根发生时间长，插床基质的颗粒过粗，孔隙度大，虽然通气性好，但保水性差，容易造成插条因水分亏缺而萎蔫。当插床基质过于黏重时，又会因通气性差甚至积水而影响气体交换，造成不定根发生部位因无氧呼吸而引起病菌增殖，进而导致插条腐烂。常用的扦插基质：砂质壤土、泥炭土、河沙、蛭石、珍珠岩等，通过不同配比制成适合不同植物扦插的基质。此外，还有些树种对扦插基质的pH值要求严格，如雪松只有在微酸性的基质环境才能取得较高的成活率。

（2）采用能促进生根的物理、化学方法处理插条

有关研究表明，植物生根的难易同自身所含生根促进物质与抑制物质的比例高低有关，而采取一定的人工措施，增加插条内促进生根物质的比例，或降低抑制生根物质的含量，可以有效提高扦插的成活率。林木扦插制种实践中，大多数树种扦插常采用一定剂量的生长素处理插条，通过扦插前生长素处理补充外源激素，促进插条内源激素合成以及插条不定根的形成。不同树种所需的外源生长调节剂种类、浓度和处理时间均不相同。目前生产上使用的生长素有吲哚丁酸（IBA）、吲哚乙酸（IAA）、萘乙酸（NAA）、萘乙酰胺（NAD）以及人工合成生根促进剂——ABT生根粉等。处理的适宜浓度因插条的种类、激素的种类、处理季节、处理方法及持续时间等差异较大，变动于$50 \sim 500 \mathrm{mg \cdot L^{-1}}$之间。一般来说，外源生长调节剂浓度低时，处理时间可以稍长；浓度高时，处理时间需要短些，甚至可作速蘸处理。

此外，对插条进行沙藏越冬催根、流水冲洗、遮阴黄化处理等亦可提高扦插成活率。辐射松等针叶树在采集插条前几周对植株进行环割、遮光等预处理，有利于促进插条养分积累，减少抑制物质形成；胡杨、毛白杨等在秋季苗木落叶后采集插条，于沙藏坑或地窖内沙藏越冬催根，甚至将插条倒埋于河沙中进行反极性催根，有利于促进物质转换以及愈伤组织形成；毛白杨、板栗、水杉等树种在扦插前曾采取水浸甚至流水冲洗数天的处理方法，目的在于通过水溶解出部分生根抑制物质等，使扦插生根率得到明显提高。此外，利用遮阴或埋杆等措施进行黄化处理，可以改变嫩枝插条内源生长素IAA含量和氧化酶活性以及IAA/ABA比值，增加薄壁细胞数量，降低生根抑制物质的含量，改善插条的生理状态，从而达到促进不定根形成之目的。

（3）保证足够的光照以及适宜的温度和湿度

在缺乏光照的情况下，植物不能合成生根活性物质，难以促进生根抑制物质的转化，常常会导致扦插的失败。而在光照充足的条件下，嫩枝的叶片或硬枝插条萌生的叶片光合作用正常，不仅能合成碳水化合物等生命活动的能源以及形态建成的组分，而且还会合成促进生根的生长素等，从而缩短生根时间，提高扦插成活率。扦插基质温度较高，地上气温较低，有利于减少蒸腾，加速插条基部愈伤组织形成和利于生根物质的合成，而维持较高的基质温度（如铺设地热线等，一般在20~25℃），同时使插床气温保持相对较低的温度（一般在15~20℃），可以提高扦插成功率。此外，在保证全日照的前提下，插条尤其是嫩枝插条离体后，由于处于基质中的插条部分尚未生根，

仅靠插穗被动吸水供给地上部分的蒸腾作用，此时如空气湿度过于干燥，往往会造成插条失水萎蔫，因此在插条生根之前，应创造一定的空气湿度，从而减少插条叶部蒸腾失水，维持水分平衡。一般相对湿度控制在80%~100%。

20世纪70年代以来，全光照自动喷雾扦插育苗技术得到了迅速发展。它以间歇式喷雾或恒定温度控制喷雾方式为插条提供水分，同时起着调节插床和空气温度、湿度的作用，具有生根迅速、育苗周期短、技术简单等优点，值得推广应用。

14.2.5 林木嫁接繁殖

基于采穗圃材料，亦可利用各种嫁接技术进行无性系良种规模繁殖。嫁接是将一个植株的芽或短枝条与另一植株的茎段或带根系植株适当部位的形成层间相互结合，从而愈合生长在一起并发育成一新植株的方法。其中前者称为接穗，而承受接穗的部分则称为砧木。林木嫁接繁殖的方法很多，按照材料的来源，可分为枝接、芽接和针叶束（短枝）嫁接；按取材的时间，可分为冬枝接、嫩枝接；按嫁接方式不同，又可分为劈接、舌接、切接、袋接、靠接、髓心形成层对接等。

嫁接成功的关键因素是砧木选择，即接穗与砧木是否有亲和力。一般来说，嫁接亲和力低主要表现在：①接口不愈合，接穗逐渐萎蔫干枯，或虽不干枯，但不发芽或萌芽后生长势弱，最后死亡；②接口愈合差，出现断裂、结瘤或流脂流胶等；③嫁接结合部位上下生长不一致，形成"大小脚"现象；④接穗生长缓慢，叶片变小，叶色变黄，或大量开花；⑤接口虽愈合良好，但若干年后接穗生长缓慢，树势衰退甚至死亡等（He et al., 2018; Chen et al., 2017）。

除嫁接亲和力外，嫁接的成败还受砧木与接穗的活力、嫁接方法的选择、嫁接时间、伤流、嫁接环境条件、嫁接工人的嫁接技术熟练程度以及嫁接后管理等因素的影响。一般而言，生长健壮、营养器官发育充实，体内储藏的营养物质较多，嫁接容易成活。不同嫁接方法的选取受植物生长发育节律的限制，如枝接一般在冬季或早春树木萌芽前实施，而芽接大多在生长季节砧木与接穗的韧皮部与木质部分离阶段进行。在室外嫁接时应注意天气条件变化，低温、多雨、大风等天气不适宜嫁接。嫁接后要及时进行截砧、松绑、抹芽、培土等常规管理，有利于提高嫁接成活率。

一般而言，嫁接的工序复杂且成本高，主要用于高价值的经济林等林木良种繁殖及无性系种子园营建等。实际上，如果嫁接技术经过科学组配，亦可用于林木良种规模化繁殖。如20世纪90年代，北京林业大学朱之悌等借鉴组培快繁的思想，将幼化理论和嫁接技术等组合应用于大田育苗，创制了"毛白杨多圃配套系列育苗技术"，并通过采穗圃、砧木圃、繁殖圃、根繁圃配套作业，解决了白杨良种的规模化制种繁殖难题（朱之悌，2002）。

采穗圃[图14-3（a）]可以通过组培苗、留根苗、平茬苗、插根等方式营建，母株的定植密度一般以0.5m×1.2m的株行距为宜，每亩1110株，有利于通风、操作与丛状作业，也可以利用原有的繁殖圃、砧木圃根芽转化为采穗圃。当苗木长到50~60cm时，应及时采取截顶措施，打去20cm左右的顶梢，促进萌生出4~6个的侧枝，培养成丛枝型采穗母株；在其后管理过程中，如发现有主干枝出现，应及时截短以促进侧枝长成粗细均一、长短一致的丛式侧枝，保证平均每株可产饱满单芽120个以上；同时加强采穗圃培土、施肥、中耕除草、病虫害防治、平茬保幼以及重建等经营管理措施。

砧木圃[图14-3（b）]是培育毛白杨芽接砧木的圃地，也是"一条鞭"芽接的场所。可用与毛白杨嫁接亲和力较高的群众杨、太青杨或大官杨1年生苗扦插建圃，株行距一般为0.22m×1.0m，每亩扦插3000根，保证每亩成苗2500株以上；及时抹芽、追肥，华北地区一般在立秋前后10天左右开始芽接，一般采用"T"字形芽接法或带木质部芽接，首先在砧木基部嫁接第一个芽（根芽），以后每隔15cm左右再向上接第2个芽，依此类推，一般每株砧木嫁接10个芽左右，从而实现了毛白杨优良品种无性系繁殖材料大规模制种。芽接最晚可到9月上旬，直到接穗和砧木不离皮为止；接芽成活后需及时解绑，入冬前剪成插穗沙藏，也可以在砧木上越冬，翌年春剪条直接扦插育苗。此外，还可以在完全落叶后，利用砧木圃剩余的采穗圃的冬枝进行"接炮捻"嫁接。

繁殖圃[图14-3（c）]是生产商品苗的圃地，采用"一条鞭"或"接炮捻"插条育苗。根繁[图14-3（d）]主要是由繁殖圃或采穗圃起苗或更新后转化为根萌繁殖的圃地。由于根萌繁殖具有幼化作用，可以转化为繁殖圃，也可以转化为采穗圃。在实际工作中，如果嫁接繁殖的插条只用于苗圃自己育苗，采穗圃：砧木圃：繁殖圃的适宜比例为1：5：40；如果对外销售，需要根据需求提高采穗圃和砧木圃的比例。

（a）	（b）
（c）	（d）

图14-3　毛白杨多圃配套系列育苗技术

14.3 基于组织培养的林木无性系制种

组织培养又称离体培养，是指以林木的细胞、组织或器官为材料，通过无菌操作，接种于固体或液体培养基中，在人工控制条件下进行培养以获得完整植株或生产具有较高经济价值产物的过程。这些林木细胞、组织或器官被称为外植体。通过组织培养可以将一个外植体在一定的时间内，繁殖出比常规无性系繁殖多几百倍，甚至千万倍与母体基因型相同的林木个体。利用组织培养方法繁殖具有占地面积小，繁殖周期短，全年都能进行繁殖，繁殖系数高，易于批量生产和管理方便等特点，常用于难生根林木良种的规模化、工厂化生产。

14.3.1 林木组培增殖方式

在组织培养过程中，将初代培养获得的愈伤组织、不定芽等无菌材料进行切割、分离后转接到新的培养基中增殖的过程称为继代培养（subculture），也称为增殖培养，是植物组织培养中决定繁殖速度快慢、繁殖系数高低的关键阶段。由于培养物在适宜的环境条件、充足的营养供应和生长调节剂作用下，繁殖速度加快，繁殖系数也大大提高。继代培养通过添加不同的植物生长调节剂等诱导芽伸长生长，或诱导外植体脱分化，形成不定芽或胚状体。根据外植体分化和生长的方式不同，继代培养的增殖方式也各不相同，主要有以下四种。

（1）多节茎段增殖（minicutting type）

又称节培法，以及无菌短枝扦插或微型扦插法。就是在一定培养条件下诱导单芽或多芽茎段的腋芽萌发生长，从而形成新的多节茎段嫩梢进行扩繁的方法。将这些无菌嫩梢剪成单芽或多芽茎段进行继代培养扩繁，增殖到一定量后转至生根培养基诱导生根，从而形成一个完整植株。其特点是培养过程简单，一次成苗，移栽容易成活，遗传性状稳定等，如刺槐、河北杨等曾通过此种方式增殖。

（2）丛生芽增殖（shoot-cluster type）

丛生芽增殖是将带有顶芽或不带顶芽的茎段，接种到适宜的培养基上诱导腋芽萌发形成丛生芽的扩繁方法。当丛生芽增殖到一定数量后，转入生根培养基诱导形成不定根而获得完整植株。其特点是获得的无性系性状遗传稳定，且成苗速度快，繁殖系数大，适合于良种规模化、工厂化、商业化生产。

（3）器官发生增殖（organogenesis type）

又称不定芽增殖。器官发生增殖是将能再生不定芽的器官或愈伤组织块分割、接种到继代培养基进行增殖培养快繁的方法。其中，叶片或无腋芽茎段等外植体材料直接诱导不定芽的途径具有增殖速度快、繁殖系数大等特点，其增殖率甚至可能高于丛生芽方式，但不定芽生长不一致，成苗率低于丛生芽增殖方式。而诱导愈伤组织产生不定芽的途径需要时间长，而且随着继代次数的增加，愈伤组织再生植株的能力会下降，加之继代培养过程中容易诱发染色体变异等问题，一般很少应用于良种快繁。诱导不定芽发生是良种材料重新幼化的良好途径。

（4）胚状体增殖（embryoid type）

胚状体增殖是通过诱导体细胞胚发生来进行良种无性系扩繁的方法。即诱导林木细胞、愈伤组织或器官形成胚性愈伤，再经原胚期、心形胚期、鱼雷形胚期、子叶期而发育成完整植株的过程。其特点是成苗数量多、速度快、结构完整，是增殖系数最大的一种方式。但胚状体发生和发育情况复杂，一些技术瓶颈尚未完全突破，只有个别树种的少数基因型得到应用。

林木组培快繁是指在离体条件下，将林木的细胞、组织或器官接种于固体或液体培养基中，在人工控制条件下进行培养以获得繁殖材料的过程。当前生产中应用最多且最成功的增殖方式是丛生芽增殖，而胚状体增殖被认为是最有发展前途的繁殖方式。需要特别指出的是，无论是诱导丛生芽增殖，还是诱导胚状体增殖，经过一定继代培养周期后，都会出现繁殖材料老化、退化问题。此时，可重新采取外植体建立无菌再生体系，或者通过分化培养诱导不定芽发生幼化处理，或者取提前进行超低温保存的良种胚性愈伤重新分化培养。而且一种树木的增殖方式不是固定不变的，有的植物可以通过多种方式进行无性扩繁。生产中具体应用哪一种方式，主要取决于增殖系数、增殖周期、增殖材料的稳定性和生活力，以及是否适宜生产操作等因素。

需要注意的是，在启动培养诱导外植体脱分化或再分化过程中，自身组织向培养基释放褐色物质，使培养基逐渐变成褐色，外植体亦随之变褐而死亡的褐化（browning）现象。而在继代增殖培养阶段，试管苗可能发生生理紊乱，表现出叶、嫩梢呈水晶状透明或半透明，整株矮小肿胀、失绿，叶片皱缩呈纵向卷曲，脆弱易碎等形态的所谓玻璃化（vitrification）现象。外植体褐化与玻璃化可直接影响组织培养的成败。另外，在组织培养过程中，即使再生植株的遗传物质结构、组成不会发生改变，但环境压力可能会诱导发生碱基或组蛋白甲基化等表观修饰，从而引起可遗传的表观遗传变异（Karim et al., 2016）。

14.3.2 林木丛生芽组培繁殖

主要包括培养基配制、无菌培养体系的建立、外植体的分化与继代增殖培养、生根培养、炼苗与移栽等技术环节。

（1）培养基的配制

培养基（culture medium）是植物组织培养的物质基础，也是植物组织培养能否获得成功的重要因素之一。培养基可分为两类：一类是基本培养基，包括大量元素和微量元素（无机盐类）、维生素、氨基酸、糖和水等。迄今为止，基本培养基已有几百种，但较常用的仅一二十种，如MS、改良MS、White、Nitsch、N6、B5等；另一类是完全培养基，即在基本培养基的基础上，添加了一些植物生长调节物质（BA、ZT、KT、2,4-D、NAA、IAA、IBA、GA₃）以及其他有机附加物，包括某些成分尚不完全清楚的天然提取物，如椰乳、香蕉汁、番茄汁、酵母提取物以及麦芽膏等。

配制培养基前，一般先分别配置成一定浓度的大量元素、微量元素、铁盐、有机物质（不含蔗糖）、植物生长调节剂等母液。待配制培养基时，分别计算和量取一定体积的各种母液，添加蔗糖、琼脂和蒸馏水，混合并加热融化琼脂，煮沸后定容，调节pH值，分装并灭菌待用。

（2）无菌培养体系的建立

理论上所有的植物细胞都具有重编程形成新植株的潜能，但并不是任何细胞都能脱分化实现再生。因此，需要选择那些易于再分化的细胞或组织作为外植体。在同一植物不同部位的组织或器官中，细胞的再分化能力因植株年龄、采集季节、外植体大小、着生部位以及生理状态的不同而异。一般以在春季或夏季取良种幼年树体基部萌生的材料为佳。

外植体材料采集后，首先需对材料进行清理，即将需要的部位用软毛刷或毛笔等在流水中刷洗干净，然后将材料切割成适当大小，流水冲洗，用灭菌剂（如70%酒精、10%的双氧水、84消毒液以及0.1%的升汞）表面灭菌一定时间，再用无菌水冲洗数次后接种，置于适宜光照强度和温度的培养室中进行启动培养，建立无菌培养体系。

（3）继代增殖培养

启动培养阶段所获得的无菌外植体数量有限，还需要进行继代增殖培养。无菌苗增殖是组织培养的重要环节，是提供大量性状遗传稳定良种无性系材料的手段。丛生芽增殖培养繁殖的关键是不断将腋芽萌发形成的丛生芽切割分离，经继代培养基再增殖为丛生芽。丛生芽增殖培养过程受到外植体部位与生理状态、培养基种类、外源激素浓度与配比，以及温度、光照、湿度和通气状况培养环境条件等影响。制定技术标准并严格执行，可以有效保证基于丛生芽增殖方式的组织培养繁殖高效性和稳定性。

（4）生根培养

外植体通过增殖培养和继代培养后，多数情况下形成无根的丛生芽苗，这些丛生芽苗只有经过生根培养，诱导产生不定根后才能获得完整植株。生根培养就是将增殖培养获得的丛生芽接种至含有一定浓度生长素（IBA、NAA、IAA）的生根培养基中，诱导产生不定根的过程。芽或嫩梢产生不定根的难易程度与母株的年龄和所处的生理状态有关，亦与取材季节和外植体所处的环境条件密切相关。一般认为，木本植物较草本植物、成年树木较幼年树木、乔木较灌木难生根。

植物激素对不定根的形成起着关键作用，生长素促进生根；赤霉素、细胞分裂素以及乙烯不利于生根。降低培养基的无机盐浓度有利于不定根的分化。生根需要适量的磷和钾；钙离子多数情况下有利于根的形成和生长；硼、铁等微量元素对生根有利。另外，生根培养通常需要低浓度的蔗糖。由于植物根系形成与生长具有向暗性的特点，添加活性炭也可促进无菌苗产生不定根。

（5）组培苗锻炼与移栽

生根后的组培苗长期在弱光、恒温、高湿且稳定的特殊环境中生长，适应性较差，在移栽之前必须进行炼苗，增强幼苗抗性以提高移栽成活率。目前较为成功的炼苗方法是采用"闭口"强光炼苗，可在较长的时间内保持试管苗不污染，同时应注意炼苗中需要提供适宜的温度和光照强度。

试管苗经过一定时间的锻炼后，可从培养瓶中取出，清洗干净，迅速栽植在消毒处理的基质中，喷淋透水，放置于干净、排水良好的温室或塑料保温棚中。基质以疏松、保水性和透气性好的材料为宜，如珍珠岩、蛭石、椰糠等。待移栽苗生长 20 天左右，从温室移入室外炼苗场，炼苗 10~15 天后移栽至大田。

目前，我国部分用材林良种，如尾巨桉良种'DH32-26'[图14-4（a）]'DH32-29'以及毛白杨良种'北林雄株1号''北林雄株2号'[图14-4（b）]等，均采用组织培养技术进行制种，实现了规模化繁殖。如国审良种'北林雄株2号'组织培养制种的分化培养基为 MS+1.0mg·L^{-1} 6-BA+0.1mg·L^{-1} NAA+1.2mg·L^{-1} ZT，继代培养基为 MS+0.2mg·L^{-1} 6-BA+0.1mg·L^{-1} NAA，生根培养基为 1/2MS+0.5mg·L^{-1} IBA。

（a）　　　　　　　　　　　（b）

图 14-4　尾巨桉良种'DH32-26'和毛白杨良种'北林雄株 2 号'组培苗

14.3.3　林木体胚诱导繁殖

林木体细胞胚诱导制种是一种有巨大应用潜力的无性系制种方式。所谓体细胞胚发生（somatic embryogenesis）是指没有经过雌雄配子结合的受精环节，在一定离体培养条件下诱导体细胞胚胎发育形成胚的类似物，即胚状体（embryoid），再发育形成完整植株的过程。这种通过体细胞或性细胞未经受精而分化出与合子胚相似的胚胎——胚状体，不论其外植体来源于体细胞还是生殖细胞，因其发生发育过程都通过有丝分裂完成，统称为体细胞胚。

林木体细胞胚发生研究始于 20 世纪 70 年代后期，到 90 年代初期得到快速发展，目前已有数百种木本植物成功诱导出体细胞胚，至少有 30 余个针叶树种成功建立了体细胞胚繁殖体系，其中火炬松、欧洲云杉、花旗松、辐射松、杂交鹅掌楸等树种的体细胞胚胎诱导技术已应用于生产。如新西兰林业研究中心已形成了年产 200 万株辐射松体细胞胚再生植株的能力；美国 ArborGen 公司也在火炬松体细胞胚胎发生技术方面有所突破。我国已就落叶松、云杉、杉木、马尾松、桉树、鹅掌楸等树种开展了相关研究，其中南京林业大学的杂交鹅掌楸体细胞胚发生技术已推广应用。

体细胞胚主要来源于三种途径：第一种途径是诱导外植体直接产生体细胞胚；第二种途径是在固体培养基上，离体诱导外植体形成胚性愈伤组织，再分化形成体细胞胚；第三种途径是在细胞悬浮培养中，先诱导产生胚性细胞团，再经分化形成体细胞胚。无论何种发生途径，体细胞胚首先起源于单个胚性细胞，胚性细胞经过首次分裂形成二细胞原胚，再经过多次细胞分裂形成多细胞原胚。原胚形成后，胚性细胞分裂活跃，速度加快，迅速形成球形胚结构，进而发育成完整的胚状体结构。

体细胞胚繁殖技术具有扦插、嫁接等其他无性系繁殖方法无可比拟的优势，主要体现在：①体细胞胚繁殖适宜于规模化自动化的工厂式生产，显著降低劳动力成本。在离体条件下，通过优化胚性愈伤组织诱导、熟化等培养条件，研发特定生物个体的体细胞胚发生发育同步性调控技术，模拟设计体细胞胚生物反应器，结合自动化控制技术，不仅可以大大降低体细胞胚生产的劳动力成本，还可以提高体细胞胚发生技术的稳定性。②体细胞胚繁育苗木的根茎连接性好且不存在位置效应。扦插繁殖需要诱导愈伤组织分化形成不定根，产生新根系与茎的结合部位，这种根茎结合部位的连接性较实生苗差。另外，扦插的插穗采自原株的不同部位，具有不同程度的位置效应，无性系分株会表现出不同程度的斜向生长。体细胞胚发生类似于合子胚的形成，因此通过体细胞胚发生技术获得的无性系分株具有与实生苗相似的根茎连接性。除此之外，体细胞胚的发生经历了胚性细胞的再分化过程，消除了繁殖材料的位置效应，进而克服了无性系分株的斜向生长特性。

一般来说，除诱导外植体直接产生体细胞胚途径之外，体细胞胚发生需经历胚性愈伤组织的诱导、胚性愈伤组织的增殖、体细胞胚的发生与成熟、萌发与植株形成等过程。在体细胞胚的诱导过程中，影响诱导体细胞脱分化、再分化和发育过程的因素很多，其中选择适当的外植体是成功诱导体细胞胚的关键。目前，松柏类植物几乎均以合子胚为外植体。幼嫩细胞系诱导体细胞胚的能力强，老化细胞诱导形成体细胞胚的能力明显下降。2,4-D是胚性感受态细胞表达的重要因子，是成功诱导体细胞胚发生的必需条件。高浓度的2,4-D、BA和KT激素组合对快速诱导获得胚性愈伤组织有利；低浓度激素则有利于后期原胚的诱导。此外，亦可采用NAA、BA和KT的激素组合，尤其是在增殖培养阶段，利用NAA取代2,4-D更有利于体细胞胚的发生发育。长时间培养于含2,4-D的培养基中易造成体细胞胚成熟能力的丧失。ABA能抑制不正常胚的发育，促进体细胞胚的正常化，提高体细胞胚的发生频率。胚性细胞分化早期与多胺的生物合成关系密切，多胺抑制剂可抑制球形胚的形成，但并不影响胚性愈伤组织生长与增殖，在球形胚后期不再影响体细胞胚的发育，可显著提高体细胞胚的质量。除上述影响因素外，培养基类型、碳源、渗透压、活性炭、微量元素、氮源成分、琼脂、蔗糖浓度、pH值以及培养环境温度、光照等均可影响体细胞胚的发生。

虽然辐射松、欧洲云杉、火炬松、花旗松以及鹅掌楸等树种的体细胞胚繁殖技术已用于生产实践，但关于提高体细胞胚发生率、体细胞胚发生的同步化调控以及体细胞胚生物反应器和自动控制系统研发等仍然是林木良种体细胞胚繁殖技术中的热点科学问题。

14.4　林木无性系制种应用需注意的问题

虽然早在2000多年前我国就有杨柳扦插造林的记载，但种子育苗一直在人工林培育中占主导地位。20世纪初，随着蒸汽机、电动机等发明和投入使用，车船、发电、造纸等行业发展带动木材需求剧增，一些工业化国家开始致力于大规模人工林培育。直到20世纪70年代，随着胶合板、纤维板、木浆造纸等世界森林工业发展及其木材供给要求的提高，以及组织培养、体胚诱导、全光喷雾扦插育苗等技术快速发展，人们期望选择最优良个体，并通过规模无性繁殖制种用于商品人工林培育，以获取更大的遗传增益。一些能无性繁殖的树种瞄准森林工业用材培育，开始走以无性系育种和制种为核心的无性系林业发展道路。

需要注意的是，林木无性系制种只适合采取法正林等高度集约化栽培的商品林经营。在无性系林业的发展过程中，应根据不同的利用目的及其栽培环境特点，定向开展优良无性系选育，通过无性系制种大规模繁殖，并采取适当的栽培和抚育管理措施进行无性系人工林培育，从而保证包括商品林培育在内的整个产业链条的综合效益最大化。就一个具体树种而言，在无性系造林中需要重视品种选配、壮苗培育、抚育管理、适时采收等环节，最大限度地发挥无性系品种的遗传潜力。

（1）无性系制种和造林要始终围绕高产出、高盈利的栽培目标

由于无性系造林主要利用生长等性状表现突出的个体，单一无性系生产难以应对栽培环境变化的危险性一直是人们担心的问题。因此，在无性系林业发展初期，一些国家规定了造林无性系数目下限，如7~30个甚至更多。实际上这些规定大多都是有树种限定的，主要是针对欧洲云杉、辐射松、湿地松等栽培周期比较长的针叶树种无性系造林。对于一个特定树种无性系造林而言，选用多少无性系较为适宜，应该根据树种特性、造林规模、采伐周期、管理程度以及造林地点的立地条件、气候特点、病虫害状况等确定。当然，异质性的增加会降低人工林产出，同时还会导致造林成本增加。事实上果树和经济林往往一个地区只栽培一个品种，国内大规模栽培的欧美杨'I-214''107''108'，以及兰考泡桐、桉树等在一些地区也多为单一无性系栽培，并没有引起毁灭性病虫害的发生。我国目前能够大规模无性系造林的树种并不多，主要是一些栽培周期比较短的杨树、桉树等阔叶树种。由于栽培周期短，有的甚至能施加一定的栽培管理措施，这些树种可以采用最优良的无性系品种进行规模种植，获得更高的木材等林产品产出和经济效益。

（2）无性系造林要重视良种的适地适基因型栽培

在树木种源、家系和无性系等变异层次，基因型与环境互作普遍存在。由于无性系造林是实现一些特定基因型的利用，因此无性系的GEI效应比种源、家系更大。优良无性系配合以适宜的生态环境条件，可以收到最大限度的增产增收效果，因此无性系造林更重视适地适基因型选择。即无性系造林要为每一造林地点选择出优良的主栽品种，使优良的基因型与立地最佳配合，发挥品种的遗传潜力，提高林地的利用效率。近年一些地区油茶林生产力较低的原因，与未能实现适地适品种栽培有关。而从

8省12地营造的含12个品种的5年生三倍体毛白杨区域化栽培对比试验看，三倍体毛白杨在气候相对干燥的河北、山西、北京、山东西北部以及河南北部等地区长势最好，各无性系间、地点间、无性系和地点交互作用均达极显著水平，可以为不同的适生地筛选出主栽品种。与随机选择造林品种相比，选择三倍体毛白杨主栽品种造林可增产11%~43%。此外，鉴于林木无性系品种存在较为显著的基因型与环境互作现象，在开展无性系育种时，如果难以选育出在更广泛栽培区域均表现突出的无性系品种，就应该适当增加进入区域试验的无性系品种数量，通过为不同造林地点选配适合的主栽品种，保证无性系造林高产高效目标的实现。

（3）无性系制种和造林要重视幼年性和成年性繁殖材料的区别利用

在林业生产中，对于利用花和果实等生殖器官的经济林树种，选择利用老化的成年性材料，通过采取树冠部位枝条作接穗进行嫁接，可促进经济林提早开花结实，这已经成为经济林树种良种繁育和栽培利用的习惯。而对于利用木材以及树体营养器官的树种，选择利用幼态的幼年性材料才能获得更好的造林效果。在相关树种无性系制种和造林时，不建设采穗圃，甚至使用树冠部位枝条等成年性材料育苗，导致造林后植株斜向生长、顶端优势不明显、提早开花结实等，严重影响树木生长和林地产出。这种因无性繁殖材料成熟效应和位置效应造成的危害并没有引起足够的重视，尽管这种危害早已经发生并仍在持续。如三北地区有杨树"小老树"近$140 \times 10^4 hm^2$，其形成不排除当地干旱贫瘠的栽培环境影响，但也与20世纪50~70年代直接从小叶杨等杨树成年大树采条进行压条育苗甚至直插造林有关。"老化"的苗木与恶劣的栽培环境相互作用，更容易出现早衰问题。此外，我国杨树新品种大多5~10年便因品种退化、优势丧失而退出良种生产，也是由于杨树制种和栽培中不重视无性繁殖材料幼化和采穗圃建设，采取以苗繁苗甚至大树采条育苗等不科学的繁殖方法所致。

（4）无性系造林要重视造林密度适时调控和采伐利用

无性系造林尤其要重视造林密度适时调控和采伐利用，防止无性系人工林群体衰退发生。无性系人工林均具有一定的初植密度。随着林龄的增加，防护林内各无性系对水分和营养的需求加大，当水分和营养条件不能满足林分生长需求，或持续出现降水减少以及地下水下降时，由于同一无性系品种各分株的遗传组成相同，其生活习性以及个体竞争能力相同，难以像天然林那样通过自然稀疏进行林分的自我调整，此时如不能采取人工疏伐措施进行密度调整，林分内各个无性系植株生长势只能"选择"同时衰弱，即在水养资源紧缺时因个体竞争能力相同而发生无性系人工林群体衰退（康向阳，2017），潜伏的病虫害借机发生并逐渐加剧直至树木死亡。这也是三北防护林杨树天牛危害大面积发生，以及一些类似人工林大面积衰退甚至死亡的重要原因。无性系人工林群体衰退与树种特性、自然条件、初植密度、抚育管理水平等有关。在同样栽培条件下，与喜水喜肥的速生树种比，生长慢、抗逆强树种的衰退发生相对较晚。而对于同样的树种，与自然条件优越、初植密度低、抚育管理水平高的无性系人工林相比，自然条件差、初植密度高、抚育管理水平低的更容易发生衰退。因此，基于无性系造林的目的及其特点，应该将无性系林业发展树种列入木本作物范畴，不但要根据造林区域、培育目标等确定适宜的定植密度和栽培管理措施，实现良种与良法配套，加快资源培育；还要重视林分数量成熟与工艺成熟最佳配合下经济成熟的相关评估，确定适宜采伐周期，并在人工林达到经济成熟时及时进行间伐或轮伐更新，保证国家有限林地资源的充分利用。

思考题

1. 什么是无性系制种？与种子园制种相比，林木无性系制种具有哪些优势？

2. 简述导致林木良种无性繁殖材料退化的主要因素。

3. 简述林木无性繁殖材料复壮的技术和方法。

4. 简述基于采穗圃进行林木无性系制种具有哪些优越性，林木采穗圃营建应遵循哪些原则？

5. 影响林木扦插繁殖成活率的主要因素有哪些？

6. 试述林木插条不定根的产生过程。

7. 简述林木嫁接繁殖在林木遗传改良中的作用，林木嫁接不亲和的具体表现。

8. 简述利用组织培养方法进行林木无性系制种的优点。

9. 影响林木体细胞胚胎发生的主要因素有哪些？

10. 简述无性系制种以及应用无性系造林时应注意的问题。

参考文献

曹德美，张亚红，成星奇，等，2021.青杨不同种群叶片表型性状的遗传变异 [J].林业科学，57：56-67.

陈升侃，周长品，翁启杰，等，2018.尾叶桉 × 细叶桉木材密度与生长的联合选择 [J].林业科学研究，31（2）：77-82.

陈晓阳，沈熙环，2020.林木遗传育种学 [M].北京：中国林业出版社.

陈晓阳，沈熙环，2021.林木育种学 [M].2 版.北京：高等教育出版社.

管兰华，潘惠新，黄敏仁，等，2005.美洲黑杨 × 欧美杨 F_1 无性系的多性状联合选择 [J].南京林业大学学报（自然科学版），29（2）：6-10.

和爱军，2003.二十世纪欧美七国森林与林业政策的变迁 [J].世界林业研究（3）：1-6.

康向阳，王君，2010.杨树多倍体诱导技术研究 [M].北京：科学出版社.

康向阳，朱之悌，1997.白杨 2n 花粉生命力测定方法及萌发特征的研究 [J].云南植物研究（4）：74-78.

康向阳，2019.关于林木育种策略的思考 [J].北京林业大学学报，41（12）：15-22.

康向阳，2024a.关于我国林木育种向智能分子设计育种发展的思考 [J].北京林业大学学报，46（3）：1-7.

康向阳，2024b.关于理想森林及其经营的遗传学思考 [J].北京林业大学学报，46（6）：1-9.

康向阳，2017.关于无性系林业若干问题的认识和建议——以杨树为例 [J].北京林业大学学报，39（9）：1-7.

康向阳，2020.林木遗传育种研究进展 [J].南京林业大学学报，44（3）：1-10.

康向阳，2023.论林木常规育种与非常规育种及其关系 [J].北京林业大学学报，45（6）：1-7.

李善文，吴德军，梁栋，等，2014.毛梾优树选择研究 [J].北京林业大学学报，36（2）：81-86.

李亚非，程祝宽，2015.植物减数分裂同源染色体重组的分子机理 [J].中国科学：生命科学，45：537-543.

李玉科，肖海东，张福寿，等，1992.马尾松优良林分疏伐改建母树林的探讨 [J].林业科技通讯（11）：18-20.

李周岐，徐钊，郭军战，等，1996.河北杨优树选择方法的研究 [J].西北林学院学报，11（1）：65-69.

刘光金，贾宏炎，卢立华，等，2014.不同林龄红锥人工林优树选择技术 [J].东北林业大学学报，42（5）：9-12.

刘青华，金国庆，张蕊，等，2009.24 年生马尾松生长、形质和木材基本密度的种源变异与种源区划 [J].林业科学，45（10）：55-61.

刘永红，杨培华，樊军锋，等，2006.油松优良家系多性状选择方法研究 [J].西北农林科技大学学报（自然科学版），34（12）：115-120.

鲁敏，王君，王旭军，等，2011.响叶杨小孢子母细胞减数分裂及染色体行为的研究 [J].植物科学学报，29（2）：171-177.

马常耕，1994.高世代种子园营建研究的进展 [J].世界林业研究（1）：31-38.

沈熙环，1988.林木育种学 [M].北京：中国林业出版社.

施季森，2000.迎接 21 世纪现代林木生物技术育种的挑战 [J].南京林业大学学报（1）：4-9.

孙雪新，李毅，康向阳，1993.胡杨优树选择的研究 [J].甘肃农业大学学报，28（2）：137-140.

王奉吉，刘录，张玉柱，等，1999. 樟子松优树选择方法的研究 [J]. 吉林林业科技（3）：15-18.

王明庥，2001. 林木遗传育种学 [M]. 北京：中国林业出版社 .

王章荣，2012. 高世代种子园营建的一些技术问题 [J]. 南京林业大学学报，36（1）：8-10.

王章荣，2012. 林木高世代育种原理及其在我国的应用 [J]. 林业科技开发，26（1）：1-5.

吴仲贤，1977. 统计遗传学 [M]. 北京：中国农业出版社 .

徐化成，孙肇凤，郭广荣，等，1981. 油松天然林的地理分布和种源区的划分 [J]. 林业科学（3）：258-270.

徐化成，1992. 油松地理变异和种源选择 [M]. 北京：中国林业出版社 .

续九如，2006. 林木数量遗传学 [M]. 北京：高等教育出版社 .

杨传平，苏晓华，施季森，等，2018. 林木遗传育种 [C]. 中国林学会 . 2016—2017 林业科学学科发展报告科学技术 . 北京：中国林业出版社：58-70.

余茂德，敬成俊，吴存容，等，2004. 人工三倍体桑树新品种'嘉陵 20 号'的选育 [J]. 蚕业科学，30（3）：225-229.

张金凤，朱之悌，张志毅，等，2000. 中介亲本在黑白杨派间杂交中的应用 [J]. 北京林业大学学报，22（6）：35-38.

张康芳，2009. 欧美四国林业产权制度的演变及对我国林改的启示 [J]. 法制与社会（30）：63-64.

张源润，石仲选，王双贵，等，2000. 华北落叶松优树形质指标介绍 [J]. 青海农林科技（3）：22-24.

郑勇平，孙鸿有，董汝湘，等，2007. 杉木不同世代不同类型种子园遗传改良增益研究 [J]. 林业科学（03）：20-27.

张志毅，2012. 林木遗传学基础 [M]. 2 版 . 北京：中国林业出版社 .

朱之悌，林惠斌，康向阳，1995. 毛白杨异源三倍体 B301 等无性系选育的研究 [J]. 林业科学，31（6）：499-505.

朱之悌，1990. 林木遗传学基础 [M]. 北京：中国林业出版社 .

朱之悌，2002. 毛白杨多圃配套系列育苗新技术研究 [J]. 北京林业大学学报，24（S1）：4-44.

朱之悌，2006. 毛白杨遗传改良 [M]. 北京：中国林业出版社 .

ASSIS T，WARBURTON P，HARWOOD C，2005. Artificially induced protogyny：An advance in the controlled pollination of *Eucalyptus*[J]. Australian Forestry，68（1）：27-33.

BARANWAL V K，MIKKILINENI V，ZEHR U B，et al.，2012. Heterosis：Emerging ideas about hybrid vigour[J]. Journal of Experimental Botany，63（18）：6309-6314.

BAUMEISTER G，1980. Beispiele der polyploidie-Züchtung [J]. Allg. Forestz，35：697-699.

BETTINGER P，CLUTTER M，SIRY J，et al.，2009. Broad implications of southern United States pine clonal forestry on planning and management of forests[J]. International Forestry Review，11（3）：331-345.

BORRALHO N M G，DUTKOWSKI G W，1998. Comparison of rolling front and discrete generation breeding strategies for trees[J]. Canadian Journal of Forest Research，28（7）：987-993.

BOSHIER D H，CHASE M R，BAWA K S，1995. Population genetics of *Cordia alliodora*（Boraginaceae），a neotropical tree 3. gene flow，neighborhood，and population substructure[J]. American Journal of Botany，82（4）：484-490.

BRANSCHEID A, MARCHAIS A, SCHOTT G, et al., 2015. SKI2 mediates degradation of RISC 5'-cleavage fragments and prevents secondary siRNA production from miRNA targets in *Arabidopsis*[J]. Nucleic Acids Research, 43（22）: 10975-10988.

BRODERSEN P, SAKVARELIDZE-ACHARD L, BRUUN-RASMUSSEN M, et al., 2008. Widespread translational inhibition by plant miRNAs and siRNAs[J]. Science, 320（5880）: 1185-1190.

BUIJTENEN J P VAN, BURDON R D, 1990. Expected efficiencies of mating designs for advanced generation selection[J]. Canadian Journal of Forest Research, 20: 1648-1663.

CAMBIAGNO D A, GIUDICATTI A J, ARCE A L, et al., 2021. HASTY modulates miRNA biogenesis by linking pri-miRNA transcription and processing[J]. Molecular Plant, 14（3）: 426-439.

CAMPINHOS E J, 1999. Sustainable plantations of high-yield *Eucalyptus* trees for production of fiber: The Aracruz case[J]. New Forests, 17: 129-143.

CARTER M C, FOSTER C D, 2006. Milestones and millstones: A retrospective on 50 years of research to improve productivity in loblolly pine plantations[J]. Forest Ecology and Management, 227（1-2）: 0-144.

CHANGTRAGOON S, FINKELDEY R, 1995. Inheritance of isozyme phenotypes of *Pinus merkusii*[J]. Journal of Tropical Forest Science, 8: 167-177.

CHEN M, MANLEY J L, 2009. Mechanisms of alternative splicing regulation: Insights from molecular and genomics approaches[J]. Nature Reviews Molecular Cell Biology, 10（11）: 741-54.

CHEN Z, ZHAO J T, HU F C, et al., 2017. Transcriptome changes between compatible and incompatible graft combination of *Litchi chinensis* by digital gene expression profile[J]. Scientific Reports, 7: 3954.

CHENG F, WU J, CAI X, et al., 2018. Gene retention, fractionation and subgenome differences in polyploid plants[J]. Nature Plants, 4（5）: 258-268.

COLE K, 1956. The effect of various trisomic conditions in *Datura stramonium* on crossability with other species[J]. American Journal Botany, 43: 794-801.

COOPER M, MESSINA CD, PODLICH D, et al., 2014. Predicting the future of plant breeding: Complementing empirical evaluation with genetic prediction[J]. Crop and Pasture Science, 65（4）: 311.

DOLEZEL J, GREILHUBER J, SUDA J, 2007. Estimation of nuclear DNA content in plants using flow cytometry [J]. Nature Protocols, 2（9）: 2233-2244.

DONG C B, MAO J F, SUO Y J, et al., 2014. A strategy for characterization of persistent heteroduplex DNA in higher plants[J]. The Plant Journal, 80（2）: 282-291.

DU K, LIAO T, REN Y, et al., 2020. Molecular mechanism of vegetative growth advantage in allotriploid *Populus*[J]. International Journal of Molecular Sciences, 21（2）: 441.

EICHMAN B F, VARGASON J M, MOOERS B H M, et al., 2000. The Holliday junction in an inverted repeat DNA sequence: Sequence effects on the structure of four-way junctions[J]. Proceedings of the National Academy of Sciences of the United States of America, 978: 3971-3976.

EINSPAHR D W, 1984. Production and utilization of triploid hybrid aspen [J]. Iowa State Journal of Research, 58（4）: 401-409.

ELDRIDGE K, DAVIDSON J, HARWOOD C, et al., 1994. *Eucalypts* domestication and breeding[M]. Oxford: Clarendon Press.

EL-KASSABY Y A, CAPPA E P, LIEWLAKSANEEYANAWIN C, et al., 2011. Breeding without Breeding : Is a complete pedigree necessary for efficient breeding? [J]. PLoS ONE, 6（10）: e25737.

EL-KASSABY Y A, LSTIBUREK M, 2009. Breeding without breeding[J]. Genetics Research, 91 : 111-120.

FANG Y, WANG D, XIAO L, et al., 2023. Allelic variation in transcription factor PtoWRKY68 contributes to drought tolerance in *Populus*[J]. Plant Physiology, 193（1）: 736-755.

FOX T R, JOKELA E J, ALLEN H L, 2007. The development of pine plantation silviculture in the southern United States[J]. Journal of Forestry -Washington, 105（7）: 337-347.

GAJ T, GERSBACH C A, BARBAS C F, 2013. ZFN, TALEN, and CRISPR/Cas-based methods for genome engineering[J]. Trends in Biotechnology, 31（7）: 397-405.

GALBRAITH D W, HARKINS K R, MADDOX J M, et al., 1983. Rapid flow cytometric analysis of the cell cycle in intact plant tissues[J]. Science, 220（4601）: 1049-1051.

GARCIA-MENDIGUREN O, MONTALBAN I. A, GOICOA T, et al., 2016. Environmental conditions at the initial stages of *Pinus radiata* somatic embryogenesis affect the production of somatic embryos[J]. Trees, 30（3）: 949-958.

GAUTHERET R J, 1942. Le bourgeonnement des tissus végétaux en culture[J]. Science, 40 : 95-128.

GENG X, XIA Y, CHEN H, et al., 2021. High-frequency homologous recombination occurred preferentially in *Populus*[J]. Frontiers in Genetics, 12 : 703077.

GREENWOOD M S, ADAMS G W, GILLESPIE M, 1991. Stimulation of flowering by grafted black spruce and white spruce : A comparative study of the effects of gibberellin A4/7, cultural treatments, and environment[J]. Canadian Journal of Forest Research, 21（3）: 395-400.

GRIFFING B, 1956. Concept of general and specific combining ability in relation to diallel crossing systems[J]. Australian journal of biological sciences, 9（4）: 463-493.

HAKMAN I, ARNOLD S V, 1985. Plantlet regeneration through somatic embryogenesis in *Picea abies*（Norway Spruce）[J]. Journal of Plant Physiology, 121（2）: 149-158.

HAMRICK J L, MURAWSKI D A, 1990. The breeding structure of tropical tree populations[J]. Plant Species Biology, 5 : 157-165.

HAN Z Q, GAO P, GENG X N, et al., 2017. Identification of the male parent of superior half-sib *Populus tomentosa* individuals based on SSR markers[J]. Molecular Breeding, 37（12）: 155.

HARDY GH, 1908. Mendelian proportions in a mixed population[J]. Science, 28（706）: 49-50.

HARTL DL, 1985. A primer of population genetic[M]. Sunderland, MA : Sinauer Associates Inc., Publishers.

HE W, WAND Y, CHEN Q, et al., 2018. Dissection of the mechanism for compatible and incompatible graft combinations of *Citrus grandis*（L.）Osbeck（'Hongmian Miyou'）[J]. International Journal of Molecular Sciences, 19 : 505.

HE Y, ZHANG T, SUN H, et al., 2020. A reporter for noninvasively monitoring gene expression and plant transformation[J]. Horticulture Research, 7（1）: 152.

HICKS M J, YANG C R, KOTLAJICH M V, et al., 2006. Linking splicing to Pol II transcription stabilizes pre-mRNAs and influences splicing patterns[J]. PLOS Biology，4（6）：e147.

HODGE G R，VOLKER P W，POTTS B M，1996. A comparison of genetic information from open-pollinated and control-pollinated progeny tests in two *Eucalypts* species[J]. Theoretical and Applied Genetics，92：53-63.

HOLLIDAY R，1964. A mechanism for gene conversion in fungi[J]. Genetics Research，5：282-304.

HU J，SU H，CAO H，et al.，2022. AUXIN RESPONSE FACTOR7 integrates gibberellin and auxin signaling via interactions between DELLA and AUX/IAA proteins to regulate cambial activity in poplar[J]. Plant Cell，34（7）：2688-2707.

HUBER D A，WHITE T L，HODGE G R，1992. Efficiency of half-sib，half-diallel and circular mating designs in the estimation of genetic parameters in forestry：A simulation[J]. Forest Science，38：757-776.

IWAKAWA HO，TOMARI Y，2013. Molecular insights into microRNA mediated translational repression in plants[J]. Molecular Cell，52：591-601.

JANKOWSKI A，WYKA T P，ŻYTKOWIAK R，et al.，2017. Cold adaptation drives variability in needle structure and anatomy in *Pinus sylvestris* L. along a 1900 km temperate-boreal transect[J]. Functional Ecology，31（12）：2212-2223.

JAYAWICKRAMA K J S，CARSON M J，2000. A breeding strategy for the new zealand radiata pine breeding cooperative[J]. Silvae Genetica，49：82-90.

JIN R，KLASFELD S，ZHU Y，et al.，2021. LEAFY is a pioneer transcription factor and licenses cell reprogramming to floral fate[J]. Nature Communications，12（1）：626.

JOHNSON I G，1991. Realised gains for growth traits by radiata pine seed orchard seedlots in New South Wales[J]. Australian Forestry，54（4）：197-208.

KANG K S，HARJU A M，LINDGREN D，et al.，2001a. Variation in effective number of clones in seed orchards[J]. New Forests，21（1）：17-33.

KANG X Y，WEI H R，2022. Breeding polyploid *Populus*：Progress and perspective[J]. Forestry Research，1：4.

KARIM R，NURUZZAMAN M，KHALID N，et al.，2016. Importance of DNA and histone methylation in *in vitro* plant propagation for crop improvement：A review[J]. Annals of Applied Biology，169：1-16.

KEREN H，LEV-MAOR G，AST G，2010. Alternative splicing and evolution：Diversification，exon definition and function[J]. Nature Reviews Genetics，11（5）：345-355.

KERR R J，TIER B，MCRAE T A，et al.，2001. TREEPLAN A genetic evaluation system for forest tree improvement[J]. Spe Production & Facilities，11（2）：69-76.

KERTADIKARA AWS，PRAT D，1995. Isozyme variation among teak（*Tectona grandis* L.f.）provenances[J]. Theoretical and Applied Genetics，90：803-810.

KLEINSCHMIT J，1974. A programme for large-scale cutting propagation of Norway spruce[J]. New Zealand Journal of Forestry Science（4）：359-366.

KURJAK D，PETRIK P，KONOPKOVA A S，et al.，2024. Inter-provenance variability and phenotypic plasticity of wood and leaf traits related to hydraulic safety and efficiency in seven European beech（*Fagus sylvatica* L.）provenances differing in yield[J]. Annals of Forest Science，81（1）：1-21.

LADIGES P，DAVIDSON J，WYK G V，1995. *Eucalyptus* domestication and breeding[J]. Brittonia，47（4）：446.

LADRACH W E，1998. Provenance research：The concept，application and achievement. In：Mandal A K，Gibson G I. Forest genetics and tree breeding[M]. New Delhi：CBS Publishers and Distributors：16-37.

LAMBETH C，LEE B C，D O' MALLEY，et al.，2001. Polymix breeding with parental analysis of progeny：An alternative to full-sib breeding and testing[J]. Theoretical and Applied Genetics，103：930-943.

LANGNER W，1953. Eine Mendelspaltung bei aurea-formen von *Picea abies*（L.）Karst. als Mittel zur Klärung der Befruchtungsverhältnisse im Walde[J]. Zeitschrift fur Forstgenetische Forstpflanzen-zuchtung，2：49-51.

LEDIG F T，JACOB-CERVANTES V，HODGSKISS P D，et al.，1997. Recent evolution and divergence among populations of a rare Mexican endemic，Chihuahua spruce，following Holocene climatic warming[J]. Evolution，51：1815-1827.

LEDIG F T，NEALE D B，1998. World directory of forest geneticists and tree breeders[M]. US Department of Agriculture，Forest Service，Pacific Southwest Research Station.

LEE S J，2001. Selection of parents for the Sitka spruce breeding population in Britain and the strategy for the next breeding cycle[J]. Forestry，74（2）：129-143.

LEGUE V，RIGAL A，BHALERAO R P，2014. Adventitious root formation in tree species：Involvement of transcription factors[J]. Physiologia Plantarum，151（2）：192-198.

LI B L，MCKEAND S，WEIR R，1999. Impact of forest genetics on sustainable forestry—results from two cycles of loblolly pine breeding in the U.S. [J]. Journal of Sustainable Forestry，10（1-2）：79-85.

LI J，HAN F，YUAN T，et al.，2023. The methylation landscape of giga-genome and the epigenetic timer of age in Chinese pine[J]. Nature Communications，14（1）：1947.

LIAO X，SU Y，KLINTENAS M，et al.，2023. Age-dependent seasonal growth cessation in *Populus*[J]. Proceedings of the National Academy of Sciences of the United States of America，120（48）：e1983741176.

LIBBY W J，RAUTER R M，1984. Advantages of clonal forestry[J]. The Forestry Chronicle，60（3）：145-149.

LINDGREN D，GEA L，JEFFERSON P，1996. Loss of genetic diversity monitored by status number [J]. Silvae Genetica，45（1）：52-58.

LINDGREN D，MULLIN T J，1997a. Balancing gain and relatedness in selection[J]. Silvae Genetica，46（2-3）：124-129.

LIU M J，WU S H，WU J F，et al.，2013. Translational landscape of photomorphogenic *Arabidopsis*[J]. Plant Cell，25：3699-3710.

LI Y，YANG J，SONG L，et al.，2019. Study of variation in the growth，photosynthesis，and content of secondary metabolites in Eucommia triploids[J]. Trees，33：817-826.

LONG J C，CACERES J F，2009. The SR protein family of splicing factors：Master regulators of gene expression[J]. Biochemcal Journal, 417（1）: 15-27.

MALDONADO-BONILLA L D, 2014. Composition and function of P bodies in *Arabidopsis thaliana*[J]. Frontiers in Plant Science, 5: 198.

MATZIRIS D, 2005. Genetic variation and realized genetic gain from Black pine tree improvement[J]. Silvae Genetica, 54（1-6）: 96-104.

MCCLINTOCK B, 1931. The order of the genes *C*, *Sh* and *Wx* in *Zea mays* with reference to a cytologically known point in the chromosome[J]. Proceedings of the National Academy of Sciences, 17（8）: 485-491.

MCKEAND E, BEINEKE F, 1980. Sublining for half-sib breeding populations of forest trees[J]. Silvae Genetica, 29（1）: 14-17.

MITTON J B, LATTA R G, REHFELDT G E, 1997. The pattern of inbreeding in Washoe pine and survival of inbred progeny under optimal environmental conditions[J]. Silvae Genetica, 46: 215-218.

MOREIRA X, ABDALA-ROBERTS L, BRUUN H H, et al., 2020. Latitudinal variation in seed predation correlates with latitudinal variation in seed defensive and nutritional traits in a widespread oak species[J]. Annals of Botany, 125（6）: 881-890.

MORGAN T H, 1910. Sex limited inheritance in *Drosophila*[J]. Science, 32（812）: 120-122.

MORGENSTERN E K, 1996. Geographic Variation in Forest Trees[M]. Vancouver: UBC Press.

MOSSANJO E, KAMANGA-THOLE G, MANDA V, 2013. Estimation of genetic and phenotypic parameters for growth traits in a clonal seed orchard of *Pinus kesiya* in Malawi[J]. International Scholarly Research Notices（1）: 346982.

MUIR W H, HILDEBRANDT A C, RIKER A J, 1954. Plant tissue cultures produced from single isolated cells[J]. Science, 119: 877-878.

MURANTY H, JORGE V, BASTIEN C, et al., 2014. Potential for marker-assisted selection for forest tree breeding: lessons from 20 years of MAS in crops[J]. Tree Genetics & Genomes, 10（6）: 1491-1510.

MURAWSKI DA, DAYANANDAN B, BAWA KS, 1994. Outcrossing rates of two endemic *Shorea* species from Sri Lankan tropical rain forests[J]. Biotropic, 26: 23-29.

MURAWSKI D A, HAMRICK J L, 1991. The effect of the density of flowering individuals on the mating systems of nine tropical tree species[J]. Heredity, 67: 167-174.

NAMKOONG G, KANG H C, BROUARD J S, 1988. Tree breeding: Principles and strategies[M]. New York: Springer: 35-73.

NAMKOONG G, 1979. Introduction to quantitative genetics in forestry[M]. Washington D C: United States Department of Agriculture, Technical Bulletin, 1588: 90-95.

NAMKOONG G, 1976. A multiple-index selection strategy[J]. Silvae Genetca, 25: 199-201.

NAMKOONG G, 1966. Inbreeding effects on estimation of genetic additive variance[J]. Forest Science, 12: 8-13.

NIKLES D G, TOON P, 1993. Recurrent reciprocal selection with forward selection（RRS-SF）- a new modification of RRS with potential value in breeding hybrids of forest trees[C]. Proceedings, Meeting of

Research Working Group 1 of the Australian Forestry Council, Canberra, ACT February：107-111.

NILSSON-EHLE H, 1909. Kreuzungsuntersuchungen an Hafer und Weizen[J]. Molecular Genetics and Genomics, 3：290-291.

NIU M X, FENG C H, HE F, et al., 2024. The miR6445-NAC029 module regulates drought tolerance by regulating the expression of glutathione S-transferase U23 and reactive oxygen species scavenging in *Populus*[J]. New Phytologist, 242（5）：2043-2058.

NIU S, LI J, BO W, et al., 2022. The Chinese pine genome and methylome unveil key features of conifer evolution[J]. Cell, 185（1）：204-217.

OHBA K, IWAKAWA M, OKADA Y, 1971. Paternal transmission of a plastid anomaly in some reciprocal crosses of Sugi, *Cryptomeria japonica* D. Don[J]. Silvae Genetica, 20（4）：101-107.

OMHOLT S W, PLAHTE E, ØYEHAUG L, et al., 2000. Gene regulatory networks generating the phenomena of additivity, dominance and epistasis[J]. Genetics, 155（2）：969-980.

PARIL J, REIF J, FOURNIER-LEVEL A, et al., 2024. Heterosis in crop improvement[J]. The Plant Journal, 117（1）：23-32.

OU H D , PHAN S, DEERINCK T J, 2017. ChromEMT：Visualizing 3D chromatin structure and compaction of the human genome in interphase and mitotic cells[J]. Science, 357（6349）：eaag0025.

REDDY K V, ROCKWOOD D L, 1989. Breeding strategies for coppice production in a *Eucalyptus grandis* base population with four generations of selection[J]. Silvae Genetica, 38：148-151.

REHFELDT G E, 1983. Adaptation of Pinus contorta populations to heterogeneous environments in northern Idaho[J]. Canadian Journal of Forest Research, 13：405-411.

REIS RS, HART-SMITH G, EAMENS AL, et al., 2015. MicroRNA regulatory mechanisms play different roles in *Arabidopsis*[J]. Journal of Proteome Research, 14：4743-4751.

ROEDER G S, 1997. Meiotic chromosomes：it takes two to tango[J]. Genes & Development, 11：2600-2621.

ROSVALL O, 2019. Using Norway spruce clones in Swedish forestry：Swedish forest conditions, tree breeding program and experiences with clones in field trials[J]. Scandinavian Journal of Forest Research, 34（5）：342-351.

RUOTSALAINEN S, 2014. Increased forest production through forest tree breeding[J]. Scandinavian Journal of Forest Research, 29（4）：333-344.

SANFILIPPO J, SUNG P, KLEIN H, 2008. Mechanism of eukaryotic homologous recombination[J]. Annual Review of Biochemistry, 77：229-257.

SCOTT A D, ZIMIN A V, PUIU D, et al., 2020. A reference genome sequence for giant sequoia[J]. G3（Bethesda）, 10（11）：3907-3919.

SHAO Y,LU N,WU Z,et al.,2018. Creating a functional single-chromosome yeast[J]. Nature,560（7718）：331-335.

SKOOG F, TSUI C, 1948. Chemical control of growth and bud formation in tobacco stem segments and callus cultured *in vitro*[J]. American Journal of Botany, 35：782-787.

SKOOG F, MILLER C O, 1957. Chemical regulation of growth and organ formation in plant tissues cultured *in vitro*[J]. Symposia of the Society for Experimental Biology, 11：118-130.

SORENSEN F C, WHITE T L, 1988. Effect of natural inbreeding on variance structure in tests of wind-pollination douglas-fir progenies[J]. Forest Science, 34：102-118.

SQUILLACE A E, 1974. Average genetic correlations among offspring from open-pollinated forest trees[J]. Silvae Genetica, 23：149-156.

STEINHOFF R J, 1974. Inheritance of cone color in *Pinus monicola*[J]. The Journal of Heredity, 65：60-61.

STEWARD F C, MAPES M O, MEARS K, 1958. Growth and organized development of cultured cells. Ⅱ. Organization in cultures grown from freely suspended cell[J]. American Journal of Botany, 45：705-708.

SULIS D B, JIANG X, YANG C, et al., 2023. Multiplex CRISPR editing of wood for sustainable fiber production[J]. Science, 381（6654）: 216-221.

SZOSTAK J W, ORR-WEAVER T L, ROTHSTEIN R J, 1983. The double-strand-break repair model for recombination[J]. Cell, 33：25-35.

TAKUMI S, MURAI K, MORI N, et al., 1999. Trans-activation of a maize Ds transposable element in transgenic wheat plants expressing the Ac transposase gene[J]. Theoretical and Applied Genetics, 98：947-953.

WALLACE G, RODGERS-MELNICK E, BUCKLER E, 2018. On the road to breeding 4.0：Unraveling the good, the bad, and the boring of crop quantitative genomics[J]. Annual Review of Genetics, 52（1）: 421-444.

WANG J, SHI L, SONG S Y, et al., 2013. Tetraploid production through zygotic chromosome doubling in *Populus*[J]. Silva Fennica, 47（2）: 932.

WANG R, CHEN H, ZHANG S, 2020. Plant phylogeny and growth form as drivers of the altitudinal variation in woody leaf vein traits[J]. Frontiers in Plant Science, 10：496478.

WANG X, TORIMARU T, LINDGREN D, et al., 2010. Marker-based parentage analysis facilitates low input 'breeding without breeding' strategies for forest trees[J]. Tree genetics & genomes, 6（2）: 227-235.

WATSON, CRICK, 1953. A structure for deoxyribonucleic acid[J]. Nature, 4356：737-738.

WELLS O O, SWITZER G L, 1971. Variation in rust resistance in Mississippi loblolly pine[J]. Tree Improvement and Genetics - Southern Forest Tree Improvement Conference：25-30.

WENG H Y, TOSH K, ADAM G, et al., 2008. Realized genetic gains observed in a first generation seedling seed orchard for jack pine in New Brunswick, Canada[J]. New Forests, 36（3）: 285-298.

WHITE T, MATHESON A, COTTERILL P, et al., 1999. A nucleus breeding plan for radiata pine in Australia[J]. Silvae Genetica, 48（3-4）: 122-133

WHITE T L, HODGE G R, POWELL G L, 1993. An advanced-generation tree improvement plan for slash pine in the southeastern United States[J]. Silvae genetica, 42（6）: 359-371.

WHITE T L, HODGE G R, 1988. Best linear prediction of breeding values in a forest tree improvement program[J]. Theoret Appl Genetics, 76（5）: 719-727.

WHITE T L, HODGE G R, 1989. Predicting breeding values with applications in forest tree improvement[M]. Dordrecht : Springer.

WHITE T L, ADAMS W T, NEALE D B, 2007. Forest genetics[M]. Cambridge : CABI Publishing.

WHITE T L, CHING K K, 1985. Provenance study of douglas-fir in the Pacific Northwest region. IV . Field performance at age 25 years[J]. Silvae Genetica, 34 : 84-90.

WHITE T L, 1987. A conceptual framework for tree improvement programs[J]. New forests, 325-342.

WILLIAM K. RANDALL, PAUL BERRANG, 2002. Washington tree seed transfer zones[M]. U.S.A. : Washington State Department of Natural Resources.

WILLIAM S KLUG, MICHAEL R CUMMINGS, 2002. Essentials of Genetics[M]. 4th ed. New York : Pearson Education North Asia Limited and Higher Education Press.

WILLIAMS D R, POTTS BM, BLACK P G, 1999. Testing single visit pollination procedures for *Eucalyptus globulus* and *E. nitens*[J]. Australian Forestry, 62（4）: 346-352.

WOESSNER R A, 1965. Growth, form, and disease resistance in four-year-old control-and five-year-old open-pollinated progeny of loblolly pine selected for use in seed orchards[J]. Forest Tree Improvement Program, School of Forestry, North Carolina State University.

WU H X , ELDRIDGE K G, MATHESON A C, et al., 2007. Achievements in forest tree improvement in Australia and New Zealand 8. Successful introduction and breeding of radiata pine in Australia[J]. Australian Forestry, 70（4）: 215-225.

WU X H, ELDRIDGE G K, MATHESON C A, et al., 2013. Achievements in forest tree improvement in Australia and New Zealand 8. Successful introduction and breeding of radiata pine in Australia[J]. Australian Forestry, 70（4）: 215-225.

WU H X, HALLINGBACK H R, SANCHEZ L, 2016. Performance of seven tree breeding strategies under conditions of inbreeding depression[J]. G3-Genesgenetics, 6（3）: 529-540.

WU H X, 2019. Benefits and risks of using clones in forestry- a review[J]. Scandinavian Journal of Forest Research, 34（5）: 352-359.

XIA Y, CAO Y, REN Y, et al., 2023. Effect of a suitable treatment period on the genetic transformation efficiency of the plant leaf disc method[J]. Plant Methods, 19（1）: 15.

XIA Y, JIANG S, WU W, et al., 2024. MYC2 regulates stomatal density and water use efficiency via targeting EPF2/EPFL4/EPFL9 in poplar[J]. New Phytologist, 241（6）: 2506-2522.

XIE J, LI Y, LIU X, et al., 2019. Evolutionary origins of pseudogenes and their association with regulatory sequences in plants[J]. Plant Cell, 31（3）: 563-578.

XIE Y J, ARNOLD J R, WU Z H, et al., 2017. Advances in *Eucalyptus* research in China[J]. Frontiers of Agricultural Science and Engineering, 4（4）: 380-380.

XU C, ZHANG Y, HAN Q, et al., 2020. Molecular mechanism of slow vegetative growth in *Populus* tetraploid[J]. Genes（Basel）, 11（12）: 1417.

YU X, WILLMANN M R, ANDERSON S J, et al., 2016. Genome wide mapping of uncapped and cleaved transcripts reveals a role for the nuclear mRNA cap-binding complex in co-translational RNA decay in *Arabidopsis*[J]. Plant Cell, 28 : 2385-2397.

YU Z, LIN J, LI Q Q, 2019. Transcriptome analyses of FY mutants reveal its role in mRNA alternative polyadenylation[J]. Plant Cell，31（10）：2332-2352.

ZHANG T，ZHANG W，DING C，et al.，2023. A breeding strategy for improving drought and salt tolerance of poplar based on CRISPR/Cas9[J]. Plant Biotechnology Journal，21（11）：2160-2162.

ZHOU B，ZHANG Z，ZHANG H，et al.，2024. "Point by point" source：The Chinese pine plantations in North China by evidence from mtDNA[J]. Ecology and Evolution，14（6）：e11570.

ZHU H，LI C，GAO C，2020. Applications of CRISPR-Cas in agriculture and plant biotechnology[J]. Nature Reviews Molecular Cell Biology，21（11）：661-677.

ZOBEL B J，WYK G V，STAHL P，1987. Growing Exotic Forests[J]. New York：John Wiley & Sons.

ZOBEL B J，1971. The genetic improvement of southern pines[J]. Scientific American，225：94-103.

ZOBEL B，TALBERT J，1984. Applied forest tree improvement[M]. New York：John Wiley & Sons.